中国竹子叶蝉

陈祥盛　杨　琳　李子忠 著

中国林業出版社

图书在版编目(CIP)数据

中国竹子叶蝉/陈祥盛，杨琳，李子忠著. 北京：中国林业出版社，2012.5

ISBN 978-7-5038-7136-8

Ⅰ.①中… Ⅱ.①陈… ②杨… ③李… Ⅲ.①蝉科-研究

Ⅳ.①Q969.36

中国版本图书馆 CIP 数据核字(2012)第 174136 号

出版 中国林业出版社(100009 北京西城区刘海胡同 7 号)

网址 http://lycb.forestry.gov.cn

E-mail：forestbook@163.com 电话 010-83222880

发行 中国林业出版社

印刷 北京中科印刷有限公司

版次 2012 年 5 月第 1 版

印次 2012 年 5 月第 1 次

开本 787mm×1092mm 1/16

印张 14.5

字数 300 千字

印数 1~1500 册

定价 168.00 元

Bamboo-feeding Leafhoppers in China

Xiang-Sheng Chen, Lin Yang and Zi-Zhong Li

Citation: Chen X-S, Yang L and Li Z-Z. 2012. Bamboo-feeding Leafhoppers in China. China Forestry Publishing House, Beijing. 218pp.

China Forestry Publishing House

国家级昆虫学教学团队项目(编号 2008273)
国家自然科学基金项目(编号 30560020,31260178)
中国博士后科学基金项目(编号 2005037111)
贵州省优秀科技教育人才省长资金项目(编号 2005357)

资　助

前　言 Preface

竹子是禾本科 Gramineae 竹亚科 Bambusoideae 植物的通称，目前已知100余属1200余种，广布于地球的亚热带地区。我国是竹子的中心产区之一，约有500余种，竹林面积超过5000万亩，占全国森林面积的28%（《中国森林》编辑委员会，2000）。竹子具有生长快、产量高等特点，竹材的收缩量小，具高度的割裂性、弹性和韧性，用途广泛。竹材用于建筑、家具制作、工艺和造纸；竹笋味道鲜美，可供食用；很多竹种姿态优美，可用作观赏竹。竹子以其特殊的经济价值在我国林业经济发展中占据着极其重要的地位，很多省（区、市）自实施竹林定向培育与综合利用开发技术以来，竹林面积不断扩大。

我国的竹子植物资源非常丰富，竹种繁多。无论是在高山河谷、河旁溪边，还是在村寨平坝、房前屋后、园林庭院均随处可见。或自然野生，或人工栽培。其中以慈竹丛最为常见，南方各省均有种植。此外，各地常见成片的人工培育毛竹林。近年来，贵州赤水市等地大量引种优良速生丰产竹种——撑绿竹，栽培面积不断增加，目前已超过20万亩。竹子富含糖分和水分，且四季常青，终年披绿，滋养着极为丰富的昆虫资源，随着大面积竹子纯林的营造及经营干预程度的增加，竹子虫害频发，危害日益严重，严重阻碍了竹产业的可持续发展。

叶蝉类昆虫是竹子上重要的刺吸类害虫之一，近年来对竹子的危害呈上升趋势。由于叶蝉的个体通常较小，刺吸为害的症状不明显，未能引起人们足够的重视。因而长期以来，国内外对竹子叶蝉类害虫的研究并不多。有关此类害虫的基础资料和防控技术非常缺乏。

本课题组对竹子叶蝉关注时日已久。早在20世纪70~80年代，本课题组在编写完成《贵州农林昆虫志》第一卷、第四卷时，曾零星发表了一些寄主植物为竹子的叶蝉新种，如白边狭顶叶蝉 *Angustella leucostriata* Li *et* Wang，1991、斑驳锥头叶蝉 *Onukia guttata* Li *et* Wang，1991、黑色锥头叶蝉 *O. nigra* Li *et* Wang，1991等。

为了对竹子叶蝉类害虫有较全面的认识和了解，并为该类害虫的生物学、生态学研究以及综合治理提供参考资料，课题组自1996年起，开始对贵州竹子叶蝉进行系统的调查研究，陆续发表了一些新属新种，如叉突平额叶蝉 *Flatfronta pronga* Chen *et* Li，1997、双带痕叶蝉 *Mohunia bifasciana* Li *et* Chen, 1999、塔纹痕叶蝉 *M.notata* Li *et* Chen, 1999、端斑痕叶蝉 *M. notata* Li *et* Chen, 1999、竹额垠叶蝉 *Mukaria bambusana* Li *et* Chen, 1999、白足额垠叶蝉 *M. pallipes* Li *et* Chen, 1999等。李子忠、陈祥盛（1999）在其编著的《中国隐脉叶蝉》中描记了竹子叶蝉4属9种；杨琳等(1999) 在“贵州害竹叶蝉种类记述”中描记贵州竹子叶蝉9属13种。2005年以来，先后在国家自然科学基金项目“西南地区害竹头喙亚目昆虫物种多样性研究”(项目编号：30560020)、“西南地区竹子叶蝉类昆虫的物种多样性研究”（项目编号：31260178）、中国博士后科学基金项目“中国害竹头喙类昆虫（同翅目：头喙亚目）物种多样性研究”（项目编号：2005037111）、贵州省优秀科技教育人才省长资金项目“贵州害竹叶蝉和飞虱种类详查”［黔省专合字（2005）357］等项目的资助下，课题组得以对中国西南地区竹子叶蝉物种多样性、地理分布、危害及主要种类防治等方面进行更深入地研究。

本书作者杨琳2004~2008年完成其硕士学位论文"贵州竹子叶蝉种类调查及主要种类防治研究"，共记述贵州竹子叶蝉9亚科44种。在此基础上，近5年来，课题组利用贵州大学昆虫研究所师生外出采集标本的机会，多批次赴我国南方各省(区、市)尤其是西南地区，专门对竹子叶蝉进行系统的调查、采集。从1996年算起，至2012年为止，此项工作历时16年整。本书便是对这16年的研究工作及研究结果的阶段性总结。本书共分6个部分。第1部分系统回顾了竹子叶蝉国内、外的研究历史和现状；第2部分记述中国竹子叶蝉8亚科58属123种，包括10新种1新组合和1种雄虫首次记述。每个种均有详细的文字描述，包括中名、拉丁学名、原始文献出处、体色斑纹、雄性外生殖器特征、寄主、分布、标本采集记录、彩色外形特征图及黑白雄性外生殖器特征图。27种叶蝉取食竹子系首次报道；第3部分报道中国竹子叶蝉对竹子的危害情况，提供39种叶蝉生态照片及寄主植物照片；第4部分报道缅甸安小叶蝉的生物学习性，提供其若虫、寄主植物、危害状等生态照片；第5部分报道吡虫啉等6种药剂对缅甸安小叶蝉的室内毒力测定和吡虫啉等3种药剂林间防治效果；第6部分提供了竹子叶蝉的综合防治建议。

在多年的野外调查、标本采集、文献资料收集以及本书的编写、出版过程中，得到了国内外诸多专家、同行、同事的大力支持。在野外调查过程中，台湾台中自然博物馆的黄坤炜博士、詹美铃女士、杨万琮先生提供赴台湾考察和借用标本的方便条件；台湾中兴大学叶文斌教授提供近年来采集的台湾高山竹子叶蝉标本；在贵州省境内自然保护区历次昆虫考察过程中，长期得到当地自然保护区管理部门的支持和协助；贵州大学昆虫研究所杨茂发教授、汪廉敏教授、戴仁怀教授、宋琼章实验师以及昆虫研究所往届或在读研究生宋红艳、张争光、侯晓晖、张培、刘明宏、张玉波、李红荣、张斌、葛德燕、徐翩、邢济春、李虎、孟泽洪、李建达、蒋晓红、李玉建、郑延丽、倪俊强、龙见坤、常志敏、郑维斌、杨卫诚、肖永刚、刘曼、范志华、于晓飞等协助采集部分标本；日本的Hayashi先生提供额垠叶蝉的文献资料；贵州大学杨茂发教授帮助鉴定大叶蝉标本；贵州大学生命科学学院苟光前教授协助鉴定部分寄主植物竹子种类；贵州大学农学院龙友华副教授审阅药效试验部分文稿；已毕业硕士生刘明宏（现为浙江大学在读博士生）在读硕士期间协助完成了部分药剂试验工作；昆虫研究所在站博士后邢济春、在读博士生李玉建、李虎、在读硕士生范志华帮助绘制了部分种类特征图；在读硕士生常志敏协助部分文字录入工作；在读博士生刘曼提供缅甸安小叶蝉及撑绿竹部分生态照片。贵州大学副校长、昆虫研究所所长金道超教授，贵州省昆虫学会在出版经费方面给予鼎力支持。在作者长期以来的研究过程中，得到昆虫研究所全体师生的大力支持和倾力帮助。作者在此一并表示衷心感谢。

由于作者水平所限，书中的错误或不妥之处在所难免，敬请各位同行和读者朋友给予指正。

著 者

2012年3月1日 贵阳花溪

目 录 Contents

第一章
竹子叶蝉研究进展

竹子以其特殊的经济价值在我国林业经济发展中占据着极其重要的地位。然而，竹子富含糖分和水分，且四季常青，终年披绿，滋养着极为丰富的病虫群落。随着大面积竹子纯林的营造及经营干预程度的增加，竹子病虫害频发，危害日益加重，严重阻碍了竹产业的可持续发展。叶蝉是竹子上常见的昆虫类群之一，也是重要的刺吸类害虫之一，近年来对竹子的危害呈上升趋势。为了对竹子叶蝉类害虫有一个较全面的认识和了解，并为该类害虫的生物学、生态学研究以及综合治理提供参考资料。特对取食、为害竹子的叶蝉类昆虫的研究进展进行了综述(杨琳，李子忠，陈祥盛，2011)。

一、叶蝉概述

叶蝉类昆虫隶属于半翅目 Hemiptera 头喙亚目 Auchenorrhyncha 叶蝉总科 Cicadelloidea 叶蝉科 Cicadellidae。叶蝉类昆虫都是植食性害虫，它们以刺吸式口器吮吸植物的汁液，夺取植物的营养，使植物营养不良，或至枯萎，或在吮吸部位出现黄色或黄褐色病斑，有的则因涎液的刺激，使植物细胞反常增殖，造成畸形臃肿的虫瘿，有的种类还能传播植物病毒病。叶蝉中有不少种类是危害农林作物的大害虫，是一个具有重要经济意义的类群。例如为人们所熟知的大青叶蝉 *Cicadella viridis*（Linnaeus）、华凹大叶蝉 *Bothrogonia sinica* Yang *et* Li、稻叶蝉 *Maiestas oryzae*（Matsumura）、二条黑尾叶蝉 *Nephotettix nigropictus* Stål、电光叶蝉 *Maiestas dorsalis*（Motschulsky）、条沙叶蝉 *Psammotettix striatus*（Linnaeus）、棉叶蝉 *Amrasca biguttula*（Ishihara）、白翅叶蝉 *Thaia rubiginosa* Kuoh 等，都是重要的农林害虫(张雅林，1990)。据统计，取食水稻的叶蝉有 45 种之多，造成经济损失的主要是黑尾叶蝉 *Nephotettix cincticeps*（Uhler）和白翅叶蝉 *Thaia rubiginosa* Kuoh。在贵州，从全省范围看，危害农、林、果树及经济作物较重的叶蝉有 30 种(李子忠，汪廉敏，1991)。

二、竹子叶蝉种类及分布

取食、为害竹子的叶蝉类昆虫种类较多，全世界已报道的共有 59 种，分隶于 6 亚科 30 属。其中，大叶蝉亚科 8 种，小叶蝉亚科 13 种，隐脉叶蝉亚科 1 种，横脊叶蝉亚科 7 种，额垠叶蝉亚科 16 种，角顶叶蝉亚科 14 种。按亚科分别简介如下。

(一)大叶蝉亚科

有大青叶蝉 *Cicadella viridis*（Linnaeus）、周氏凸唇叶蝉 *Erragonakia choui* Li、黑头条大叶蝉 *Atkinsoniella nigricephala* Li、隐纹条大叶蝉 *A. thalia*（Distant）、红带突额叶蝉 *Gunungidia ruficincta* Li、华凹大叶蝉 *Bothrogonia sinica*、黑尾大叶蝉 *Tettigoriella ferruginea*、点翅斑大叶蝉 *Anatkina illustris*（Distant）等。大青叶蝉的分布较广，我国全国各

地均有分布(徐天森，王浩杰，2004；赵仁友等，2006)，其他种类分布于贵州、湖北、福建等地，国外主要分布于日本、朝鲜、马来西亚、印度、加拿大、欧洲等地(杨琳等，2011)。

(二)小叶蝉亚科

有缅甸安小叶蝉 *Anaka burmensis* Dworakowska、色安小叶蝉 *A. colorata* Dworakowska *et* Viraktamath、刺突安小叶蝉 *A. spinosa* Thapa *et* Sohi、端突安小叶蝉 *A. blada* Dworakowska、尼泊尔安小叶蝉 *A. nepalica* Thapa *et* Sohi、苏马安小叶蝉 *A. sumatrana* Dworakowska、韦氏安小叶蝉 *A. shashidhara* Dworakowska、竹卡小叶蝉 *Kalkiana bambusa* Sohi, Viraktamath *et* Dworakowska、小绿叶蝉 *Empoasca flavescens* F.、竹莫小叶蝉 *Motschulskyia* sp.、四斑小叶蝉 *Typhlocyba* sp.、褐点小叶蝉 *Javadikra* sp.、黄绿小叶蝉 *Uzeldikra* sp. 等。国内主要分布于贵州、浙江等地(赵仁友等，2006；杨琳等，2007)，国外主要分布印度、尼泊尔等(Sohi *et al.*, 1980; Viraktamath, 1993)。

(三)隐脉叶蝉亚科

有横纹拟隐脉叶蝉 *Sophonia transvittata* Li *et* Chen，分布于我国贵州、云南(Li and Chen, 2005)。

(四)横脊叶蝉亚科

有白边狭顶叶蝉 *Angustella leucostriata* Li *et* Wang、白边脊额叶蝉 *Carinata kelloggii* (Baler)、斑驳锥头叶蝉 *Onukia guttata* Li *et* Wang、黑色锥头叶蝉 *O. nigra* Li *et* Wang、黑额锥头叶蝉 *O. arisana* Matsumura、黄额锥头叶蝉 *O. flavifrons* Matsumura、端钩横脊叶蝉 *Evacanthus uncinatus* Li 等。分布于我国贵州、福建等地(杨琳等，1999；李子忠，汪廉敏，1996)。

(五)额垠叶蝉亚科

有双带痕叶蝉 *Mohunia bifasciana* Li *et* Chen、腹突痕叶蝉 *M. ventrospina* Chen *et* Li、内突痕叶蝉 *M. introspina* Chen *et* Yang、塔纹新痕叶蝉 *Neomohunia pyramida* (Li *et* Chen)、端斑类痕叶蝉 *Paramohunia notata* (Li *et* Chen)、黑带拟痕叶蝉 *Pseudomohunia nigrifascia* Li, Chen *et* Zhang、叉突平额叶蝉 *Flatfronta pronga* Chen *et* Li、污斑平额叶蝉 *F. grandis* (Ishihara)、白斑额垠叶蝉 *Mukaria albinotata* Cai *et* Ge、黄片额垠叶蝉 *M. flavida* Cai *et* Ge、斑翅额垠叶蝉 *M. maculata* (Matsumura)、竹额垠叶蝉 *M. bambusana* Li *et* Chen、白足额垠叶蝉 *M. pallipes* Li *et* Chen、李氏额垠叶蝉 *M. lii* Yang *et* Chen、双锥条背叶蝉 *Tiaobeinia bisubula* Chen *et* Li、峨眉条背叶蝉 *T. emeiensis* Chen *et* Yang 等。国内主要分布于贵州、四川、重庆、云南、福建、台湾、香港等地(李子忠，汪廉敏，1991；杨琳等，1999；杨琳等，2011)；国外分布于日本、泰国等地(Ishihara, 1961; Hayashi, 1996)。

(六)角顶叶蝉亚科

有模式竹叶蝉 *Bambusana bambusae* (Matsumura)、捷氏竹叶蝉 *B. jenjouristi* Anufriev、佛坪竹叶蝉 *B. fopingensis* Dai *et* Zhang、枝突竹叶蝉 *B. brancha* Li *et* Song、片突竹叶蝉 *B. biflaka* Li、黑斑竹叶蝉 *B. nigrimaculata* Li、叉茎拟竹叶蝉

Bambusananus furcatus Li *et* Xing、二纹拟竹叶蝉 *B. binotatus*（Li *et* Dai）、双斑拟竹叶蝉 *B. bipunctatus*（Li）、斑翅拟竹叶蝉 *B. maculipennis* Li *et* Wang、一点木叶蝉 *Phlogotettix Cyclops*、短茎柔突叶蝉 *Abrus brevis* Dai *et* Zhang、锥尾柔突叶蝉 *A. coneus* Dai *et* Zhang、雷公山柔突叶蝉 *A. leigongshanensis* Li *et* Zhang，国内主要分布于贵州、陕西、甘肃等地（Dai and Zhang，2006；李子忠，2009；李子忠等，2011），国外主要分布于日本（Dai and Zhang，2006）。

三、发生及危害

（一）大青叶蝉

大青叶蝉取食刚竹属、大节竹属、唐竹属、刺竹属、牡竹属、慈竹属、绿竹属中几乎大多数竹种及果树、农作物及蔬菜、绿化树种、花卉。成虫、若虫在竹叶上吸取汁液，造成竹叶满布枯白斑点，一般影响光合作用，严重者造成竹叶早落，在抚育管理精细、无杂草竹林危害更重（徐天森，王浩杰，2004）。

（二）缅甸安小叶蝉

缅甸安小叶蝉 *Anaka burmensis* 主要集中于竹林的中、下部刺吸为害。若虫和初羽化成虫均有群集性，常常数十头按同一方向聚集于竹叶背面刺吸取食，蜕皮后转移至附近继续取食，直至羽化为成虫，成虫后期方分散取食。竹子叶片受害后，受害处背面出现黄褐色小斑点，叶片正面对应的部位则为几乎连成片状的灰白色小方形斑。

杨琳等（2007）在贵州省贵阳市花溪公园、长顺县威远镇等地调查采集时，曾在一些生长茂密的竹子上单网捕虫数达数十头，发现部分竹林受害严重，竹叶受害叶率高。相对于发生于贵州省竹子上的10余种叶蝉而言，缅甸安小叶蝉 *Anaka burmensis* 不仅分布广泛、虫口密度大，而且使受害竹子叶片正面出现大面积灰白色斑，严重影响竹叶的光合作用，不利于竹子的生长、发育，显然已上升为竹子的首要叶蝉害虫（杨琳等，2007）。

（三）其他叶蝉

在贵州省危害竹子的13种叶蝉中，以隐脉叶蝉亚科（很多种类现已移入额垠叶蝉亚科）的种类危害性相对最大。其中竹额垠叶蝉、白足额垠叶蝉和五斑额垠叶蝉种群数量最多。在贵阳市花溪公园、望谟县打易镇、荔波县小七孔等地，在一些生长茂密的竹子上单网捕虫数达10多头。因虫口密度大，造成竹叶发黄，竹林长势渐衰，抗性减弱，林相被破坏；叉突平额叶蝉、双带痕叶蝉、腹突痕叶蝉种群数量次之，单网捕虫数1～5头；横脊叶蝉亚科的种类，如白边狭顶叶蝉、斑驳锥头叶蝉、黑色锥头叶蝉、白边脊额叶蝉、周氏凸唇叶蝉、黑头条大叶蝉、红带突额叶蝉等，网捕仅偶尔采到，种群数量很小，危害轻，对竹林的影响不大(杨琳等，1999)。

四、生物学及生态学

对竹子叶蝉类昆虫的生物学及生态学研究方面的报道并不多，只有一些生物学特性方面的简单记述。

在日本，斑翅额垠叶蝉成虫整年均有发生，以3月、5～6月和10月为发生高峰期。其寄主为日本从国外引进的一些竹种，如 *Bambusa multiplex* Raeuschel、*B. vulgaris* Schrad 等，成虫常栖息于竹叶上，在活动期，一旦受到惊吓，它们会灵巧地飞走；而琉球额垠叶蝉 *Mukaria zonata* Hayashi 仅分布于日本的琉球群岛的冲绳岛北部，成虫和若虫均专门取食当地的一种竹子 *Pleioblastus linearis* Nakai，成虫发生于6～7月，盛发期为6月中下旬(Hayashi，1996)。

在我国，大青叶蝉在全国各地1年发生代数不一，在新疆、内蒙古1年1～2代，华北1年3代，华南1年6代，浙江1年5代，以卵越冬，3月下旬若虫孵化活动，以后到11月均可见到该虫的活动，卵需经9～15天孵化，若虫生活24～44天羽化为成虫(赵仁友等，2006)；据初步调查估计，缅甸安小叶蝉在贵州每年至少发生4代以上(杨琳等，2007)；Chen *et al.* (2007)对痕叶蝉属的种类的生物学进行了简单记述和讨论，双带痕叶蝉在贵州广泛分布于海拔600～1100m的广大地区，发生数量较多；腹突痕叶蝉广泛分布于贵州600～1200m海拔的广大地区，成虫全年可见，8月为发生高峰期；塔纹新痕叶蝉主要分布于贵州北部海拔900～2300m地区，是近年来发现的竹子新害虫(Chen *et al.*，2007)。

五、天敌

关于竹子叶蝉类害虫的天敌，尚缺少系统的调查了解，相关资料极为缺乏。大青叶蝉的成虫、若虫的天敌有食蚜蝇 *Epistrophe* sp.、十斑大瓢虫 *Anisolemnia dilatata* (Fabricius)、异色瓢虫 *Leis axyridis* (Pallas)、褐蛉 *Hemerobius* sp.、大草蛉 *Chrysopa septempunctata* Wesmael、步甲 *Calosoma* sp. 等，若虫的天敌有1种寄生蜂(徐天森，王浩杰，2004)。

六、防治

杨琳等(1999)在述及贵州竹子叶蝉种类、发生及危害时，为防治贵州竹叶蝉类害虫提出了以下建议：对危害较重的种类，采用乐果3000倍液、敌敌畏2000倍液、25%二二三乳剂200倍液等进行药剂防治。一般情况下，只须抓好以下几个措施即可取得较好效果：加强肥水管理、增强竹势，减轻趋弱为害；适时剪除竹丛底部枝叶，消除杂灌老蔸；合理采伐；改善竹林卫生环境和立地条件，加强竹林管理等。

第二章 种类记述

关于竹子叶蝉，一直以来既缺准确的种类数调查统计，又无专著予以详细描记。杨琳等(1999)对贵州的竹子叶蝉害虫进行了初步的调查研究，共报道13种；12年后杨琳等(2011)将贵州竹子叶蝉增加到33属55种；除此之外，仅在叶蝉分类文献中有零星的采自竹子上的叶蝉新属新种的记述报道。本研究在广泛采集调查和标本鉴定的基础上，对准确鉴定的8亚科58属123种采自竹子上的叶蝉标本进行了系统整理和详细描述。

一、材料与方法

(一)研究材料

研究用标本为成虫干标本，主要来源有：

(1)贵州大学昆虫研究所标注采自竹子上的历年的馆藏叶蝉标本。

(2)研究期间普查采集的标本。

(3)研究期间定点调查采集的标本。

(4)昆虫研究所的师生外出采集的标本。

(二)研究方法

1. 分类系统

叶蝉科的高级分类系统主要采用Zahniser & Dietrich (2010)的分类系统。本书涉及的8个亚科中，原隐脉叶蝉亚科Nirvaninae并入横脊叶蝉亚科Evacanthinae，原额垠叶蝉亚科Mukarinae并入角顶叶蝉亚科Deltocephalinae，但铲头叶蝉亚科Hecalinae仍保留其亚科地位。

2. 标本解剖、观察

取下雄虫腹部后几节，在10%的NaOH或KOH溶液中煮沸1分钟左右，用清水冲洗，置于玻片上的甘油滴中，在生物立体显微镜和透视显微镜下观察。

3. 形态特征拍摄

在基恩士Keyence超景深三维显微系统VHX-1000下拍摄完成。

4. 特征图绘制

在配有绘图仪的生物立体显微镜和透视显微镜下观察标本，描制草图，在草图的基础上用硫酸纸覆墨而成。

5. 图版制作

图版制作使用Adobe Photoshop图像编辑软件，彩色特征图与黑白点线图混排而成。

6. 特征术语

本书使用的体躯结构及分类特征术语，主要依照李子忠，戴仁怀，邢济春(2011)。

7. 寄主植物记录

本书的“寄主”泛指叶蝉在其上取食或栖息停留的植物。在调查采集过程中，凡同期或不同期采自竹子上的同种叶蝉达2头及2头以上，即标注其“寄主”为“竹类”。如在竹子上只采获单头叶蝉标本，其寄主植物暂标注为“未明”，非竹类植物的其他寄主，则引自此前发表或出版的文献资料。

二、结果与分析

经初步鉴定，中国竹子叶蝉共58属123种(其中有10新种)，分别隶属于8亚科：大叶蝉亚科Cicadellinae(8属16种)、离脉叶蝉亚科Coelidiinae(3属6种)、角顶叶蝉亚科Deltocephalinae(24属66种，8新种)、横脊叶蝉亚科Evacanthinae(15属27种，2新种)、铲头叶蝉亚科Hecalinae(1属1种)、叶蝉亚科Iassinae(1属1种)、圆痕叶蝉亚科Megophthalminae(4属4种)、小叶蝉亚科Typhlocybinae(2属2种)。按亚科分别描记如下。

竹子叶蝉种类检索表(除大叶蝉亚科外均为雄性)

1 头部向前极度延伸，侧面观端部向上弯，匙状(图 116A ~ E) …… 铲头叶蝉亚科 Hecalinae，卡西亚长头叶蝉 *Paradorydium khasiana*
－头部正常，不如上述(图 1 A，17 A，23 A，90 A，118 A，119 A，123 A) …… 2
2 单眼位于头冠中央或后部(图 1B) …… 大叶蝉亚科 Cicadellinae，3
－单眼位于头冠前缘域或颜面(图 17B，23B，90B，118E，119E，122E) …… 18
3 体连翅长超过 12mm …… 4
－体连翅长不超过 11mm …… 8
4 前翅端部黑褐色(图 7A，8A，9A) …… 5
－前翅端部非黑褐色 …… 7
5 雌虫第 7 腹板两叶宽短，向后延伸不达或仅达尾节中部；雄虫尾节腹突较长，左右尾节腹突端部相交(图 8F) …… 大斑凹大叶蝉 *Bothrogonia macromaculata*
－雌虫第 7 腹板两叶细长，向后延伸超过尾节中部；雄虫尾节腹突中等长，左右尾节腹突端部不相交 …… 6
6 雌虫第 7 腹板两叶端部有锯齿状突起；雄虫尾节腹突背缘有齿列(图 9F) …… 黔凹大叶蝉 *Bothrogonia qianana*
－雌虫第 7 腹板两叶渐细，端部无锯齿状突起；雄虫尾节腹突背缘无齿列(图 7F) …… 黑尾凹大叶蝉 *Bothrogonia ferruginea*
7 雌虫第 7 腹板两叶端部钝圆；雄虫尾节腹突端部膨大，端缘具数枚齿状突起(图 6F) …… 短凹大叶蝉 *Bothrogonia exigua*
－雌虫第 7 腹板两叶端部尖；雄虫尾节腹突端部渐尖，无齿状突起(图 10F) …… 柱凹大叶蝉 *Bothrogonia tianzhuensis*
8 前翅散布数枚黑色圆斑(图 2A，2C) …… 点翅斑大叶蝉 *Anatkina illustris*
－前翅无上述圆斑 …… 9
9 体黑色，但中胸小盾片端半黄白色，前翅爪片端部处具黄白色大圆斑(图 15A，16A) …… 10
－体非黑色，如为黑色则小盾片及前翅斑纹不如上述 …… 11
10 阳茎干基部两腹侧各具 1 粗长刺状突起，其长度超过阳茎干端部(图 15K) …… 枝茎窗翅叶蝉 *Mileewa branchiuma*
－阳茎干端部后缘具粗短突起，其长度小于阳茎干的 1/3(图 16J) …… 窗翅叶蝉 *Mileewa margheritae*
11 体青绿色(图 11A，11C) …… 大青叶蝉 *Cicadella viridis*
－体非青绿色 …… 12
12 雄虫阳茎与连索通过阳茎腹突相连(图 3K，4K，5K) …… 13
－雄虫阳茎与连索直接相连(图 13J) …… 15
13 体金黄色(图 5A，5C) …… 隐纹条大叶蝉 *Atkinsoniella thalia*
－体非金黄色 …… 14
14 雄虫尾节侧瓣背缘近基部有 1 角状突起(图 3F)；阳茎长，阳茎腹突近端部向两侧成片状突出 …… 黑缘条大叶蝉 *Atkinsoniella limba*
－雄虫尾节侧瓣背缘平直(图 4F)；阳茎短，阳茎腹突端部尖细 …… 黑红条大叶蝉 *Atkinsoniella nigrominiatula*
15 体黑褐色(图 13A，14A) …… 16
－体淡黄褐色(图 1A，12A) …… 17
16 额唇基中央具 1 感叹号状黑色条纹(图 13E) …… 黑条边大叶蝉 *Kolla nigrifascia*
－额唇基中央无感叹号状黑色条纹(图 14E) …… 顶斑边大叶蝉 *Kolla paulula*
17 额唇基基部暗褐色(图 12E) …… 周氏凸唇叶蝉 *Erragonalia choui*
－额唇基全为黄白色(图 1E) …… 红纹平大叶蝉 *Anagonalia melichari*
18 颜面额唇基贯穿 1 条中纵脊(图 90E)或额唇基基部具 1 条短中脊(图 105E) …… 横脊叶蝉亚科 Evacanthinae，19
－颜面额唇基无上述中脊(图 17E，23E，118E，119E，123E) …… 44
19 颜面额唇基贯穿 1 条中纵脊(图 90E ~ 97E) …… 20
－颜面仅额唇基基大部或基部具中脊(图 98E，104E) …… 35
20 前翅仅端部黑褐色(图 92A) …… 黑尾狭顶叶蝉，新种 *Angustella nigricauda*

- 前翅不如上述 ………… 21
21 颜面前唇基、舌侧板黄白色，无任何斑纹（图 97E）………… 22
- 颜面前唇基、舌侧板具褐色或黑褐色斑纹（112E） ………… 26
22 后唇基侧缘中部具黑褐色圆斑（图 97E）………… 23
- 后唇基侧缘无任何斑纹（图 115E） ………… 24
23 雄虫尾节腹缘突起具粗长刚毛（图 96F） ………… 白边脊额叶蝉 *Carinata kelloggii*
- 雄虫尾节腹缘突起无粗长刚毛（图 97F） ………… 黑带脊额叶蝉 *Carinata nigrofasciata*
24 前翅前缘域中部无透明斑（图 114C） ………… 横带角突叶蝉 *Taperus fasciatus*
- 前翅前缘域中部具透明斑（图 105C，115C） ………… 25
25 前翅前缘域透明斑长条形，长超过前缘全长的 1/3（图 105C） ………… 曲突凸冠叶蝉，新种 *Convexana fleura*
- 前翅前缘域透明斑椭圆形，长短于前缘全长的 1/3（图 115C） ………… 绿春角突叶蝉 *Taperus luchunensis*
26 头冠中脊片状，中域有 1 圆锥状突起（图 112D） ………… 绥阳拟片脊叶蝉 *Parapythamus suiyangensis*
- 头冠中脊不如上述………… 27
27 前胸背板全为黑褐色（图 107B） ………… 28
- 前胸背板仅部分为黑褐色（图 95B）………… 32
28 前翅爪片具黄褐色斑（图 107A） ………… 29
- 前翅爪片全为黑褐色（图 109A） ………… 30
29 头冠单眼间具横脊（图 107B） ………… 黄带横脊叶蝉 *Evacanthus repexus*
- 头冠单眼间无横脊（图 94B） ………… 竹斜脊叶蝉 *Bundera bambusana*
30 前唇基端半黄白色（图 109E） ………… 斑驳锥头叶蝉 *Onukia guttata*
- 前唇基全为黑褐色（图 111E） ………… 31
31 前翅前缘域端半具 2 条黑褐色斜纹（图 111C） ………… 望谟副锥头叶蝉 *Paraonukia wangmoensis*
- 前翅前缘域无黑褐色斜纹（图 110C） ………… 黑色锥头叶蝉 *Onukia nigra*
32 中胸小盾片黄褐色（图 91B）………… 33
- 中胸小盾片为黑褐色（图 95B） ………… 黑色冠垠叶蝉 *Boundarus nigronotus*
33 颜面舌侧板黑褐色（图 91E） ………… 白边狭顶叶蝉 *Angustella leucostriata*
- 颜面舌侧板黄白色或黄色（图 90E，93E） ………… 34
34 前胸背板中域有 1 黑色横斑（图 93B） ………… 黑缘狭顶叶蝉 *Angustella nigrimargina*
- 前胸背板中域无黑斑（图 90B） ………… 景洪狭顶叶蝉 *Angustella jinghongensis*
35 体背自头顶至前翅端部具黑褐色纵条纹（图 98A，106A） ………… 36
- 体背无上述纵条纹（图 113A） ………… 42
36 头胸部侧面观额唇基略内凹（图 106D）；体背纵条纹粗细均匀，外侧缘无齿状斑纹（图 106A） ………… 细线内突叶蝉 *Extensus collectivus*
- 头胸部侧面观额唇基丰满隆起（图 98D）；体背纵条纹变化多样，外侧缘常具齿状斑有纹（图 98A） ………… 37
37 阳茎端部膨大，但不呈端向渐膨大，腹面无骨化带而有突起，突起端部弯向腹面，伸出腹外，阳茎基半部如有发达的突起，则不呈叉状（图 103K）；尾节突末端阔（图 103F）………… 38
- 阳茎端部端向渐膨大，尤以端部最大，腹面有 2 条纵骨化带支持，阳茎基半部有发达的突起（图 102K）；尾节突末端尖（图 102F） ………… 39
38 阳茎中部背面有 1 对长突，基向延伸，末端钩状弯向背面（图 103K） ………… 中华消室叶蝉 *Chudania sinica*
- 阳茎中部有 2 对细长突起（图 101K）………… 昆明消室叶蝉 *Chudania kunmingana*
39 阳茎近中部背面具 2 对突起，分别伸向基方和端方，背腹面观呈“X”状（图 102J） ………… 云南消室叶蝉 *Chudania yunnana*
- 阳茎近中部背腹面观不具“X”状突起（图 99J）………… 40
40 阳茎基部腹面有 1 对发达长突，约自 2/5 处分出 1 根短叉，基长度约为全长的 1/5（图 99K）………… 甘肃消室叶蝉 *Chudania ganana*
- 阳茎基部腹面无发达长突（图 100K） ………… 41

41 阳茎近基部1/3处背侧有1对突起，略弯，伸向两侧，阳茎基部腔口端部腹面有1对长突，略弯曲，近中部处向腹下方分出1根短支，2对突起近距(图100K) ······ 赫氏消室叶蝉 *Chudania hellerina*
– 阳茎基部1/3处背侧有1对短突，端向渐尖，伸向基方，阳茎基部腔口中部腹面有1对长突，较直，约在近基部1/3处向背上方分出1根短支，2对突起远距(图98K) ······ 峨眉消室叶蝉 *Chudania emeiana*

42 前翅中部具黑褐色细横带纹(图113A) ······ 横纹拟隐脉叶蝉 *Sophonia transvittata*
– 前翅中部无上述横带纹(图104A，108A) ······ 43

43 头冠沿冠缝具血红色细线纹(图104B) ······ 红条凹片叶蝉 *Concaveplana rubilinena*
– 头冠沿冠缝无任何斑纹(图108B) ······ 淡色隐脉叶蝉 *Nirvana placida*

44 单眼位于颜面(图117E，118E，122E) ······ 45
– 单眼位于头冠前缘域(图17B，23B) ······ 51

45 前胸背板密生横皱纹(图117B) ······ 叶蝉亚科 Iassinae，弯片窄头叶蝉 *Batracomorphus laminocus*
– 前胸背板无上述横皱纹(图118B，122B) ······ 46

46 背面观虫体楔形，头部包括复眼宽于前胸背板(图118B) ······ 圆痕叶蝉亚科 Megophthalminae，47
– 背面观虫体长圆筒形，头部包括复眼狭于前胸背板(图122B) ······ 小叶蝉亚科 Typhlocybinae，50

47 头顶背面观前缘接近平直(图119B)；雄虫阳茎背腔中部具刺状突起(图119K) ··· 黑斑突脉叶蝉 *Durgades nigropicta*
– 头顶背面观前缘明显向前弧形突出(图118B)；雄虫阳茎背腔无刺状突起(图118J) ······ 48

48 阳茎端部具发达的枝状突起(图118J) ······ 片茎网脉叶蝉 *Dryodurgades lamellaris*
– 阳茎端部无发达的枝状突起(图120J) ······ 49

49 前胸背板中后部具2枚明显的黑色圆形大斑(图120B)；阳茎端部腹面具刺状突起(图120J) ······ 普氏叉突叶蝉 *Igerna priyankae*
– 前胸背板褐色斑纹不甚明显(图121B)；阳茎端部腹面无刺状突起(图121J) ······ 大贯锥茎叶蝉 *Onukigallia onukii*

50 体乳白色至淡黄色(图123A～E) ······ 竹白小叶蝉 *Sweta bambusana*
– 体暗褐色至黑褐色(图122A～E) ······ 缅甸安小叶蝉 *Anaka burmensis*

51 前胸背板粗视密生淡色颗粒状圆斑(图17B～22B) ······ 离脉叶蝉亚科 Coelidiinae，52
– 前胸背板不如上述 ······ 角顶叶蝉亚科 Deltocephalinae，57

52 前翅具横带纹(图17A) ······ 53
– 前翅无横带纹(图22A) ······ 54

53 前翅黑色，基部和近端部各具1鲜黄色阔横带纹(图17A) ······ 黑颜单突叶蝉 *Olidiana brevis*
– 前翅暗褐色，近端部具1淡黄白色近透明的横带纹(图19A) ······ 横带无突叶蝉 *Taharana fasciana*

54 额唇基均为暗褐色(图22E) ······ 55
– 额唇基非暗褐色(图18E) ······ 56

55 尾节背缘突起的内侧缘中段锯齿状(图22F) ······ 尖头片叶蝉 *Thagria projecta*
– 尾节背缘突起的内侧缘不成锯齿状(图20F) ······ 角顶片叶蝉 *Thagria birama*

56 额唇基两侧域各具1条橘红色纵带纹(图18E) ······ 黄面单突叶蝉 *Olidiana huangmina*
– 额唇基于近基部和端部处各具1褐色横带纹(图21E) ······ 指片叶蝉 *Thagria digitata*

57 额侧面观大部或端部平坦或略凹入，基部似垠隆起(图51D) ······ 58
– 额侧面观端部均匀隆起(图23D) ······ 75

58 头冠前缘具2～3条细横皱脊(图58D) ······ 59
– 头冠前缘无或仅具1条横皱脊(图51D，55D) ······ 66

59 前胸背板、中胸小盾片前缘各具2枚暗褐色圆斑(图66B) ······ 五斑竹额垠叶蝉 *Bambusimukaria quinquepunctata*
– 前胸背板、中胸小盾片无上述圆斑 ······ 60

60 虫体黄褐色(图63A) ······ 黄褐额垠叶蝉 *Mukaria testacea*
– 虫体为黑褐色至黑色(图64A) ······ 61

61 前翅爪片中部具鲜黄色斑(图61A，64A) ······ 62
– 前翅爪片全为黑褐色至黑色(图58～60A，62A) ······ 63

62 前翅爪片中部鲜黄色斑小，条形(图 64A)；雄虫尾节侧瓣腹缘具粗大突起(图 64F) …………………………………………………… 沿河额垠叶蝉，新种 *Mukaria yanheensis*
– 前翅爪片中部鲜黄色斑大，半圆形(图 61A)；尾节侧瓣腹缘具无突起(图 61F)圆 …………………………………………………… 斑翅额垠叶蝉 *Mukaria maculata*
63 头顶全黑色，具油状光泽(图 60B) …………………………………………………… 64
– 头顶前缘域或多或少为黄白色或黄褐色，无油状光泽(图 62B) …………………………………………………… 65
64 前翅前缘端 1/3 处具 1 个黄白色透明斑(图 60C)；尾节端背方具 1 指状突起(图 60F) …… 李氏额垠叶蝉 *Mukaria lii*
– 前翅前缘端部具 2 个大小近似的白色透明斑(图 58C)；尾节端背方无突起(图 58F) …………………………………………………… 白斑额垠叶蝉 *Mukaria albinotata*
65 前翅前缘端 1/3 处具 1 个黄白色小斑(图 62C)；尾节侧瓣无突起(图 62F)；下生殖板短，近四边形，端部略尖(图 62G)；阳茎端缘平截，侧向各延伸出 1 短突起(图 62J) …………………………………………………… 白足额垠叶蝉 *Mukaria pallipes*
– 前翅前缘端部具 1 大 1 小两个黄白色透明斑(图 59C)；尾节侧瓣腹缘具三角形突起(图 59F)；下生殖板基部宽圆，端部 1/3 骤然变细，膜状(图 59G)；阳茎端部具 4 根刺突，其中 2 刺突粗向背方弯折，2 细刺突直，指向尾方(图 59J) …………………………………………………… 竹额垠叶蝉 *Mukaria bambusana*
66 头冠、前胸背板无任何斑纹(图 68B) …………………………………………………… 端斑类痕叶蝉 *Paramohunia notata*
– 头冠、前胸背板具纵条纹(图 72B) …………………………………………………… 67
67 头冠、前胸背板纵条纹暗褐色至黑褐色(图 72B) …………………………………………………… 黑带拟痕叶蝉 *Pseudomohunia nigrifascia*
– 头冠、前胸背板纵条纹橘红色(图 51B，84B) …………………………………………………… 68
68 额唇基扁平，侧面观头端部尖(图 51D，83D ~ 85D) …………………………………………………… 69
– 额唇基基部隆起，侧面观头端部钝(图 65B) …………………………………………………… 72
69 头冠部中纵条纹狭，延伸至前胸背板不向后扩宽(图 51B) …………………………………………………… 叉突平额叶蝉 *Flatfronta pronga*
– 头冠部中纵条纹较宽，延伸至前胸背板向后渐扩宽(图 84B) …………………………………………………… 70
70 前翅革区沿爪缝具橘黄色带纹(图 84A，84C) …………………………………………………… 峨眉条背叶蝉 *Tiaobeinia emaiensis*
– 前翅革区沿爪缝无上述带纹(图 85A，85C) …………………………………………………… 71
71 雄虫阳基侧突端部弯曲(图 85H) …………………………………………………… 弯突条背叶蝉，新种 *Tiaobeinia wantuia*
– 雄虫阳基侧突端部尖而直(图 83H) …………………………………………………… 双锥条背叶蝉 *Tiaobeinia bisubula*
72 雄虫连索 Y 形(图 65I) …………………………………………………… 塔纹新痕叶蝉 *Neomohunia pyramida*
– 雄虫连索 V 形(图 55I ~ 57I) …………………………………………………… 73
73 雄虫尾节具粗刺状突起(图 57F) …………………………………………………… 74
– 雄虫尾节无突起(图 55F) …………………………………………………… 双带痕叶蝉 *Mohunia bifasciana*
74 雄虫尾节侧瓣突起位于腹缘(图 57F) …………………………………………………… 腹突痕叶蝉 *Mohunia ventrospina*
– 雄虫尾节侧瓣突起位于腹缘内侧(图 56F) …………………………………………………… 内突痕叶蝉 *Mohunia introspina*
75 背面观头部前端尖角状向前突出(图 86B)；体背具鲜橘红色或橘黄色纵条纹(图 86A) …………………………………………………… 76
– 背面观头部前端弧圆，不呈尖角状向前突出；体背无上述纵条纹 …………………………………………………… 79
76 雄虫下生殖板与生殖基瓣愈合(图 87G ~ 89G) …………………………………………………… 77
– 雄虫下生殖板与生殖基瓣不愈合(图 86G) …………………………………………………… 弯茎拟狭额叶蝉 *Vartalapa curvata*
77 阳茎中部或基部具粗长突起(图 87K，88K) …………………………………………………… 78
– 阳茎中部或基部无粗长突起(图 89K) …………………………………………………… 锥尾颜脊叶蝉 *Xenovarta subulata*
78 尾节无腹突(图 87F)；阳茎基部两侧各具 1 粗大突起(图 87K) …………………………………………………… 二点颜脊叶蝉 *Xenovarta acuta*
– 尾节背缘内侧具粗长突起(图 88F)；阳茎干中部背缘具 1 粗大刺状突起(图 88K) …………………………………………………… 长角颜脊叶蝉 *Xenovarta longicornis*
79 雄虫尾节侧瓣后缘内侧具膜状粗长突起(图 23F ~ 37F) …………………………………………………… 80
– 雄虫尾节侧瓣后缘内侧无膜状粗长突起 …………………………………………………… 94
80 阳茎基背突退化或短于阳茎干的 1/2(图 26J) …………………………………………………… 81
– 阳茎基背突等于或长于阳茎干的 1/2(图 27J) …………………………………………………… 83
81 下生殖板短，后缘平截(图 26G) …………………………………………………… 短板柔突叶蝉 *Abrus breviolus*

－下生殖板中等长，后缘圆(图 33G) …… 82
82 尾节腹缘后方具 1 乳头状突起，指向腹方(图 33F)；阳茎基背突缺如(图 33K)…… 崀山柔突叶蝉 *Abrus langshanensis*
－尾节腹缘后方具 1 粗刺状突起，指向背后方(图 34F)；阳茎基背突粗大(图 34K)…… 道真柔突叶蝉，新种 *Abrus daozhenensis*
83 阳茎干长约为阳茎基背突的 1/2，亚端部的侧附突伸向背方(图 27J) …… 短茎柔突叶蝉 *Abrus brevis*
－阳茎干长等于或长于阳茎基背突，亚端部的侧附突伸向基侧方(图 35K) …… 84
84 尾节后缘背角和近腹角各具 1 突起(图 35F) …… 85
－尾节后缘背角无突起(图 23F) …… 86
85 尾节后缘背角处的突起长，指向腹后方(图 35F) …… 武夷柔突叶蝉 *Abrus wuyiensis*
－尾节后缘背角处的突起短，指向背后方(图 24F) …… 竹柔突叶蝉，新种 *Abrus bambusanus*
86 阳茎干亚端部无侧附突(图 23K) …… 87
－阳茎干亚端部具发达侧附突(图 31K) …… 88
87 尾节腹缘后方具 1 乳头状小突起(图 23F)；阳茎基背突端部尖(图 23K) …… 安龙柔突叶蝉，新种 *Abrus anlongensis*
－尾节腹缘无突起(图 32F)；阳茎基背突端部钝圆(图 32K) …… 雷公山柔突叶蝉 *Abrus leigongshanensis*
88 阳茎亚端部侧附突单一，端部不分叉(图 31K) …… 89
－阳茎亚端部侧附突端部分叉(图 25K) …… 90
89 尾节侧瓣后腹缘具突起(图 31F)；阳茎基背突后腹缘具齿列(图 31K) …… 黄氏柔突叶蝉 *Abrus huangi*
－尾节侧瓣后腹缘无突起(图 30F)；阳茎基背突后腹缘无齿列(图 30K) …… 细茎柔突叶蝉 *Abrus graciaedeagus*
90 尾节腹缘后方具分枝状突起(图 25F) …… 双枝柔突叶蝉 *Abrus biprocessus*
－尾节腹缘后方突起不分枝(图 36F) …… 91
91 阳茎亚端部侧附突基部具小突起(图 28J) …… 92
－阳茎亚端部侧附突基部无小突起(图 36K) …… 习水柔突叶蝉 *Abrus xishuiensis*
92 下生殖板外侧缘近端部凹入(图 28G) …… 凹板柔突叶蝉 *Abrus concavelus*
－下生殖板外侧缘近端部弧圆(图 37G) …… 93
93 阳茎基背突端缘平截，无刺突(图 37K) …… 云山柔突叶蝉，新种 *Abrus yunshanensis*
－阳茎基背突端部尖，亚端部具小刺突(图 29K) …… 锥尾柔突叶蝉 *Abrus coneus*
94 雄虫具发达的连索侧突(图 73I) …… 95
－雄虫无发达的连索侧突 …… 103
95 体背具淡黄白色宽纵带纹(图 77A) …… 白背带叶蝉 *Scaphoideus kumamotonis*
－体背无上述宽纵带纹(图 79A) …… 96
96 前唇基和舌侧板褐色(图 79E) …… 97
－前唇基和舌侧板黄白色(图 75E) …… 99
97 背连索侧面观宽片状(图 79J) …… 黑颊带叶蝉 *Scaphoideus nigrigenatus*
－背连索不成宽片状 …… 98
98 阳茎腹面观端缘两侧具突起(图 73J)；阳基侧突基部狭，端部具小齿突(图 73H) …… 安龙带叶蝉，新种 *Scaphoideus anlongensis*
－阳茎腹面观端缘两侧无突起(图 74J)；阳基侧突基部阔，端部无齿突(图 74H) …… 锥板带叶蝉 *Scaphoideus conicaplateus*
99 肛节基腹缘具钩状突起(图 75F)；下生殖板中端部聚然变细(图 75H) …… 梵净带叶蝉 *Scaphoideus fanjingensis*
－肛节基腹缘无突起；下生殖板端向逐渐变细(图 81G) …… 100
100 阳茎腹面观端部两侧各具 1 齿状突起(图 81K)；连索侧突端部膨大成耳状(图 81I) …… 雅安带叶蝉 *Scaphoideus yaanensis*
－阳茎背、腹面观端部两侧无齿状突起(图 76K)；连索侧突端部端向渐尖(图 76I) …… 101
101 连索侧突外缘近中部向外侧突出(图 76I) …… 阔横带叶蝉 *Scaphoideus festivus*
－连索侧突外缘不向外侧突出(图 80H) …… 102

102 阳茎侧面观近 Y 形，背腔位于阳茎中部(图 80J)，阳茎腹面观阳茎干端半部两侧缘平行(图 80I) …………………………………………… 黑瓣带叶蝉 *Scaphoideus nigrivalveus*
- 阳茎侧面观近 V 形，背腔位于阳茎基部(图 78K)，阳茎腹面观阳茎干端半部两侧缘膨大(图 78J) …………………………………………… 绿春带叶蝉 *Scaphoideus luchunensis*
103 背面观头胸部具 3 条黄白色纵带纹(图 82B) …………………… 纵条拟带叶蝉 *Scaphotettix striatus*
- 背面观头胸部无上述纵带纹 …………………… 104
104 雄虫下生殖板端半部外侧域密生毛发状细长毛，其长度等于或超过下生殖板长度(图 69G) …………………… 105
- 雄虫下生殖板端半部无上述毛发状细长毛 …………………… 107
105 颜面颊区有圆形黑斑(图 70E) …………………… 希神木叶蝉 *Phlogotettix polyphemus*
- 颜面颊区无圆形黑斑(图 69E) …………………… 106
106 阳基侧突端部弯钩状(图 69H) …………………… 单斑木叶蝉 *Phlogotettix monozoneus*
- 阳基侧突端部不呈弯钩状(图 71H) …………………… 西藏木叶蝉 *Phlogotettix tibetaensis*
107 雄虫下生殖板与生殖基瓣高度愈合(图 50G) …………………… 叉茎合板叶蝉 *Connectivus bifidus*
- 雄虫下生殖板与生殖基瓣不愈合 …………………… 108
108 尾节腹缘无突起(图 38F) …………………… 109
- 尾节腹缘具突起(图 67F) …………………… 111
109 雄虫下生殖板端部内侧缘具凹刻(图 54G) …………………… 黄斑长角叶蝉 *Longicornus favipuncatus*
- 雄虫下生殖板端部内侧缘正常，无凹刻 …………………… 110
110 雄虫阳茎具发达而复杂的背连索(图 53K) …………………… 异齿吉岭叶蝉 *Jilinga asymmetrica*
- 雄虫阳茎无背连索(图 38J) …………………… 烟草嘎叶蝉 *Alobaldia tobae*
111 雄虫连索环形或 X 形(图 52I，67I) …………………… 112
- 雄虫连索 Y 形(图 48I) …………………… 113
112 雄虫连索 X 形(图 67I)；下生殖板平截(图 67G) …………………… 截板叉索叶蝉 *Neurotettix truncatus*
- 雄虫连索环形(图 52I)；下生殖板圆尖(图 52G) …………………… 纵带光叶蝉 *Futasujinus candidus*
113 背面观阳茎端部突起呈 X 状(图 48J) …………………… 黄脉端突叶蝉 *Branchana xanthota*
- 背面观阳茎端部突起不呈 X 状 …………………… 114
114 雄虫下生殖板近端部外侧缘凹入(图 49G) …………………… 黑斑双叉叶蝉 *Chlorotettix nigromaculatus*
- 雄虫下生殖板近端部外侧缘弧圆，不凹入 …………………… 115
115 雄虫尾节腹缘突起骤然弯折(图 43F，47F) …………………… 116
- 雄虫尾节腹缘突起直，不呈骤然弯折状(图 39F) …………………… 120
116 额唇基基域有 1 枚长方形黑色横斑(图 44E) …………………… 双斑拟竹叶蝉 *Bambusananus bipunctata*
- 额唇基无上述斑纹(图 43E) …………………… 117
117 雄虫尾节侧瓣腹缘突起先背向、后头向弯折(图 47F) …………………… 斑翅拟竹叶蝉 *Bambusananus maculipennis*
- 雄虫尾节侧瓣腹缘突起先背向、后尾向、后腹向弯折(图 43F) …………………… 118
118 雄虫阳茎干突起分叉(图 45K) …………………… 叉茎拟竹叶蝉 *Bambusananus furcatus*
- 雄虫阳茎干突起不分叉(图 43J，46L) …………………… 119
119 雄虫阳茎干突起着生于中部，粗长，直(图 46K，46L) …………………… 李氏拟竹叶蝉 *Bambusananus lii*
- 雄虫阳茎干突起着生于端 1/3 处，细而弯曲(图 43J) …………………… 二纹拟竹叶蝉 *Bambusananus binotatus*
120 颜面舌侧板和前唇基黑褐色(图 42E) …………………… 121
- 颜面舌侧板和前唇基黄色略带褐色(图 41E) …………………… 122
121 雄虫体连翅长超过 6.2mm；额唇基端大部黑褐色(图 42E) …………………… 黑斑竹叶蝉 *Bambusana nigrimaculata*
- 雄虫体连翅长不超过 5.5mm；额唇基端部黄白色，微带褐色颜面非黑褐色(图 40E) …………………………………………… 片突竹叶蝉 *Bambusana biflaka*
122 阳茎干后腹缘具生齿列(图 41K) …………………… 佛坪竹叶蝉 *Bambusana fopingensis*
- 阳茎干后腹缘具生 1 粗大刺突(图 39K) …………………… 模式竹叶蝉 *Bambusana bambusae*

(一)大叶蝉亚科 Cicadellinae

1. 红纹平大叶蝉 *Anagonalia melichari* (Distant, 1908)(图 1)

Tettigoniella melichari Distant, 1908: 205.
Anagonalia melichari, Young, 1986: 341.

体连翅长 7.0~10.0mm。

体淡黄绿色。头冠前侧缘具鲜红色条斑；复眼黑褐色，单眼黑色；颜面黄褐色，基部中央具 1 枚黑色圆斑。前胸背板具 4 枚鲜红色圆斑，呈弧形排列。前翅淡黄至黄褐色，半透明，有数条橙色纵条纹。胸、腹部腹面及足均暗黄色，爪暗褐色。

雄虫尾节侧瓣横宽，近似长方形，端背缘尖圆突出，端区有刚毛；尾节腹突着生于腹缘基部，沿腹缘直至端域弯曲伸向背面，其末端不及背缘，中基部细，亚端部膨大，端部渐尖。下生殖板近三角形，端部尖圆，外侧域有 1 纵列刚毛，6~8 根。阳基侧突中部宽，两端渐细，端部呈钩突状。连索宽 Y 形。阳茎简单，侧面观中基部背缘隆起，亚端处变细向背面弯，末端有 1 膜状突。

寄主：水稻、水竹及其他禾本科植物(首次报道该种叶蝉取食竹类)。

分布：中国(广东、广西、海南、四川、云南、贵州)；印度；斯里兰卡；缅甸；泰国；老挝；越南；马来西亚。

标本采集记录：1♀，云南西双版纳勐仑，竹子，2011-VII-28，郑维斌、常志敏采；1♂，贵州安龙兴隆仙鹤坪，水竹，2011-VIII-28，龙见坤采。

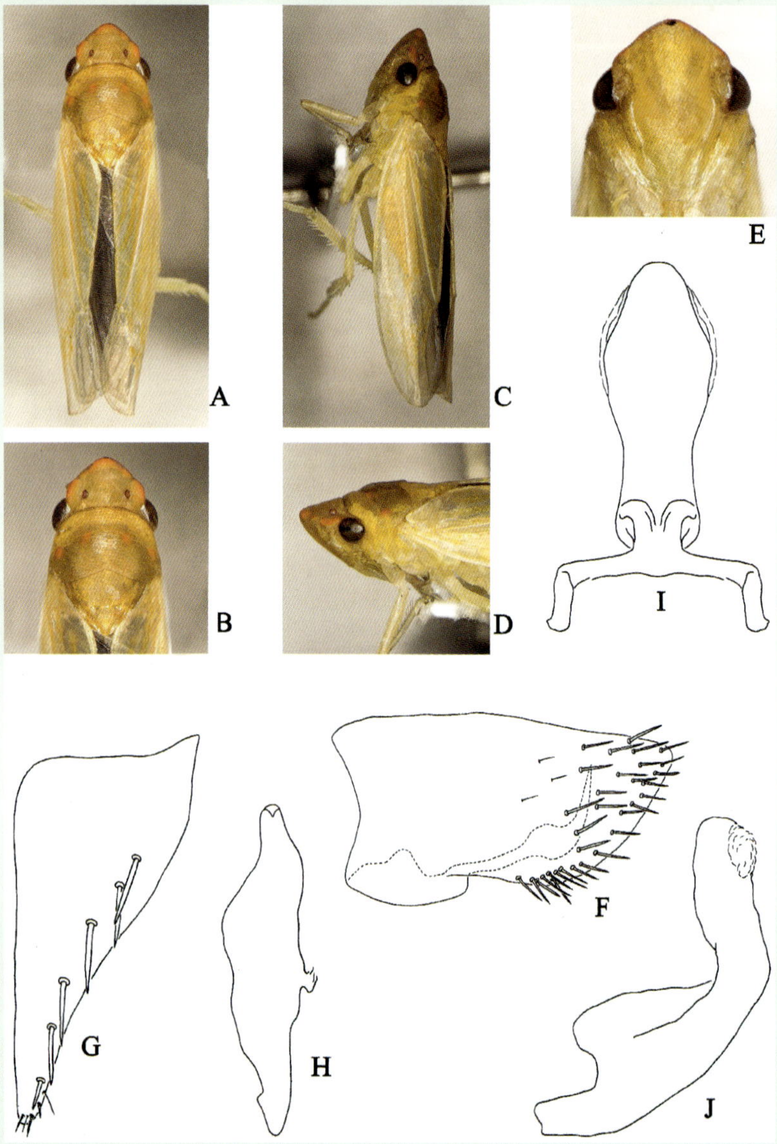

图 1 红纹平大叶蝉 *Anagonalia melichari* (Distant)

A. 雄成虫背面观(male habitus, dorsal view)；B. 头胸部背面观(head and thorax, dorsal view)；C. 雄成虫侧面观(male habitus, lateral view)；D. 头胸部侧面观(head and thorax, lateral view)；E. 颜面(face)；F. 雄虫尾节侧瓣(pygofer, lateral view)；G. 下生殖板(subgenital plate)；H. 阳基侧突(style)；I. 连索和阳茎，腹面观(connective and aedeagus, ventral view)；J. 阳茎侧面观(aedeagus, lateral view)

2. 点翅斑大叶蝉 *Anatkina illustris* (Distant, 1908)(图 2)

Tettigoniella illustris Distant, 1908: 204.
Anatkina illustris, Young, 1986: 46.

体连翅长 9.2～9.5mm。

体橙黄色。头冠基部具 1 枚黑色圆斑，额唇基基部具 2 枚黑色圆斑，近端部两侧各具 1 枚黑色斑。前胸背板中后部具 2 枚黑色圆斑；小盾片端部黑色，近基角处具 2 枚黑色半圆形斑点。前翅橙黄色，端区煤褐色，翅面上散生黑色斑点。胸部腹板黑褐色，足淡黄褐色。腹部背、腹面黑褐色。

雄虫尾节侧瓣基部宽，端部渐狭，端缘斜尖，端腹区着生粗刚毛；尾节腹突发达，于端部 1/3 处分出 1 短分枝，弯向腹方，突起端部伸达尾节端背缘。下生殖板宽短，基半两侧缘近平行，于近中部骤然收狭，端向略渐加宽，中端部斜生 1 列粗刚毛，刚毛列的外侧区具细刚毛。阳基侧突狭长，端部变细，弯曲呈钩状。连索宽 Y 形，主干短。阳茎前腔近半圆形弧弯向腹后方与阳茎腹突相关节，阳茎干长，略向腹面弯曲，向后远伸过阳茎腹突末端。阳茎腹突细长，自中部弯向背方，端半部稍粗壮，末端尖，鸟喙状。

寄主：金丝桃（本研究中 1 头雌性标本采自慈竹上）。

分布：中国（贵州、浙江、福建、湖南、广东、广西、重庆、四川、云南）；印度；泰国；马来西亚；斯里兰卡；缅甸。

标本采集记录：6♂♂，贵州荔波，1994-VI-24～26，陈祥盛、张亚洲采；1♀，贵州道真大沙河马村，慈竹，2004-VIII-24，陈祥盛采。

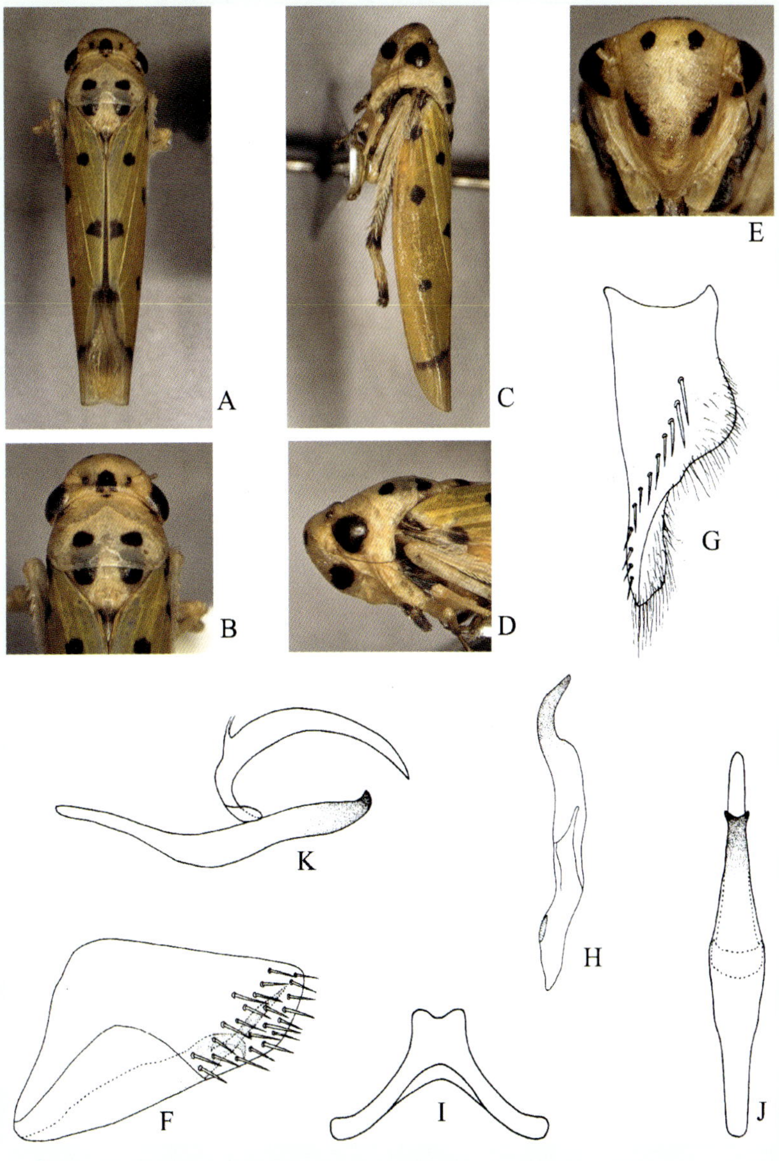

图 2　点翅斑大叶蝉 *Anatkina illustris* (Distant)

A. 雄成虫背面观(male habitus, dorsal view)；B. 头胸部背面观(head and thorax, dorsal view)；C. 雄成虫侧面观(male habitus, lateral view)；D. 头胸部侧面观(head and thorax, lateral view)；E. 颜面(face)；F. 雄虫尾节侧瓣(pygofer, lateral view)；G. 下生殖板(subgenital plate)；H. 阳基侧突(style)；I. 连索(connective)；J. 阳茎后腹面观(aedeagus, posterior and ventral view)；K. 阳茎侧面观(aedeagus, lateral view)

3. 黑缘条大叶蝉 *Atkinsoniella limba* Kuoh, 1991(图3)

Atkinsoniella limba Kuoh, 1991: 20.

体连翅长7.3~7.7mm。

体背面鲜红色，具黑褐色条纹。头顶前缘两侧域具2枚黑色圆形斑，头冠基缘单眼下方各具1近圆形黑斑，单眼和复眼黑褐色。额淡鲜黄色，额唇基基部具1黑色圆形大斑。前胸背板具1黑色“工”形纹。小盾片两侧角各具1黑色大斑，端部黑褐色。前翅爪区、革区以及沿爪缝各具1黑色纵带，另前、后缘及多数翅脉为黑色，端区为黑褐色。中后胸侧板和腹板黑色，各足灰白色，惟各足各分节端部为淡黑褐色。腹部腹面黑色，各腹节腹板后缘具黄白色细边。

雄虫尾节侧瓣近三角形，背缘波曲，中基部具角状突起，后缘弧圆，端部圆尖，端半部着生粗刚毛，中部具零星细刚毛；尾节腹突自基部向后背方斜伸，端向渐细。下生殖板基部宽，中部缢缩，向外侧弯翘，端缘钝圆，中端部斜生粗1列粗刚毛，外侧域着生细长刚毛，端半部中域具细短刚毛。阳基侧突狭长，两端细，稍波曲。连索Y形。阳茎细长，端部背方弯曲。阳茎腹突细长平伸，近端部向两侧呈片状突出，末端弯向背方与阳茎相接。

寄主：竹类(首次报道该种叶蝉取食竹类)。

分布：中国(福建、贵州、四川)。

标本采集记录：4♀♀，四川广元水磨沟，竹子，2007-VIII-18，张玉波采；4♂♂，四川雅安孔平，竹子，2010-VII-15~18，常志敏采；3♀♀，贵州宽阔水，竹子，2010-VII-8，郑延丽采。

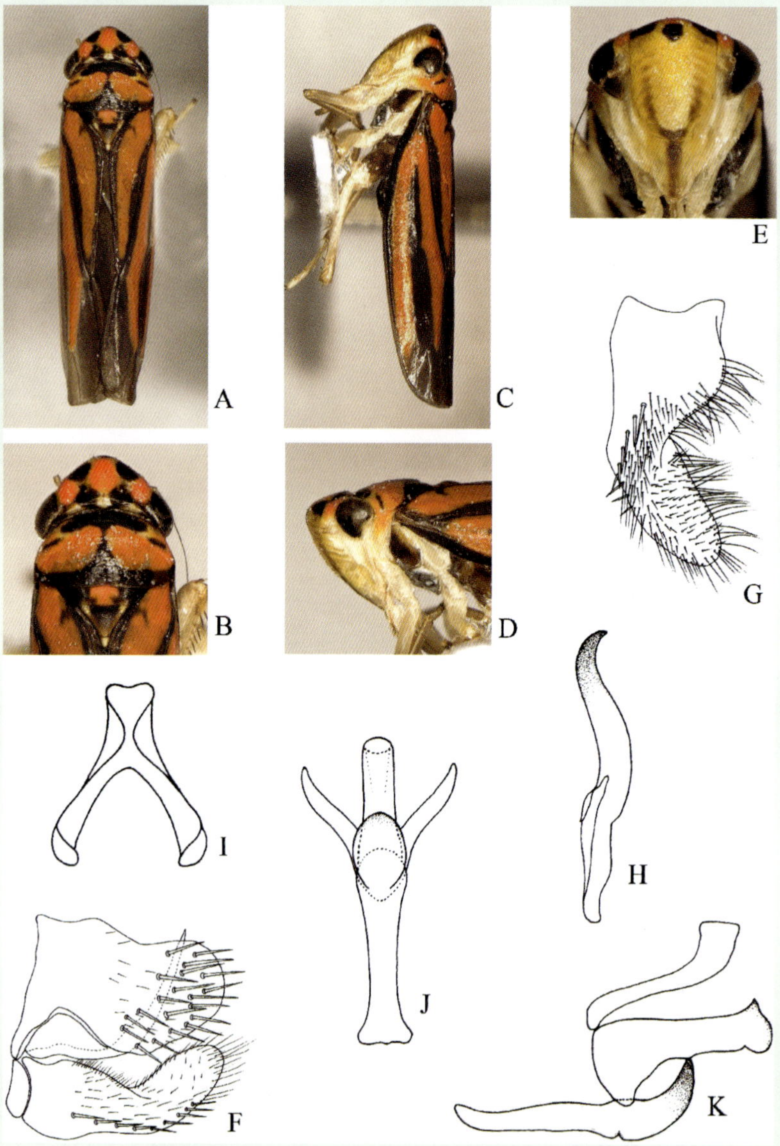

图3 黑缘条大叶蝉 *Atkinsoniella limba* Kuoh

A. 雄成虫背面观(male habitus, dorsal view); B. 头胸部背面观(head and thorax, dorsal view); C. 雄成虫侧面观(male habitus, lateral view); D. 头胸部侧面观(head and thorax, lateral view); E. 颜面(face); F. 雄虫尾节侧瓣(pygofer, lateral view); G. 下生殖板(subgenital plate); H. 阳基侧突(style); I. 连索(connective); J. 阳茎腹面观(aedeagus, ventral view); K. 阳茎侧面观(aedeagus, lateral view)

4. 黑红条大叶蝉 *Atkinsoniella nigrominiatula*（Jacobi, 1944）(图 4)

Cicadella nigrominiatula Jacobi, 1944: 44.

Atkinsoniella nigrominiatula, Young, 1986: 97.

体连翅长 7.3～7.7mm。

体橙黄色。头顶前缘中部具 1 枚黑色圆斑，头冠后部单眼后方各具 1 枚近圆形黑斑，单眼和复眼黑褐色。额淡鲜黄色，额唇基基部中央具 1 枚黑色圆形大斑，两侧各具 1 枚黑色圆形小斑。前胸背板具 1 暗褐色“工”形纹。小盾片两侧角各具 1 黑色大斑，与前胸背板"工"形纹相接。前翅爪区、革区以及沿爪缝各具 1 条黑色纵带，前、后缘及多数翅脉为黑色，端区为黑褐色。中后胸侧板和腹板黑色，各足灰白色，惟各节端部为淡黑褐色。腹部腹面黑色，各腹节腹板后缘具黄白色细边。

雄虫尾节侧瓣基部稍狭，端半部扩宽，背缘平直，端缘宽圆，端半部具粗刚毛；尾节腹突自中部伸出，略弯向后背方，末端渐尖细。下生殖板基部宽，中部缢缩变细且向侧方弯折，端缘圆尖，中端部斜生 1 列粗刚毛，密生细长刚行。阳基侧突狭长，中部稍宽，两端稍细，端部略弯曲。连索 Y 形，主干粗。阳茎粗短，背缘近平直，端缘圆。阳茎腹突基部细，略背向弯曲与阳茎相关节。

寄主：竹类(首次报道该种叶蝉取食竹类)。

分布：中国(福建、四川)。

标本采集记录：4♂♂2♀♀，四川广元水磨沟，竹子，2007-VIII-18，张玉波采。

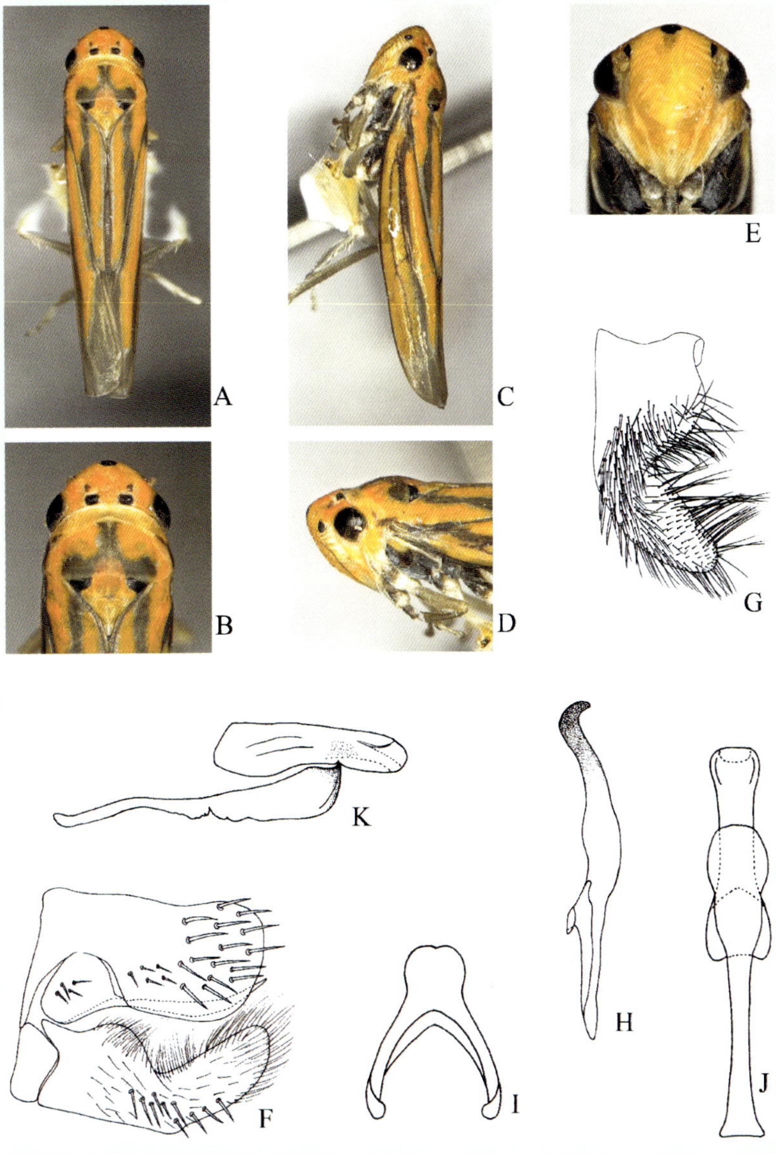

图 4　黑红条大叶蝉 *Atkinsoniella nigrominiatula*（Jacobi）

A. 雄成虫背面观(male habitus, dorsal view)；B. 头胸部背面观(head and thorax, dorsal view)；C. 雄成虫侧面观(male habitus, lateral view)；D. 头胸部侧面观(head and thorax, lateral view)；E. 颜面(face)；F. 雄虫尾节侧瓣(pygofer, lateral view)；G. 下生殖板(subgenital plate)；H. 阳基侧突(style)；I. 连索(connective)；J. 阳茎腹面观(aedeagus, ventral view)；K. 阳茎侧面观(aedeagus, lateral view)

5. 隐纹条大叶蝉 *Atkinsoniella thalia* (Distant, 1918)(图5)

Tettigoniella thalia Distant, 1918: 2.
Atkinsoniella thalia, Young, 1986: 97.

体连翅长7.0~9.5mm。

体色金黄、淡黄、淡白、淡紫或紫褐色。头冠前端缘和基缘域中央各有1黑色斑，但基缘黑斑的大小在个体间常有变化；单眼四周围有褐色环纹；复眼黑褐色。前胸背板无任何斑纹；小盾片二基侧角处有些个体有黑斑，有些个体缺如；前翅近似乳白色，前缘及爪片部金黄色，但一些个体前翅除端膜区外全为金黄色。胸、腹部腹面及足淡黄色或黄褐色，惟足胫节端部及跗节和前跗节黑褐色。整个体表常敷有白粉。

雄虫尾节侧瓣背缘波曲，腹缘凹入，端向渐尖，末端尖圆，亚端区散生粗刚毛；腹突着生于腹缘基部，基1/3处变细，弯向背方，伸超出尾节端背缘，端部尖细，亚端部具1三角形齿突。下生殖板基半部宽，端半部渐细，端缘圆，外侧缘近中部处凹入，致端半略反折，自近基部中央斜向端部内缘生有1列粗刚毛，外侧域密生长、短刚毛。阳基侧突略呈"S"形，中基部较宽，端向渐细，末端呈钩状弯曲。连索Y形，主干较臂短。阳茎粗短，中部略粗并稍向腹面弯曲，端部较细，稍背翘；阳茎腹突基部细，端部粗壮，末端分为两尖齿并弯向背方与阳茎基部相关节。

寄主：禾本科植物、茶、杂灌木、竹类。

分布：中国(河北、浙江、福建、江西、河南、湖北、湖南、广东、广西、海南、重庆、四川、贵州、云南、西藏、陕西、甘肃)；印度；缅甸；泰国；孟加拉国。

标本采集记录：1♂，贵州道真大少河马村，慈竹，2004-VIII-24，陈祥盛采；2♀♀，贵州雷山雷公山，竹子，2010-XI-7，陈祥盛、杨琳采。

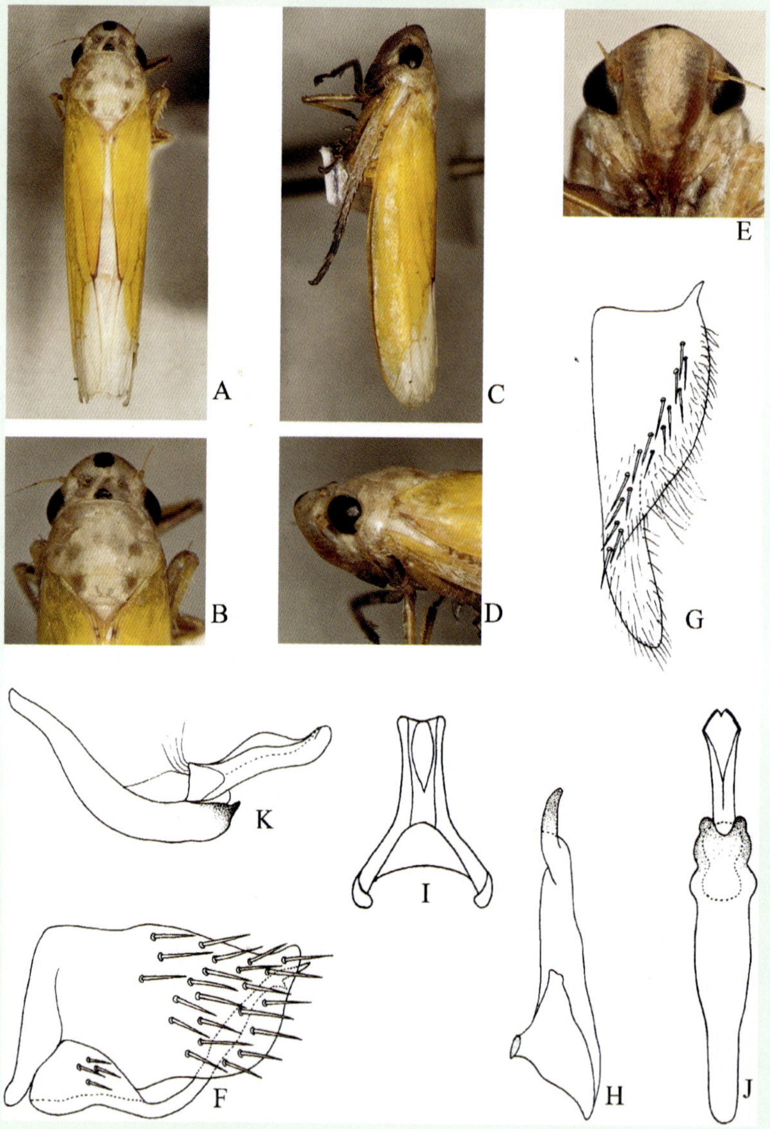

图5 隐纹条大叶蝉 *Atkinsoniella thalia* (Distant)

A. 雄成虫背面观(male habitus, dorsal view)；B. 头胸部背面观(head and thorax, dorsal view)；C. 雄成虫侧面观(male habitus, lateral view)；D. 头胸部侧面观(head and thorax, lateral view)；E. 颜面(face)；F. 雄虫尾节侧瓣(pygofer, lateral view)；G. 下生殖板(subgenital plate)；H. 阳基侧突(style)；I. 连索(connective)；J. 阳茎腹面观(aedeagus, ventral view)；K. 阳茎侧面观(aedeagus, lateral view)

6. 短凹大叶蝉 *Bothrogonia exigua* Yang *et* Li, 1980（图 6，144）

Bothrogonia exigua Yang *et* Li, 1980：205.

体连翅长 12.0～14.0mm。

体橙黄至橙棕色，常有蜡斑。头冠基域中央二单眼间有 1 黑色斑点，头冠顶端有 1 大呈长方形的黑斑。颜面前、后唇基交接处有 1 横形黑斑。复眼和单眼均黑色。前胸背板前缘中央有 1 黑斑，基域有 2 黑斑，前胸侧板 1 黑斑；小盾片中域有 1 黑斑，尖端黑色；前翅黄褐色，端部烟灰色半透明，基域有 1 黑斑；胸部腹板黑色，足黄褐色，但基节、腿节和跗节端部以及胫节两端黑色。腹部背、腹面全为黑色，各节腹板后缘橙黄色，雄虫下生殖板黑色末端黄褐色或整体为黄褐色。

雄虫尾节侧瓣狭长，基部宽，端部渐细，端缘弧圆，端部着生粗、细刚毛；尾节腹突基半部粗大，中部细，端部膨大成宽片状，端缘具齿突。下生殖板基部宽，端半部斜尖，内侧缘直，端缘尖，中端中域具 1 列粗刚毛，其外侧域密生细刚毛。阳基侧突狭长，中基部稍宽，端向变细，端部略内弯，端缘平截。连索 Y 形。阳茎粗短，腹面观基部宽，中部细，亚端部略膨大，端缘圆，侧面观基部狭，于基 1/3 处略背向弯曲，端大部扩宽，末端尖圆。

寄主：撑绿竹、水竹（首次报道该种叶蝉取食竹类）。

分布：中国（广西、海南、贵州、云南）。

标本采集记录：1♀，贵州赤水丙安，撑绿竹，2006-V-20，刘曼采；1♂，贵州平塘大塘三角坡，水竹，2010-X-17，陈祥盛、杨琳采。

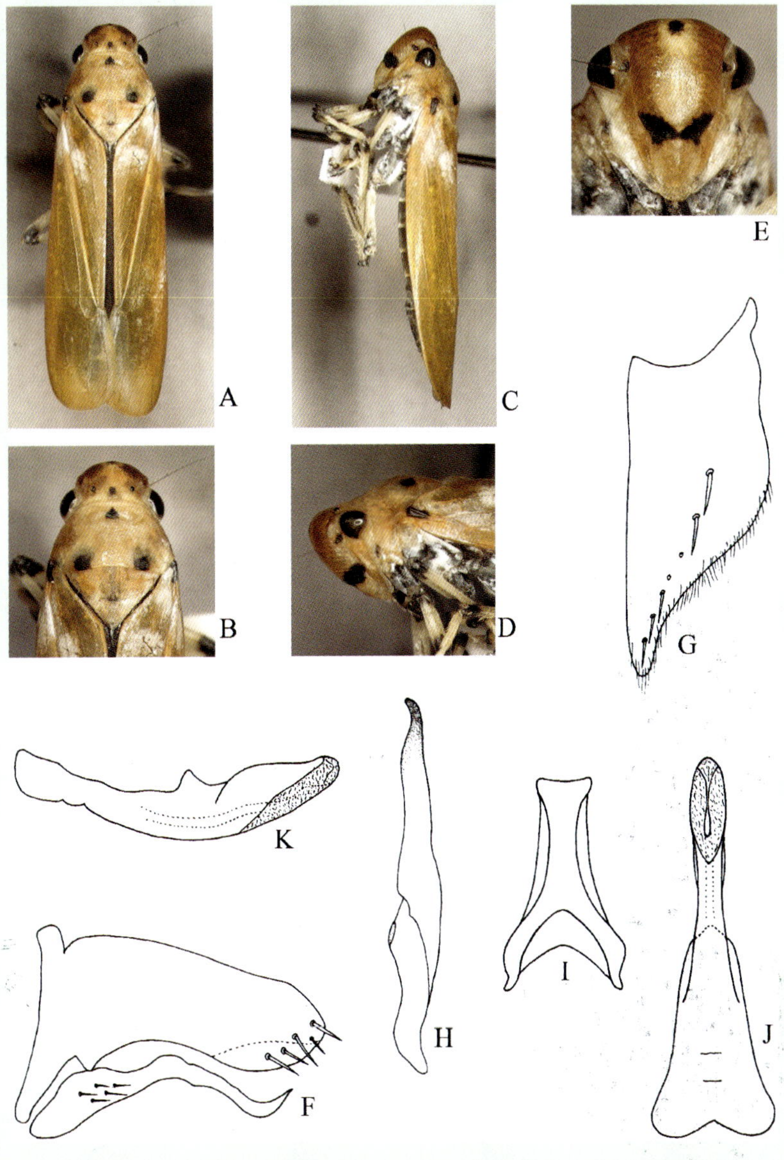

图 6 短凹大叶蝉 *Bothrogonia exigua* Yang *et* Li

A. 雄成虫背面观（male habitus, dorsal view）；B. 头胸部背面观（head and thorax, dorsal view）；C. 雄成虫侧面观（male habitus, lateral view）；D. 头胸部侧面观（head and thorax, lateral view）；E. 颜面（face）；F. 雄虫尾节侧瓣（pygofer, lateral view）；G. 下生殖板（subgenital plate）；H. 阳基侧突（style）；I. 连索（connective）；J. 阳茎腹面观（aedeagus, ventral view）；K. 阳茎侧面观（aedeagus, lateral view）

7. 黑尾凹大叶蝉 *Bothrogonia ferruginea*（Fabricius，1787）（图 7，139）

Cicada ferruginea Fabricius，1787：269.
Bothrogonia ferruginea，Young，1986：209.

体连翅长 12.0～15.5mm。

体橙黄色，头冠及颜面棕黄色，头冠基部中央二单眼间有 1 黑色圆斑，头冠顶端有 1 黑斑；颜面额唇基两端侧域各有 1 黑色大斑。复眼和单眼均黑色。前胸背板前缘正中有 1 黑斑，后缘具 2 枚黑色圆斑，侧面中央各有 1 较大的不规则形黑斑。小盾片中域有 1 小黑斑，尖端黑色。前翅黄褐色，端部黑色，基域有 1 黑斑。胸部腹面黑色，足黄褐色，但基节全部、腿节和胫节的两端、端跗节端部以及前跗节黑色。腹部背、腹面全为黑色，各腹节腹板后缘黄白色；下生殖板黑色。

雄虫尾节侧瓣狭长，基部稍宽，端向渐狭，端缘弧圆，端半区散生细刚毛，端部着生粗刚毛；尾节腹突基部稍粗，着生有几根粗刚毛，于基部 2/5 处弧形弯向后背方，然后稍波曲伸至尾节端背缘，末端尖。下生殖板基半宽阔，端半斜尖，内侧缘直，中端中域具 1 列粗刚毛，其外侧域密生细刚毛。阳基侧突基狭长，基半部略粗，端向渐细，末端略呈弯钩状。连索 Y 形。阳茎粗短，腹面观基部较宽，中部稍变细，端部圆尖，侧面观基部细，于中部处弯向背方，端大部膨大，端缘尖圆，后腹面具细皱纹。

寄主：玉米、大豆、苹果、茶、盐肤木、箬竹、楠竹、广竹（首次报道该种叶蝉取食竹类）。

分布：中国（黑龙江、天津、河北、辽宁、吉林、上海、江苏、浙江、安徽、福建、江西、山东、河南、湖北、湖南、广东、广西、重庆、四川、贵州、云南、西藏、陕西、甘肃、青海、台湾、香港）；印度；越南；缅甸；老挝；泰国；日本；韩国；柬埔寨；南非。

标本采集记录：1♂，湖南武冈云山，楠竹，2010-X-5，陈祥盛、杨琳；3♂♂，4♀♀，湖南新宁崀山，箬竹，2010-X-6，陈祥盛、杨琳采。

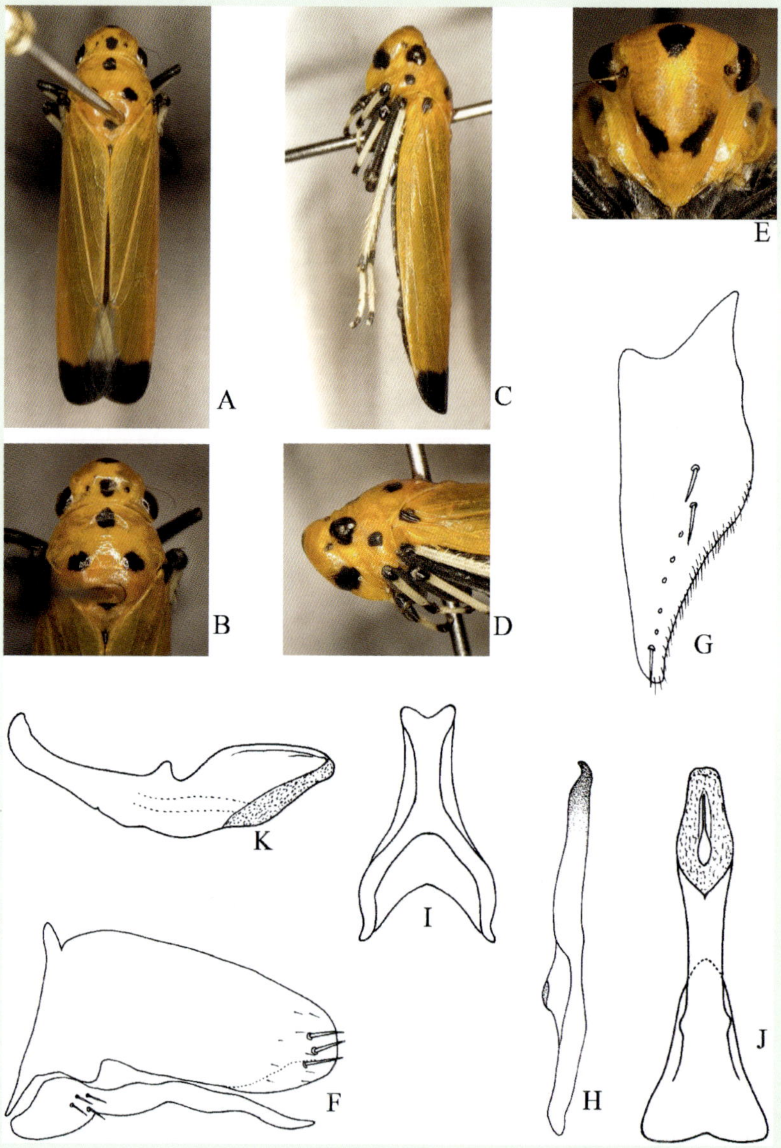

图 7 黑尾凹大叶蝉 *Bothrogonia ferruginea*（Fabricius）

A. 雄成虫背面观（male habitus，dorsal view）；B. 头胸部背面观（head and thorax，dorsal view）；C. 雄成虫侧面观（male habitus，lateral view）；D. 头胸部侧面观（head and thorax，lateral view）；E. 颜面（face）；F. 雄虫尾节侧瓣（pygofer，lateral view）；G. 下生殖板（subgenital plate）；H. 阳基侧突（style）；I. 连索（connective）；J. 阳茎腹面观（aedeagus，ventral view）；K. 阳茎侧面观（aedeagus，lateral view）

8. 大斑凹大叶蝉 *Bothrogonia macromaculata* Kuoh, 1992(图 8, 145)

Bothrogonia macromaculata Kuoh, 1992: 279.

体连翅长 13.0～15.5mm。

橙黄色。头冠、前胸背板与小盾片橙黄色，头冠基部中央具黑色桃形斑，顶端具长方形黑斑。颜面额唇基端部及前唇基基部处具黑色大横斑，略呈弧形。前胸背板中域具 3 黑色圆斑，其中前斑两端略尖出，侧区中央有 1 大型不规则黑斑，其大小与中域斑相近。小盾片中域具 1 圆形黑斑，端部尖角黑色。前翅橙黄色，但红色成分较浓，端部黑色，翅基部有 1 黑斑，端室淡黄污色，翅面被有少量白色蜡粉。各足肉色，各腿节与胫节两端及各端附节端部与前附节黑色。胸部腹面包括足基节及整个腹部黑色，胸部腹面侧区与腹部各腹板后缘橙黄色。雌虫体色与雄虫一致，仅腹部各腹板后缘为黄白色且较宽，第 7 腹板侧叶端部与尾节后端白色，产卵器仍黑色。

雄虫尾节侧瓣基部宽，端向渐狭，端缘圆尖，着生小刚毛；尾节腹突着生于腹缘基部，其基部较粗，后骤然变细，弯向背方，于中部处略变粗，后端向渐细，末端尖。下生殖板基部宽，端部斜尖。阳基侧突极狭长，近中部处略弯折，端部弯曲如钩状。连索 Y 形。阳茎细长，中部背向弯折，末端形如犬头状。

寄主：竹类(首次报道该种叶蝉取食竹类)。

分布：中国(四川)。

标本采集记录：2♂♂，四川广元水磨沟，竹子，2007-VIII-18，张玉波采。

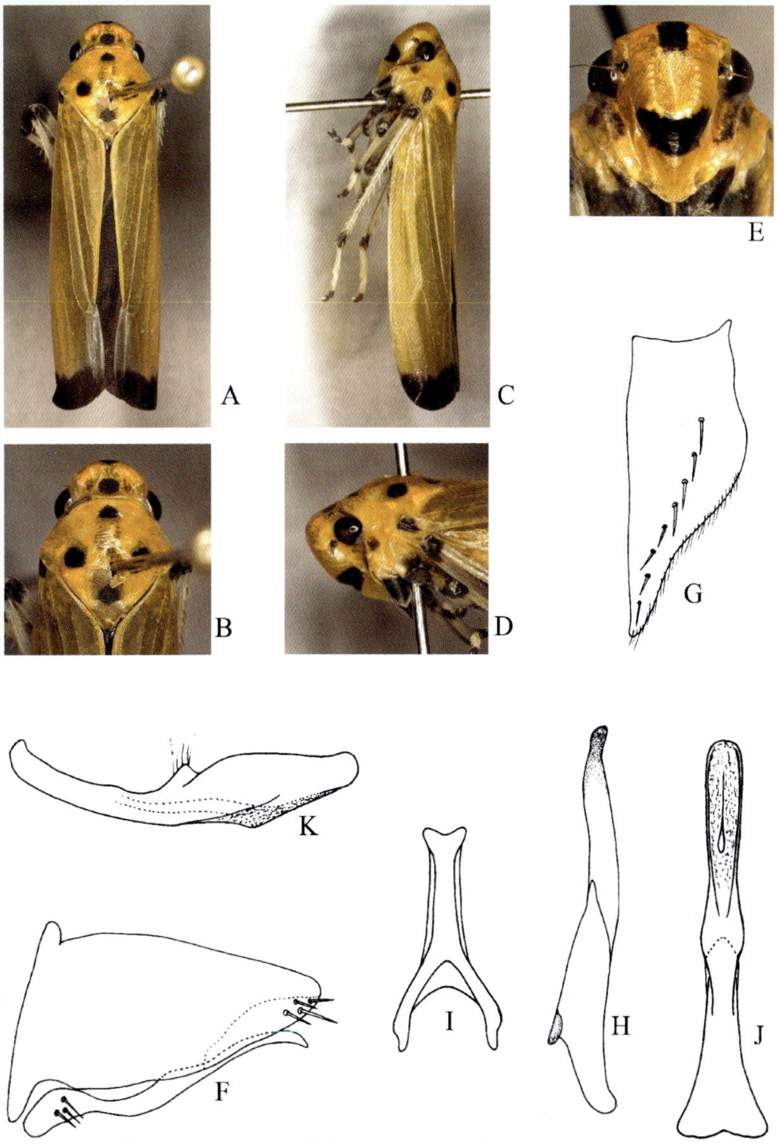

图 8 大斑凹大叶蝉 *Bothrogonia macromaculata* Kuoh

A. 雄成虫背面观(male habitus, dorsal view); B. 头胸部背面观(head and thorax, dorsal view); C. 雄成虫侧面观(male habitus, lateral view); D. 头胸部侧面观(head and thorax, lateral view); E. 颜面(face); F. 雄虫尾节侧瓣(pygofer, lateral view); G. 下生殖板(subgenital plate); H. 阳基侧突(style); I. 连索(connective); J. 阳茎腹面观(aedeagus, ventral view); K. 阳茎侧面观(aedeagus, lateral view)

9. 黔凹大叶蝉 *Bothrogonia qianana* Yang *et* Li, 1980(图 9, 151)

Bothrogonia qianana Yang *et* Li, 1980: 200.

体连翅长 13.0～14.5mm。

体橙黄色。头冠及颜面棕黄色，头冠基域二单眼间有 1 圆形黑斑，顶端有 1 方形黑斑，颜面在前、后唇基交接处两侧域各有 1 黑色大斑。复眼黑色，单眼棕褐色。前胸背板前缘正中有 1 黑斑，基缘两侧域各具 1 枚黑色圆斑，侧面中央各有 1 较大的黑斑。小盾片中域有 1 黑斑，尖端黑色。前翅黄褐色或棕黄色，端部黑色，基域具有 1 黑斑。胸部腹面黑色，各足淡黄褐色，但基节、转节、腿节和胫节的两端、端跗节端部和前跗节均为黑色。腹部背、腹面全为黑色，各节腹板后缘具黄白色狭边，下生殖板黑色。

雄虫尾节侧瓣狭长，基部稍宽，端向渐狭，端缘尖圆，端部有粗刚毛；尾节腹突基部粗，中大部粗细均匀，端部变细，端尖，于基 1/3 处背向弯曲。下生殖板基部宽阔，端半部斜尖，内侧缘直，中端部中域斜生 1 列粗刚毛，其外侧域密生细刚毛。阳基侧突狭长，中基部稍粗，端向渐细，端尖，略弯曲。连索 Y 形；阳茎粗短，整体弧弯向背面，基大部粗细均匀，端部略尖。

寄主：未明(本研究中 1 头雄性标本采自竹子上)。

分布：中国(贵州、浙江、福建、河南、湖北、广东、广西、海南、四川、陕西)。

标本采集记录：1 ♂，贵州雷山雷公山，竹子，2010-XI-7，陈祥盛、杨琳采。

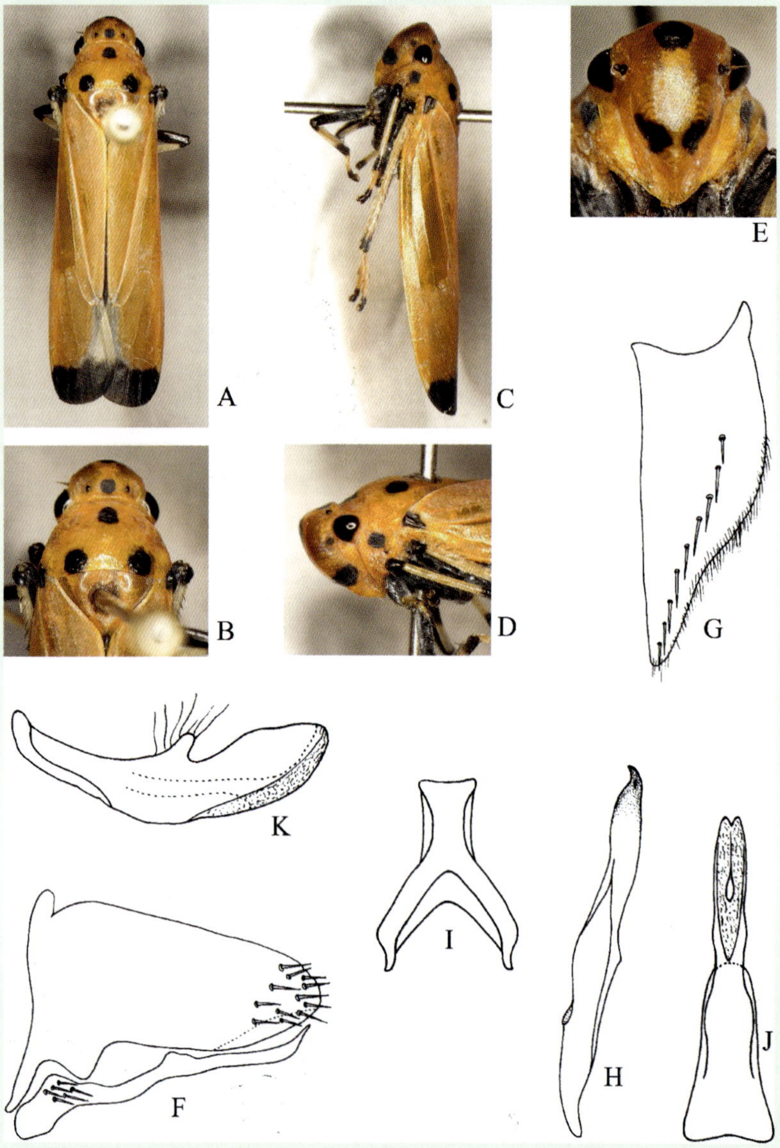

图 9 黔凹大叶蝉 *Bothrogonia qianana* Yang *et* Li

A. 雄成虫背面观(male habitus, dorsal view); B. 头胸部背面观(head and thorax, dorsal view); C. 雄成虫侧面观(male habitus, lateral view); D. 头胸部侧面观(head and thorax, lateral view); E. 颜面(face); F. 雄虫尾节侧瓣(pygofer, lateral view); G. 下生殖板(subgenital plate); H. 阳基侧突(style); I. 连索(connective); J. 阳茎腹面观(aedeagus, ventral view); K. 阳茎侧面观(aedeagus, lateral view)

10. 柱凹大叶蝉 *Bothrogonia tianzhuensis* Li, 1985(图 10)

Bothrogonia tianzhuensis Li, 1985: 11.

体连翅长 13.5 ~ 14.0mm。

体橙黄至黄棕色。头冠顶端有1近似长方形黑色斑，基部中域有1灰黑色圆斑。复眼黑褐色，单眼黄褐色。颜面在额唇基和前唇基交接处有1黑色横斑，略呈弧形。前胸背板前缘域有1枚灰黑色圆斑，后缘域两侧各具1枚桃形黑斑，两侧各具1黑斑。小盾片中央有1黑色圆斑，尖端黑色；前翅棕黄色，基角处有1黑斑。足基节全部，腿节和胫节两端，第3跗节端部以及前跗节均黑色。腹部背、腹面黑色，各节后缘。灰白色。

雄虫尾节侧瓣基部宽，端向渐窄，端缘弧圆，端区着生几根粗刚毛，中端部散生细刚毛。尾节腹突基部粗壮，着生数根粗刚毛，于基部1/3处向后背方折弯，端2/3处缢缩扭折，之后稍加宽，后端向渐尖细；下生殖板基半宽阔，端半斜尖，中端部中域斜生1列粗刚毛，其外域密生细短刚毛；阳基侧突狭长，基半稍宽，端1/3处略细，端部骤然变细且略弯曲；连索Y形；阳茎腹面观基部宽，端向稍变细，端缘圆；侧面观，于近中部处向背方弯折，亚端部膨大，端缘圆尖。

寄主：未明(本研究中1头雌性标本采自竹子上)。

分布：中国(广东、广西、贵州)。

标本采集记录：1♀，贵州雷山雷公山，竹子，2010-XI-7，陈祥盛、杨琳采。

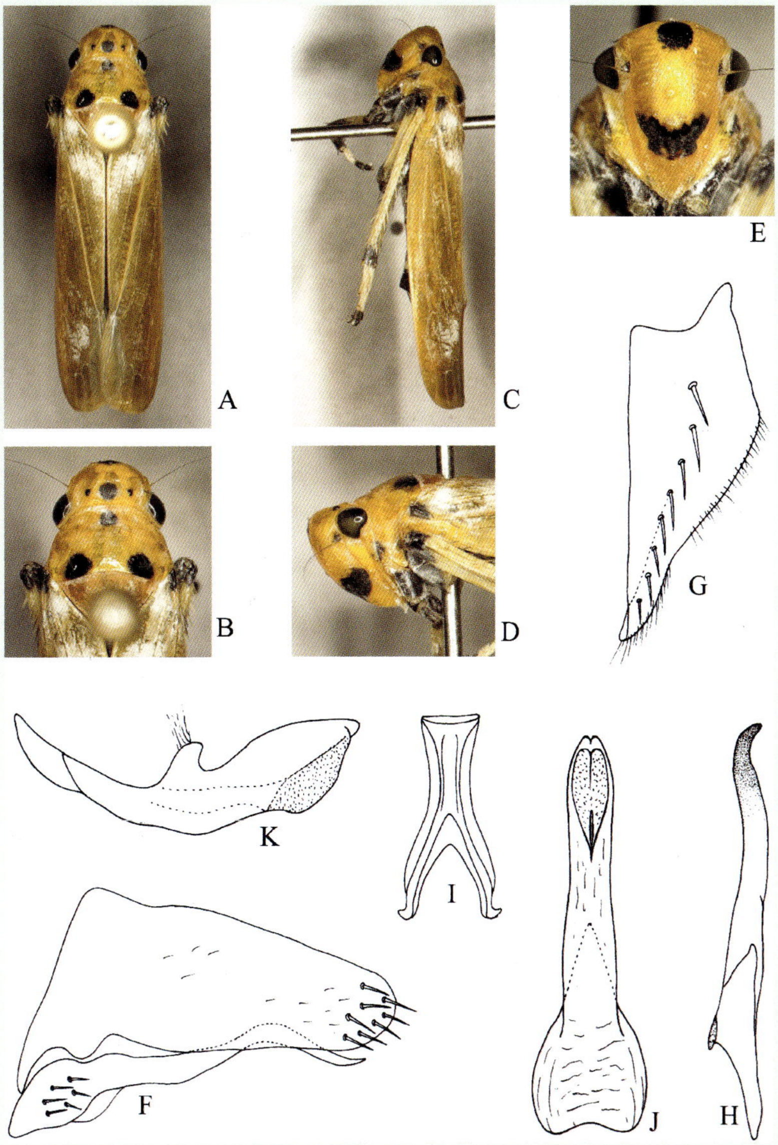

图 10 柱凹大叶蝉 *Bothrogonia tianzhuensis* Li

A. 雄成虫背面观(male habitus, dorsal view); B. 头胸部背面观(head and thorax, dorsal view); C. 雄成虫侧面观(male habitus, lateral view); D. 头胸部侧面观(head and thorax, lateral view); E. 颜面(face); F. 雄虫尾节侧瓣(pygofer, lateral view); G. 下生殖板(subgenital plate); H. 阳基侧突(style); I. 连索(connective); J. 阳茎腹面观(aedeagus, ventral view); K. 阳茎侧面观(aedeagus, lateral view)

11. 大青叶蝉 *Cicadella viridis*（Linnaeus，1758）（图 11，140）

Cicada viridis Linnaeus，1758：438.
Cicadella viridis，Young，1977：569.

体连翅长 6.2～10.8mm。

体青绿色。头冠黄绿色，前部两侧有淡褐色弯曲横纹，此纹延伸至额唇基两侧，中域有 1 对黑色斑；复眼黑褐色，单眼黄褐色；颜面淡褐色，额唇基中央纵贯 2 细条纹及两侧横印痕列为深褐色，颊缝末端有 1 黑色小点，颊区中央也常有 1 小黑斑，触角窝上方有 1 黑色斑块。前胸背板前半部黄绿色，后半部深青绿色。小盾片黄绿色。前翅青绿色，前缘淡白色，端膜区白色透明；后翅煤褐色半透明。胸部腹面和足橙黄至淡黄色，爪及胫节小刺基部黑色。腹部背面蓝黑色，腹面橙黄色。

雄虫尾节侧瓣基部宽，端部较狭，稍背翘，端缘尖圆，端区着生粗刚毛。下生殖板长三角形，基部宽，端部变细呈条状，外侧缘有 1 列粗刚毛。阳茎侧突两端细，中部宽，两侧各具 1 角状突起，端部有刺毛。连索 Y 形，主干长。阳茎短棍棒状，基部向后背方弯曲，端向缩小，端缘钝圆，末端明显不及阳茎腹突端部；阳茎腹突自基 1/3 处分成 2 长披针形分支，端部尖削。

寄主：高粱、玉米、粟、小米、小麦、水稻、甘蔗、麻、花生、豆类、蔬菜、草莓、山芋、茶、桑、梨、桃、苹果、杨、柳、刺槐、竹类等。

分布：中国各省份；古北界；东洋界。

标本采集记录：1♀，贵州宽阔水，竹子，2010-VIII-8，郑延丽；1♀，贵州雷公山，竹子，2010-XI-7，陈祥盛、杨琳采。

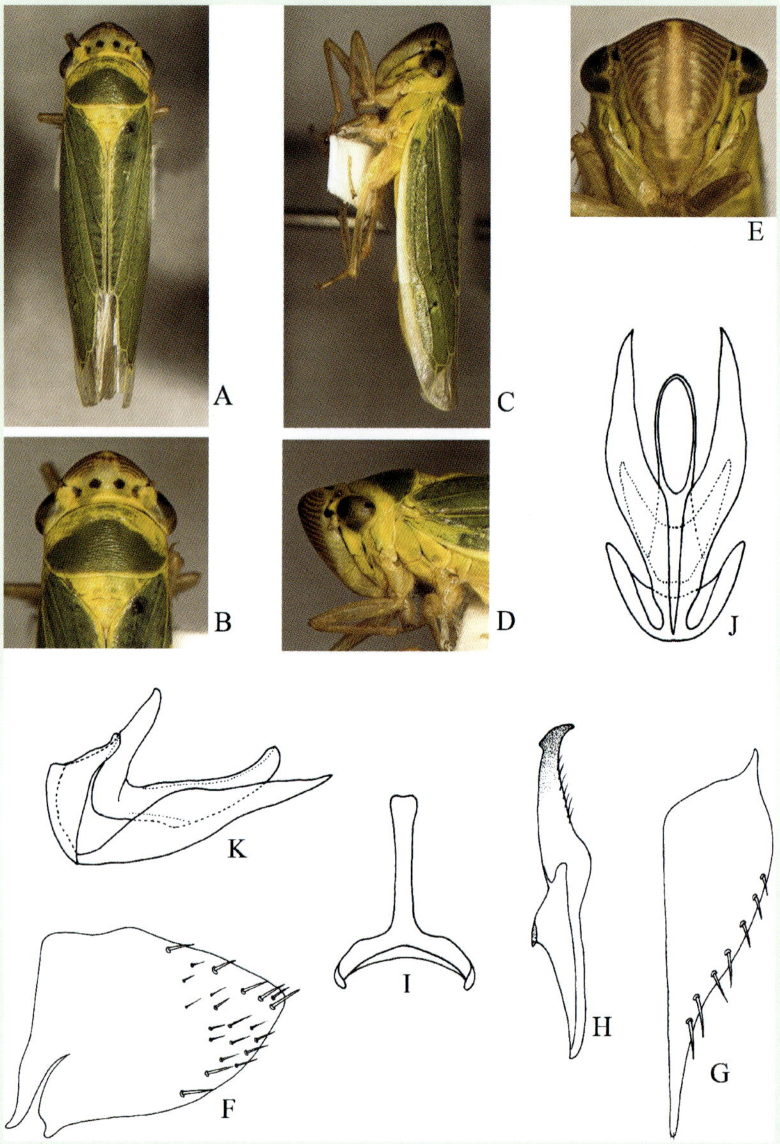

图 11　大青叶蝉 *Cicadella viridis*（Linnaeus）

A. 雄成虫背面观（male habitus，dorsal view）；B. 头胸部背面观（head and thorax，dorsal view）；C. 雄成虫侧面观（male habitus，lateral view）；D. 头胸部侧面观（head and thorax，lateral view）；E. 颜面（face）；F. 雄虫尾节侧瓣（pygofer，lateral view）；G. 下生殖板（subgenital plate）；H. 阳基侧突（style）；I. 连索（connective）；J. 阳茎腹面观（aedeagus，ventral view）；K. 阳茎侧面观（aedeagus，lateral view）

12. 周氏凸唇叶蝉 *Erragonalia choui* Li, 1989(图 12)

Erragonalia choui Li, 1989: 211.

体连翅长 7.0~11.0mm。

雄虫体淡黄褐色，头冠前段和二复眼内侧各具 1 鲜红色大斑块；颜面淡黄白色，额唇基大部为长方形黑斑占据，此斑向上延伸至头冠部边缘。前胸背板有 4 枚鲜红色圆斑，横向排列，前域有 1 列不规则黑色斑纹，后域中后部有深褐色纹。小盾片淡黄褐色，基域中央有 1 红色纹，基角处有三角形黑褐色斑。前翅黄褐色具 3 条红色纵条纹，有些个体前翅为红褐色无纵纹，前缘域透明，前缘黑褐色；中胸腹板有大块黑色斑。雌虫体淡黄白色，除头冠部 3 枚红色斑，一些个体前胸背板亦有 2 枚鲜红色斑外，其余少具斑纹。

雄虫尾节侧瓣基部宽，端向变狭，端缘圆，端半部有粗刚毛，腹缘有短刺毛；尾节腹突与尾节近等长，由基向端部渐细，末端尖细。下生殖板狭长，基部稍宽，端向渐狭，端缘圆，中端部中域有 1 列粗刚毛。阳基侧突宽短，中部宽，两端尖细，端部略内弯，呈钩状。连索 Y 形。阳茎基半部细长柄状，腹面观中部缢缩，端部膨大，端缘圆；侧面观端 1/3 处有 1 背突，端部近似匙形内凹，末端有 1 膜质乳头状突起。

寄主：竹类(本文首次报道该种叶蝉取食平竹、水竹)。

分布：中国(福建、江西、湖北、广东、广西、海南、重庆、贵州、云南)。

标本采集记录：1♂2♀♀，贵州道真大沙河，平竹，2004-VII-28，陈祥盛采；3♀♀，贵州绥阳宽阔水，竹子，2010-VIII-8，郑延丽采；1♀，贵州安龙兴隆仙鹤坪，水竹，2011-VIII-28，龙见坤采。

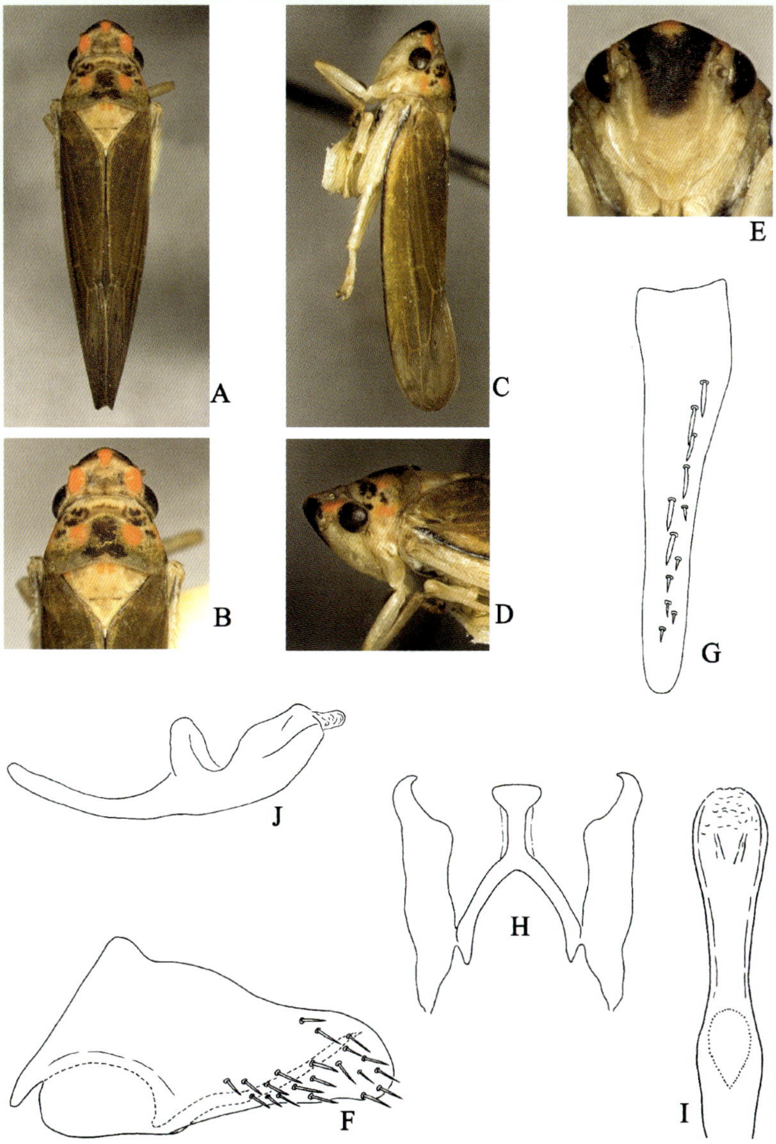

图 12 周氏凸唇叶蝉 *Erragonalia choui* Li

A. 雄成虫背面观(male habitus, dorsal view); B. 头胸部背面观(head and thorax, dorsal view); C. 雄成虫侧面观(male habitus, lateral view); D. 头胸部侧面观(head and thorax, lateral view); E. 颜面(face); F. 雄虫尾节侧瓣(pygofer, lateral view); G. 下生殖板(subgenital plate); H. 阳基侧突(style); I. 连索(connective); J. 阳茎腹面观(aedeagus, ventral view); K. 阳茎侧面观(aedeagus, lateral view)

13. 黑条边大叶蝉 *Kolla nigrifascia* Yang *et* Li, 2000(图 13, 146)

Kolla nigrifascia Yang *et* Li, 2000: 407.

体连翅长 5.5~6.8mm。

体橙黄色，具黑褐色斑。头顶前缘两侧和中后部各有 1 枚大形黑色斑纹。复眼黑色，单眼黄褐色。颜面额唇基中央有 1 黑色纵条纹，其基部与头顶斑相连或相连处色淡甚或不相连，前唇基中央有 1 纵向椭圆形或菱形黑纹，两纹不相接，整个看似 1 感叹号状。前胸背板黑色，前半域有 1 中部前突的橙黄色窄横曲纹，一些个体曲纹中部断开仅存两条窄弧纹。小盾片横刻痕前端域黑色，中央有 1 橙黄色细线纵纹，横刻痕后端域为 1 大三角形黑斑，仅两侧缘及尖角橙黄色。前翅黑色，前缘透明边不甚明显，前缘脉黑褐色；中胸腹板具黑色圆斑，胸部腹面其余部分橙黄色，足黄褐色，惟前足胫节和各足爪黑褐色。腹部腹面橙黄色。

雄虫尾节侧瓣基部较宽，端向稍收窄，端缘近平截，亚端部及背缘区具生刚毛；尾节腹突由基向端渐细，波曲，末端尖。下生殖板基部宽，基 1/3 处骤然变狭，末端圆尖，内、外侧缘凹入，中域斜生 1 列粗刚毛。阳基侧突宽短，基部宽，端向渐细尖，端部略外弯，端缘圆尖。连索 Y 形，主干长，末端远超过阳基侧突端部。阳茎后腹面观，基部管状，端半棒状，端缘圆，两侧具钩状突起；侧面观背腔较发达，具骨化的细长背连索，阳茎干背向近半圆形弯曲，末端尖细。

寄主：竹类(首次报道该种叶蝉取食竹类)。

分布：中国(湖北、广西、重庆、四川、贵州、云南、陕西)。

标本采集记录：1 ♂，四川广元水磨沟，竹子，2007-VIII-18，张玉波采；1 ♂，云南绿春黄连山，竹子，2011-VIII-4，常志敏、郑维斌采。

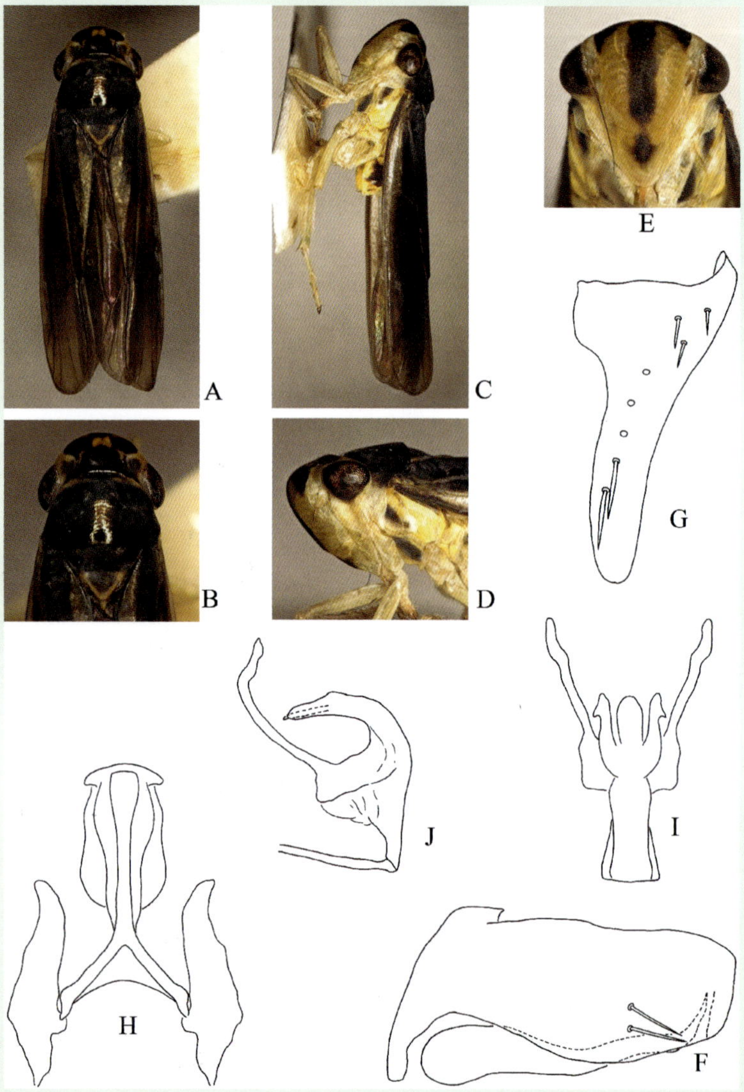

图 13 黑条边大叶蝉 *Kolla nigrifascia* Yang *et* Li

A. 雄成虫背面观(male habitus, dorsal view); B. 头胸部背面观(head and thorax, dorsal view); C. 雄成虫侧面观(male habitus, lateral view); D. 头胸部侧面观(head and thorax, lateral view); E. 颜面(face); F. 雄虫尾节侧瓣(pygofer, lateral view); G. 下生殖板(subgenital plate); H. 阳基侧突(style); I. 连索(connective); J. 阳茎后腹面观(aedeagus, posterior and ventral view); K. 阳茎侧面观(aedeagus, lateral view)

14. 顶斑边大叶蝉 *Kolla paulula*（Walker，1858）（图 14，131）

Tettigonia paulula Walker，1858：219.
Kolla paulula，Jacobi，1941：300.

体连翅长 5.5～7.6mm。

头冠橘红色至橙黄色，具 4 枚黑斑，其中 1 枚在头顶中央，小而圆，1 枚在基域中央，此斑最大且不规则，两侧扩及单眼，另 2 枚分列于头冠前缘两侧单眼前方，长形至半月形；单眼黄褐色，复眼黑褐色；颜面橙黄色。前胸背板前半部橘红或橙黄色，后半部黑色，其黑色部分中央向前凸出；小盾片橙黄色或浅橙黄色，基角处具黑色斑纹，雄性个体该斑纹常弯曲，而雌性个体多较直；前翅黑褐至黑色，端部色稍淡，前缘具黄白色透明狭边；后翅淡煤褐色；胸部腹面及足淡黄色，爪黑色。腹部背面黑色，侧缘淡黄色，腹面淡黄至姜黄色。

雄虫尾节侧瓣近长方形，端缘弧圆突出，背缘区及亚端区着生粗刚毛；尾节腹突基部粗，端向渐细尖，端 1/4 处背向弯折。下生殖板基部宽，端向变狭，端半部背翘，侧域斜生 1 列粗刚毛，外侧区散生细刚毛。阳基侧突短小，中部较宽，端向渐细，端部外弯略呈钩状。连索 Y 形，主干极长。阳茎腹面观基 1/3 处缢缩，端大部膨大；背面观端部分成 2 三角形片状突起；侧面观阳茎中部粗，向背面折弧弯曲，阳茎干宽短；背连索骨化，细条状，略弯折。

寄主：花椒、杂灌木、大麻、大豆、苋菜、萝卜、斑苦竹（首次报道该种叶蝉取食竹类）。

分布：中国（天津、河北、辽宁、黑龙江、江苏、浙江、安徽、福建、江西、河南、湖北、湖南、广东、广西、海南、重庆、四川、贵州、云南、陕西、宁夏、台湾、香港）；柬埔寨；泰国；日本；越南；马来西亚；印度尼西亚；菲律宾；尼泊尔；缅甸；印度；斯里兰卡；孟加拉国。

标本采集记录：1♂1♀，贵州贵阳长坡岭森林公园，斑苦竹，2010-X-16，陈祥盛、杨琳；2♂♂5♀♀，四川广元水磨沟，竹子，2007-VIII-18，张玉波采；2♂♂1♀，四川宜宾，竹子，2011-VIII-19，肖永刚采；1♀，云南贡山茨开吉速底，竹子，2011-VII-28～31，龙见坤采。

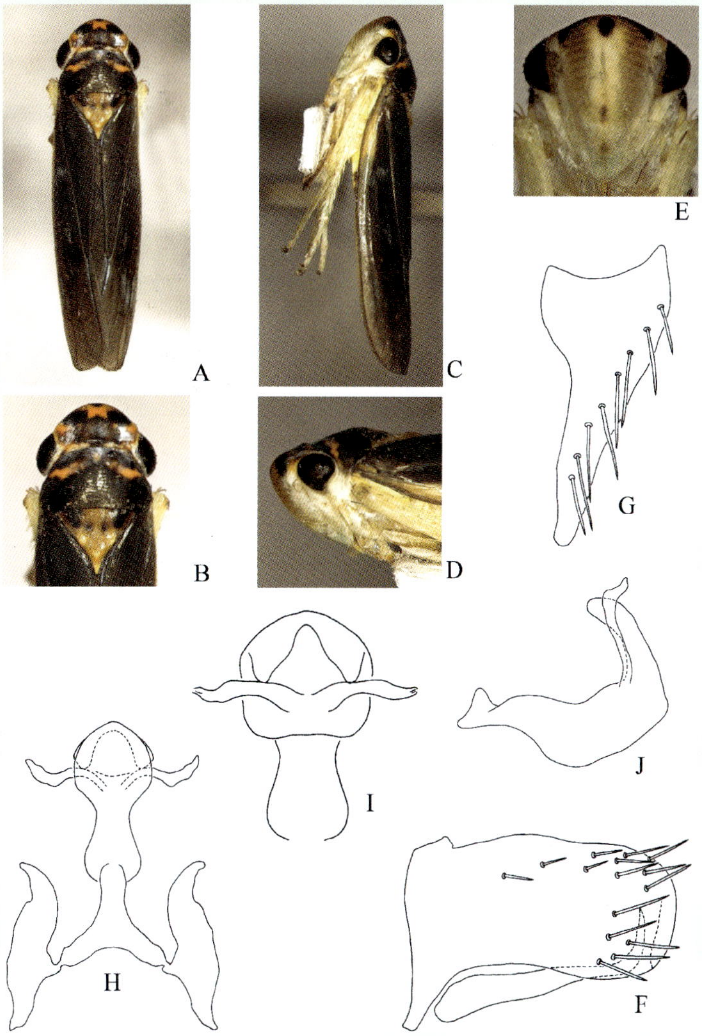

图 14 顶斑边大叶蝉 *Kolla paulula*（Walker）

A. 雄成虫背面观（male habitus，dorsal view）；B. 头胸部背面观（head and thorax，dorsal view）；C. 雄成虫侧面观（male habitus，lateral view）；D. 头胸部侧面观（head and thorax，lateral view）；E. 颜面（face）；F. 雄虫尾节侧瓣（pygofer，lateral view）；G. 下生殖板（subgenital plate）；H. 阳基侧突、连索和阳茎腹面观（style，connective and aedeagus，ventral view）；I. 阳茎背面观（aedeagus，dorsal view）；J. 阳茎侧面观（aedeagus，lateral view）

15. 枝茎窗翅叶蝉 *Mileewa branchiuma* Yang *et* Li, 1999（图 15）

Mileewa branchiuma Yang *et* Li, 1999：315.

体连翅长 5.1～5.5mm。

头胸部背面及前翅黑色，一些个体色淡为黑褐色。头冠前端部具 7 条细线纹，黄白色。颜面黄白色，两侧具褐色细横条纹列。小盾片端 3/5 黄白色，但小盾片尖角仍为黑色。前翅基半部翅面散布褐色小点，端缘褐色半透明，后缘中部有 1 大的白色透明斑，端 2 室、端 3 室基部各有 1 白色透明小斑。胸部腹面、足及腹部腹面黄白色，雌虫尾节黄褐至黑褐色。

雄虫尾节侧瓣扇形，腹缘着生细刚毛；尾节腹突强烈背向弯折，末端尖，略腹向弯曲。下生殖板刀鞘状，基部宽，端向渐狭，端缘圆，具 1 粗刚毛，中域密生粗刚毛，外缘疏生细刚毛。阳基侧突片状，中部向背部弯曲，有毛 2 根，端部纵皱。连索 Y 形，主干短。阳茎前腔明显，腔端向背面有 1 筒状突起，向腹面分为 3 枝，其中两侧枝较长且末端尖。

寄主：竹类（首次报道该种叶蝉取食竹类）。

分布：中国（浙江、安徽、福建、江西、河南、湖北、湖南、广西、重庆、四川、贵州）。

标本采集记录：2♂♂4♀♀，四川雅安同台山，竹子，2010-VII-15～18，张培；1♂，四川广元水磨沟，竹子，2007-VIII-18，张玉波采。

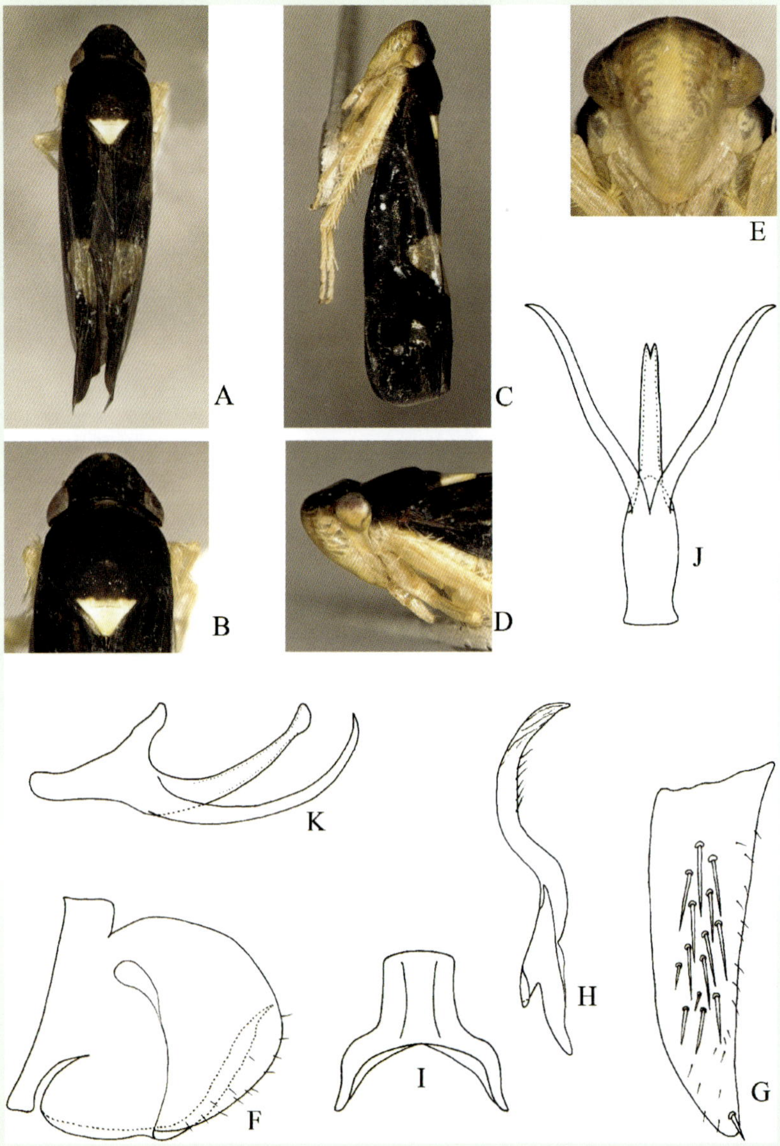

图 15 枝茎窗翅叶蝉 *Mileewa branchiuma* Yang *et* Li

A. 雄成虫背面观（male habitus, dorsal view）；B. 头胸部背面观（head and thorax, dorsal view）；C. 雄成虫侧面观（male habitus, lateral view）；D. 头胸部侧面观（head and thorax, lateral view）；E. 颜面（face）；F. 雄虫尾节侧瓣（pygofer, lateral view）；G. 下生殖板（subgenital plate）；H. 阳基侧突（style）；I. 连索（connective）；J. 阳茎腹面观（aedeagus, ventral view）；K. 阳茎侧面观（aedeagus, lateral view）

16. 窗翅叶蝉 *Mileewa margheritae* Distant, 1908（图 16）

Mileewa margheritae Distant, 1908: 238.

体连翅长 4.4～5.8mm。

头胸部背面及前翅黑色。头冠前端具 7 条姜黄色细条纹。小盾片基半部黑色，端半部黄白色，但尖角黑色；前翅表面散布褐色半透明小点，后缘中部、端 2 室和端 3 室基部各有 1 白色透明斑，其中后缘中部斑大，顶端接近 M 脉。颜面、胸腹部腹面及足黄白色，尾节黑色。

雄虫尾节侧瓣宽圆，腹缘着生细刚毛；尾节腹突细条形，稍向背弯，末端尖。下生殖板长，向外侧弯曲，基部宽，端向稍狭，端缘圆，中域具 1 列粗刚毛，其外侧方疏生细刚毛。阳基侧突细长，基半略粗，端半稍细，弧形弯曲，末端尖。连索 Y 形。阳茎向后背方强烈弯曲，基部有 1 直伸向后背方的背突，亚端部具有 1 对腹向弯曲的钩。

寄主：玉米、艾、蒿及其他草本植物（本研究中 1 头雌性标本采自平竹上）。

分布：中国（浙江、福建、江西、湖北、湖南、广东、广西、海南、重庆、四川、贵州、云南、陕西、甘肃、台湾）；印度；印度尼西亚；缅甸；日本；朝鲜。

标本采集记录：1♀，贵州道真大沙河，平竹，2004-VIII-19，陈祥盛采。

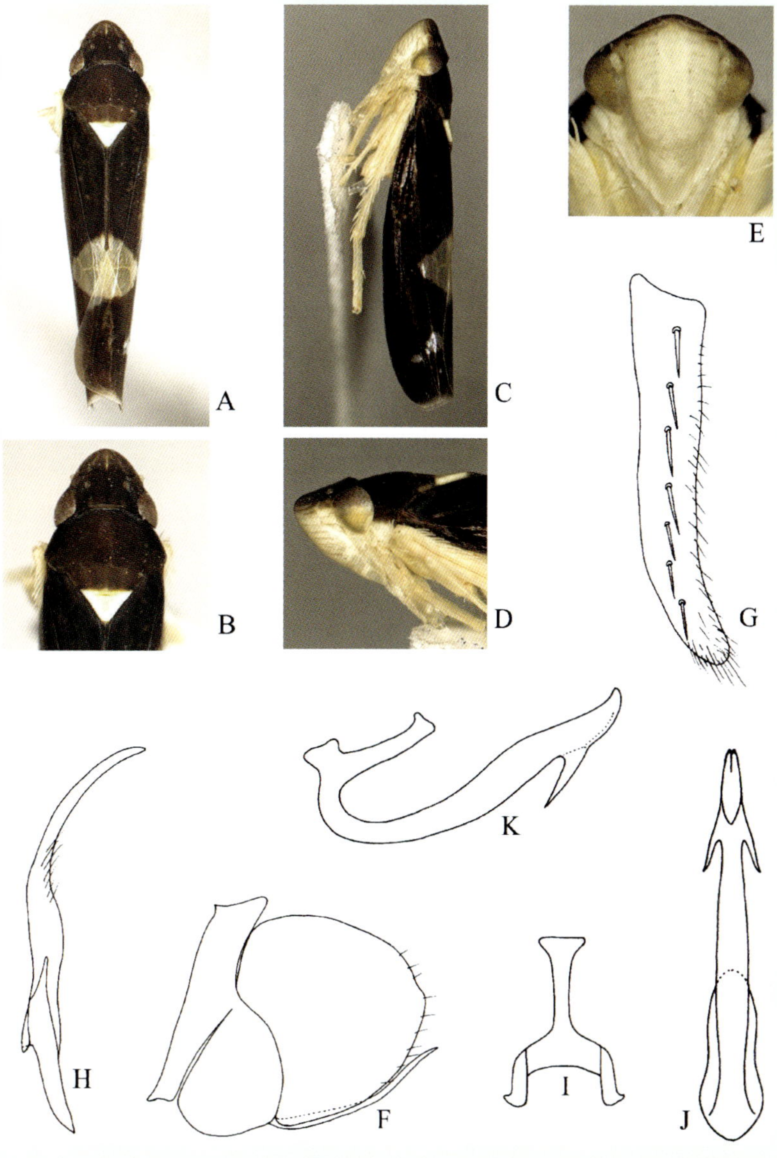

图 16　窗翅叶蝉 *Mileewa margheritae* Distant

A. 雄成虫背面观（male habitus, dorsal view）; B. 头胸部背面观（head and thorax, dorsal view）; C. 雄成虫侧面观（male habitus, lateral view）; D. 头胸部侧面观（head and thorax, lateral view）; E. 颜面（face）; F. 雄虫尾节侧瓣（pygofer, lateral view）; G. 下生殖板（subgenital plate）; H. 阳基侧突（style）; I. 连索（connective）; J. 阳茎腹面观（aedeagus, ventral view）; K. 阳茎侧面观（aedeagus, lateral view）

(二) 离脉叶蝉亚科 Coelidiinae

17. 黑颜单突叶蝉 *Olidiana brevis* (Walker, 1851) (图 17)

Tettigonia brevis Walker, 1851: 774.

Olidiana brevis, McKamey, 2006: 503.

体连翅长：♂6.7～7.5 mm，♀ 8.8～9.6 mm。

体黑褐色，头冠黄色，单复眼褐色至黑色，颜面黑色；前胸背板、小盾片和前翅黑色，唯小盾片尖端 1/5 和前翅 2 条宽横带黄色至橙色，基部一条宽阔，端部一条常变狭或消失。

雄虫肛节狭长，无突起。尾节侧瓣发达，缺端背突和端腹突，端后部有 1 指状突，端后缘有 1 薄片状结构。下生殖板狭长，端向略狭。阳基侧突基半部宽，端半部狭。连索宽 Y 形。阳茎细长管状，微弯曲不对称，端背缘有齿，亚端部左侧有 1 发达突起，具长刚毛和刺状突。

寄主：未明（本研究中 1 雌性标本采自竹子上）。

分布：中国（浙江、湖北、湖南、广东、海南、香港、福建、广西、云南、贵州、四川）；缅甸；泰国；越南；老挝；印度。

标本采集记录：2♂♂1♀，贵州沿河麻阳河大河坝，2007-VI-5～12，张玉波采；1♀，四川广元水磨沟，竹子，2007-VIII-18，张玉波采。

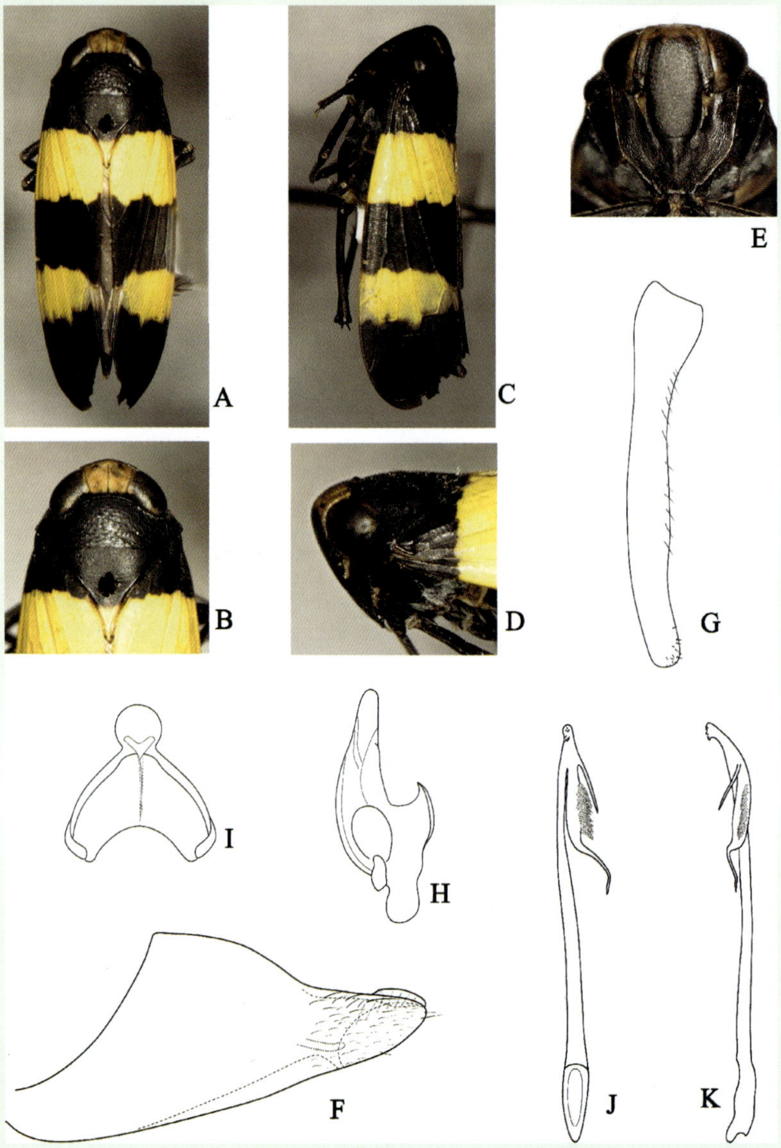

图 17　黑颜单突叶蝉 *Olidiana brevis* (Walker)

A. 雄成虫背面观(male habitus, dorsal view); B. 头胸部背面观(head and thorax, dorsal view); C. 雄成虫侧面观(male habitus, lateral view); D. 头胸部侧面观(head and thorax, lateral view); E. 颜面(face); F. 雄虫尾节侧瓣(pygofer, lateral view); G. 下生殖板(subgenital plate); H. 阳基侧突 (style); I. 连索(connective); J. 阳茎腹面观(aedeagus, ventral view); K. 阳茎侧面观(aedeagus, lateral view)

18. 黄面单突叶蝉，新组合 *Olidiana huangmina*（Li *et* Wang，1989），com. nov.（图 18）

Lodiana huangmina Li *et* Wang，1989：2.

体连翅长：♂6.2～9.8 mm，♀8.0～11.0 mm。

体黄褐色，密布浅色小斑，有些个体表面被有绿色粉质物。

头冠黄褐色，有些个体头冠中部有一红色宽横带；颜面黄色，额唇基区两侧有鲜红色宽纵带，前唇基鲜红色，有些个体前唇基端部有褐色斑；前胸背板黑色，密布黄色颗粒状突起；小盾片黑色，黄色颗粒少，有些雌性个体小盾片黄色，基半部有 2 不规则黄褐色斑；胸部腹板淡黄褐色，有不规则黄色斑块，胸足淡黄褐色，后足或其胫节端部黑褐色；腹部背、腹面黑褐色，各节后缘有淡黄色狭边，有些个体腹部黄褐色。

雄虫尾节侧瓣端部狭，末端扩大，有 1 薄片状结构，无突起，端腹缘内折，有许多刚毛。下生殖板长宽，末端有少许短刚毛，端部向背面卷折，边缘有纵隆脊。阳基侧突长而宽扁，伸至阳茎亚端部，两端微宽于中部，端半部棱形，有褶，顶端着生两细刚毛。连索宽 Y 形，主干短。阳茎管状，S 形，端突分叉，内缘有许多刚毛状小突起，阳茎干末端有 1 不规则突起，生殖孔大，位于亚端处。

寄主：未明（本研究中 1 雌性标本采自慈竹上）。

分布：中国（贵州）。

标本采集记录：1♀，贵州道真大沙河，慈竹，2004-VIII-27，陈祥盛采。

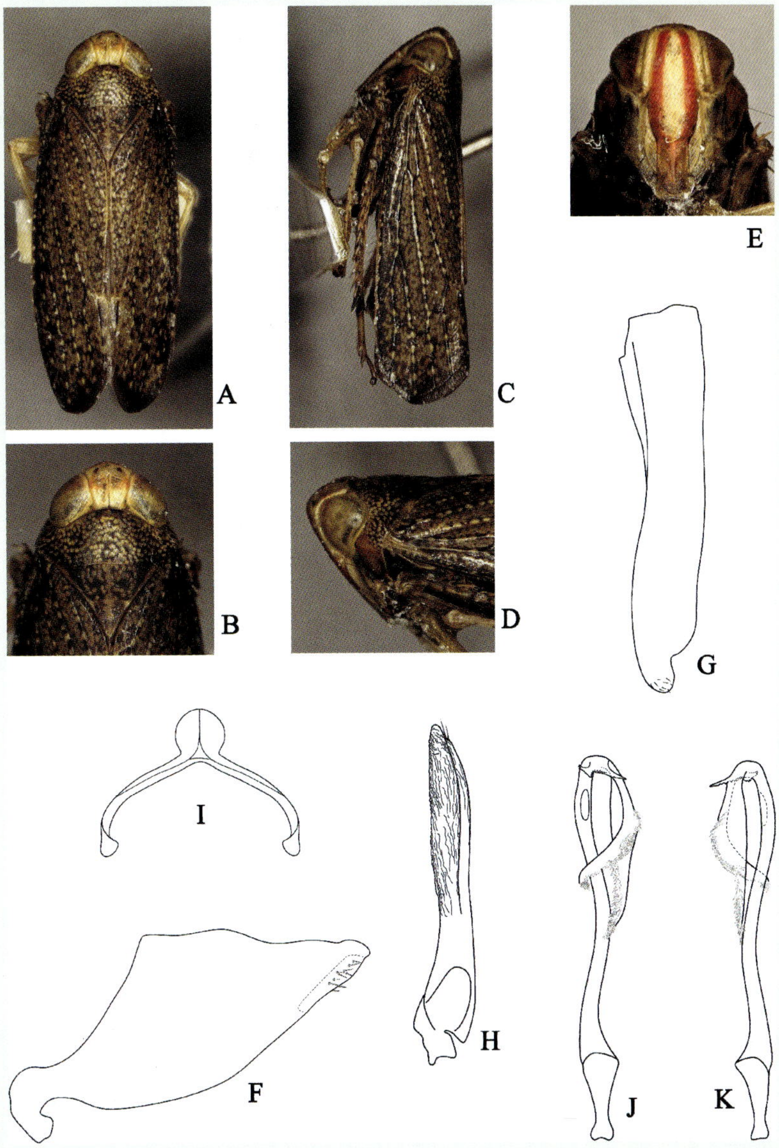

图 18　黄面单突叶蝉 *Olidiana huangmina*（Li *et* Wang）

A. 雄成虫背面观（male habitus，dorsal view）；B. 头胸部背面观（head and thorax，dorsal view）；C. 雄成虫侧面观（male habitus，lateral view）；D. 头胸部侧面观（head and thorax，lateral view）；E. 颜面（face）；F. 雄虫尾节侧瓣（pygofer，lateral view）；G. 下生殖板（subgenital plate）；H. 阳基侧突（style）；I. 连索（connective）；J. 阳茎腹面观（aedeagus，ventral view）；K. 阳茎侧面观（aedeagus，lateral view）

19. 横带无突叶蝉 *Taharana fasciana* Li, 1991(图 19, 147)

Taharana fasciana Li, 1991: 356.

体连翅长:♂8.2~8.5mm, ♀10.0mm。

体黑褐色,雄虫前翅亚端部有1黄色宽横带纹,雌虫前翅基部和亚端部各有1透明的黄白色宽横带纹。头冠黄色至黄褐色,基域有2不规则黑色斑块;单复眼褐色;颜面黄色至褐色,额唇基两侧有橙黄色纵带,沿额颊缝有黑褐色狭边,雌虫无此狭边;雄虫前唇基两侧有褐色纵带,端缘褐色,雌虫前唇基黄色;前胸背板黑色,密布橙黄色颗粒;小盾片黑色,黄色颗粒甚少,雌性有些个体为黄色;雄虫前翅光滑,翅脉黑色,无斑点,雌虫前翅翅脉黑色,被有黄色颗粒;胸部腹板黑色,胸足浅黄褐色,雌虫胸部腹板黄色有黑色斑块;腹部背、腹面黑色。

雄虫尾节有2对突起,端背突长而宽,亚端部有1小刺状突起,末端尖,端腹突细长,着生刺毛,末端尖。下生殖板长而宽,内缘平直,外缘弧形突出卷向腹面,端缘有1刺突和许多刚毛。阳基侧突基部宽,端部细,长度约是阳茎的2/5。连索Y形。阳茎细长管状,不对称,近端部凹陷,端部和亚端部背面有小刺状突起。

寄主:花椒树、慈竹。

分布:中国(云南、贵州)。

标本采集记录:1♂,贵州福泉黄丝镇,慈竹,2006-VIII-11,杨琳、陈祥盛采;1♂2♀♀,贵州贵阳花溪公园,慈竹,2006-VIII-16,陈祥盛采;2♂♂,贵州贵阳花溪公园,慈竹,2006-X-15,刘明宏采。

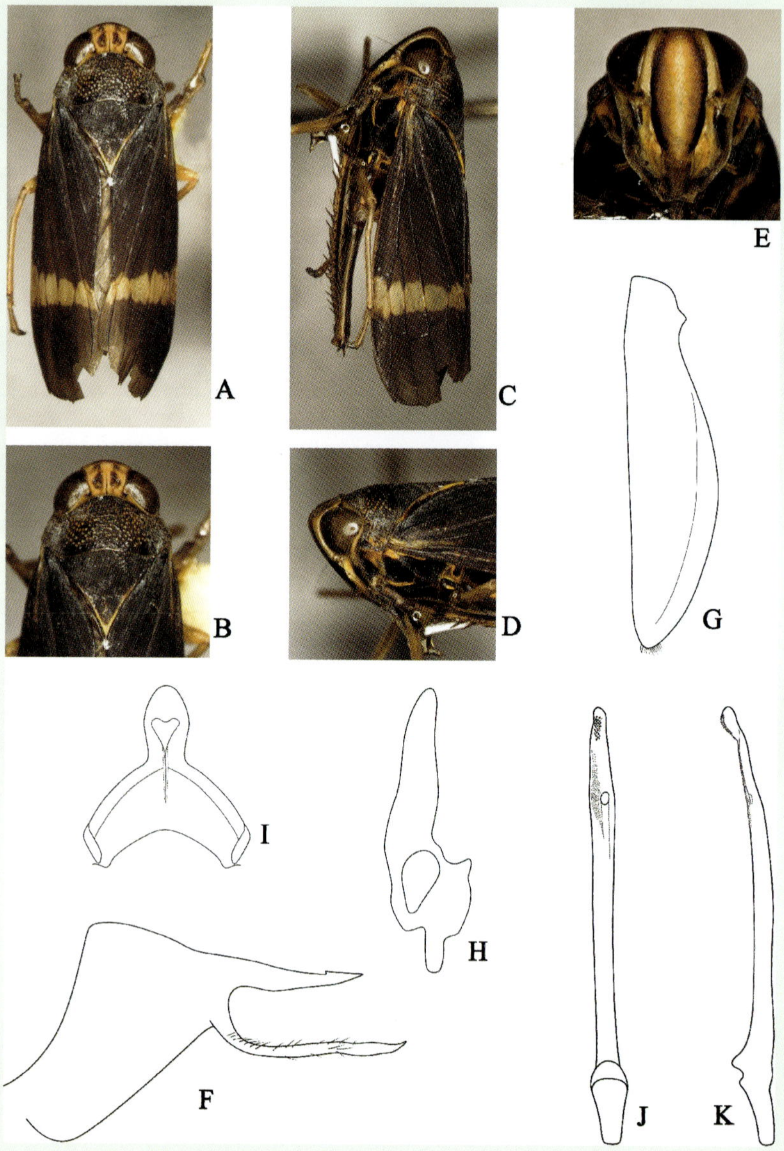

图 19 横带无突叶蝉 *Taharana fasciana* Li

A. 雄成虫背面观(male habitus, dorsal view); B. 头胸部背面观(head and thorax, dorsal view); C. 雄成虫侧面观(male habitus, lateral view); D. 头胸部侧面观(head and thorax, lateral view); E. 颜面(face); F. 雄虫尾节侧瓣(pygofer, lateral view); G. 下生殖板(subgenital plate); H. 阳基侧突(style); I. 连索(connective); J. 阳茎腹面观(aedeagus, ventral view); K. 阳茎侧面观(aedeagus, lateral view)

20. 角顶片叶蝉 *Thagria birama* Zhang, 1994(图 20)

Thagria birama Zhang, 1994: 20.

体连翅长：♂7.0~8.2mm。

体深褐色，密被污黄色斑点。

雄虫肛节有1对突起，长于尾节突，其末端有不规则小突起。尾节侧瓣宽阔，末端弧圆，尾节后背缘有1对粗壮突起，中等长度。下生殖板狭长，弧形弯曲，中部外侧缘有数根大刚毛，端部有一些细刚毛。阳基侧突发达，显著超过腹片端部，端部二叉状。连索宽短，Y形。阳茎长管状，基部宽阔，端向狭，伸达腹片中长处；腹片基部宽阔，中部侧扁，端部细长，侧面观中、端部弧形弯向腹面。

寄主：平竹(本书首次报道)。

分布：中国(重庆、贵州)。

标本采集记录：2♂♂，贵州道真大沙河，平竹，2004-VIII-18，陈祥盛采。

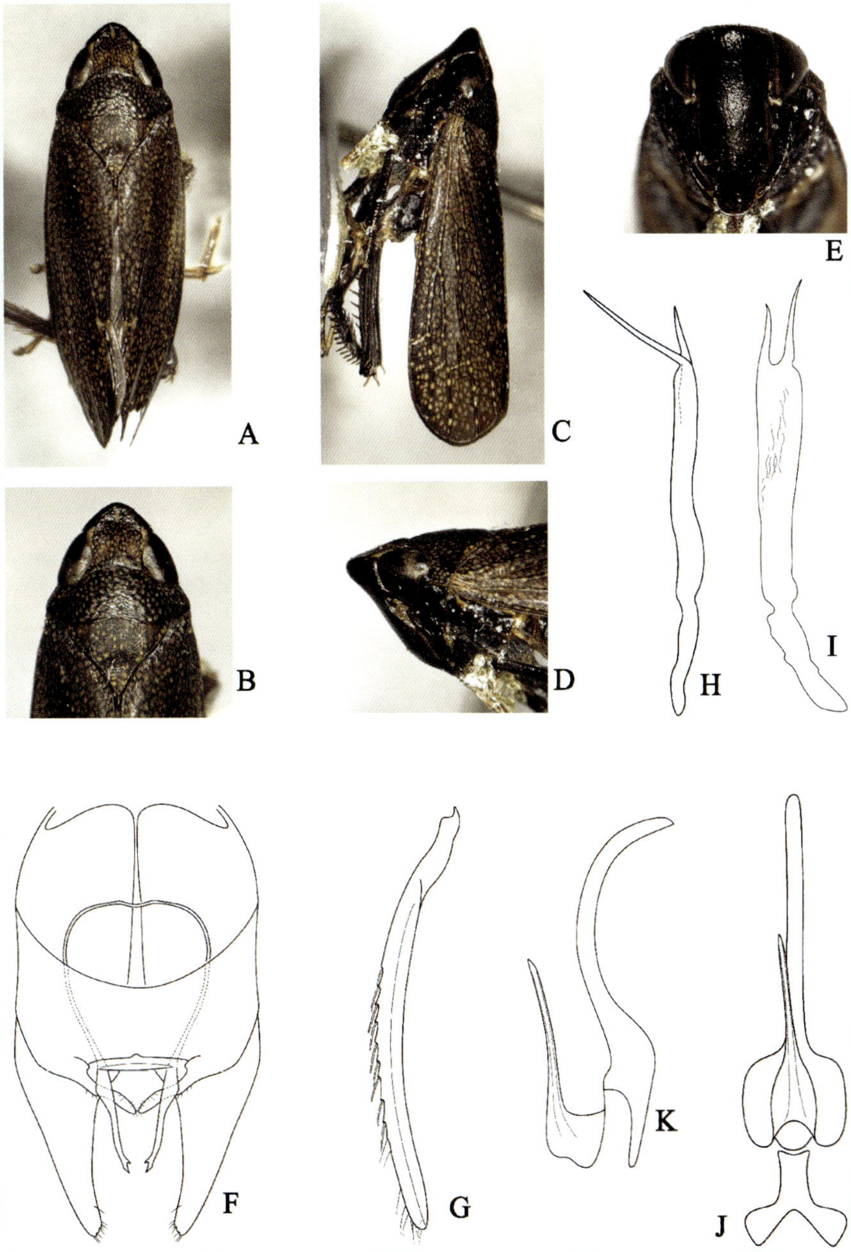

图 20 角顶片叶蝉 *Thagria birama* Zhang

A. 雄成虫背面观(male habitus, dorsal view); B. 头胸部背面观(head and thorax, dorsal view); C. 雄成虫侧面观(male habitus, lateral view); D. 头胸部侧面观(head and thorax, lateral view); E. 颜面(face); F. 雄虫尾节背面观(pygofer, dorsal view); G. 下生殖板(subgenital plate); H. 阳基侧突侧面观(style, lateral view); I. 阳基侧突腹面观(style, ventral view); J. 阳茎和连索腹面观(aedeagus and connective, ventral view); K. 阳茎侧面观(aedeagus, lateral view)

21. 指片叶蝉 *Thagria digitata* Li, 1989(图 21)

Thagria digitata Li, 1989: 1.

体连翅长：♂8.8 ~ 9.0mm，♀10.0 ~ 10.2mm。

体淡黄白色。头冠黑色，两复眼间有一乳白色宽横带；颜面淡黄色，额唇基中横带和端横带褐色，前唇基和舌侧板端部深褐色；前胸背板褐色，密被黄色颗粒，前域有一乳白色横带；小盾片褐色，散生黄色颗粒；前翅黑褐色具不规则黄白色透明斑，翅脉被有淡黄白色颗粒。

雄虫肛节有 1 对突起，末端钩状。尾节侧瓣端部钝圆，有 1 对端背突，具数根长刚毛。下生殖板长叶片状，端部有数根长刚毛。阳基侧突长，两端尖。连索 Y 形。阳茎长管状，基部宽，至端部渐狭，伸至腹片中部；腹片不对称，端部尖细弯曲，中前部左侧和中后部右侧或中前部右侧和中后部左侧各有 1 指状突起。

寄主：杂灌木、竹类(首次报道该种叶蝉取食竹类)。

分布：中国(贵州)。

标本采集记录：1♀，贵州沿河麻阳河，2007-X-10，张玉波采；2♂♂，四川广元水磨沟，竹子，2007-VIII-18，张玉波采；2♂♂，贵州绥阳宽阔水，竹子，2010-VIII-11，邢济春采；2♂♂1♀，贵州望谟打易，竹子，2011-VIII-23，龙见坤、常志敏采；1♂，贵州册亨者楼，竹子，2011-VIII-26，龙见坤、常志敏采。

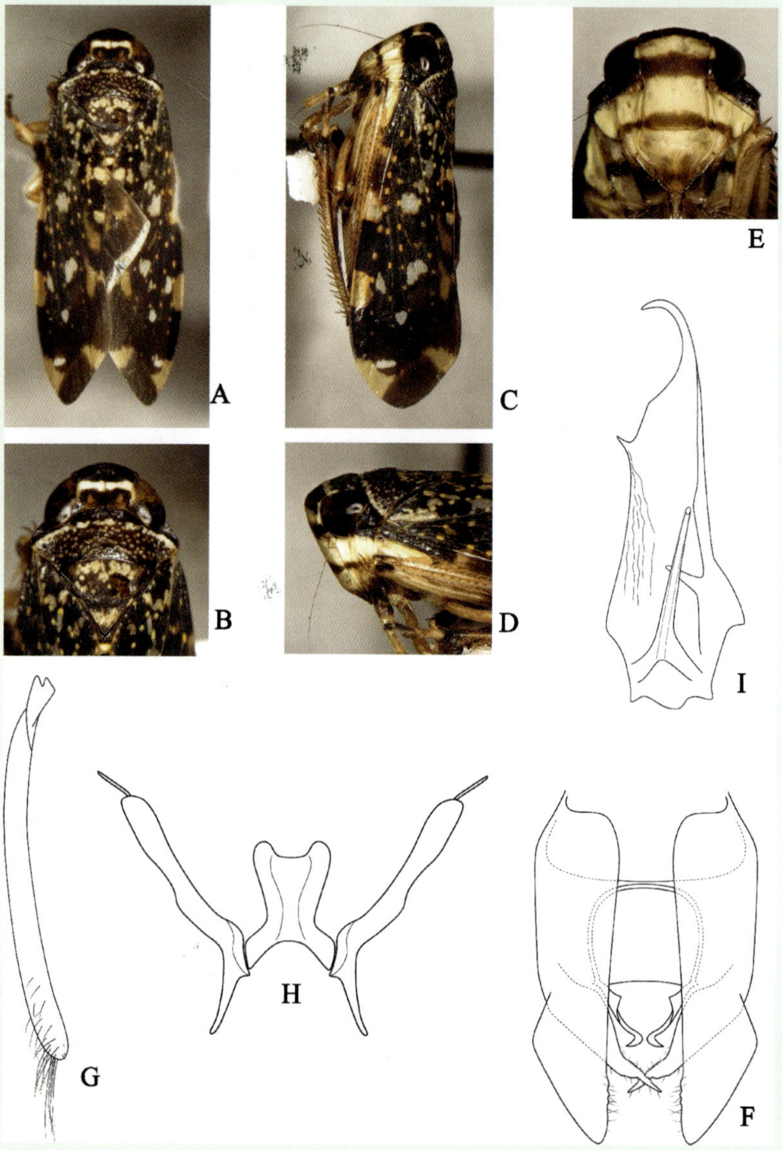

图 21 指片叶蝉 *Thagria digitata* Li

A. 雄成虫背面观(male habitus, dorsal view)；B. 头胸部背面观(head and thorax, dorsal view)；C. 雄成虫侧面观(male habitus, lateral view)；D. 头胸部侧面观(head and thorax, lateral view)；E. 颜面(face)；F. 雄虫尾节背面观(pygofer, dorsal view)；G. 下生殖板(subgenital plate)；H. 阳基侧突和连索腹面观(connective and styles, ventral view)；I. 阳茎腹面观(aedeagus, ventral view)

22. 尖头片叶蝉 *Thagria projecta*（Distant, 1908）（图 22）

Dharmma projecta Distant, 1908: 324.
Thagria projecta, Nielson, 1977: 33.

体连翅长：♂6.3～8.0mm，♀7.5～9.0mm。

体黑褐色，前翅密布浅色小斑。雄虫头冠基部两复眼间有一对不规则浅黄色斑。单、复眼褐色，单复眼间有 1 三角形黄色斑。颜面黑色。

雄虫肛节有 1 对短的端背突。尾节侧瓣宽大，后背缘有 1 对细长突起，长有许多刚毛，突起内侧缘中段锯齿状。下生殖板狭长，有 1 纵列大刚毛，端部有细长刚毛。阳基侧突长，超过腹片端部，自近中部处分两叉，内支常有小齿状突起。连索宽 Y 形。阳茎长管状，超过腹片中部，生殖孔位于阳茎干端部；腹片不对称，无突起，基部宽，向端部渐狭，沿侧缘有许多棘，呈齿状，向腹面弧形弯曲。

寄主：未明（本研究中 1 雄性标本采自竹子上）。

分布：中国（贵州、云南、广西、西藏、福建、浙江、湖北）；印度；缅甸；泰国；老挝；越南。

标本采集记录：1♂，云南西双版纳勐腊，竹子，2011-VII-24，郑维斌、常志敏采。

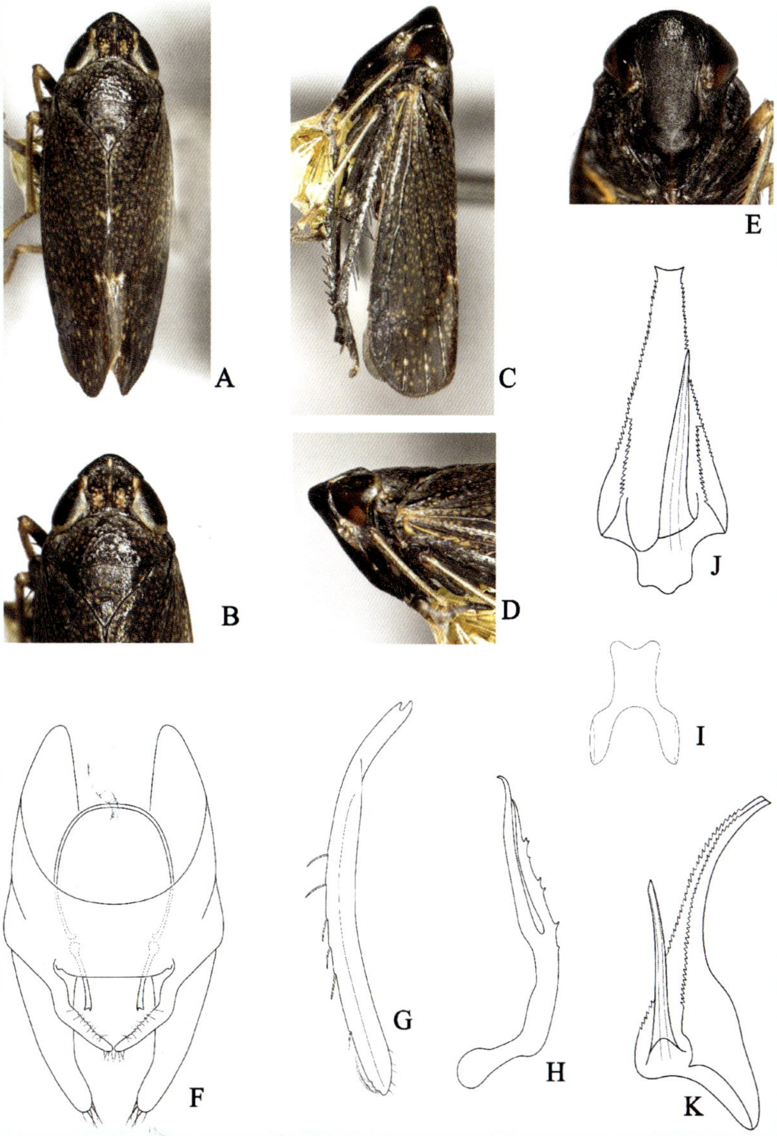

图 22 尖头片叶蝉 *Thagria projecta*（Distant）

A. 雄成虫背面观（male habitus, dorsal view）；B. 头胸部背面观（head and thorax, dorsal view）；C. 雄成虫侧面观（male habitus, lateral view）；D. 头胸部侧面观（head and thorax, lateral view）；E. 颜面（face）；F. 雄虫尾节背面观（pygofer, dorsal view）；G. 下生殖板（subgenital plate）；H. 阳基侧突（style）；I. 连索（connective）；J. 阳茎腹面观（aedeagus, ventral view）；K. 阳茎侧面观（aedeagus, lateral view）

(三)角顶叶蝉亚科 Deltocephalinae

23. 安龙柔突叶蝉，新种 *Abrus anlongensis* sp. nov.（图23）

体连翅长：♂8.90~9.25 mm，♀9.70~10.00mm。

体及前翅黄褐色。头冠前缘有4枚黑色圆斑，复眼黑褐色。前翅翅脉淡黄褐色，翅室内色较深，接近淡褐色，第1端前室具1褐色斑纹。虫体腹面淡黄白色，无明显的斑纹。

头冠中长为复眼间宽的0.48倍；前胸背板中长为头冠中长的2.66倍；中胸小盾片中长为前胸背板中长的0.86倍。前翅中长为最宽处宽的4.20倍。

雄虫尾节侧瓣后腹角向后延伸，末端圆，散布粗长刚毛，腹缘波曲，后方具1小乳头状突起；生殖基瓣近似三角形，基宽为中长的1.36倍；下生殖板宽短，端缘尖圆，外侧域密生粗长刚毛；阳基侧突中部阔，端部和基部狭，端部1/3处外侧缘具缺刻，端部略向内弯；连索臂稍长于主干，主干粗大；阳茎干侧面观基部粗，端2/3直，较阳茎基背突细，后腹面观，端部两侧角延伸成刺突状，端缘弧形凹陷，具4枚刺状突，其中2侧刺突长，超过阳茎基背突端部；阳茎基背突发达，侧面观基大部较直，端部略弯曲，末端渐尖细，无突起。

寄主：竹类。

分布：中国(贵州)。

标本采集记录：正模♂，贵州安龙兴隆仙鹤坪，2011-VIII-28，龙见坤采；副模9♂♂8♀♀，余同正模。

讨论：新种与凹板柔突叶蝉 *A. concavelus* Li *et* Zhang, 2007相似，主要区别在于：雄虫尾节腹缘波曲，后方具1小乳状突起；下生殖板近端部外侧缘弧圆，不凹入；阳基侧突端部渐尖；阳茎干亚端部两侧无发达的分枝状突起。

词源：新种根据模式标本产地（贵州省安龙县）命名。

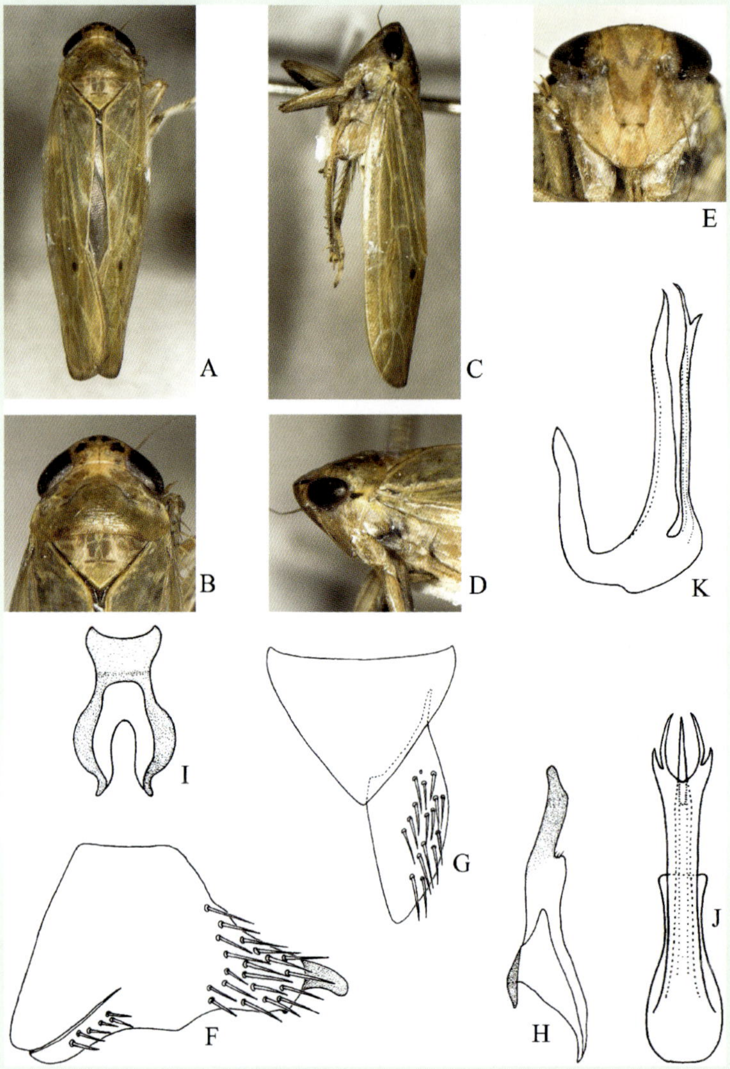

图23 安龙柔突叶蝉，新种 *Abrus anlongensis* sp. nov.

A. 雄成虫背面观(male habitus, dorsal view)；B. 头胸部背面观(head and thorax, dorsal view)；C. 雄成虫侧面观(male habitus, lateral view)；D. 头胸部侧面观(head and thorax, lateral view)；E. 颜面(face)；F. 雄虫尾节侧瓣(pygofer, lateral view)；G. 生殖基瓣和下生殖板(valve and subgenital plate)；H. 阳基侧突(style)；I. 连索(connective)；J. 阳茎后腹面观(aedeagus, posterior and ventral view)；K. 阳茎侧面观(aedeagus, lateral view)

24. 竹柔突叶蝉，新种 *Abrus bambusanus* sp. nov.（图 24）

体连翅长：♂7.70～8.70mm，♀7.30～8.20mm。

体及前翅黄褐色，头冠前缘有 4 枚黑色圆斑，前翅翅脉淡黄白色，翅室内色较深，接近淡褐色，第 1 端前室具 1 褐色斑纹。虫体腹面淡黄白色，无明显的斑纹。

虫体各部构造概如安龙柔突叶蝉。头冠中长为复眼间宽的 0.58 倍；前胸背板中长为头冠中长的 2.09 倍；中胸小盾片中长为前胸背板中长的 0.82 倍。前翅中长为最宽处宽的 3.55 倍。

雄虫尾节侧瓣后部散布粗长刚毛，后缘背、腹角分别延伸为粗刺状突起，腹角突起略弯，端部指向背方，膜状突长，指向背后方；生殖基瓣近似三角形，中长为基宽的 0.56 倍；下生殖板宽短，端缘圆，外侧域有粗长刚毛；阳基侧突中部阔，端部和基部狭，端部 1/3 处外侧缘具缺刻；连索臂稍长于主干；阳茎干粗大，亚端部侧附突中偏端部处具 1 齿状分枝，阳茎基背突发达，其端部具 1 粗刺突，指向腹、后方，亚端部两侧各具 1 粗刺突，端部指向腹方。

寄主：竹类。

分布：中国（贵州）。

标本采集记录：正模♂，贵州雷山雷公山，2011-VIII-21，侯晓晖采；副模 5♂♂8♀♀，余同正模。

讨论：新种与黄氏柔突叶蝉 *A. huangi* Dai *et* Zhang, 2002 近缘，主要区别在于本种尾节后缘背、腹角分别延伸为粗刺状突起，阳茎基背突后腹缘无齿列，阳茎干亚端部侧附突具小分枝。

词源：新种根据其寄主（竹子）命名。

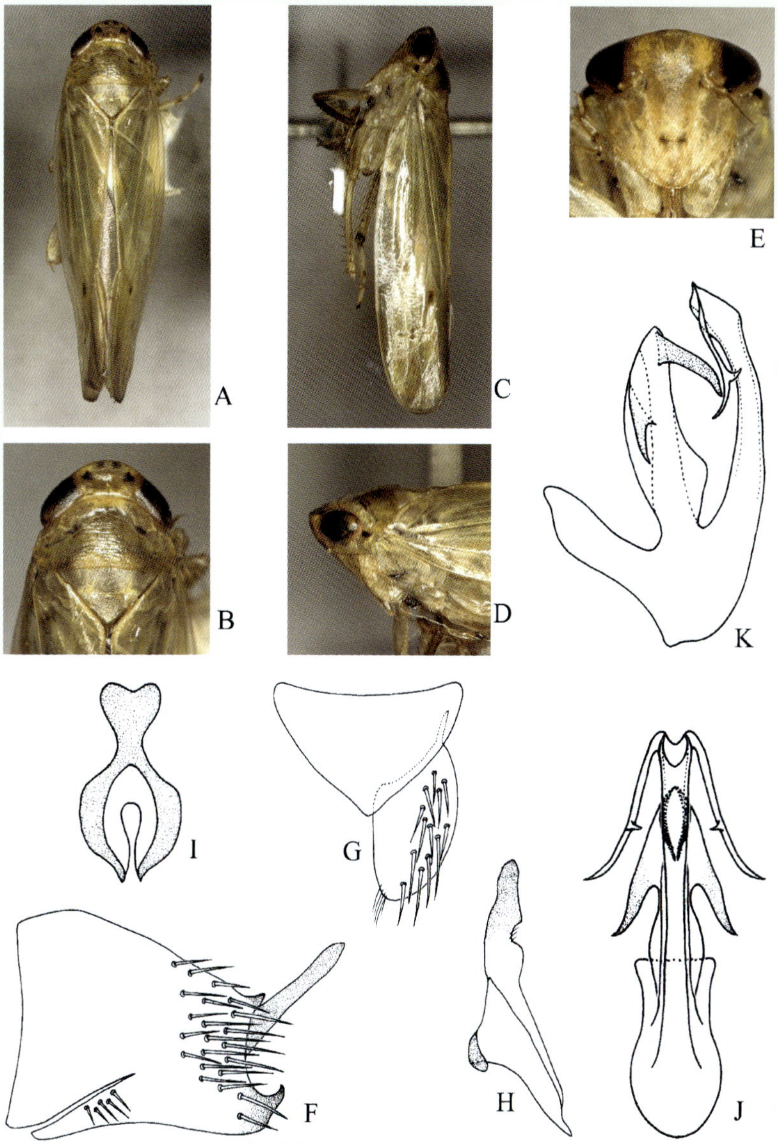

图 24　竹柔突叶蝉，新种 *Abrus bambusanus* sp. nov.

A. 雄成虫背面观（male habitus, dorsal view）；B. 头胸部背面观（head and thorax, dorsal view）；C. 雄成虫侧面观（male habitus, lateral view）；D. 头胸部侧面观（head and thorax, lateral view）；E. 颜面（face）；F. 雄虫尾节侧瓣（pygofer, lateral view）；G. 生殖基瓣和下生殖板（valve and subgenital plate）；H. 阳基侧突（style）；I. 连索（connective）；J. 阳茎后腹面观（aedeagus, posterior and ventral view）；K. 阳茎侧面观（aedeagus, lateral view）

25. 双枝柔突叶蝉 *Abrus biprocessus* Li, 2011(图 25)

Abrus biprocessus Li (in Li *et al.*), 2011: 22.

体连翅长：♂8.1mm，♀8.2mm。

体及前翅黄褐色，头冠前缘有4枚黑色圆斑，二复眼间有1枚不甚明显的淡褐色横纹，前翅翅脉淡黄白色，翅室内色较深，接近淡褐色。虫体腹面淡黄白色，无明显的斑纹。

雄虫尾节侧瓣宽圆突出，端区腹缘有2枚延伸的突起，端缘外侧有粗长刚毛，膜状突向外侧伸出；基瓣近似三角形；下生殖板宽短，端缘圆，外侧域有粗长刚毛；阳基侧突基部宽，端部较细，中部外侧和端部内侧各有1枚近似角状突起；连索近似Y形，主干短于臂长；阳茎干细长管状，亚端部后腹缘两侧各具1长刺突，其中偏茎部处生1小齿，两长刺突间具生1膜状突起，端尖；阳茎基背突粗大，长度超过阳茎干的一半，其端部具1对刺突，亚端部背面凹槽状。

寄主：竹类。

分布：中国(贵州)。

标本采集记录：1♂(正模)，1♀(副模)，贵州梵净山，竹子，1986-VIII-21，李子忠采；1♂，贵州道真大沙河磨盘石，竹子，2004-VIII-24～28，杨茂发采；1♂，贵州道真大沙河马村，竹子，2004-VIII-24，陈祥盛采。

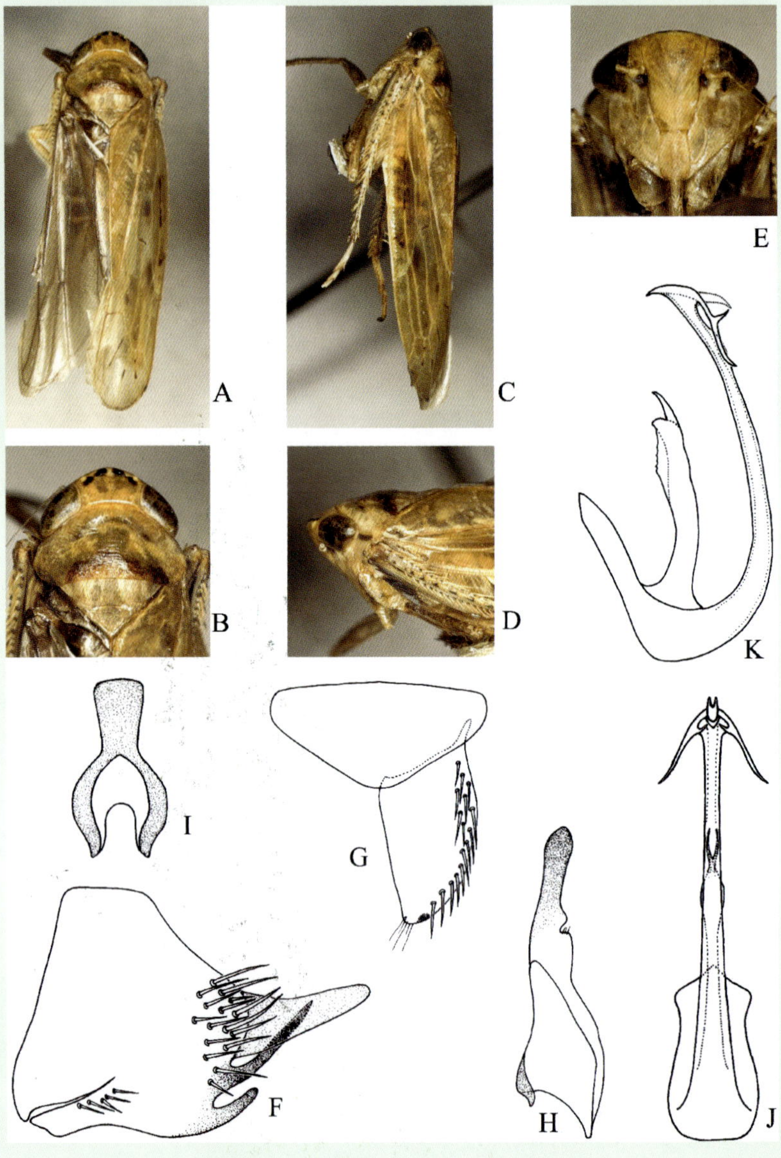

图25 双枝柔突叶蝉 *Abrus biprocessus* Li

A. 雄成虫背面观(male habitus, dorsal view); B. 头胸部背面观(head and thorax, dorsal view); C. 雄成虫侧面观(male habitus, lateral view); D. 头胸部侧面观(head and thorax, lateral view); E. 颜面(face); F. 雄虫尾节侧瓣(pygofer, lateral view); G. 生殖基瓣和下生殖板(valve and subgenital plate); H. 阳基侧突(style); I. 连索(connective); J. 阳茎后腹面观(aedeagus, posterior and ventral view); K. 阳茎侧面观(aedeagus, lateral view)

26. 短板柔突叶蝉 *Abrus breviolus* Dai *et* Zhang, 2008(图 26)

Aburus breviolus Di *et* Zhang, 2008: 46.

体连翅长：♂8.5～8.6mm，♀8.7～8.8mm。

头冠淡黄白色，前缘具有4枚沿头冠前缘延伸的黑色小斑，中央2枚彼此靠近，其间的距离约等于临近黑斑的1.5倍，复眼黑色，单眼黄白色，触角淡黄白色，颜面淡橙黄白色，两侧淡黄褐色，额唇基与前唇基交界处淡褐色。前胸背板和小盾片淡黄褐色，无斑纹；前翅淡黄褐色，端前内室、中室和外室中部，第端3、4室基部各有1枚黑褐色斑点；胸部腹板和胸足淡黄白色，后足胫节有1列黑色斑点。腹部背面淡黄白色，各节外侧有1枚黑褐色斑；腹板淡橘黄色，基部1～3节中央黑色。

雄虫尾节侧瓣宽短，端背角短于端腹角，内侧的膜状突明显长于端背角和端腹角，端区有粗长刚毛，生殖基部腹缘亦具刚毛；生殖基瓣近似三角形；下生殖板宽短，端缘接近平直，端区有粗长刚毛；阳基侧突基部较端部粗壮，末端接近平直；连索Y形；阳茎干管状弯曲，末端有1对先伸向头方，后伸向侧方的粗大突起。

寄主：竹类。

分布：中国(浙江)。

标本采集记录：3♂♂6♀♀，浙江天目山，竹子，2009-VII-22，孟泽洪采。

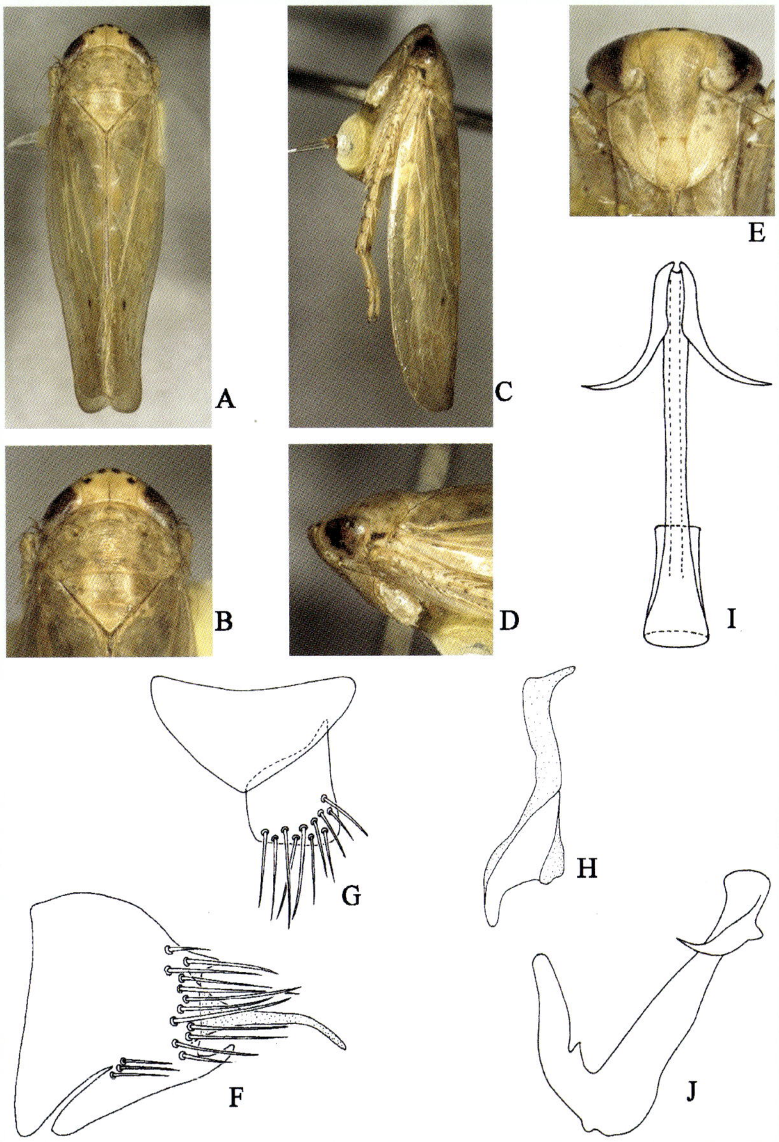

图26 短板柔突叶蝉 *Abrus breviolus* Dai *et* Zhang

A. 雄成虫背面观(male habitus, dorsal view)；B. 头胸部背面观(head and thorax, dorsal view)；C. 雄成虫侧面观(male habitus, lateral view)；D. 头胸部侧面观(head and thorax, lateral view)；E. 颜面(face)；F. 雄虫尾节侧瓣(pygofer, lateral view)；G. 生殖基瓣和下生殖板(valve and subgenital plate)；H. 阳基侧突(style)；I. 连索(connective)；J. 阳茎后腹面观(aedeagus, posterior and ventral view)；K. 阳茎侧面观(aedeagus, lateral view)

27. 短茎柔突叶蝉 *Abrus brevis* Dai *et* Zhang, 2002(图 27)

Abrus brevis Dai *et* Zhang, 2002: 306.

体连翅长：♂8.2～8.5mm，♀8.5～8.9mm。

体及前翅黄褐色。头冠前缘有4枚黑色斑，外侧两个较大，紧靠单眼的后缘，复眼黑褐色；前胸背板橙黄色，后缘棕褐色；前翅端前内室、中室以及第3、4端室基部各有1枚黑褐色斑，尤以端前内室黑斑最大。

雄虫尾节侧瓣端向渐窄，腹缘近端部有1枚较小的突起，端区有长刚毛，内侧有1枚膜质突起；下生殖板基部宽，端向渐窄，外侧有粗长刚毛；阳基侧突细长，端部向外侧略弯，端部1/3外侧有1簇小刚毛；连索Y形，主干短于两臂；阳茎干管状，背向弯曲，末端有1对细长的突起，生殖孔位于阳茎干的末端，阳茎干基部有1枚发达的基背突，侧扁，背向延伸，基背突背面深凹，凹槽两侧缘片状。

寄主：竹类。

分布：中国(广西)。

标本采集记录：2♂♂1♀，广西元宝山，竹子，2004-VII-15，杨茂发采。

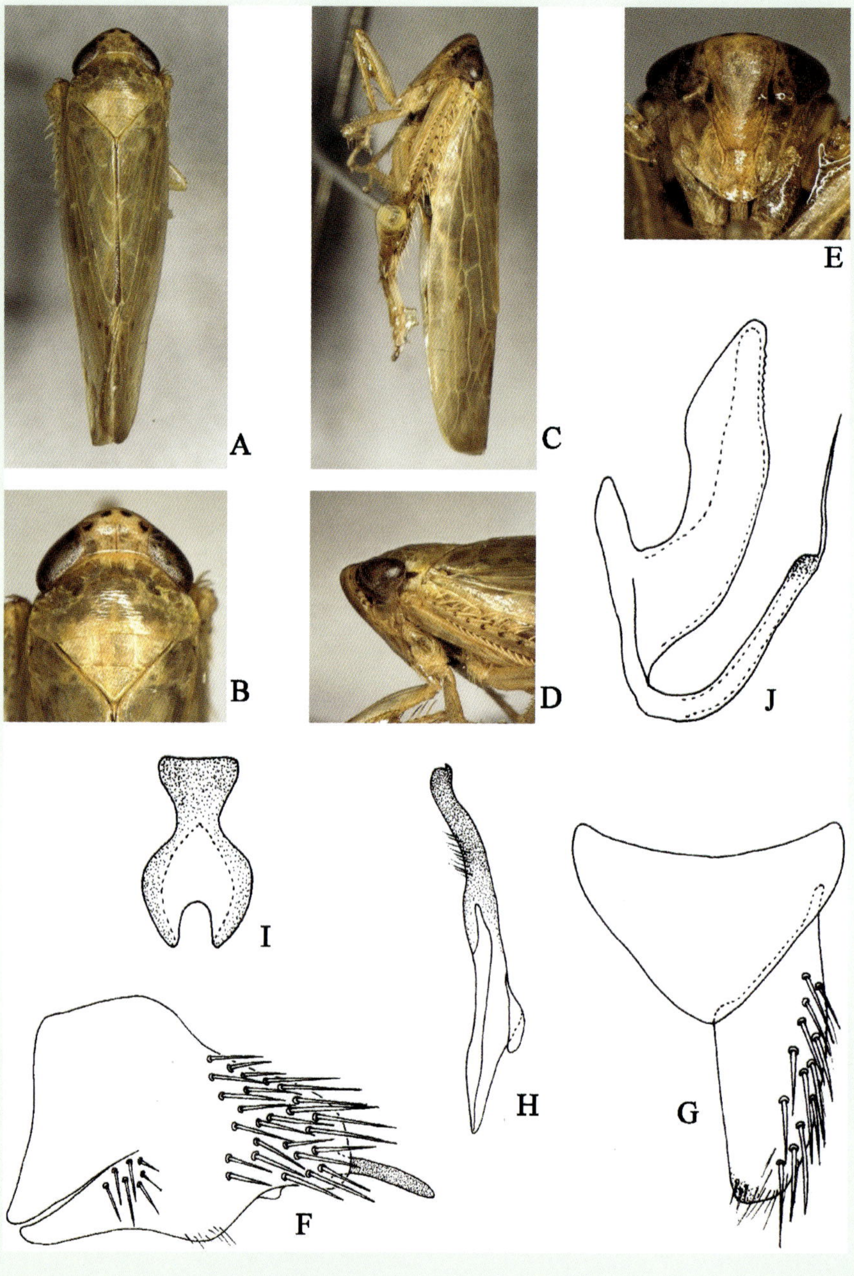

图 27 短茎柔突叶蝉 *Abrus brevis* Dai *et* Zhang

A. 雄成虫背面观(male habitus, dorsal view)；B. 头胸部背面观(head and thorax, dorsal view)；C. 雄成虫侧面观(male habitus, lateral view)；D. 头胸部侧面观(head and thorax, lateral view)；E. 颜面(face)；F. 雄虫尾节侧瓣(pygofer, lateral view)；G. 生殖基瓣和下生殖板(valve and subgenital plate)；H. 阳基侧突(style)；I. 连索(connective)；J. 阳茎后腹面观(aedeagus, posterior and ventral view)；K. 阳茎侧面观(aedeagus, lateral view)

28. 凹板柔突叶蝉 *Abrus concavelus* Li *et* Wang, 2006(图 28)

Abrus concavelus Li *et* Wang, 2006: 841.

体连翅长：♂8.4～8.5mm，♀8.7mm。

体淡黄白色。头冠前缘有 4 枚大小近似相等的黑色圆斑，其中顶端 2 枚彼此靠近，复眼黑色，单眼黄白色，颜面淡黄白色无斑纹。前胸背板淡黄白色，其中前域两侧于横印痕后各有 1 枚黑褐色圆斑；小盾片淡黄白色无斑纹；前翅淡黄白色，端前内、中、外室端部各有 1 枚黑色斑。虫体腹面淡黄白色无任何斑纹。

雄虫尾节侧瓣端缘弧圆突出，端部内侧有 1 枚宽大的膜质透明附突，后背缘有 1 枚向后延伸的细长突起，端区有粗长刚毛；下生殖板宽大，外侧缘和端缘弧形弯曲，亚端部外侧向内凹入，中域有粗长刚毛，外侧有细刚毛，端区外缘有长刚毛；阳基侧突长，基部宽大，中部较细，末端弧圆，成棱状扩大；连索 Y 形，主干粗短；阳茎干管状，背向弯曲，端部膨大，端腹缘有 1 对末端扩大，且基向延伸的长突，长突中部微扩大，基部有 1 枚发达片状突，该突起端向渐细，致成针刺状。

寄主：竹类。

分布：中国(福建)。

标本采集记录：2♂♂1♀，福建三港，竹子，1982-VII，张可池采；1♂，福建武夷山，竹子，1998-VIII-7，杨茂发采。

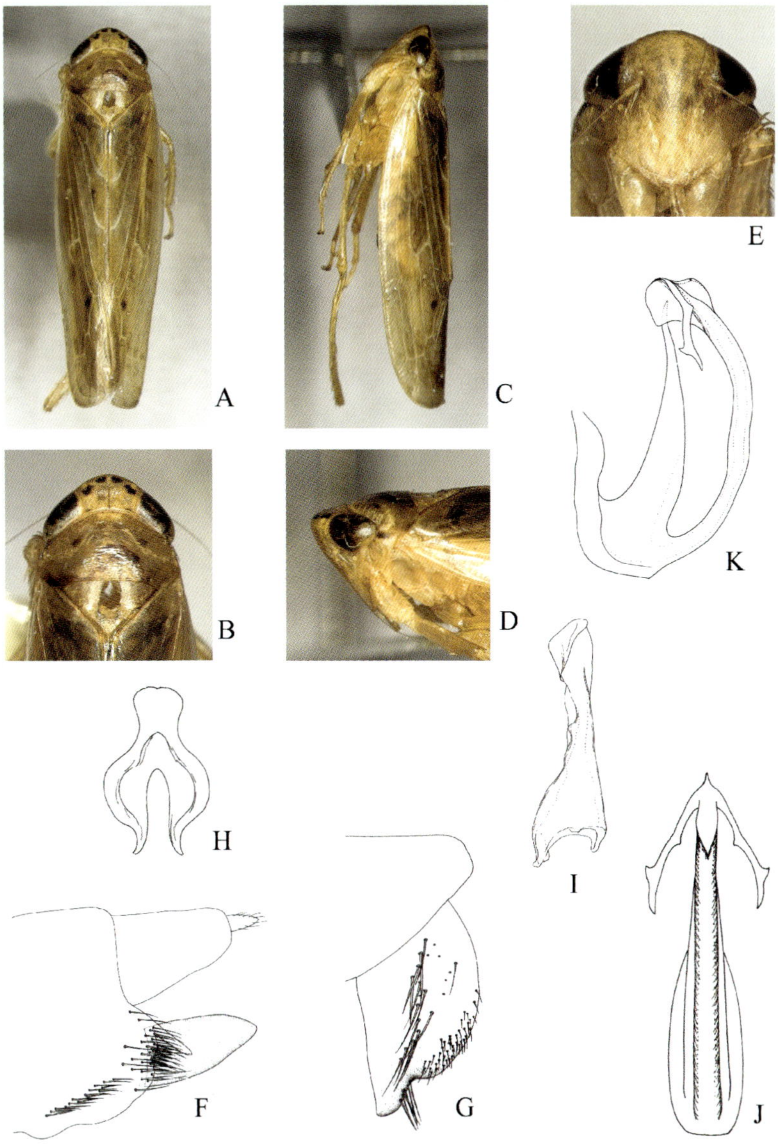

图 28 凹板柔突叶蝉 *Abrus concavelus* Li *et* Zhang

A. 雄成虫背面观(male habitus, dorsal view)；B. 头胸部背面观(head and thorax, dorsal view)；C. 雄成虫侧面观(male habitus, lateral view)；D. 头胸部侧面观(head and thorax, lateral view)；E. 颜面(face)；F. 雄虫尾节侧瓣(pygofer, lateral view)；G. 生殖基瓣和下生殖板(valve and subgenital plate)；H. 阳基侧突(style)；I. 连索(connective)；J. 阳茎后腹面观(aedeagus, posterior and ventral view)；K. 阳茎侧面观(aedeagus, lateral view)

29. 锥尾柔突叶蝉 *Abrus coneus* Dai *et* Zhang, 2002(图 29)

Aburus coneus Dai *et* Zhang, 2002: 311.

体连翅长: ♂8.90mm, ♀9.20mm。

体棕黄色。头冠前缘有4个黑色小斑，外侧2个紧靠单眼后缘；复眼黑褐色。前胸背板前缘两侧有1对黑色斑。前翅3个端前室端部以及第2~4端室基部各有1个棕色斑点，内端前室最大。

雄虫尾节侧瓣近似梯形，后缘略波曲，端区有粗长刚毛，后、腹缘处有1粗大突起，略背向弯曲，与膜状突起近等长，末端尖细；下生殖板宽短，外侧域有粗长刚毛；阳基侧突基部扩大，中部外侧有1枚齿突，端部斜切；连索Y形，主干较细约短于臂长，两臂宽大；阳茎管状弯曲，末端有1对向后延伸的突起，其突起基部和端部再次分支。

寄主: 竹类。

分布: 中国(甘肃、贵州、湖北、广东)。

标本采集记录: 5♂♂7♀♀，贵州宽阔水，竹子，1984-VIII-1，李子忠、汪廉敏采；5♂♂3♀♀，贵州石阡，竹子，1994-VIII-15，李子忠采；1♂，湖北五峰，竹子，2002-VII-19，石樱采。

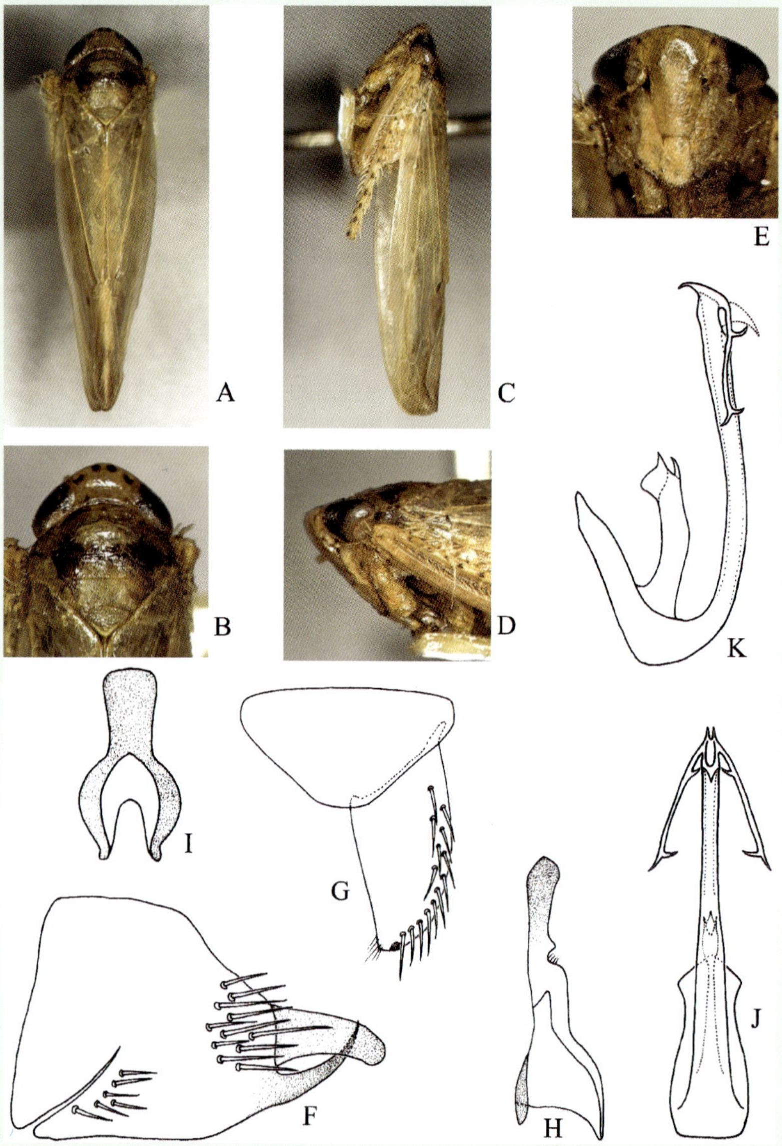

图 29 锥尾柔突叶蝉 *Abrus coneus* Dai *et* Zhang

A. 雄成虫背面观(male habitus, dorsal view); B. 头胸部背面观(head and thorax, dorsal view); C. 雄成虫侧面观(male habitus, lateral view); D. 头胸部侧面观(head and thorax, lateral view); E. 颜面(face); F. 雄虫尾节侧瓣(pygofer, lateral view); G. 生殖基瓣和下生殖板(valve and subgenital plate); H. 阳基侧突(style); I. 连索(connective); J. 阳茎后腹面观(aedeagus, posterior and ventral view); K. 阳茎侧面观(aedeagus, lateral view)

30. 细茎柔突叶蝉 *Abrus graciaedeagus* Li, 2011 (图 30)

Abrus graciaedeagus Li (in Li *et al.*), 2011: 22.

体连翅长：♂7.2mm。

头冠淡黄白色，前缘有4枚黑色斑，其中中央2枚较小，彼此靠近，另外2枚较大，靠近复眼内侧，复眼黑褐色，单眼黄白色，紧靠黑色斑的前缘，颜面淡黄白色，触角淡黄白色，触角窝下方有1枚黑色斑。前胸背板前缘淡黄白色，中后部淡黄带褐色色泽；小盾片淡黄褐色，无明显斑纹；前翅淡黄白色，散布不规则形褐色斑块。

雄虫尾节侧瓣宽圆突出，端背角明显，端区有粗长刚毛，生殖基部腹缘有1簇细刚毛；生殖基瓣三角形；下生殖板近乎三角形，外侧缘弧圆，外侧域有1不规则排列的粗长刚毛；连索Y形，主干微短于臂长；阳基侧突基部宽大，端部呈棒状；阳茎干特细，背向弯曲，亚端部两侧各有1枚向后延伸的长突，基部有1枚宽大的突起，其长度明显大于阳茎干的末端，突起亚端部两侧各有2枚突起，其中1枚侧面观细长，腹面观基部宽大，端向尖细，并向后延伸，另1枚较短，横向伸出。

寄主：竹类。

分布：中国（广西）。

标本采集记录：1♂（正模），广西上思十万大山，竹子，2009-V-12，李红荣采；6♂♂4♀♀，广西上思十万大山，竹子，2011-IV-9，龙见坤采。

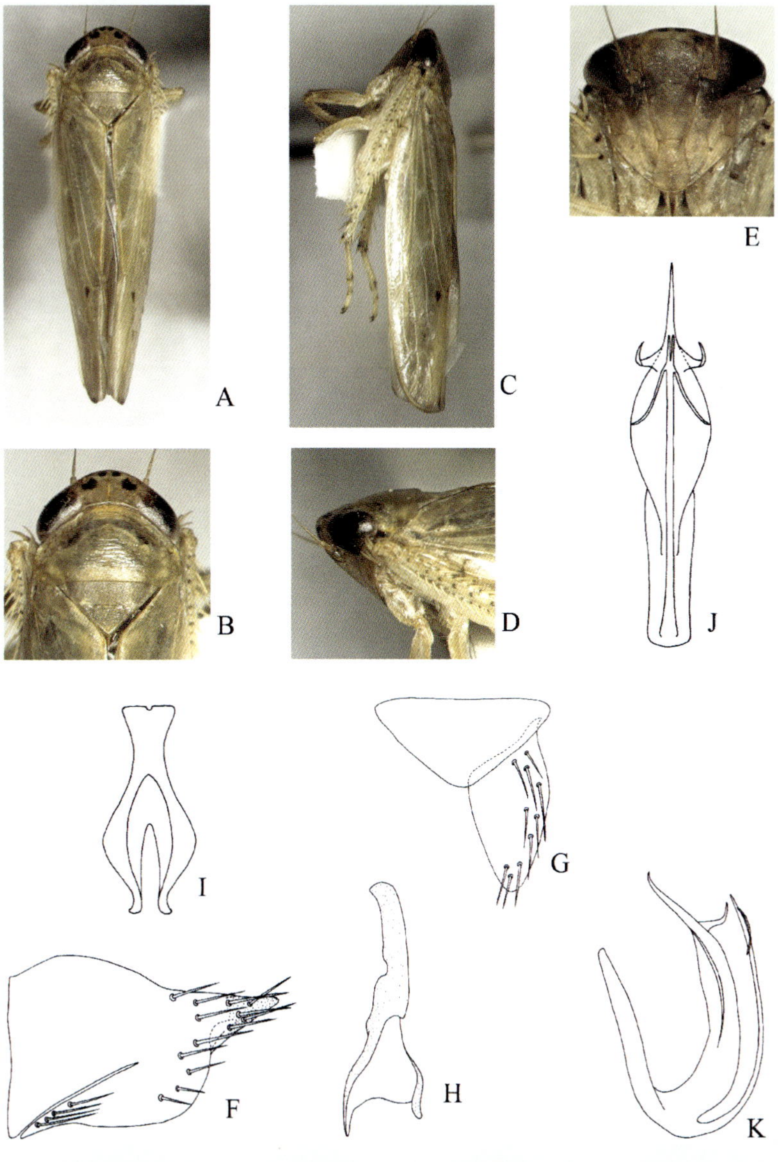

图30 细茎柔突叶蝉 *Abrus graciaedeagus* Li

A. 雄成虫背面观(male habitus, dorsal view)；B. 头胸部背面观(head and thorax, dorsal view)；C. 雄成虫侧面观(male habitus, lateral view)；D. 头胸部侧面观(head and thorax, lateral view)；E. 颜面(face)；F. 雄虫尾节侧瓣(pygofer, lateral view)；G. 生殖基瓣和下生殖板(valve and subgenital plate)；H. 阳基侧突(style)；I. 连索(connective)；J. 阳茎后腹面观(aedeagus, posterior and ventral view)；K. 阳茎侧面观(aedeagus, lateral view)

31. 黄氏柔突叶蝉 *Abrus huangi* Dai *et* Zhang, 2002(图 31)

Abrus huangi Dai *et* Zhang, 2002: 307.

体连翅长：♂8.2～8.8 mm，♀ 9.0 mm。

体淡黄色。头冠棕黄色，前缘有4个近等大黑斑，中斑和侧斑近相连；复眼黑褐色，单眼透明，冠缝浅棕红色。前胸背板中域有1对棕色斑。前翅翅脉黄色，内、中端前室和第3端室基部各有1棕色斑点，内端前室的最大。

雄虫尾节侧瓣端向渐狭，侧瓣端部内侧伸出1对膜质突起、透明，侧瓣后腹缘延伸形成1个发达尖突，端部有许多大刚毛，中部下方靠腹缘有数根大刚毛。下生殖板宽大，基部较宽，外侧缘和端缘圆弧形弯曲，外缘着生2列大刚毛。连索"Y"形，主干粗壮，两侧臂发达。阳基侧突长，基部宽，端部变狭、近等宽，近中部1/3处外缘有1个小齿突。阳茎基宽大，近端部两侧角状突出；阳茎干管状、背向弧形弯曲，端部细，近端部两侧有1对细长突起，伸向基方；生殖孔位于阳茎干腹面近端部；阳茎干基部有1个发达基突，基突端部腹面锯齿状，中端部两侧有1对三角形片状突、端部弯向基方。

寄主：竹类。

分布：中国(广西)。

标本采集记录：1♂，广西金秀，竹子，2009-V-16，李红荣采。

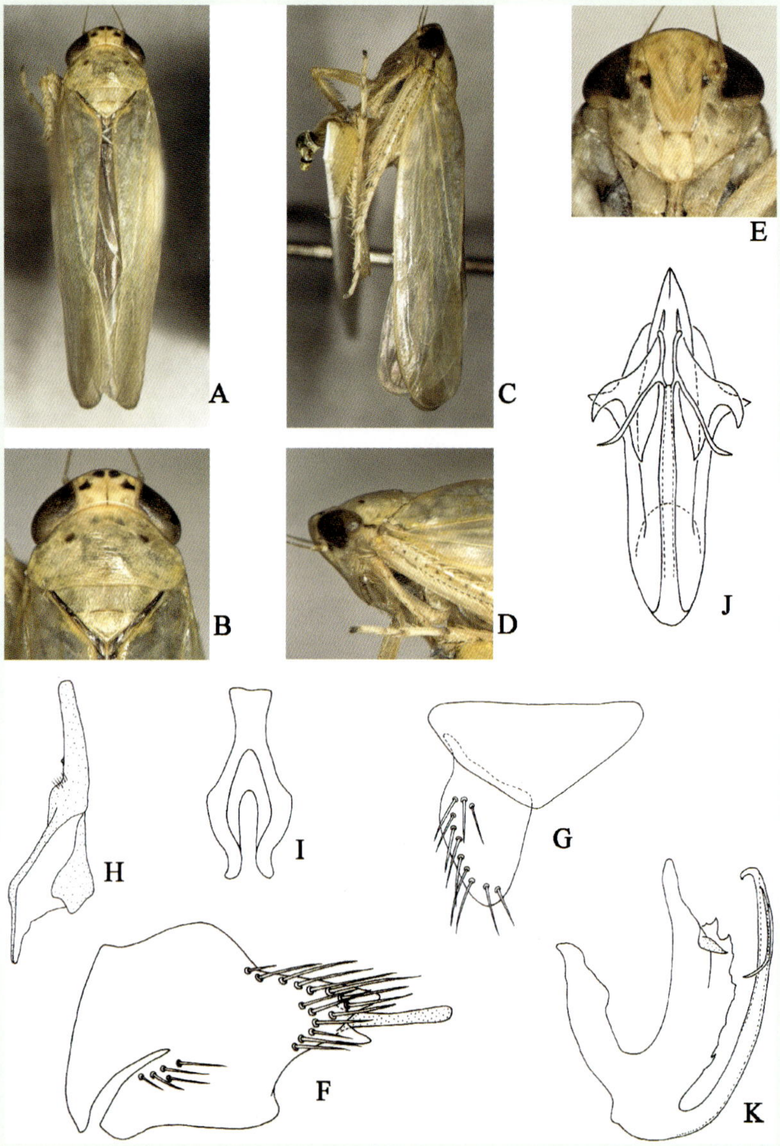

图 31　黄氏柔突叶蝉 *Abrus huangi* Dai *et* Zhang

A. 雄成虫背面观(male habitus, dorsal view); B. 头胸部背面观(head and thorax, dorsal view); C. 雄成虫侧面观(male habitus, lateral view); D. 头胸部侧面观(head and thorax, lateral view); E. 颜面(face); F. 雄虫尾节侧瓣(pygofer, lateral view); G. 生殖基瓣和下生殖板(valve and subgenital plate); H. 阳基侧突(style); I. 连索(connective); J. 阳茎后腹面观(aedeagus, posterior and ventral view); K. 阳茎侧面观(aedeagus, lateral view)

32. 雷公山柔突叶蝉 *Abrus leigongshanensis* Li *et* Wang, 2006（图 32）

Abrus leigongshanensis Li *et* Wang, 2006：840.

体连翅长：♂ 9.40 mm，♀9.20～9.35mm。

体及前翅淡橙黄色。头冠前缘有 4 枚黑色圆斑，复眼黑褐色，单眼淡黄白色，颜面淡黄白色，无斑纹。前胸背板前域淡橙黄色，横印痕后淡黄褐色；小盾片淡橙黄色，基侧角淡黄褐色；前翅内、中端前室端部各有 1 枚黑色斑。虫体腹面淡黄白色，无任何斑纹。

雄虫尾节侧瓣端向渐窄，端圆，端区有粗长刚毛，端部内侧有 1 枚端部弯曲的膜质透明的附突；下生殖板宽大，近似长方形，生有众多粗长刚毛；阳茎干管状，背向弯曲，末端具 2 枚较短的刺状突，生殖孔位于端部腹面，基背突发达，片状，侧面观端部膨大，其长度明显长于阳茎干；连索 Y 形，主干粗短，臂长明显大于主干长；阳基侧突端向渐窄，端部近似棒状。

寄主：竹类。

分布：中国（贵州）。

标本采集记录：1 ♂（正模），4 ♂♂3♀♀（副模），贵州雷公山，竹子，2005-IX-14～15，李子忠、张斌采。

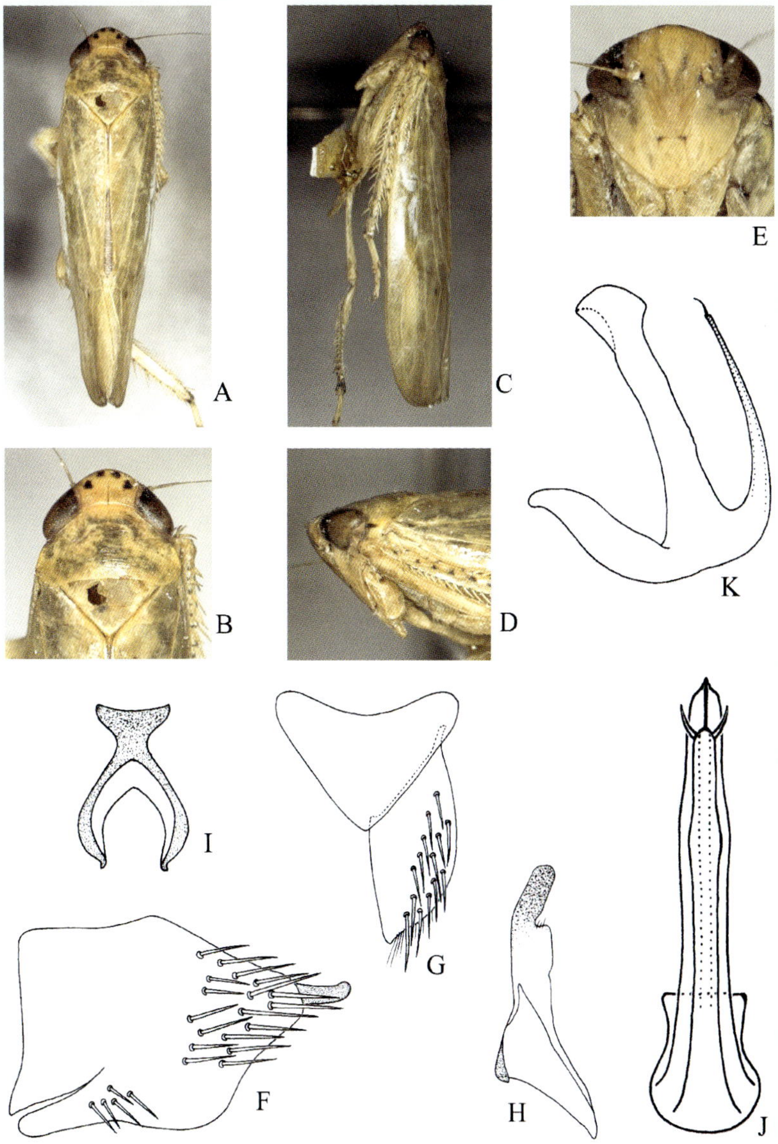

图 32　雷公山柔突叶蝉 *Abrus leigongshanensis* Li *et* Wang

A. 雄成虫背面观（male habitus, dorsal view）；B. 头胸部背面观（head and thorax, dorsal view）；C. 雄成虫侧面观（male habitus, lateral view）；D. 头胸部侧面观（head and thorax, lateral view）；E. 颜面（face）；F. 雄虫尾节侧瓣（pygofer, lateral view）；G. 生殖基瓣和下生殖板（valve and subgenital plate）；H. 阳基侧突（style）；I. 连索（connective）；J. 阳茎后腹面观（aedeagus, posterior and ventral view）；K. 阳茎侧面观（aedeagus, lateral view）

33. 崀山柔突叶蝉 *Abrus langshanensis* Yang *et* Chen, in press(图 33, 148)

Abrus langshanensis Yang *et* Chen, in press.

体连翅长：♂9.10～9.60 mm，♀9.55mm。

体及前翅淡橙黄色。头冠前缘有4枚黑色圆斑，复眼黑褐色，单眼淡黄白色，颜面淡黄白色，无斑纹。前胸背板前域淡橙黄色，横印痕后淡黄褐色；小盾片淡橙黄色，基侧角淡黄褐色；前翅内、中端前室端部各有1枚黑色斑。虫体腹面淡黄白色，无任何斑纹。

头冠中长为复眼间宽的0.58倍；前胸背板中长为头冠中长的2.03倍；中胸小盾片中长为前胸背板中长的0.87倍。前翅中长为最宽处宽的4.00倍。

雄虫尾节侧瓣侧面观后半部狭于前半部，端部约1/3密生粗长刚毛，背缘波曲，腹缘中部凹入，后方具1小突起，膜状突起细小，直，端部渐细尖；生殖基瓣宽三角形，基宽为中长的1.95倍，后缘圆尖；下生殖板宽短，外缘弧形弯曲，外侧域密生粗长刚毛；阳基侧突长，基部宽，端部狭，端1/3处外侧缘具1凹刻，端1/3片状向内略扭曲，端缘圆尖；连索Y形，干粗壮，臂发达，干长为臂长的0.44倍；阳茎基部缺基背突，阳茎干粗大，侧面观略呈S形弯曲，端部背缘延伸为1粗大弯钩状突起，生殖孔位于端部腹面。

寄主：箬竹 *Indocalamus* sp.。

分布：中国(湖南)。

标本采集记录：2♂♂1♀，湖南新宁崀山，箬竹，2010-X-6，陈祥盛、杨琳采；1♂，湖南新宁崀山，箬竹，2011-X-2，陈祥盛、杨琳采。

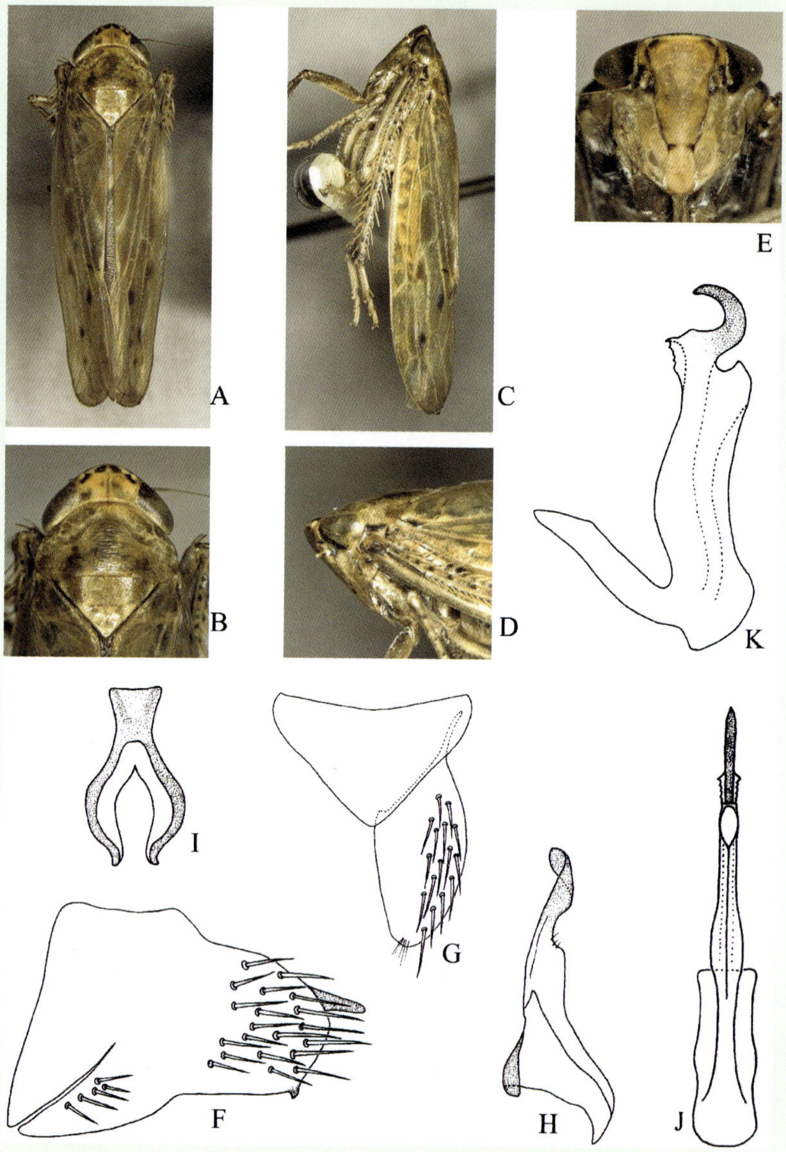

图33　崀山柔突叶蝉 *Abrus langshanensis* Yang *et* Chen

A. 雄成虫背面观(male habitus, dorsal view)；B. 头胸部背面观(head and thorax, dorsal view)；C. 雄成虫侧面观(male habitus, lateral view)；D. 头胸部侧面观(head and thorax, lateral view)；E. 颜面(face)；F. 雄虫尾节侧瓣(pygofer, lateral view)；G. 生殖基瓣和下生殖板(valve and subgenital plate)；H. 阳基侧突(style)；I. 连索(connective)；J. 阳茎后腹面观(aedeagus, posterior and ventral view)；K. 阳茎侧面观(aedeagus, lateral view)

34. 道真柔突叶蝉，新种 *Abrus daozhenensis* sp. nov（图 34）

体连翅长：♂9.00～9.30 mm，♀ 9.00～9.20 mm。

体橙色至黄褐色，头冠前缘具2对黑褐色斑；复眼黑褐色；前胸背板前域具1对黑褐色斑纹；前翅在内、中端前室端部、第3、4端室基部各具1黑褐色小斑。

雄虫尾节侧瓣侧面观梯形，中后部具粗长刚毛；后缘背方2/3斜直，腹方1/3平截，突起着生于端腹缘，粗短，端向渐尖，向背方弯曲，膜状突着生于后缘中偏基部内侧，直，端部稍细尖。生殖基瓣宽三角形，基宽为中长的2.17倍，后缘圆尖。下生殖板宽短，外缘弧形弯曲，具粗长刚毛。阳基侧突长，基部宽，中部狭，端部略扩宽，端缘平截。连索Y形，干粗壮，臂发达，干长为臂长的0.67倍。阳茎基部具发达的背突，长约为阳茎干的1/3，背面观端部分叉，侧面观略向背方弯曲，端部粗齿状，亚端部后缘具1小突起；阳茎干背面观端部分叉，侧面观相对较直，末端尖细成喙状，指向背前方，亚端部两侧具1对附突，其基部具1分枝，末端分叉。生殖孔位于端部腹面。

寄主：平竹 *Qiongzhuea communis* Hsueh & Yi。

分布：中国（贵州）。

模式标本：正模♂，贵州省道真县大沙河自然保护区（107°36′N，28°53′E），1400m，平竹，2004-Ⅷ-18-19，陈祥盛采；副模1♂，4♀♀，余同正模；1♂，贵州梵净山护国寺，2001-Ⅶ-1，李子忠采。

讨论：新种与锥尾柔突叶蝉 *A. coneus* Dai & Zhang 非常近缘，主要区别在于尾节侧瓣腹端突粗短，其端部背向弯曲（后者腹端突细长，端大部斜直）；生殖基瓣横宽，基宽为中长的2.17倍（后者基宽为中长的1.49倍）；阳基侧突端部斜尖（后者端部圆）；阳茎基背突约为阳茎干长的1/3，背向弯曲，亚端部背面无沟槽（后者基背突长约为阳茎干的1/2，相对较直，亚端部具沟槽）。

词源：本新种以模式标本产地之一贵州省道真县命名。

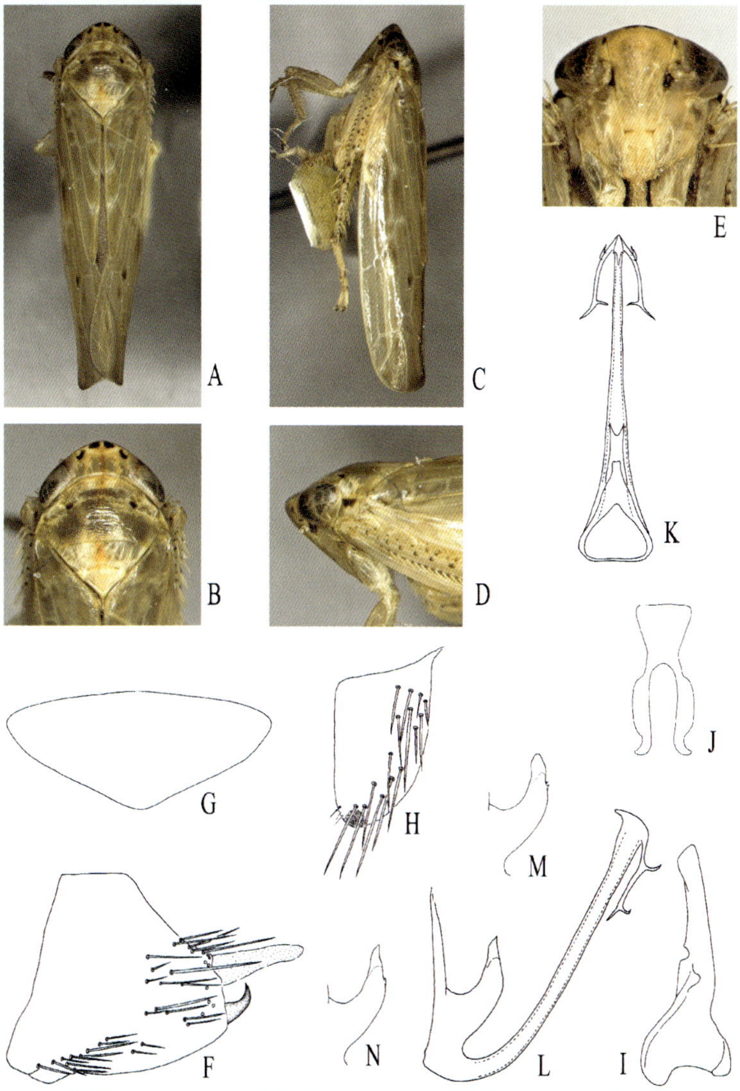

图34 道真柔突叶蝉 *Abrus daozhenensis* sp. nov.

A. 雄成虫背面观（male habitus, dorsal view）；B. 头胸部背面观（head and thorax, dorsal view）；C. 雄成虫侧面观（male habitus, lateral view）；D. 头胸部侧面观（head and thorax, lateral view）；E. 颜面（face）；F. 雄虫尾节侧瓣（pygofer, lateral view）；G. 生殖基瓣（valve）；H. 下生殖板（subgenital plate）；I. 阳基侧突（style）；J. 连索（connective）；K. 阳茎背面观（aedeagus, dorsal view）；L. 阳茎侧面观（aedeagus, lateral view）；M、N. 阳茎基背突侧面观（basodorsal projection of aedeagus, lateral view）

35. 武夷柔突叶蝉 *Abrus wuyiensis* Dai *et* Zhang, 2002(图 35)

Abrus wuyiensis Dai *et* Zhang, 2002: 309.

体连翅长: ♂9.0mm, ♀9.2mm。

体及前翅淡橙黄色。头冠前缘有4枚较小的黑色圆斑, 复眼黑褐色, 单眼黄白色, 颜面淡橙黄色。前胸背板及小盾片淡橙黄色无任何斑纹; 前翅淡橙黄色, 翅脉淡黄白色, 端前中室和端前外室近端部各有1枚黑色斑。虫体腹面淡黄白色, 无任何斑纹。

雄虫尾节侧瓣近似长方形突出, 端缘中部微突, 端腹缘有1枚向背面延伸的微弯曲的长突, 端部内侧有1枚膜质透明的指状突, 端部腹侧域有粗长刚毛。下生殖板近似三角形, 外缘弧圆, 中域有粗长刚毛列。阳基侧突由基至端渐细, 中部外侧缺凹。连索Y形, 粗短, 其长度明显短于臂长。阳茎干管状微弯, 末端有1对向后延伸的长突, 长突末端尖细, 亚端部有1枚小齿, 基部背面有1枚发达的片状突, 片状突端部凹入。

寄主: 竹类。

分布: 中国(四川、福建、浙江)。

标本采集记录: 1♂1♀, 四川峨眉山, 竹子, 1995-VII-15, 杨茂发采; 3♂♂6♀♀, 浙江天目山, 竹子, 2009-IX-22, 孟泽洪采。

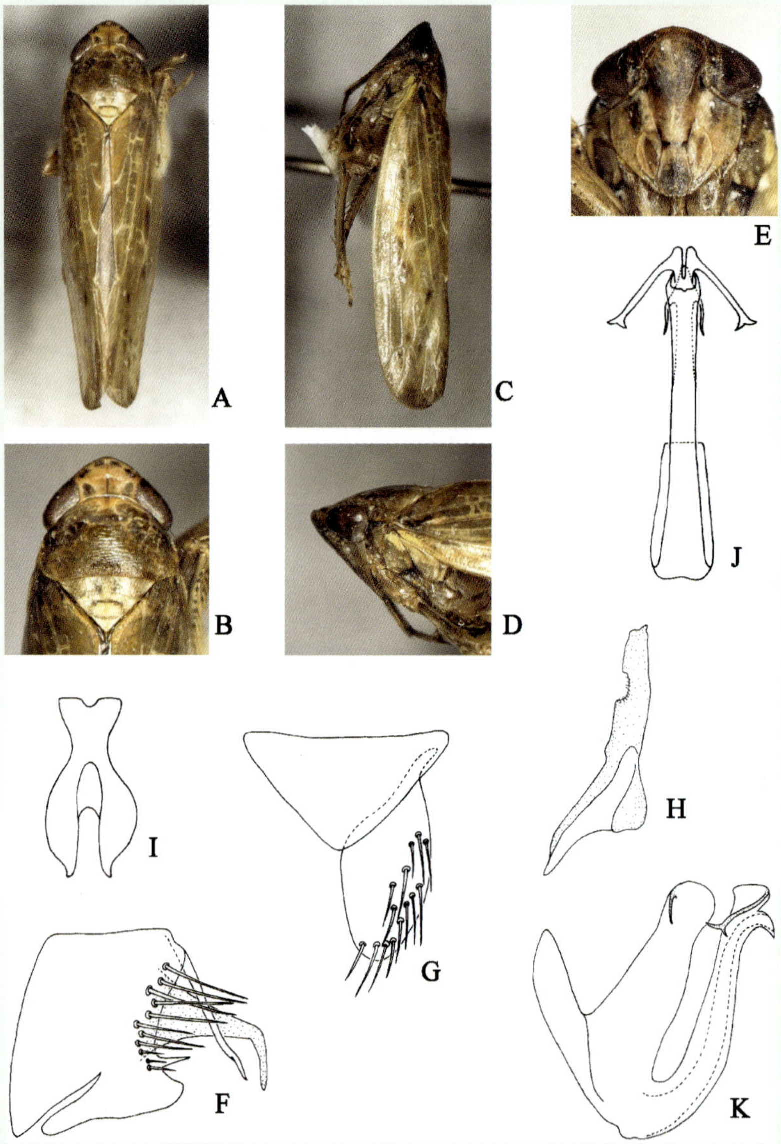

图35 武夷柔突叶蝉 *Abrus wuyiensis* Dai *et* Zhang

A. 雄成虫背面观(male habitus, dorsal view); B. 头胸部背面观(head and thorax, dorsal view); C. 雄成虫侧面观(male habitus, lateral view); D. 头胸部侧面观(head and thorax, lateral view); E. 颜面(face); F. 雄虫尾节侧瓣(pygofer, lateral view); G. 生殖基瓣和下生殖板(valve and subgenital plate); H. 阳基侧突(style); I. 连索(connective); J. 阳茎后腹面观(aedeagus, posterior and ventral view); K. 阳茎侧面观(aedeagus, lateral view)

36. 习水柔突叶蝉 *Abrus xishuiensis* Yang *et* Chen, in press（图 36）

Abrus xishuiensis Yang *et* Chen, in press.

体连翅长：♂9.02～9.25 mm，♀9.35～9.90 mm。

体橙色至黄褐色，头冠前缘具2对黑褐色斑，沿冠缝处橘红色；复眼黑褐色，前缘处橘红色；前胸背板前域具1对黑褐色斑纹，沿中纵线前1/3淡橘红色；中胸小盾片中线基半部及横刻痕淡橘红色。前翅在内、中端前室端部、第3、4端室基部各具1黑褐色小斑。腹部背面黑褐色，腹面褐色至暗褐色，侧域黄白色至黄褐色。

雄虫尾节侧瓣四方形，中后部具粗长刚毛；后缘平截，突起着生于端腹缘，基部粗，端向渐尖，稍向背方弯曲，斜指向背后方，膜状突着生于后缘中部内侧，稍向腹方弯曲，基部宽，端大部细长，端部尖。生殖基瓣宽三角形，后缘圆，基宽为中长的2.02倍。下生殖板宽短，外缘弧形弯曲，具粗长刚毛。阳基侧突长，基部宽，中部狭，端部略扩宽，端缘圆。连索Y形，干粗壮，臂发达，干长为臂长的0.65倍。阳茎基具发达的背突，长超过阳茎干的2/3以上，其端部分叉，亚端部背方具1粗齿突，端1/3处背面凹入，沟槽状；侧面观阳茎干略向背方弯曲，末端尖细成喙状，亚端部两侧具1对伸向腹侧方的附突，其末端分叉。生殖孔位于端部腹面。

寄主：狭叶方竹 *Chimonobambusa angustifolia* C. D. Chu *et* C. S. Chao。

分布：中国（贵州）。

标本采集记录：1♂（正模），3♂♂3♀♀（副模），贵州习水长嵌沟，700m，竹子，2000-IX-29，陈祥盛采。

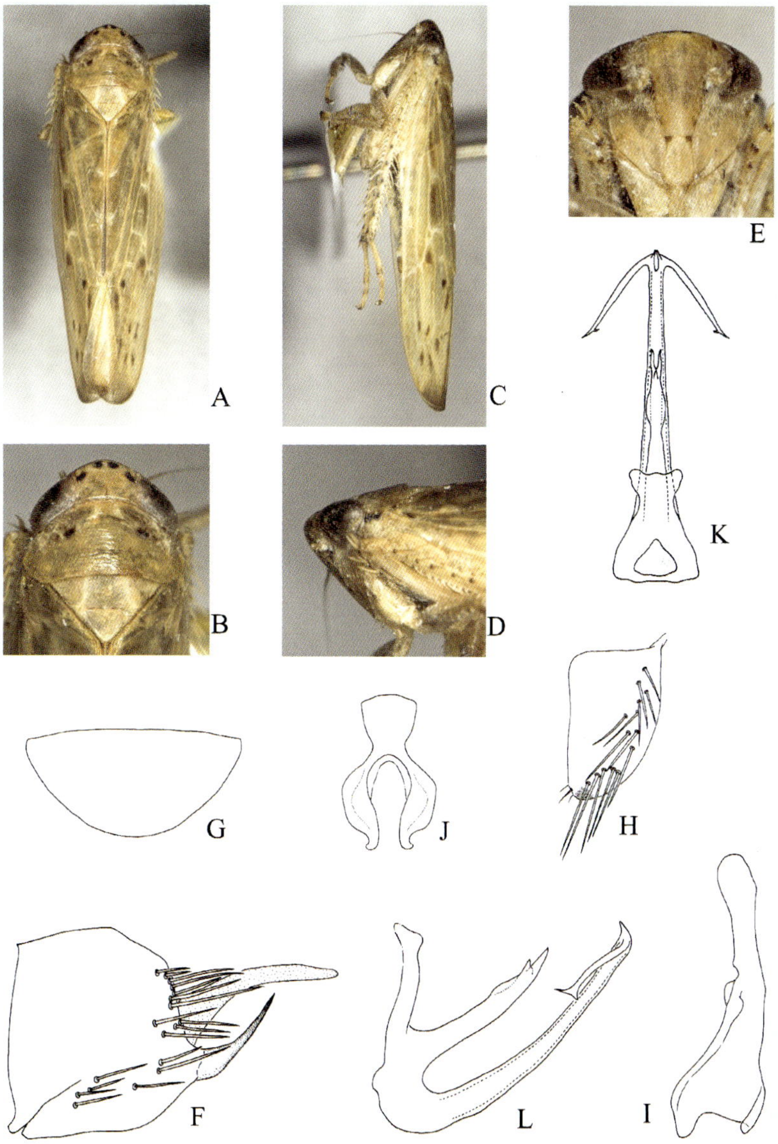

图36 习水柔突叶蝉 *Abrus xishuiensis* Yang *et* Chen

A. 雄成虫背面观（male habitus, dorsal view）；B. 头胸部背面观（head and thorax, dorsal view）；C. 雄成虫侧面观（male habitus, lateral view）；D. 头胸部侧面观（head and thorax, lateral view）；E. 颜面（face）；F. 雄虫尾节侧瓣（pygofer, lateral view）；G. 生殖基瓣（valve）；H. 下生殖板（subgenital plate）；I. 阳基侧突（style）；J. 连索（connective）；K. 阳茎后腹面观（aedeagus, posterior and ventral view）；L. 阳茎侧面观（aedeagus, lateral view）

37. 云山柔突叶蝉，新种 *Abrus yunshanensis* sp. nov.（图 37，141）

体连翅长：♂ 9.02 ~ 9.25 mm，♀ 9.35 ~ 9.90 mm。

体橙色至黄褐色，头冠前缘具 2 对黑褐色斑，沿冠缝处橘红色；复眼黑褐色，前缘处橘红色；前胸背板前域具 1 对黑褐色斑纹，沿中纵线前 1/3 淡橘红色；中胸小盾片中线基半部及横刻痕淡橘红色。前翅在内、中端前室端部、第 3、4 端室基部各具 1 黑褐色小斑。腹部背面黑褐色，腹面褐色至暗褐色，侧域黄白色至黄褐色。

头冠中长为复眼间宽的 0.54 倍；前胸背板中长为头冠中长的 1.76 倍；中胸小盾片中长为前胸背板中长的 0.95 倍。前翅中长为最宽处宽的 3.68 倍。

雄虫尾节侧瓣侧面观近梯形，后缘域中部密生粗长刚毛；背缘直，后缘及腹缘略波曲，后、腹缘交界处具 1 刺状突起，突起略弯向背方。生殖基瓣宽三角形，基宽为中长的 2.13 倍，后缘圆尖。下生殖板宽短，外缘弧形弯曲，外侧域具粗长刚毛。阳基侧突狭长，基部宽，中部狭，端部略扩宽，端缘弧圆。连索 Y 形，干粗壮，臂发达，干长为臂长的 0.57 倍。阳茎基部具发达的背突，侧面观长约为阳茎干的 1/2，粗细均匀，端缘平截，亚端部背缘具浅槽；阳茎干背面观端部分叉，侧面观 C 形弯曲，基部和端部 1/3 均较粗，中段 1/3 较细，末端尖细延伸成喙状，指向背前方，亚端部后缘具 1 半圆形的膜状隆起，两侧具 1 对附突，其基部具 1 分枝，末端分叉。生殖孔位于端部后腹面。

寄主：广竹。

分布：中国（湖南）。

标本采集记录：正模♂，湖南武冈云山，广竹，2010-X-5，陈祥盛、杨琳采；副模 2 ♂♂2♀♀，余同正模；副模 2 ♂♂2♀♀，湖南武冈云山，广竹，1999-VIII-18，陈祥盛采；副模 3 ♂♂，湖南武冈云山，广竹，2007-VIII-11，陈祥盛采；副模 2 ♂♂，湖南武冈云山，广竹，2011-X-1，陈祥盛、杨琳采。

讨论：新种与锥尾柔突叶蝉 *Abrus coneus* Dai *et* Zhang，2002 非常近缘，主要区别在于：尾节后腹缘突起相对短小；阳茎干明显向背方弯曲，中段 1/3 明显变细；阳茎基背突细长，端缘平截。

词源：新种根据模式标本产地（湖南省武冈市云山）命名。

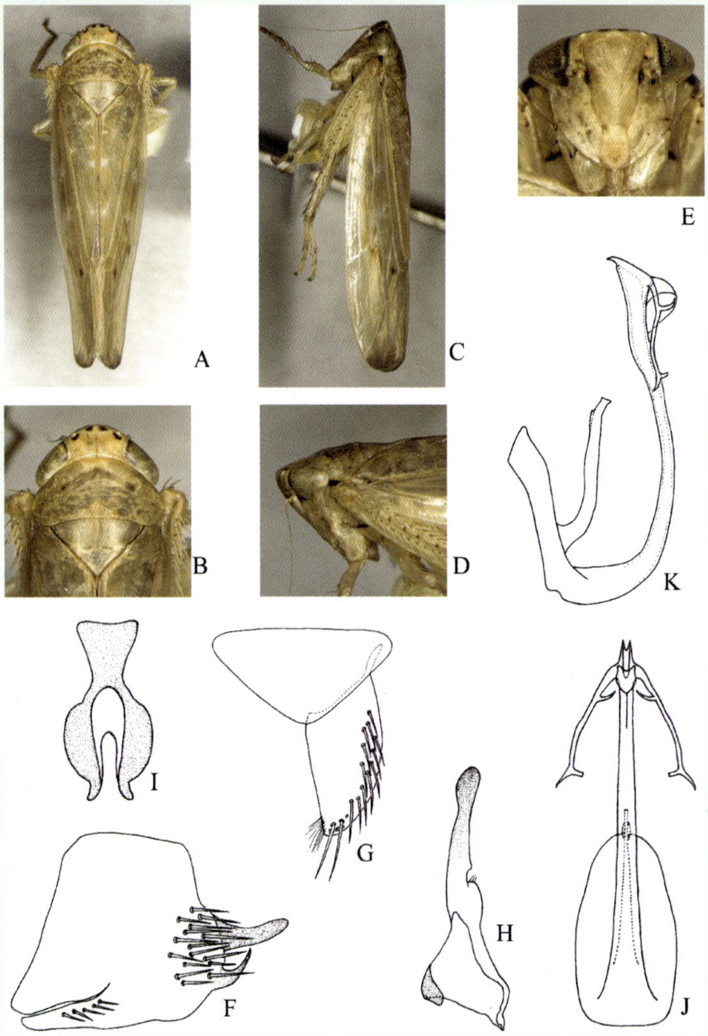

图 37　云山柔突叶蝉，新种 *Abrus yunshanensis* sp. nov.

A. 雄成虫背面观（male habitus, dorsal view）；B. 头胸部背面观（head and thorax, dorsal view）；C. 雄成虫侧面观（male habitus, lateral view）；D. 头胸部侧面观（head and thorax, lateral view）；E. 颜面（face）；F. 雄虫尾节侧瓣（pygofer, lateral view）；G. 生殖基瓣和下生殖板（valve and subgenital plate）；H. 阳基侧突（style）；I. 连索（connective）；J. 阳茎后腹面观（aedeagus, posterior and ventral view）；K. 阳茎侧面观（aedeagus, lateral view）

38. 烟草嘎叶蝉 *Alobaldia tobae* (Matsumura, 1902) (图 38)

Thamnolellix tobae Matsumura, 1902: 369.

Alobaldia tobae, Emeljanov 1972: 102.

体连翅长: ♂2.9～3.2mm, ♀3.0～3.3mm。

体淡黄褐色。头冠前缘有4个褐黑色点，中间2个较大，在复眼前缘间有2条褐黑色横纹，横纹两头大，中间细横纹下方各有1个黄褐色不规则斑；复眼黑褐色，单眼淡黄色，冠缝褐色；颜面淡黄褐色，额唇基的两侧区具有多条褐色横纹；前胸背板和小盾片淡黄褐色；前翅淡黄色，翅脉淡白，翅室周缘暗褐色；前足、中足腿节具有褐色环。

雄虫尾节侧瓣端向收窄，末端圆起，中后域着生许多刚毛。生殖基瓣近三边形，基部中央稍突起。下生殖板近三角形，侧缘着生1列刚毛，端部着生小刚毛。阳基侧突基部宽，端部收窄，端部指状、外折。连索线状，与阳茎愈合。阳茎干与连索近等长，背面观端部具成对突起，侧面观端部可见1个突起，背折，生殖孔位于阳茎端部。

寄主：竹类。

分布：中国(河南、贵州、四川、陕西)；日本；朝鲜；美国；前苏联。

标本采集记录：2♂♂，四川广元水磨沟，竹子，2007-VIII-18，张玉波采。

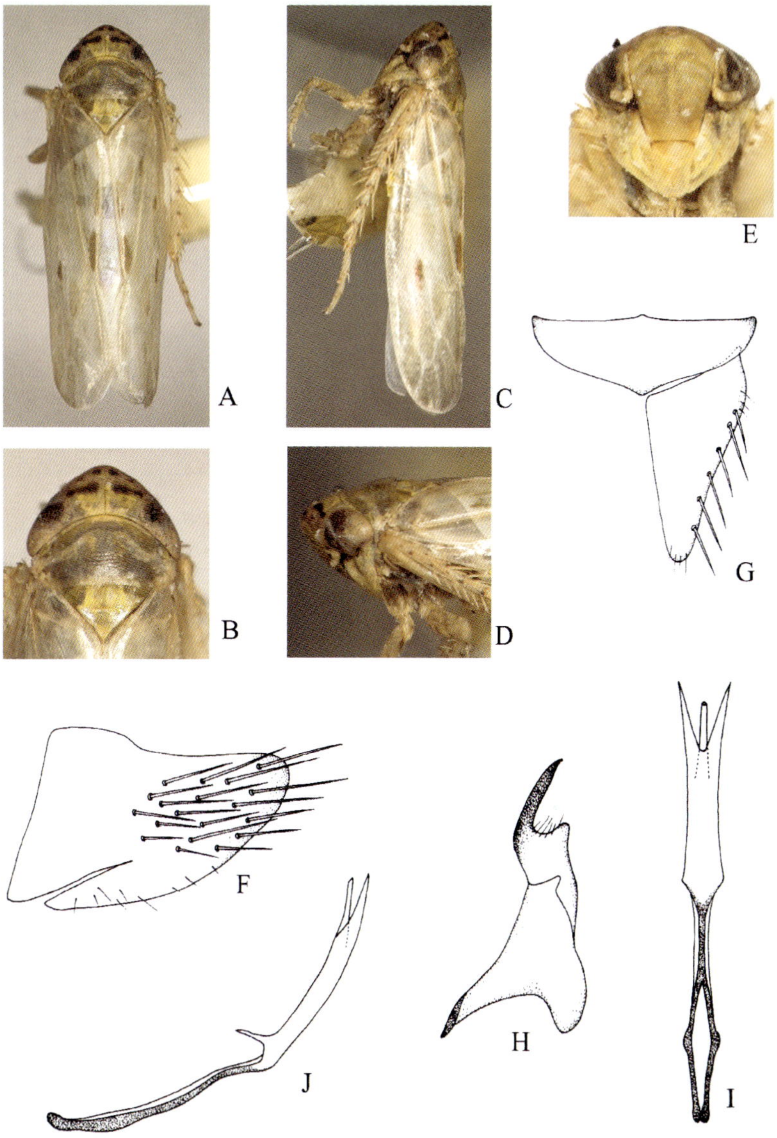

图38 烟草嘎叶蝉 *Alobaldia tobae* (Matsumura)

A. 雄成虫背面观(male habitus, dorsal view); B. 头胸部背面观(head and thorax, dorsal view); C. 雄成虫侧面观(male habitus, lateral view); D. 头胸部侧面观(head and thorax, lateral view); E. 颜面(face); F. 雄虫尾节侧瓣(pygofer, lateral view); G. 生殖基瓣和下生殖板(valve and subgenital plate); H. 阳基侧突(style); I. 连索(connective); J. 阳茎后腹面观(aedeagus, posterior and ventral view); K. 阳茎侧面观(aedeagus, lateral view)

39. 模式竹叶蝉 *Bambusana bambusae*（Matsumura, 1914）（图 39）

Thaamnotettix bambusae Matsumura，1914：176.
Bambusanae bambusae，Anufriev，1969：404.

体连翅长：♂4.9～5.5mm，♀5.8～6.0mm。

头冠姜黄色，无明显斑纹，复眼黑褐色，单眼淡黄白色，颜面淡黄白色，触角淡黄褐色。前胸背板淡黄微带褐色色泽；小盾片与前胸背板同色，中域色稍深；前翅淡黄白色，半透明；胸部腹板和胸足淡黄白色，前胸侧板大部黑褐色。腹部背、面黑褐色，各节后缘有灰白色窄边。

雄虫尾节侧瓣狭长，端缘成角状突出，端区有粗长刚毛，端腹缘有 1 枚齿状短突，腹缘近中部内域着生 1 长齿状突。生殖基瓣近乎三角形。下生殖板外缘弧圆，具 1 列粗长刚毛，内缘较直。阳基侧突狭长，基部宽大，端部变细弯曲，弯曲处有细刚毛。连索 Y 形，主干长明显大于臂长。阳茎基部发达，阳茎干管状，端向渐细，基部有 1 枚反向延伸的尖角状突起，生殖孔位于阳茎干末端。

寄主：平竹。

分布：中国（贵州、甘肃）；日本。

标本采集记录：7♂♂10♀♀，贵州道真，1994-VIII-11～15，李子忠采；1♂，贵州道真，2008-07-20，李建达采；1♂，河南白云山，2008-VIII-14，李建达采；6♂♂12♀♀，贵州道真大沙河，平竹，2004-VIII-18～19，陈祥盛采。

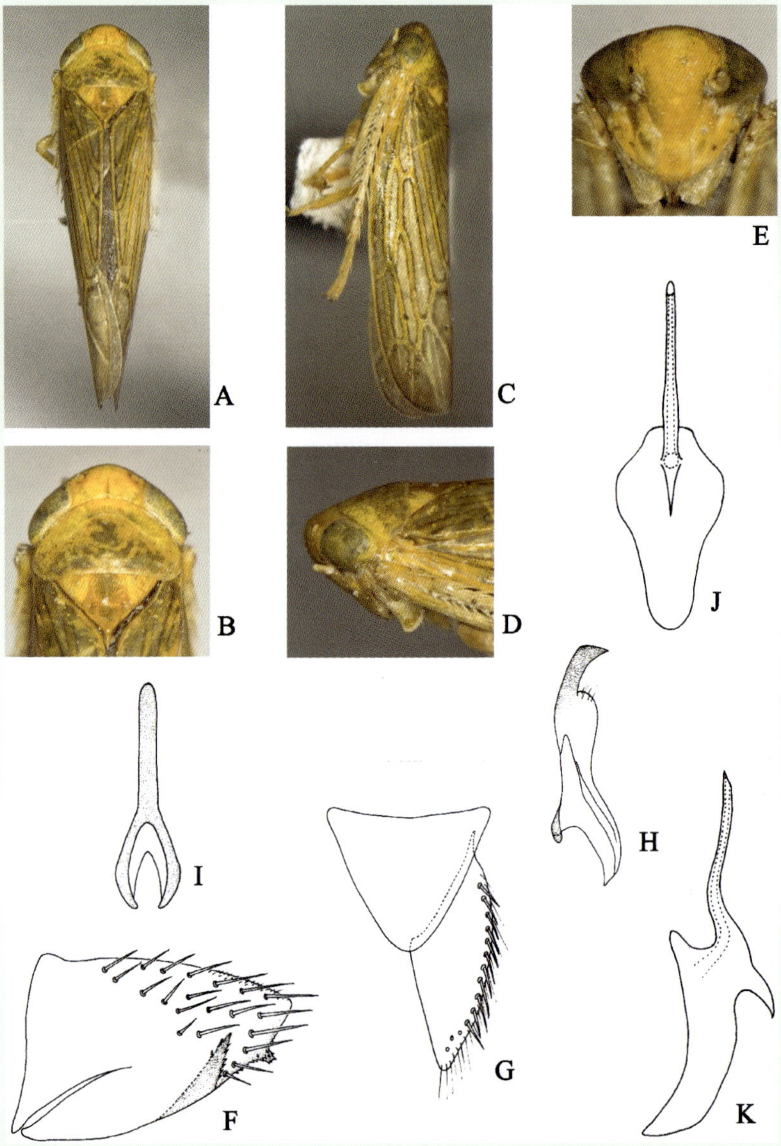

图 39 模式竹叶蝉 *Bambusana bambusae*（Matsumura）

A. 雄成虫背面观（male habitus, dorsal view）；B. 头胸部背面观（head and thorax, dorsal view）；C. 雄成虫侧面观（male habitus, lateral view）；D. 头胸部侧面观（head and thorax, lateral view）；E. 颜面（face）；F. 雄虫尾节侧瓣（pygofer, lateral view）；G. 生殖基瓣和下生殖板（valve and subgenital plate）；H. 阳基侧突（style）；I. 连索（connective）；J. 阳茎后腹面观（aedeagus, posterior and ventral view）；K. 阳茎侧面观（aedeagus, lateral view）

40. 片突竹叶蝉 *Bambusana biflaka* Li, 2011(图 40, 132)

Bambusana biflaka Li, 2011: 42.

体连翅长: ♂4.5 ~ 5.5mm, ♀5.3 ~ 6.1mm。

头冠淡黄白色, 端区有 2 枚黑色斑, 复眼黑褐色, 单眼单眼黄白色, 颜面淡黄褐色, 触角黄白色, 触角窝下方黑褐色。前胸背板淡黄褐色, 中部两侧各有 1 枚淡褐色纹; 小盾片淡黄白色, 无明显斑纹; 前翅淡黄白色, 具淡褐色斑纹, 其中爪片中部、末端以及前缘中部和端部的斑纹最明显, 翅脉灰白色; 胸部腹板和胸足淡黄白色, 无明显斑纹。腹部背、腹面淡褐色。

雄虫尾节侧瓣近乎长方形, 端缘圆, 端区有刚毛, 腹缘具 1 突起, 端部尖突。下生殖板长, 基部宽, 端向渐窄, 外侧缘有粗长刚毛列, 末端具数根细毛。阳基侧突狭长, 基部宽大, 其长度与下生殖板接近等长, 亚端部骤然变细而弯曲, 弯曲处有细刚毛。连索 Y 字型, 主干微大于臂长。阳茎干管状, 端向渐细, 背缘中央域具细齿突, 生殖孔位于端部, 亚端部两侧各有 1 角状的小片突。

寄主: 竹类。

分布: 中国(四川、海南、湖南、陕西)。

标本采集记录: 1 ♂, 四川米苍山, 2008-VIII-19, 邢济春采; 1 ♂, 海南尖峰岭, 2007-VII-10, 李建达采; 4 ♂♂5 ♀♀, 湖南武冈云山, 竹子, 2011-VI-5, 陈祥盛、杨琳采; 4 ♂♂2 ♀♀, 陕西太白山蒿坪, 竹子, 2011-VII-11 ~ 12, 龙见坤、常志敏采。

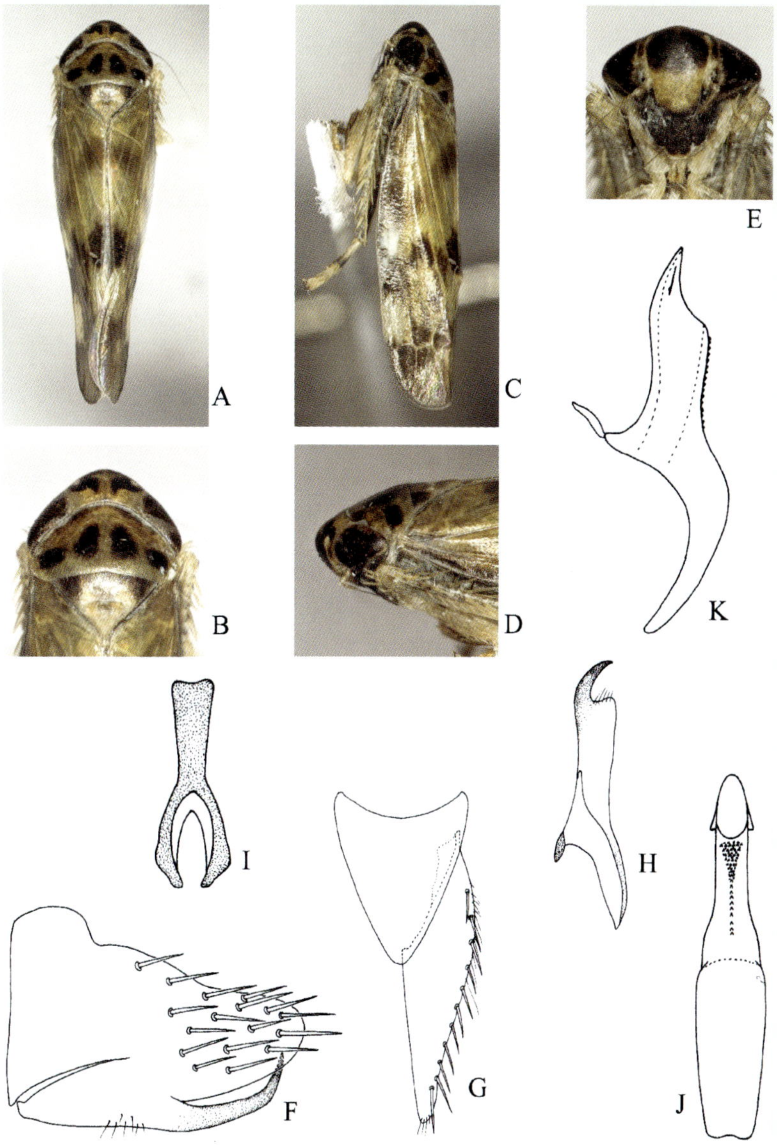

图 40 片突竹叶蝉 *Bambusana biflaka* Li

A. 雄成虫背面观(male habitus, dorsal view); B. 头胸部背面观(head and thorax, dorsal view); C. 雄成虫侧面观(male habitus, lateral view); D. 头胸部侧面观(head and thorax, lateral view); E. 颜面(face); F. 雄虫尾节侧瓣(pygofer, lateral view); G. 生殖基瓣和下生殖板(valve and subgenital plate); H. 阳基侧突(style); I. 连索(connective); J. 阳茎后腹面观(aedeagus, posterior and ventral view); K. 阳茎侧面观(aedeagus, lateral view)

41. 佛坪竹叶蝉 *Bambusana fopingensis* Dai *et* Zhang, 2006（图 41）

Bambusana fopingensis Dai *et* Zhang, 2006：63.

体连翅长：♂5.6mm，♀5.9mm。

头冠淡黄白色，前缘有 4 枚成弧形排列，但不甚明显的淡褐色纹，冠面相交处有 2 枚淡褐色纹特大，复眼黑褐色，单眼淡黄白色，颜面淡黄白色，额唇基沿额颊缝、唇基间缝黑褐色。前胸背板和小盾片淡黄白色，无明显斑纹；前翅淡黄白色，半透明，翅脉淡褐色；胸部腹板和胸足淡黄白色，腹板上有不规则形黑褐色斑块，前足腿节近末端有 1 枚黑褐色斑，后足胫刺着生出黑褐色。腹部背腹面黑褐色，各节后缘有灰白色窄边；雌虫各节后缘灰白色边较雄虫宽大，生殖节灰白色无明显的斑纹。

雄虫尾节侧瓣近似长方形，端区着生许多粗长刚毛，端部弧圆状，近端部有 1 枚枝状突，末端尖。下生殖板长，端向渐窄，内缘较直，外侧缘有 1 列长刚毛，夹杂细毛。阳基侧突狭长，基部宽大，端部骤然变细弯曲，弯折处有数根刚毛。连索 Y 形，主干与臂近等长。阳茎背腔发达，阳茎干管状弯曲，腹面观近中部略膨大，其下方具细齿突。

寄主：平竹、金竹、狭叶方竹等。

分布：中国（贵州、陕西、四川）。

标本采集记录：8 ♂♂17 ♀♀，贵州宽阔水，竹子，1984-VIII-1 ~ 5，李子忠采；11 ♂♂25 ♀♀，贵州梵净山，竹子，1995-VIII-11 ~ 15，陈祥盛采；3 ♂♂7 ♀♀，贵州梵净山，竹子，2001-VIII-1，李子忠采；1 ♂，贵州道真大沙河三桥，平竹、金竹，2004-V-24，陈祥盛采；1 ♀，贵州道真大沙河，2004-V-29 ~ 31，竹子，陈祥盛采；5 ♂♂2 ♀♀，贵州雷公山，竹子，2005-VI-1 ~ 5，李子忠采；1 ♂，四川广元水磨沟，竹子，2007-VIII-18，张玉波采；1 ♂，贵州赤水，竹子，2008-VI-16，李红荣采；2 ♂♂9 ♀♀，贵州雷公山，狭叶方竹，2010-XI-6，陈祥盛、杨琳采。

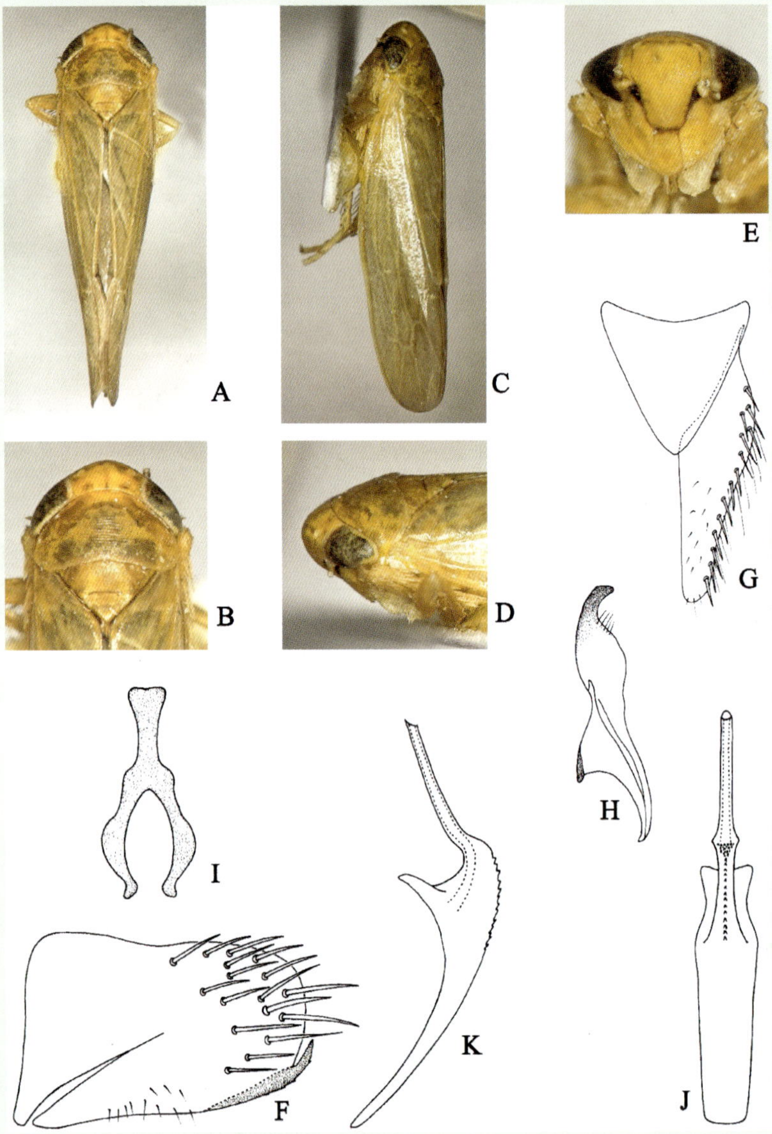

图 41 佛坪竹叶蝉 *Bambusana fopingensis* Dai *et* Zhang

A. 雄成虫背面观（male habitus, dorsal view）；B. 头胸部背面观（head and thorax, dorsal view）；C. 雄成虫侧面观（male habitus, lateral view）；D. 头胸部侧面观（head and thorax, lateral view）；E. 颜面（face）；F. 雄虫尾节侧瓣（pygofer, lateral view）；G. 生殖基瓣和下生殖板（valve and subgenital plate）；H. 阳基侧突（style）；I. 连索（connective）；J. 阳茎后腹面观（aedeagus, posterior and ventral view）；K. 阳茎侧面观（aedeagus, lateral view）

42. 黑斑竹叶蝉 *Bambusana nigrimaculata* Li, 2011(图 42)

Bambusana nigrimaculata Li, 2011: 43.

体连翅长：♂6.2~6.4mm。

头冠淡黄白色，前域二复眼间有1条橘黄色横带纹，前缘靠近单眼有1枚黑色圆斑，复眼黑褐色，单眼黄白色，颜面基缘淡黄白色，额唇基、前唇基、舌侧板中央及触角窝下方黑色，色侧板黄白色，触角黄褐色。前胸背板前域淡黄白色，具不规则形淡褐色纹，中后部微带褐色色泽；小盾片基部淡橘黄色，中后部灰白色；前翅淡黄白色，具不规则形褐色斑，尤以爪片端部褐色斑最明显；胸部腹板黑褐色，胸足淡黄白色。腹部背腹面黑褐色，第7节腹板和生殖基瓣边缘金黄色。

雄虫节侧瓣端向渐窄，端缘弧圆，端区和腹缘均有粗长刚毛，腹缘有1枚端部具齿的突起，约伸至尾节侧瓣的亚端部。生殖基瓣近乎三角形。下生殖板端向渐细，端部外侧内凹，侧缘有粗长刚毛；阳基侧突总体粗壮，基部较端部宽大，端部外侧有微齿，端缘接近平直。连索Y形，主干明显大于臂长。阳茎干基部粗大，端部细管状，侧面观微弯曲，末端两侧各有1枚近乎三角形突起，生殖孔位于末端，背腔发达。

寄主：竹类。

分布：中国（云南、四川）。

标本采集记录：1♂（正模）2♂♂（副模），云南临沧五老山，2008-VII-27，李建达采；1♂，四川广元水磨沟，1500m，竹子，2007-VIII-18，张玉波采。

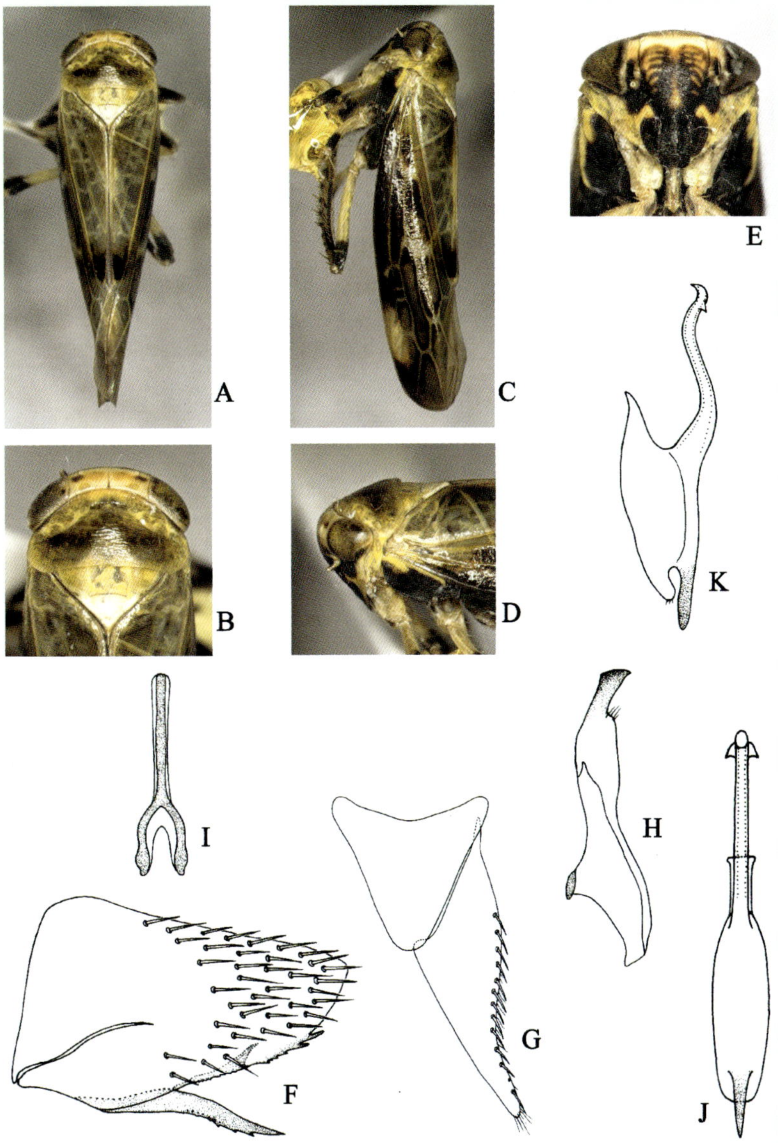

图42 黑斑竹叶蝉 *Bambusana nigrimaculata* Li

A. 雄成虫背面观(male habitus, dorsal view); B. 头胸部背面观(head and thorax, dorsal view); C. 雄成虫侧面观(male habitus, lateral view); D. 头胸部侧面观(head and thorax, lateral view); E. 颜面(face); F. 雄虫尾节侧瓣(pygofer, lateral view); G. 生殖基瓣和下生殖板(valve and subgenital plate); H. 阳基侧突(style); I. 连索(connective); J. 阳茎后腹面观(aedeagus, posterior and ventral view); K. 阳茎侧面观(aedeagus, lateral view)

43. 二纹拟竹叶蝉 *Bambusananus binotatus*（Li *et* Dai, 2003）(图 43)

Sorhoanus binotatus Li *et* Dai, 2003：10.
Bambusananus binotatus, Li *et al.*, 2011：45.

体连翅长：♂4.8～5.0 mm。

头顶淡土黄色，近前缘区具 2 黑点；单眼浅黄白色；复眼黑色，颜面淡土黄色。前胸背板浅褐色，前域具 2 黑点；前翅淡褐色，透明，爪片端区，前缘脉中部，翅端区具暗褐色斑点；足黄白色。胸腹板和腹部腹面黑色。

雄虫尾节侧瓣基部宽，后缘窄，尾部区域具长刚毛，尾节腹突突起平滑，在顶端弯曲。下生殖板三角形，侧缘区具不成排的刚毛。阳基侧突端突弯曲，端区具细小刚毛。阳茎平展，近端部有 2 长突起，背缘具小齿。

寄主：竹类。

分布：中国(台湾)。

标本采集记录：1 ♂(正模)，2 ♂♂(副模)，台湾南投，竹子，2002-XI-24，李子忠、杨茂发采。

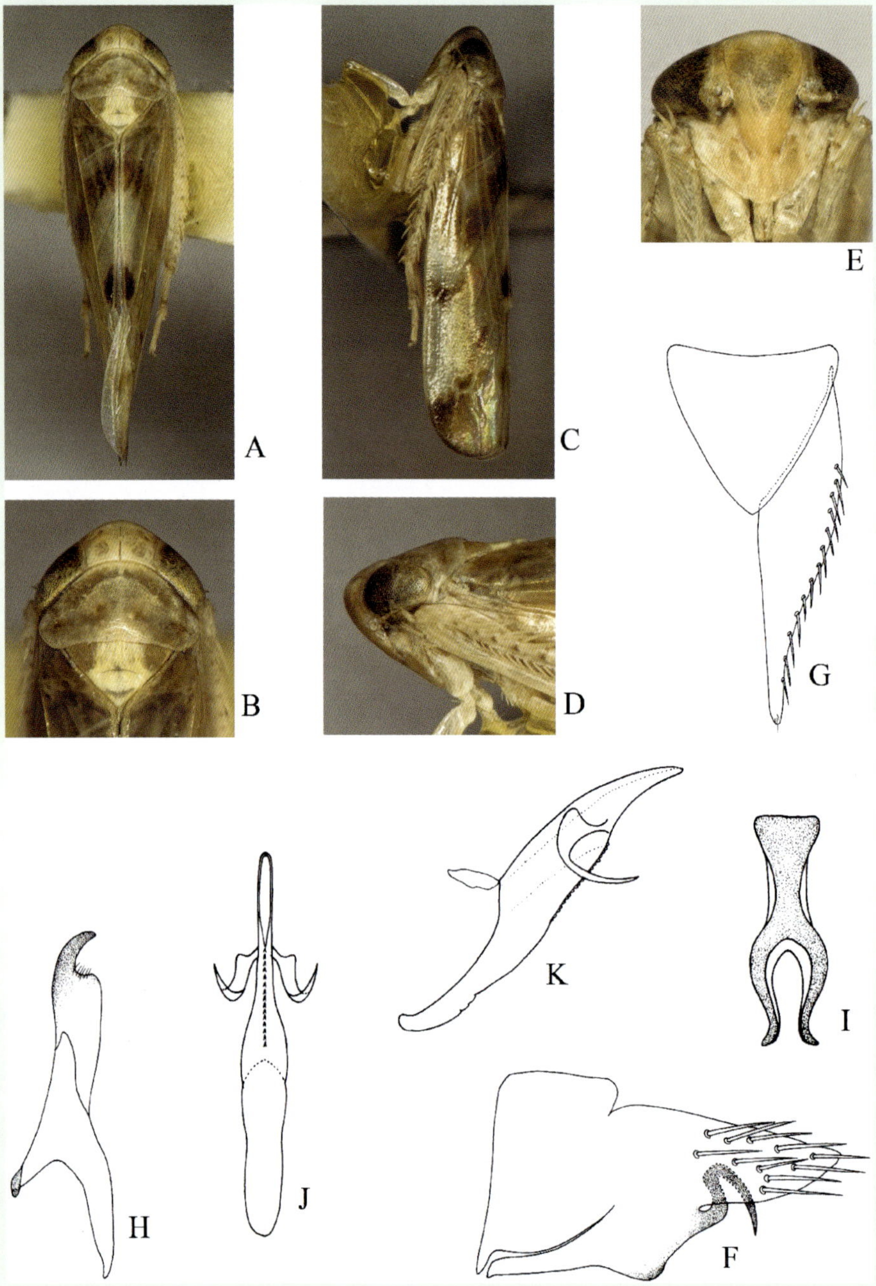

图 43　二纹拟竹叶蝉 *Bambusananus binotatus* (Li *et* Dai)

A. 雄成虫背面观(male habitus, dorsal view)；B. 头胸部背面观(head and thorax, dorsal view)；C. 雄成虫侧面观(male habitus, lateral view)；D. 头胸部侧面观(head and thorax, lateral view)；E. 颜面(face)；F. 雄虫尾节侧瓣(pygofer, lateral view)；G. 生殖基瓣和下生殖板(valve and subgenital plate)；H. 阳基侧突(style)；I. 连索(connective)；J. 阳茎后腹面观(aedeagus, posterior and ventral view)；K. 阳茎侧面观(aedegus, lateral view)

44. 双斑拟竹叶蝉 *Bambusananus bipunctatus* (Li, 1999)(图 44)

Sorhoanus bipunctata Li(in Cai and Huang), 1999: 334.
Bambusananusbipunctatus, Li *et al.*, 2011: 46.

体连翅长：♂4.6～4.7mm。

全体灰白色。头冠中域有1对黑色斑颜面淡黄白色，基域有1枚长方形黑色横斑额唇基端缘、前唇基、舌侧板和颊区均为黑色，复眼黑色，单眼淡黄白色。前胸背板前域两侧各1枚斑块、中域2枚小斑、后域1列4枚斑点均为黑色；小盾片基侧角和中域的横斑均为黑色；前翅灰白色，端区及翅面不规则形斑块深褐色；胸部腹板黄褐色，胸足污黄白色，后足胫节黄褐色。腹部背、腹面黑褐色，惟各节后缘有黄褐色窄边。

雄虫尾节侧瓣狭长，端区有粗长刚毛，腹缘有1条向内侧背面扭曲的附突。生殖基瓣三角形，后缘突出。下生殖板端向渐窄，中部外缘微弯，外侧缘有1列粗长刚毛。阳基侧突狭长，基部宽大，亚端部骤然变细弯折外伸，弯折处具细小刚毛。连索Y形，主干长于臂长。阳茎长管状，亚端部逆生1对长突，生殖孔位于末端。

寄主：竹子、平竹、多毛箬竹。

分布：中国(贵州、福建、四川)。

标本采集记录：1♀，福建武夷山，1978，葛钟麟采；1♂，福建黄冈山，1980-VI-27，齐石成采；1♂1♀，福建黄冈山，1981-IX-26，江凡采；3♂♂3♀♀，贵州梵净山，1986-VII-25，李子忠采；7♂♂5♀♀，贵州荔波茂兰，1998-X-27，陈祥盛；3♂♂2♀♀，贵州道真大沙河，1500m，平竹，2004-V-24～25，陈祥盛采；7♂♂3♀♀，贵州道真大沙河，平竹，2004-V-29～31，陈祥盛采。

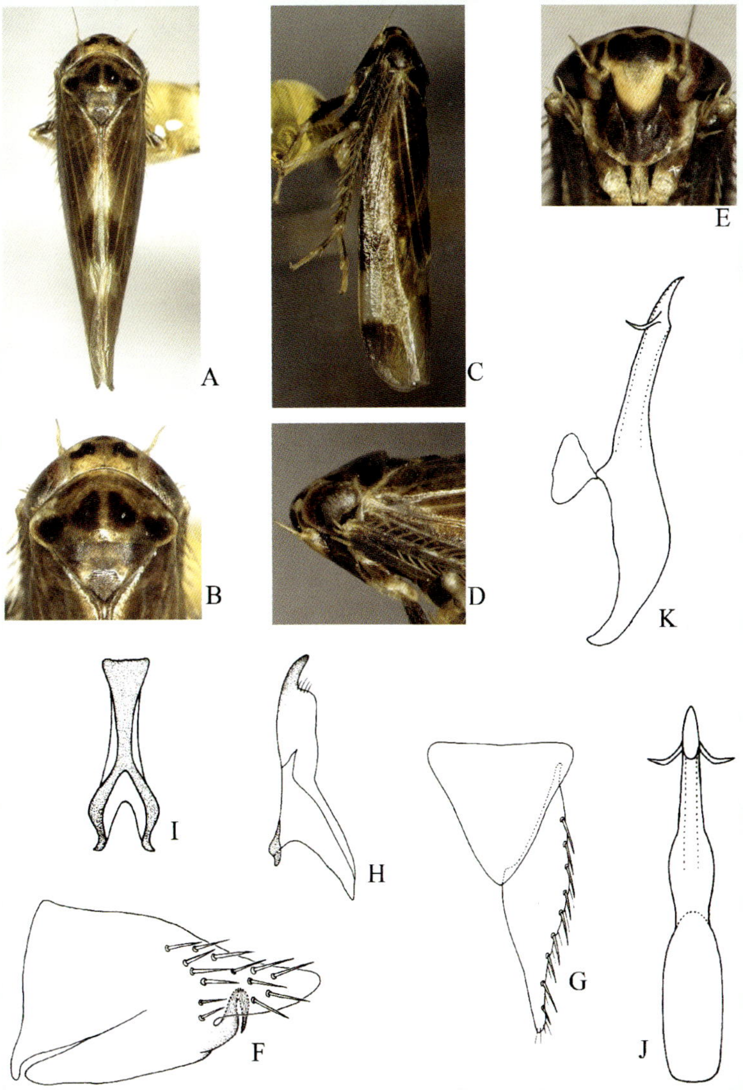

图 44 双斑拟竹叶蝉 *Bambusananus bipunctatus* (Li)

A. 雄成虫背面观(male habitus, dorsal view)；B. 头胸部背面观(head and thorax, dorsal view)；C. 雄成虫侧面观(male habitus, lateral view)；D. 头胸部侧面观(head and thorax, lateral view)；E. 颜面(face)；F. 雄虫尾节侧瓣(pygofer, lateral view)；G. 生殖基瓣和下生殖板(valve and subgenital plate)；H. 阳基侧突(style)；I. 连索(connective)；J. 阳茎后腹面观(aedeagus, posterior and ventral view)；K. 阳茎侧面观(aedeagus, lateral view)

45. 叉茎拟竹叶蝉 *Bambusananus furcatus* Li *et* Xing, 2011(图 45)

Bambusananus furcatus Li *et* Xing (in Li *et al.*), 2011: 45.

体连翅长：♂4.5mm，♀4.8mm。

头冠淡黄白色，沿单眼后缘及头冠前端 2 枚小斑黑褐色，复眼黑褐色，单眼黄白色，颜面淡黄白色，触角淡黄白色，触角窝下方及色侧板黑褐色。前胸背板淡黄白色，中后部具褐色晕；小盾片淡黄白色，基侧角淡褐色；前翅淡煤黄褐色，翅脉黄白色，具不规则形黑褐色斑，其中爪片末端、前缘中后部、翅端部黑褐色斑纹最明显；胸部腹板黑褐色，胸足淡黄白色。腹部背、腹面黑褐色，各节后侧缘淡黄白色。

雄虫尾节侧瓣端向渐窄，端缘斜向背面延伸，致端背角成角状突出，端区有粗长刚毛，腹缘中部有细小刚毛，腹缘突起由基至端渐细，弯折向下。生殖基瓣三角形。下生殖板内侧直，外侧中后部急剧内凹，致端部近乎枝干状，沿外缘有 1 列粗长刚毛。阳基侧突基部宽大，亚端部骤然变细而弯曲。连索 Y 字型，主干与臂长近乎相等。阳茎干两端较细，中部粗壮，亚端部有 2 枚端部分叉，并向后延伸的突起，其中分叉的一支反相弯折，生殖孔较大，位于端部。

寄主植物：狭叶方竹等竹类。

分布：中国(贵州)。

标本采集记录：1 ♂(正模)，1♀(副模)，贵州雷公山，竹子，2005-VIII-17，李子忠、张斌；8 ♂♂ 14♀♀，贵州雷公山，狭叶方竹，2010-XI-6，杨琳、陈祥盛采。

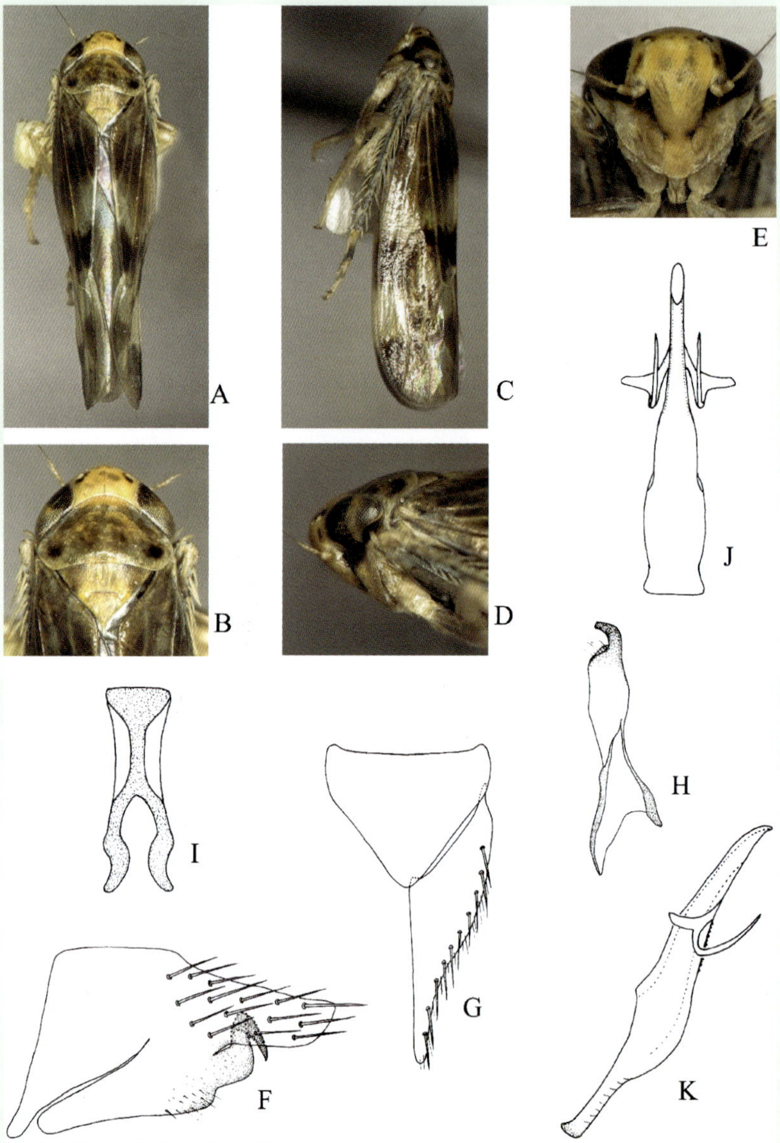

图 45 叉茎拟竹叶蝉 *Bambusananus furcatus* Li *et* Xing

A. 雄成虫背面观(male habitus, dorsal view); B. 头胸部背面观(head and thorax, dorsal view); C. 雄成虫侧面观(male habitus, lateral view); D. 头胸部侧面观(head and thorax, lateral view); E. 颜面(face); F. 雄虫尾节侧瓣(pygofer, lateral view); G. 生殖基瓣和下生殖板(valve and subgenital plate); H. 阳基侧突(style); I. 连索(connective); J. 阳茎后腹面观(aedeagus, posterior and ventral view); K. 阳茎侧面观(aedeagus, lateral view)

46. 李氏拟竹叶蝉 *Bambusananus lii* Yang *et* Chen, 2012(图 46)

Bambusananus lii Yang *et* Chen, 2012: 50.

体连翅长：♂5.05 ~ 5.15 mm；♀5.82 ~ 6.05 mm。

头冠淡黄白色，沿单眼后缘及头冠前端2枚小斑褐色，复眼黑褐色，单眼黄白色，颜面淡黄白色，触角淡黄白色，触角窝下方黑褐色。前胸背板淡黄褐色，中后部具褐色晕；小盾片淡黄白色，基侧角及中域淡褐色；前翅淡煤黄褐色，翅脉黄白色，具不规则黑褐色斑，其中爪片末端、前缘中后部、翅端部黑褐色斑纹最明显；胸部腹板暗褐色，胸足淡黄白色，后足胫节黄褐色至褐色。腹部背、腹面暗褐色，各节后侧缘淡黄白色。

雄虫尾节侧瓣基半部近四方形，端半部端向渐窄，端缘圆尖，端区有粗长刚毛，腹缘突起粗长，由基至端渐细，先弯向背方，后弯向后方，端部弯向腹方。生殖基瓣三角形，基宽为中长的1.29倍。下生殖板近狭三角形，内侧缘较直，外侧中后部急剧内凹，致端部逐渐变细，端缘圆尖，沿外缘有1列粗长刚毛。阳基侧突基部宽，亚端部聚然变细而弯曲。连索Y字形，主干为臂长的1.31倍。阳茎干侧面观两端较细，中部粗壮，阳茎干腹面近中部处两侧，各伸出1直、末端尖的粗长突起，指向背后方，伸达阳茎干亚端部处，生殖孔较大，位于端部。

寄主：箬竹 *Indocalamus* sp.。

分布：中国(贵州)。

标本采集记录：1♂(正模)，5♂♂2♀♀(副模)，贵州沿河麻阳河黎家坝，700m，棕粑竹，2007-VI-11，陈祥盛采。

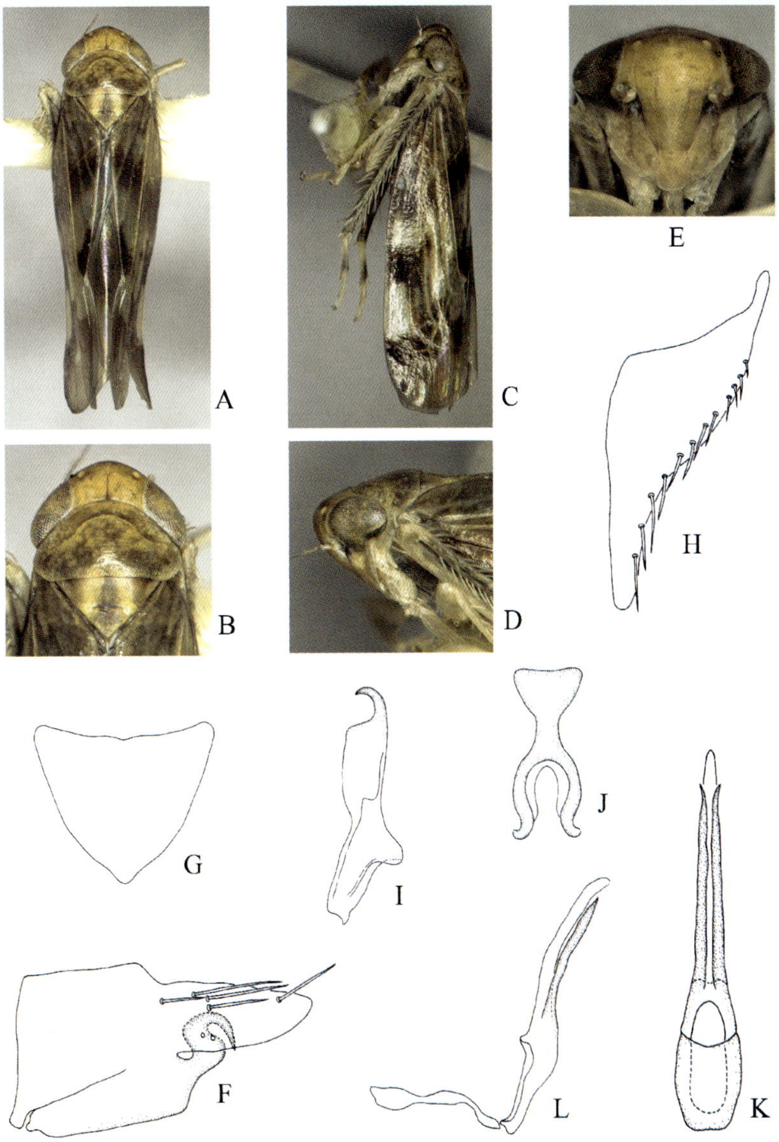

图46 李氏拟竹叶蝉 *Bambusananus lii* Yang *et* Chen

A. 雄成虫背面观(male habitus, dorsal view)；B. 头胸部背面观(head and thorax, dorsal view)；C. 雄成虫侧面观(male habitus, lateral view)；D. 头胸部侧面观(head and thorax, lateral view)；E. 颜面(face)；F. 雄虫尾节侧瓣(pygofer, lateral view)；G. 生殖基瓣和下生殖板(valve and subgenital plate)；H. 阳基侧突(style)；I. 连索(connective)；J. 阳茎后腹面观(aedeagus, posterior and ventral view)；K. 阳茎侧面观(aedeagus, lateral view)

47. 斑翅拟竹叶蝉 *Bambusananus maculipennis* (Li *et* Wang, 1993) (图 47)

Sorhoanus maculipennis Li *et* Wang, 1993: 54.

Bambusananus maculipennis, Li *et al.*, 2011: 47.

体连翅长：♂5.0～5.1mm，♀5.5～5.8mm。

体淡黄白色，具黑褐色斑。头冠淡黄白色，前缘域有2枚黑色斑，复眼黑色，颜面淡黄白色，唇基间缝处黑褐色，触角窝下方有1枚黑色斑。前胸背板淡黄白色，有4枚黑褐色纵斑；前翅灰白色，中域近基部由前缘到后缘弯曲的宽横带纹、前域靠近端区的短横纹、爪片末端及端区黑褐色；胸部腹面和胸足淡黄白色，无斑纹，后足胫节上有黑色斑点。腹部背面淡红褐色，各节后缘有黑褐色窄边，腹面淡红褐色，中部数节淡褐色。雌虫产卵器黑色。

雄虫尾节侧瓣端向渐窄，端区有粗长刚毛，腹缘中部有1枚大的突起，向内侧背面弯曲。生殖基瓣后缘中央近似舌状突出。下生殖板外缘中部弯曲，侧缘有1列粗长刚毛。阳基侧突较狭长，端部骤然变细凹弯，弯折处有数根细刚毛。连索Y字形，主干与臂长近似相等，基部膨大。阳茎端部两侧各有1枚齿状突，生殖孔位于端部。

寄主：平竹等。

分布：中国（贵州）。

标本采集记录：1♂（正模），9♂♂15♀♀（副模），贵州宽阔水，1984-VIII-1，李子忠、汪廉敏、高念昭采；7♂♂8♀♀，贵州梵净山，1994-VIII-8，李子忠、汪廉敏采；4♂♂5♀♀，贵州雷公山，2005-VI-13，李子忠、张斌；8♂♂1♀，贵州道真大沙河，1400m，平竹，2004-VIII-18，陈祥盛采。

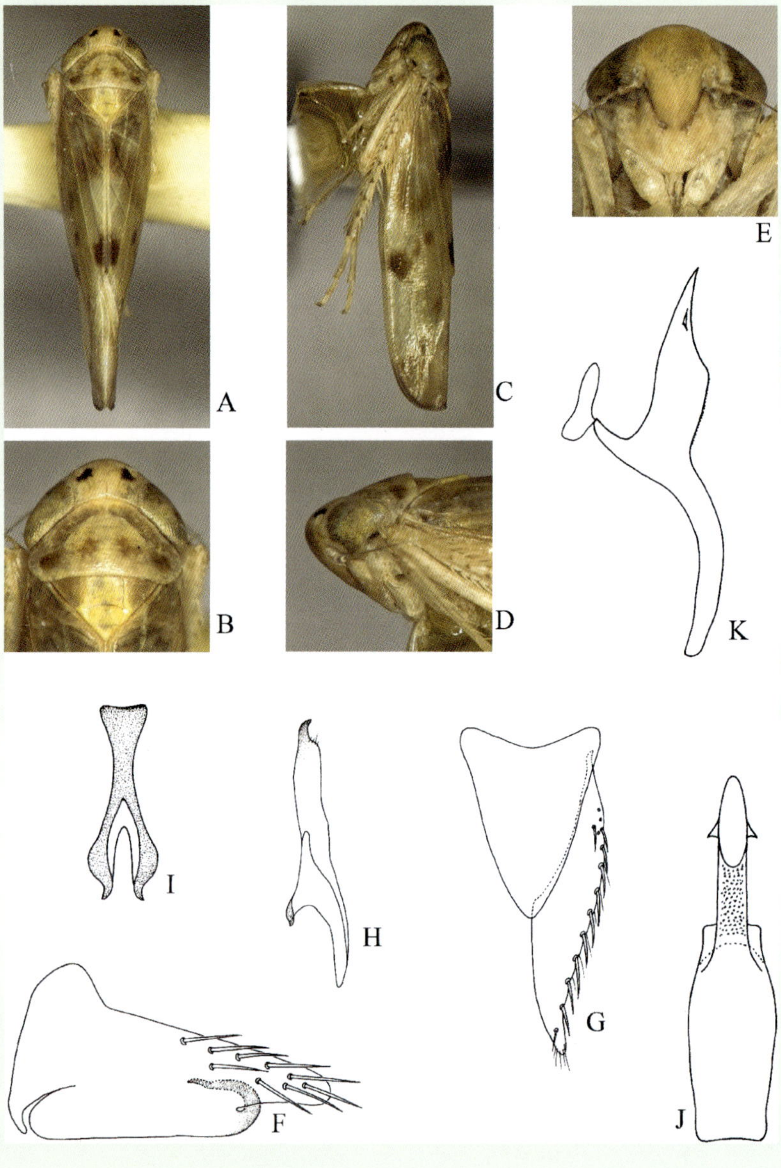

图47 斑翅拟竹叶蝉 *Bambusananus maculipennis* (Li *et* Wang)

A. 雄成虫背面观(male habitus, dorsal view); B. 头胸部背面观(head and thorax, dorsal view); C. 雄成虫侧面观(male habitus, lateral view); D. 头胸部侧面观(head and thorax, lateral view); E. 颜面(face); F. 雄虫尾节侧瓣(pygofer, lateral view); G. 生殖基瓣和下生殖板(valve and subgenital plate); H. 阳基侧突(style); I. 连索(connective); J. 阳茎后腹面观(aedeagus, posterior and ventral view); K. 阳茎侧面观(aedeagus, lateral view)

48. 黄脉端突叶蝉 *Branchana xanthota* Li, 2011（图 48, 127）

Branchana xanthota Li, 2011：50.

体连翅长：♂4.8～5.5mm，5.8～6.4mm。

体及前翅淡黄白色，前翅翅脉淡黄色，别无明显的斑纹。

雄虫尾节侧瓣狭长，端向渐窄，中域及端区着生粗长刚毛，腹缘内侧具有 1 枚长突，向背面弯曲。生殖基瓣三角形。下生殖板长，端向渐窄，外侧具 6 根粗长刚毛，末端具数根细毛。阳基侧突狭长，基部宽，末端骤然变细而弯曲。连索 Y 字型。阳茎干管状弯曲，端部有 4 枚长突，阳茎干背域具细齿突。

寄主：平竹、楠竹、精竹。

分布：中国（贵州、湖南、四川）。

标本采集记录：3♀♀，贵州道真大沙河，平竹，2004-VIII-24，陈祥盛采；2♂♂10♀♀，贵州道真马村，精竹，2004-VIII-24，陈祥盛采；2♂♂1♀，湖南雪峰山，楠竹，2007-VIII-13，陈祥盛、杨琳采；30♂♂13♀♀，四川长宁竹海，楠竹，2008-VI-3～6，张玉波、李红荣采；43♂♂15♀♀，四川长宁竹海，楠竹，2008-XI-2～6，张玉波、李红荣采；3♂♂5♀♀，湖南武冈云山，楠竹，2010-X-5，陈祥盛、杨琳采；2♂♂6♀♀，湖南武冈云山，楠竹，2011-X-1，陈祥盛、杨琳采。

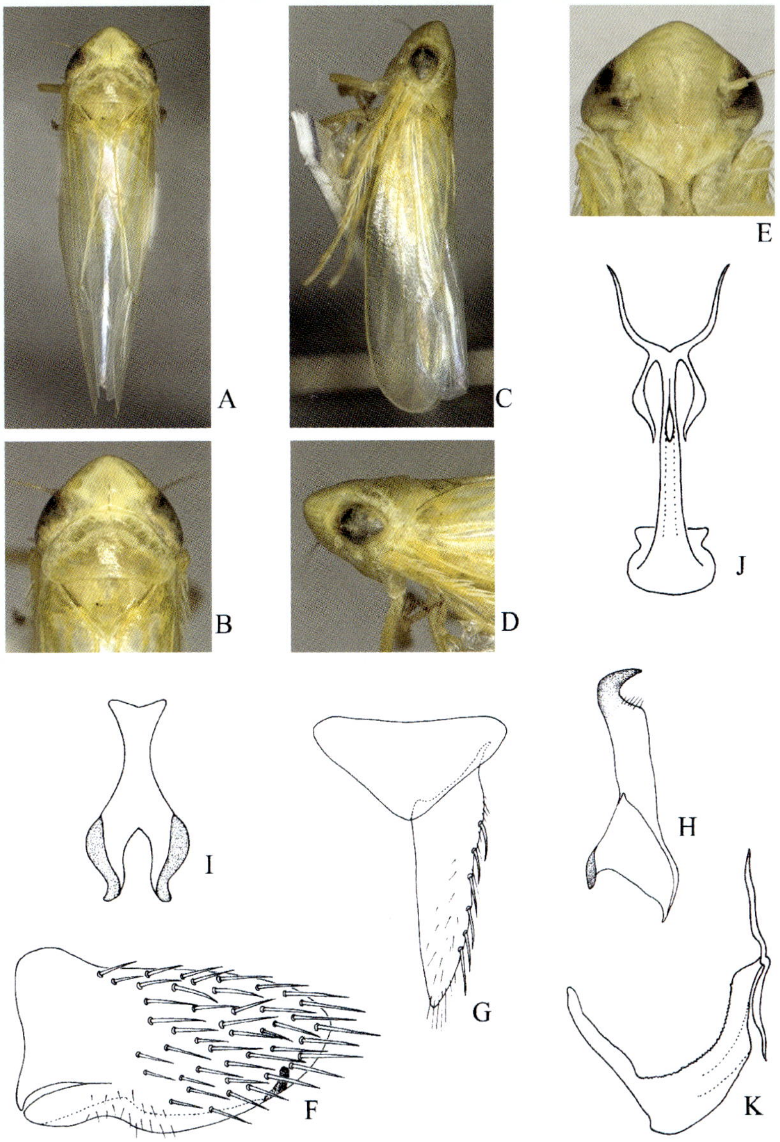

图 48　黄脉端突叶蝉 *Branchana xanthota* Li

A. 雄成虫背面观（male habitus, dorsal view）；B. 头胸部背面观（head and thorax, dorsal view）；C. 雄成虫侧面观（male habitus, lateral view）；D. 头胸部侧面观（head and thorax, lateral view）；E. 颜面（face）；F. 雄虫尾节侧瓣（pygofer, lateral view）；G. 生殖基瓣和下生殖板（valve and subgenital plate）；H. 阳基侧突（style）；I. 连索（connective）；J. 阳茎后腹面观（aedeagus, posterior and ventral view）；K. 阳茎侧面观（aedeagus, lateral view）

49. 黑斑双叉叶蝉 *Chlorotettix nigromaculatus* (Dai, Chen *et* Li, 2006)(图 49)

Paramacrosteles nigromaculatus Dai, Chen *et* Li, 2006: 592.
Chlorotettix nigromaculatus, Li *et al.*, 2011: 55.

体连翅长：♂4.9 mm，♀5.1～5.2 mm。

头冠黄白色，冠面交界处有 2 大方形黑斑，此斑延伸至后唇基中部，前缘与中部各有 1 八字形暗褐色斑纹，冠缝褐色；单眼红褐色，复眼黑色；颜面、触角污黄色，前唇基端部、唇基缝、唇基间缝及舌侧板暗褐色。前胸背板黄白色，基部区域色深，前缘区有 4 个暗褐色斑点；小盾片黄褐色，基侧角黑色，横刻痕黑色，两边及上方各有 2 个深褐色斑点；前翅褐色，翅脉与翅面同色，胸部黑色，胸足及刺黄褐色，翅基深褐色。腹部黑色，边缘黄白色，生殖节黄褐色。

雄虫尾节侧瓣长，近似长方形，端域具许多长刚毛，近腹部端缘域内侧具 1 叉齿状突起。生殖基瓣三角形。下生殖板宽短，末端骤变细，骨化成指突状，侧缘具 6 根粗刚毛，夹杂细毛。阳基侧突狭长，端部细长突出，呈指状。连索 Y 形，主干与臂近等长。阳茎基部宽，端部具双分叉突起，长的 2 叉突伸向前方，短的 2 叉突伸向后方。

寄主：竹类。

分布：中国（贵州、云南、四川、甘肃、河南、江西）。

标本采集记录：1 ♂2 ♀♀，贵州雷公山，竹子，2010-XI-7，陈祥盛、杨琳采。

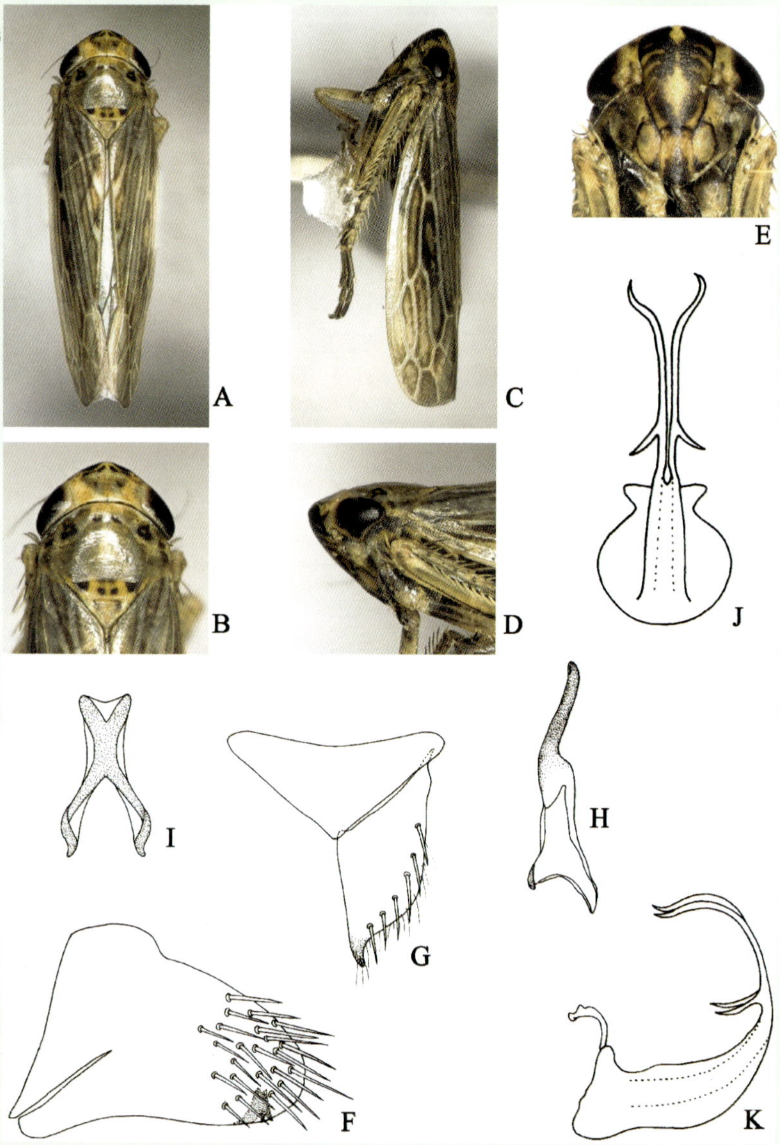

图 49 黑斑双叉叶蝉 *Chlorotettix nigromaculatus* (Dai, Chen *et* Li)

A. 雄成虫背面观(male habitus, dorsal view); B. 头胸部背面观(head and thorax, dorsal view); C. 雄成虫侧面观(male habitus, lateral view); D. 头胸部侧面观(head and thorax, lateral view); E. 颜面(face); F. 雄虫尾节侧瓣(pygofer, lateral view); G. 生殖基瓣和下生殖板(valve and subgenital plate); H. 阳基侧突(style); I. 连索(connective); J. 阳茎后腹面观(aedeagus, posterior and ventral view); K. 阳茎侧面观(aedeagus, lateral view)

50. 叉茎合板叶蝉 *Connectivus bifidus* Xing *et* Li, 2012(图 50, 133)

Connectivus bifidus Xing *et* Li, 2012: 86.

体连翅长：♂4.5～4.9mm，♀5.2～6.0mm。

体黄褐色。头冠前缘域具有2条黑褐色斑纹，复眼黑色，单眼黄白色；颜面黄色，具淡褐色横纹。前胸背板黄褐色，小盾片橘黄色；前翅棕黄色，翅面中央域橘黄色。胸部腹板褐色，足黄褐色。

雄虫尾节侧瓣狭长，中后域着生许多粗刚毛，端部略尖。生殖基瓣与下生殖板愈合，下生殖板基部愈合而端部分离，下生殖板外缘具有1列刚毛和加插细毛。阳基侧突基部宽，端部窄。连索环状，主干短于臂长，两臂端部收敛，与阳茎相关联。阳茎干较细长，亚端部变细，侧面观背折，端部分叉。

寄主：水竹。

分布：中国(贵州、江西、四川)。

标本采集记录：1♂，贵州宽阔水，竹子，2010-VIII-16，邢济春采；1♂，江西九连山虾公塘，竹子，2008-VII-19，孟泽洪采；1♂，四川绵阳市茶坪镇，竹子，2010-VII-20，常志敏采；1♂，四川长宁竹海，竹子，2008-XI-2～6，张玉波采；1♀，四川广元水磨沟，竹子，2007-VIII-18，张玉波采；4♂♂6♀♀，贵州平塘三角坡，水竹，2010-X-17，陈祥盛、杨琳采；1♂8♀♀，贵州雷公山，竹子，2010-XI-7，陈祥盛、杨琳采。

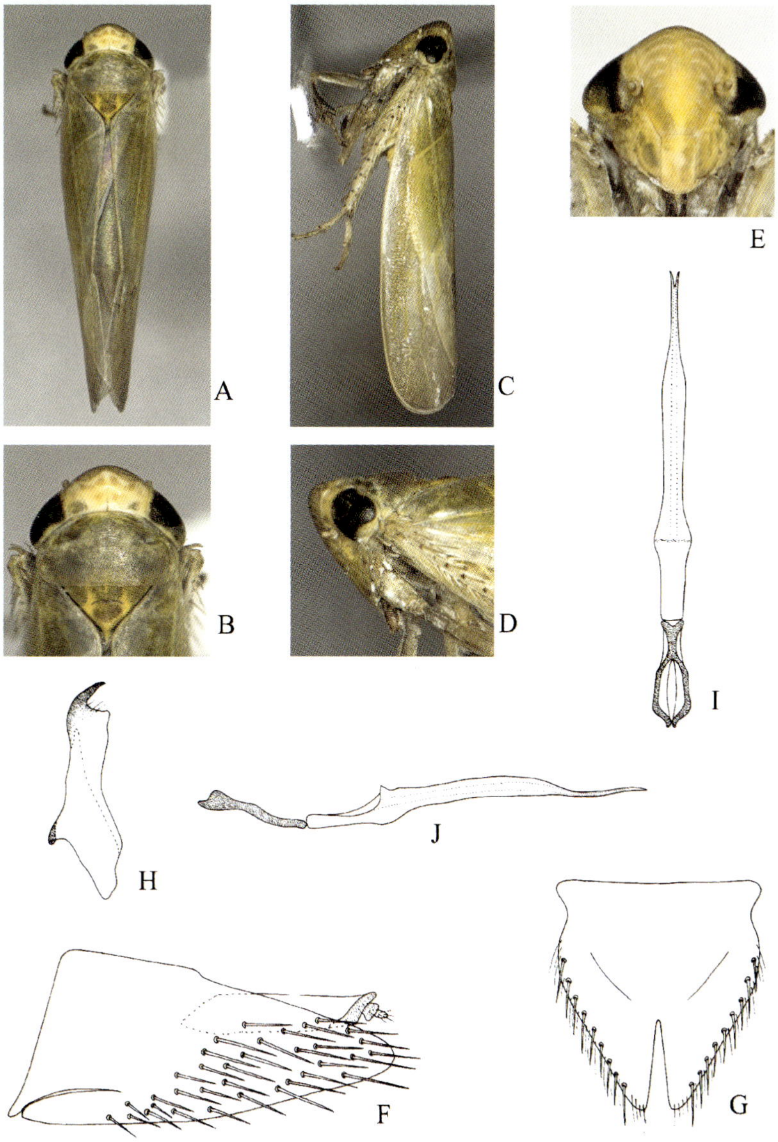

图 50 叉茎合板叶蝉 *Connectivus bifidus* Xing *et* Li

A. 雄成虫背面观(male habitus, dorsal view)；B. 头胸部背面观(head and thorax, dorsal view)；C. 雄成虫侧面观(male habitus, lateral view)；D. 头胸部侧面观(head and thorax, lateral view)；E. 颜面(face)；F. 雄虫尾节侧瓣(pygofer, lateral view)；G. 生殖基瓣和下生殖板(valve and subgenital plates)；H. 阳基侧突(style)；I. 连索和阳茎腹面观(connective and aedeagus, ventral view)；J. 连索和阳茎侧面观(connective and aedeagus, lateral view)

51. 叉突平额叶蝉 *Flatfronta pronga* Chen *et* Li, 1997(图 51，128)

Flatfronta pronga Chen *et* Li, 1997: 169.

体连翅长：♂5.5~5.7mrn，♀5.6~6.2mm。

全体淡橙黄色。3 条橙红色带纹起自头冠部端缘，贯穿前胸背板，终止于中胸小盾州末端，其中，中央 1 条较狭而直，侧面两条较宽，略呈波状起伏。另在前胸背板两侧各有 1 条橙黄色带纹。中胸小盾片 3 条横带纹颜色减淡，成淡橙红色。前翅沿翅脉镶有橙红色带纹，端部色渐淡，靠近爪片末端处有浅褐色斑纹。后足胫节末端及各跗爪浅褐色。一些个体雌虫腹部第 7 节腹板后缘两侧有 1 个黑色斑块。

雄虫尾节侧瓣后域有粗刚毛，后缘内侧有 1 根发达倒突，粗壮，端部分叉，主支长于侧支。下生殖板近似长三角形，外缘内凹，沿外缘着生粗大刚毛，约 11 根。阳基侧突宽阔，端部拐向外侧，端缘圆，外侧内凹处具 5~6 根小刚毛。连索 V 形。阳茎简单，基部膨大，筒状，端部弯曲，尖。

寄主：慈竹、水竹等。

分布：中国(贵州、重庆)。

标本采集记录：2♀♀(副模)，贵州思南，竹子，1976-VIII，李子忠采；1♀，贵州思南，竹子，1976-VIII，李子忠采；1♀(副模)，贵州道真，竹子，1984-VII-25，李子忠采；1♂2♀♀，贵州道真，竹子，1984-VII-25，李子忠采；5♂♂6♀♀，贵州榕江，竹子，1989-VIII-12，李子忠采；1♂(正模)，副模 3♂♂11♀♀，贵州榕江，竹子，1989-VIII-25，李子忠采；11♂♂3♀♀，贵州金沙，竹子，1992-VII-15，李子忠采；1♀，贵州荔波，竹子，1995-VIII-4，陈会明采；1♂，重庆晋云山，竹子，1996-VI-21，杨茂发采；1♀♀，贵州荔波，竹子，1996-IX-20，杨茂发采；10♂♂16♀♀，贵州贵阳，慈竹，1997-IX-12，陈祥盛采；1♀，贵州长顺，慈竹，1997-IX-30，陈祥盛采；1♂，重庆晋云山，慈竹，1997-XI-2，陈祥盛采；1♂1♀，贵州茂兰自然保护区，慈竹，1998-V-14，陈祥盛采；1♂，贵州荔波，慈竹，1998-V-20，陈祥盛采；1♂2♀♀，贵州贵阳，慈竹，1998-VIII-28，陈祥盛采；1♂♂4♀♀，贵州荔波，慈竹，1998-X-24，陈祥盛采；4♂♂5♀♀，贵州贵阳，慈竹，1999-VII-3，陈祥盛采；2♂♂1♀，贵州赤水，慈竹，2000-V-27，陈祥盛采；3♀♀，贵州习水，2000-VI-4，慈竹，陈祥盛采；2♀♀，贵州习水，慈竹，2000-IX-27，陈祥盛采；1♂2♀♀，贵州梵净山，竹子，2001-VIII-1，杨茂发采；2♂♂1♀，贵州梵净山，2002-V-30，陈祥盛采；2♂♂1♀，贵州贵阳，2002-VI-12，葛德燕采；1♂1♀，贵州道真，2004-VIII-17，杨茂发采；1♀，贵州道真，2004-VIII-21，张斌采；8♂♂5♀♀，贵州道真，慈竹，2004-VIII-24-25，陈祥盛采；1♀，贵州贵阳花溪公园，竹子，2006-VII-28，刘明宏采；1♂1♀，贵州福泉黄丝，慈竹，2006-VIII-10，陈祥盛、杨琳采；3♀♀，贵州贵阳花溪公园，慈竹，2006-VIII-11，陈祥盛采、杨琳采；1♀，云南临沧，竹子，2006-VIII-23，张争光采；2♂♂4♀♀，贵州贵阳花溪公园，慈竹，2006-X-15，刘明宏采；5♂♂6♀♀，广东广州华南热带植物园，竹子，2006-XI-22，陈祥盛采；1♂，贵州沿河麻阳河，竹子，2007-VI-12，陈祥盛采；1♂7♀♀，湖南武冈，麻竹，2007-VIII-9，陈祥盛采；1♀，贵州贵阳黔灵公园，竹子，2007-VIII-21，陈祥盛、杨琳采；3♂♂，重庆歌乐山，竹子，2007-IX-15，陈祥盛采；1♀，贵州大学南校区校园，慈竹，2007-X-7，陈祥盛、杨琳采；1♂，贵州赤水，2008-V-29，张玉波采；1♂，广西宁明那堪，2009-V-9，郑延丽采；1♀，贵州绥阳宽阔水，竹子，2010-VIII-8，郑延丽采；1♂3♀♀，湖南新宁城关，箭夹竹，2010-X-6，陈祥盛采、杨琳采；5♂♂2♀♀，福建大田大仙峰，竹子，2011-V-14，龙见坤采；1♂，贵州安龙兴隆仙鹤坪，水竹，2011-VIII-28，龙见坤采。

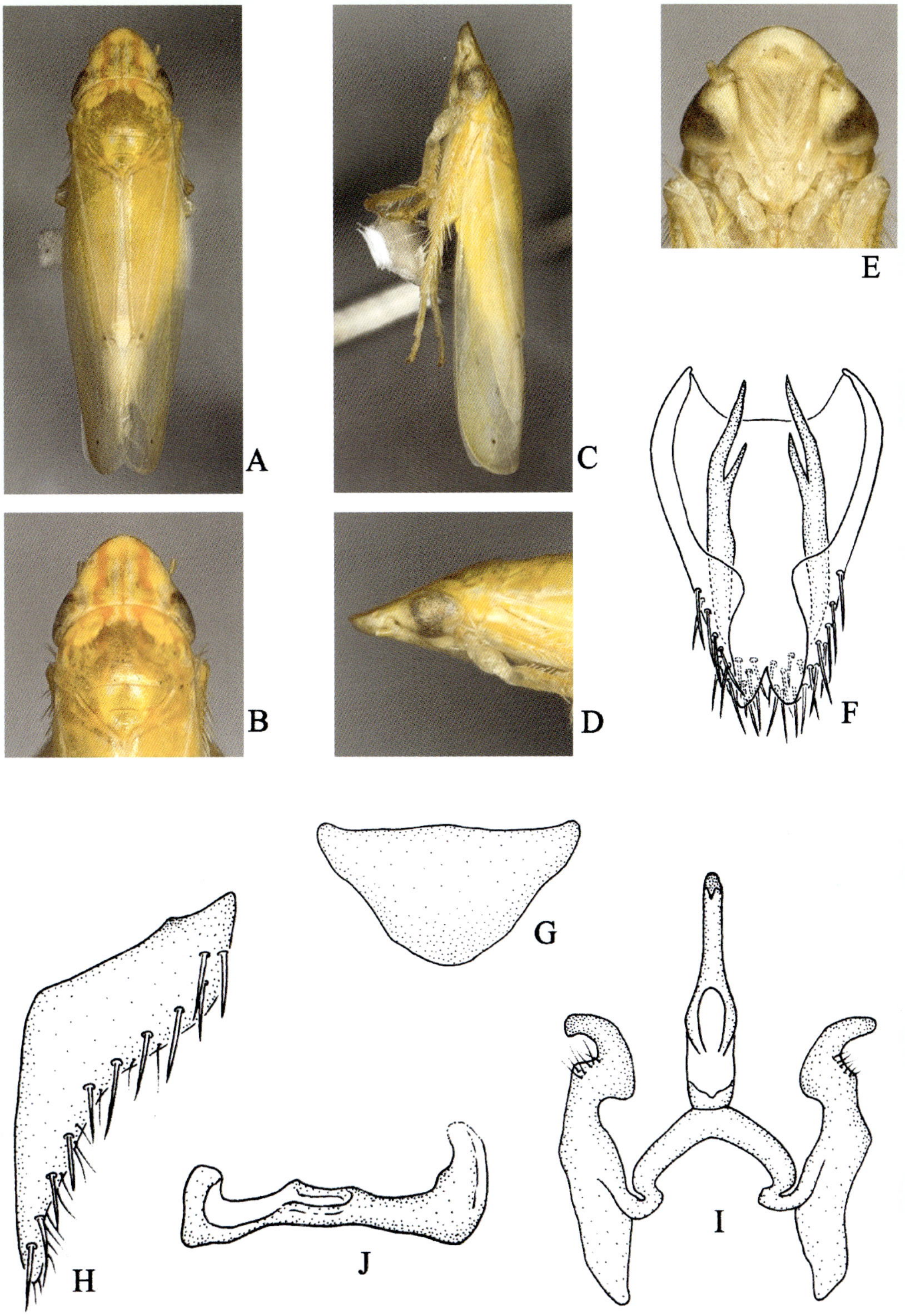

图 51 叉突平额叶蝉 *Flatfronta pronga* Chen *et* Li

A. 雄成虫背面观(male habitus, dorsal view); B. 头胸部背面观(head and thorax, dorsal view); C. 雄成虫侧面观(male habitus, lateral view); D. 头胸部侧面观(head and thorax, lateral view); E. 颜面(face); F. 雄虫尾节腹面观(pygofer, ventral view); G. 生殖基瓣(valve); H. 下生殖板(subgenital plate); I. 阳基侧突、连索和阳茎背面观(style, connective and aedeagus, dorsal view); J. 阳茎侧面观(aedeagus, lateral view)

52. 纵带光叶蝉 *Futasujinus candidus*（Matsumura, 1914）（图 52）

Deltocephalus candidus Matsumura, 1914: 229
Futasujinus candidus, Ishihara 1953: 47.

体连翅长：♂3.7～4.0mm，♀3.9～4.2mm。

体姜黄色，复眼棕褐色，单眼黑色，颜面淡黄白色。前胸背板有6条淡褐色纵纹，中央2条向上延伸到头冠，向下延伸到小盾片；前翅翅脉白色，周边具黑褐色斑；胸部腹板和胸足黄褐色，腹部背面黄褐色，腹面淡黄白色。

雄虫尾节侧瓣狭长，端半部着生许多刚毛，近腹缘末端呈刺状，刺突直向尾节内突出。生殖基瓣三角形。下生殖板长三角形，外侧缘具1列刚毛。阳基侧突基部宽扁，端向渐窄，末端稍膨大。连索环状，与阳茎相关联。阳茎干短粗，端部呈头状，两侧各有1突起，生殖孔开口于末端。

寄主：禾本科植物（本研究中1雌性标本采自竹子上）。

分布：中国（贵州、辽宁、福建、广西）；韩国；日本。

标本采集记录：12♂♂7♀♀，贵州雷公山，2005-V-31～VI-5，李子忠、张斌采；1♀，贵州惠水羡塘，竹子，2008-IX-14，陈祥盛、杨琳采。

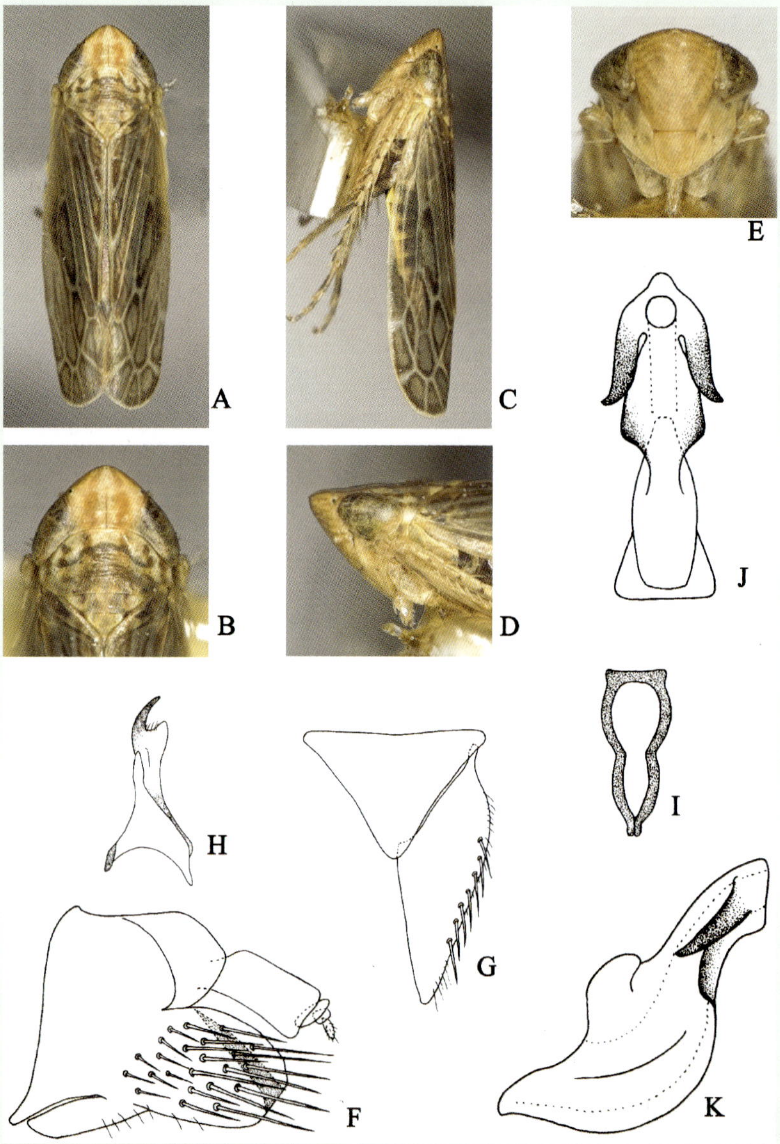

图 52　纵带光叶蝉 *Futasujinus candidus*（Matsumura）

A. 雄成虫背面观（male habitus, dorsal view）；B. 头胸部背面观（head and thorax, dorsal view）；C. 雄成虫侧面观（male habitus, lateral view）；D. 头胸部侧面观（head and thorax, lateral view）；E. 颜面（face）；F. 雄虫尾节侧瓣（pygofer, lateral view）；G. 生殖基瓣和下生殖板（valve and subgenital plate）；H. 阳基侧突（style）；I. 连索（connective）；J. 阳茎后腹面观（aedeagus, posterior and ventral view）；K. 阳茎侧面观（aedeagus, lateral view）

53. 异齿吉岭叶蝉 *Jilinga asymmetrica* Xing *et al.*, 2012（图 53）

Jilinga asymmetrica Xing *et al.*, 2012：53.

体连翅长：♂4.0～4.1mm，♀4.1～4.2mm。

体淡黄褐色。头冠前缘有 2 条黑色横纹，冠缝两侧各具 2 个黑色小斑，复眼黄褐色，单眼红棕色，颜面淡黄色，具数条黑褐色横纹，前唇基两侧黑色。前胸背板有 4 条黄褐色纵带，小盾片黄色，基部中央具黑色斑，基角橙色；前翅翅脉清晰，翅室周边镶嵌黑褐色斑；腹部背面黑褐色，胸部腹板和胸足黄褐色，无明显斑纹。

雄虫肛节腹部向腹前方极度延伸成细长叉状突起，其端部具小齿。尾节侧瓣宽，背缘直，腹缘弧圆，后缘微凹，后腹缘圆尖，后域着生许多粗长刚毛。生殖基瓣近似三角形，后缘圆尖。下生殖板近似三角形，外侧缘微凹入，具 1 列粗刚毛，夹杂许多细毛。阳基侧突基部宽大，端部弯折尖突，弯折处具细毛。连索环状，主干约为臂长的 1/2，两臂端部收敛。阳茎侧面观，基部粗，端向渐细，末端尖，呈半圆形向后方、背方和前方逆时针弯曲；腹面观阳茎干两侧具少量细齿，且两侧齿相互交错着生；阳茎具发达而且复杂的背连索。

寄主：平竹（首次报道该种叶蝉取食竹类）。

分布：中国（贵州、台湾）。

标本采集记录：1♀，贵州道真大沙河三桥，竹子，2004-V-22～24，张斌、徐翩采；1♂，贵州道真大沙河，平竹，2004-VIII-17，陈祥盛采。

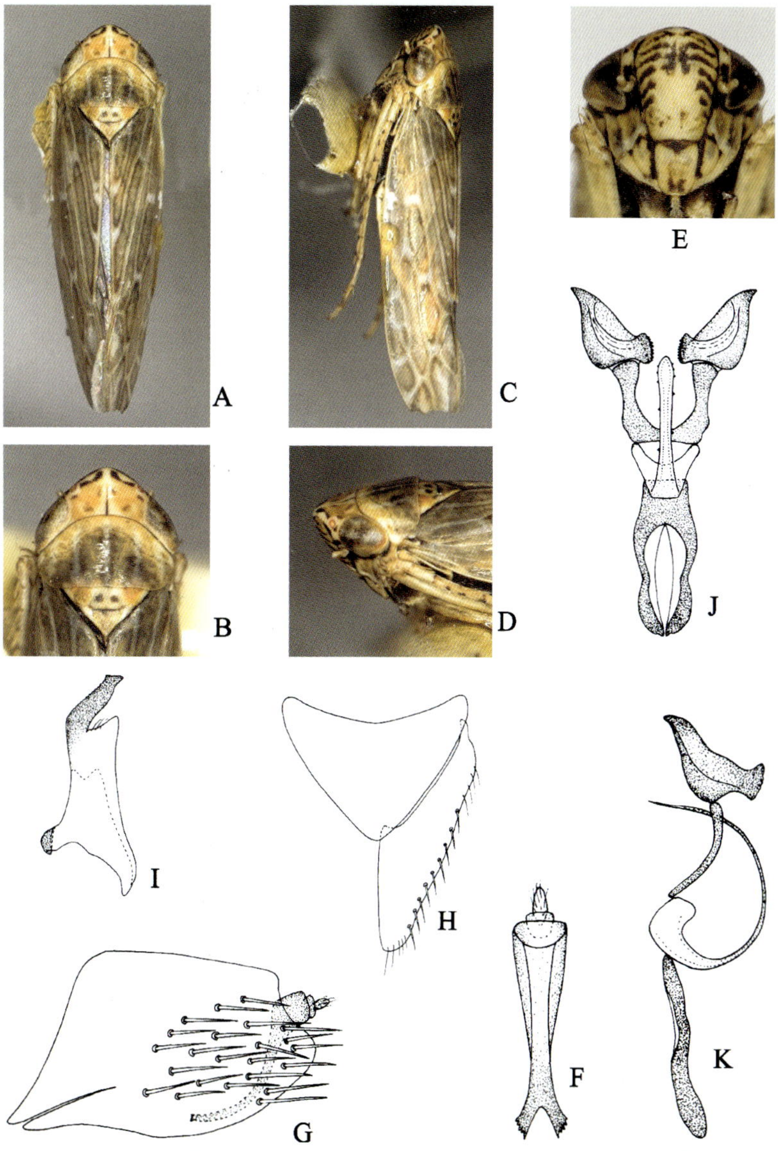

图 53 异齿吉岭叶蝉 *Jilinga asymmetrica* Xing *et al.*

A. 雄成虫背面观（male habitus，dorsal view）；B. 头胸部背面观（head and thorax，dorsal view）；C. 雄成虫侧面观（male habitus，lateral view）；D. 头胸部侧面观（head and thorax，lateral view）；E. 颜面（face）；F. 肛节腹面观（anal segment，ventral view）；G. 雄虫尾节侧瓣（pygofer，lateral view）；H. 生殖基瓣和下生殖板（valve and subgenital plate）；I. 阳基侧突（style）；J. 连索和阳茎后腹面观（connective and aedeagus，posterior and ventral view）；K. 连索和阳茎侧面观（connective and aedeagus，lateral view）

54. 黄斑长角叶蝉 *Longicornus favipuncatus* Li *et* Song, 2008（图 54）

Longicornus favipuncatus Li *et* Song, 2008：28.

体连翅长：♂5.2～5.4mm，♀5.5～5.7mm。

头冠淡褐色，靠近复眼淡黄色，前缘具有5枚黄色斑，后缘有2枚黄色斑，复眼黑色，单眼淡褐色，触角淡黄色，颜面淡黄色，额唇基两侧有淡褐色横纹。前胸背板淡褐色具不规则形淡黄色横纹；小盾片淡橘红色，基部中央和基侧角均具黑色斑；前翅淡黄色，具不规则形褐色斑；胸部腹板和胸足淡褐色。腹部背腹面黑褐色。

雄虫尾节侧瓣宽大，端部略窄，端区有粗长刚毛。生殖基瓣近似半月形，横宽。下生殖板宽短，外侧缘具刚毛，端部内侧凹陷。阳基侧突基部略宽，中后部狭窄，亚端域内缘具细毛列，末端尖突。连索近乎Y形，主干较长。阳茎干粗大，生殖孔位于末端，端部背缘具有1对细长波曲突起。

寄主：竹类（首次报道该种叶蝉取食竹类）。

分布：中国（贵州、云南、四川）。

标本采集记录：5♂♂8♀♀，四川峨眉山，1991-VIII-5～7，李子忠采；3♂♂2♀♀，贵州雷公山，2005-XI-15，李子忠、张斌采；1♂1♀，云南腾冲，2002-VI-17，戴仁怀、李子忠采；1♂，云南片马，2000-VIII-16，李子忠采；1♂1♀，贵州安龙兴隆仙鹤坪，竹子，2011-VIII-28，龙见坤采。

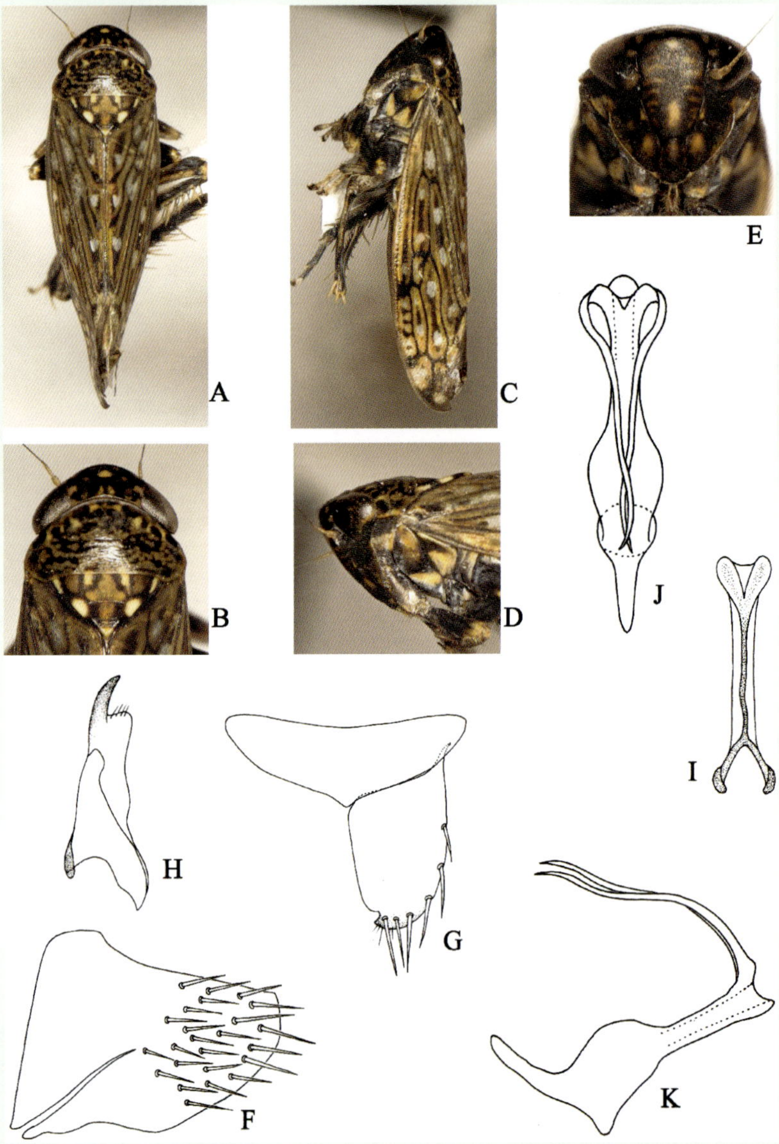

图 54　黄斑长角叶蝉 *Longicornus favipuncatus* Li *et* Song

A. 雄成虫背面观（male habitus, dorsal view）；B. 头胸部背面观（head and thorax, dorsal view）；C. 雄成虫侧面观（male habitus, lateral view）；D. 头胸部侧面观（head and thorax, lateral view）；E. 颜面（face）；F. 雄虫尾节侧瓣（pygofer, lateral view）；G. 生殖基瓣和下生殖板（valve and subgenital plate）；H. 阳基侧突（style）；I. 连索（connective）；J. 阳茎背面观（aedeagus, dorsal view）；K. 阳茎侧面观（aedeagus, lateral view）

55. 双带痕叶蝉 *Mohunia bifasciana* Li *et* Chen, 1999(图 55, 129)

Mohunia bifasciana Li *et* Chen, 1999: 123.

体连翅长：♂3.8～4.0mm，♀4.2～4.6mm。

体乳白色。自头冠顶端、纵贯前胸背板和中胸小盾片基侧角处，有2条淡橘黄色纵带，并沿前翅爪片后缘至爪片末端，前胸背板两侧另配有1条淡橘黄色纵带纹，复眼深褐色，前翅爪片末端1个斑点，第1端室基部1个小斑，第3端室1个斑点及翅端前缘1条斜短纹褐色。一些个体前翅后爪缘褐色，爪片末端及第1端室和端片基半灰褐色。虫体腹面及胸足淡黄白色，各足爪浅褐色，雌虫和雄虫尾节的长刚毛亦淡褐色。

雄虫尾节侧瓣基部宽，端向渐狭，端缘近似角状凸出，端缘域有2排粗长刚毛和许多毛发状细长刚毛，其长度比尾节长，甚至超出前翅端缘，从虫体背面明显可见，无尾节突。生殖基瓣成三角形，向后尖角状突出。下生殖板近似长三角形，外侧域有粗长刚毛列，从基到端纵向排列，约8～10根。阳基侧突扭曲，基部宽，中后部粗细较匀称，端缘圆。连索V形。阳茎构造简单，管状弯曲，基部粗，端部细，末端背缘有1根倒突，尤以近端部1个齿较粗。

寄主：慈竹等。

分布：中国(贵州)。

标本采集记录：1♂(正模)，8♂♂10♀♀(副模)，贵州贵阳花溪，慈竹，1997-IX-12，陈祥盛采；1♂，贵州长顺，慈竹，1997-IX-30，陈祥盛采；2♂♂1♀，贵州荔波茂兰，慈竹，1998-V-24，陈祥盛采；1♂，贵州贵阳，慈竹，1999-VII-17，陈祥盛采；1♂1♀，贵州贵阳花溪公园，慈竹，2006-X-15，刘明宏采；1♂1♀，贵州长顺威远，竹子，2007-VII-14，陈祥盛采。

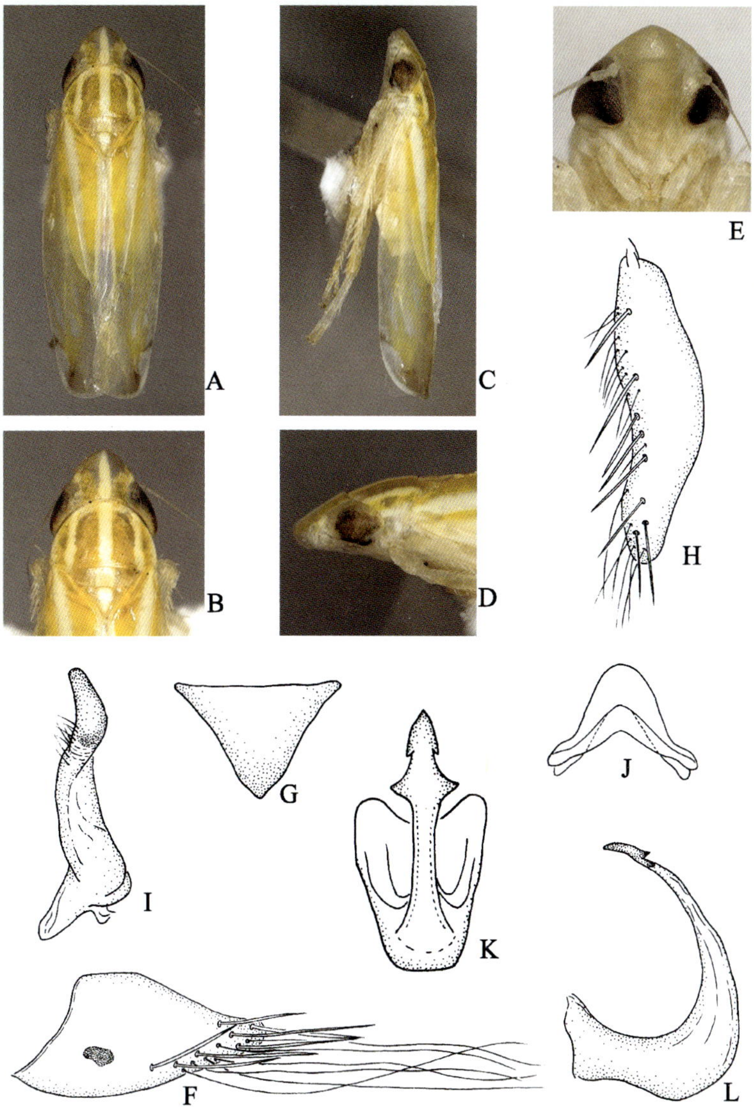

图 55　双带痕叶蝉 *Mohunia bifasciana* Li *et* Chen

A. 雄成虫背面观(male habitus, dorsal view); B. 头胸部背面观(head and thorax, dorsal view); C. 雄成虫侧面观(male habitus, lateral view); D. 头胸部侧面观(head and thorax, lateral view); E. 颜面(face); F. 雄虫尾节侧瓣(pygofer, lateral view); G. 生殖基瓣(valve); H. 下生殖板(subgenital plate); I. 阳基侧突(style); J. 连索(connective); K. 阳茎后腹面观(aedeagus, posterior and ventral view); L. 阳茎侧面观(aedeagus, lateral view)

56. 内突痕叶蝉 *Mohunia introspina* Chen *et* Yang, 2007(图 56)

Mohunia introspina Chen *et* Yang (in Chen *et al.*), 2007: 372.

体连翅长：♂4.7mm，♀5.0mm。

体黄白色。头冠、前胸背板中央有 2 条桔红色纵带纹，在前胸背板两侧另镶有不甚明显的淡黄色纵纹，中胸小盾片中域褐色；前翅沿内缘至端片中部褐色，第四端室具一圆形小褐斑，翅端缘褐色。

雄虫尾节侧瓣狭长，背缘长而直，后缘斜尖，端区后缘域具粗长刚毛，腹、后缘处向内生有 1 根发达的突起，腹面观，2 突起端部交叉。生殖基瓣基大部半圆形，端缘呈片状凸出。下生殖板近似三角形，基部宽，端部骤然变细，端缘尖圆，外侧域有 1 纵列粗刚毛，9~11 根。阳基侧突扭曲，端部具 2 粗齿突，外侧突起尖，内侧突起较钝，端缘凹。连索 V 形。阳茎构造简单，近似管状，稍侧扁，侧面观中基部膨大，向背方弯曲，端向渐尖，亚端部前缘具小齿突。

寄主：麻竹等。

分布：中国(贵州、云南)。

标本采集记录：1♂(正模)，贵州荔波茂兰板寨，1998-X-24，陈祥盛采；1♀(副模)，云南临仓，1992-X-28，李子忠采；3♂♂10♀♀，贵州兴义天生桥，麻竹，2010-VIII-11，陈祥盛、杨琳采。

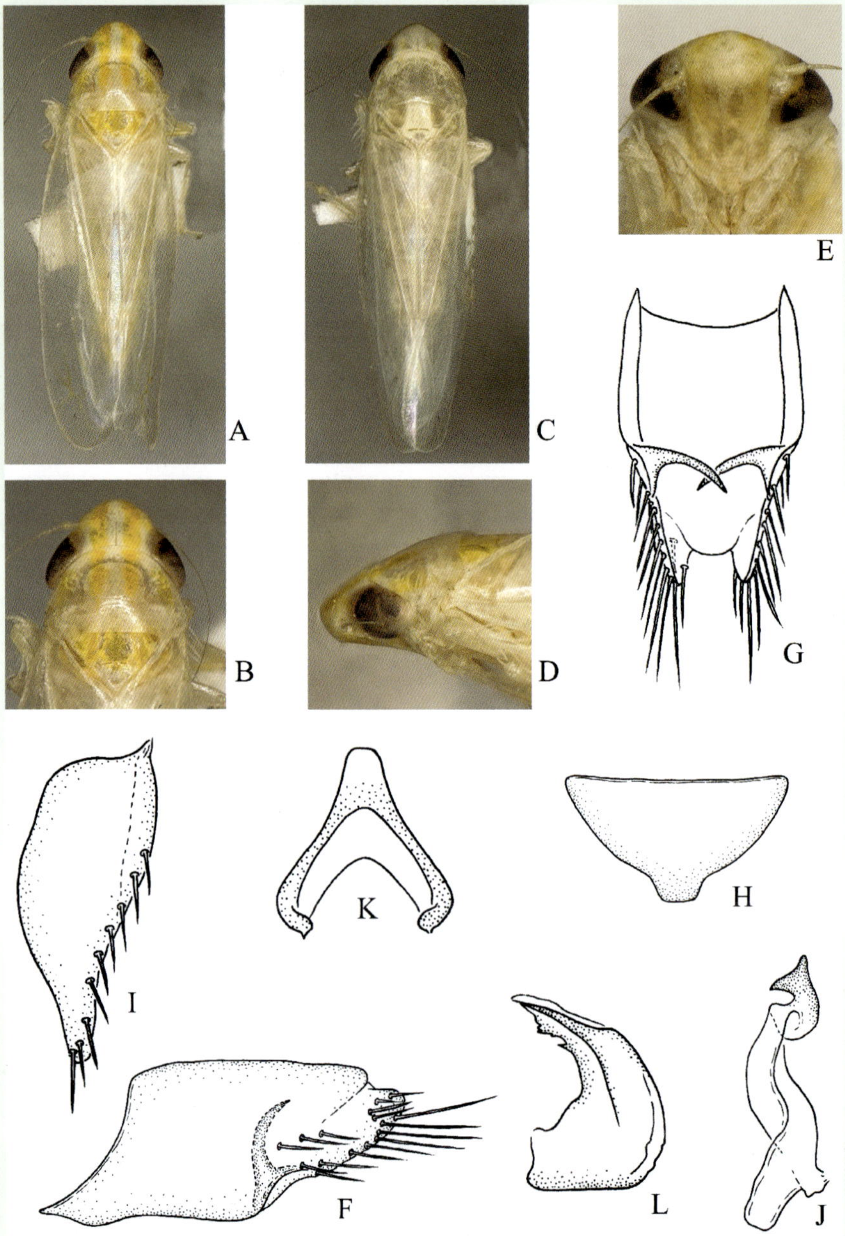

图 56 内突痕叶蝉 *Mohunia introspina* Chen *et* Yang

A. 雄成虫背面观(male habitus, dorsal view)；B. 头胸部背面观(head and thorax, dorsal view)；C. 雄成虫侧面观(male habitus, lateral view)；D. 头胸部侧面观(head and thorax, lateral view)；E. 颜面(face)；F. 雄虫尾节侧面观(pygofer, lateral view)；G. 雄虫尾节腹面观(pygofer, ventral view)；H. 生殖基瓣(valve)；I. 下生殖板(subgenital plate)；J. 阳基侧突(style)；K. 连索(connective)；L. 阳茎侧面观(aedeagus, lateral view)

57. 腹突痕叶蝉 *Mohunia ventrospina* Chen *et* Li, 2007(图 57)

Mohunia ventrospina Chen *et* Li (in Chen *et al.*), 2007: 370.

体连翅长：♂5.1～5.2mm，♀5.4～6.0mm。

体黄白色。头冠、前胸背板中央具2条橘红色纵带纹，此带纹起自头冠端缘，纵贯前胸背板，终止于小盾片基角处，在小盾片色变淡。另在前胸背板两侧镶有不甚明显的橘红色纵纹；前翅淡黄色微带褐色，翅端褐色，具1圆褐斑及1斜褐色条纹。腹部橘黄色，各足腿节、胫节及跗节黄褐色。虫体前翅及腹部黄白色，余同雄虫。

雄虫尾节侧瓣侧面观近三角形，基部宽，端向渐尖细，端缘尖圆，端区密生粗长刚毛，腹缘中部有1根粗刺状突起，末端尖。下生殖板近似长三角形，末端尖圆，侧缘有1纵列粗刚毛。阳基侧突长条状，基部稍细，中部较宽，端1/3处侧骤然变细，似外侧缘内凹，成1乳头状突起，端部渐细，末端尖。连索V形。阳茎构造简单，近似管状，侧面观中基部膨大，强烈背向弯曲，端向渐尖细。

寄主：竹类。

分布：中国(贵州)。

标本采集记录：♂(正模)3♂♂5♀♀(副模)，贵州道真大沙河，竹子，2004-VIII-19，陈祥盛采；8♂♂10♀♀(副模)，贵州宽阔水，竹子，1984-VIII-1，李子忠采；4♂♂2♀♀(副模)，贵州道真，1984-VII-25，李子忠采；2♀♀，贵州石阡，竹子，1994-VIII-15，陈祥盛采；1♂5♀♀(副模)，贵州道真，竹子，2004-VIII-17～20，杨茂发、张斌采；2♂♂(副模)，贵州雷山，竹子，2005-VIII-13～14，李子忠、张斌采。

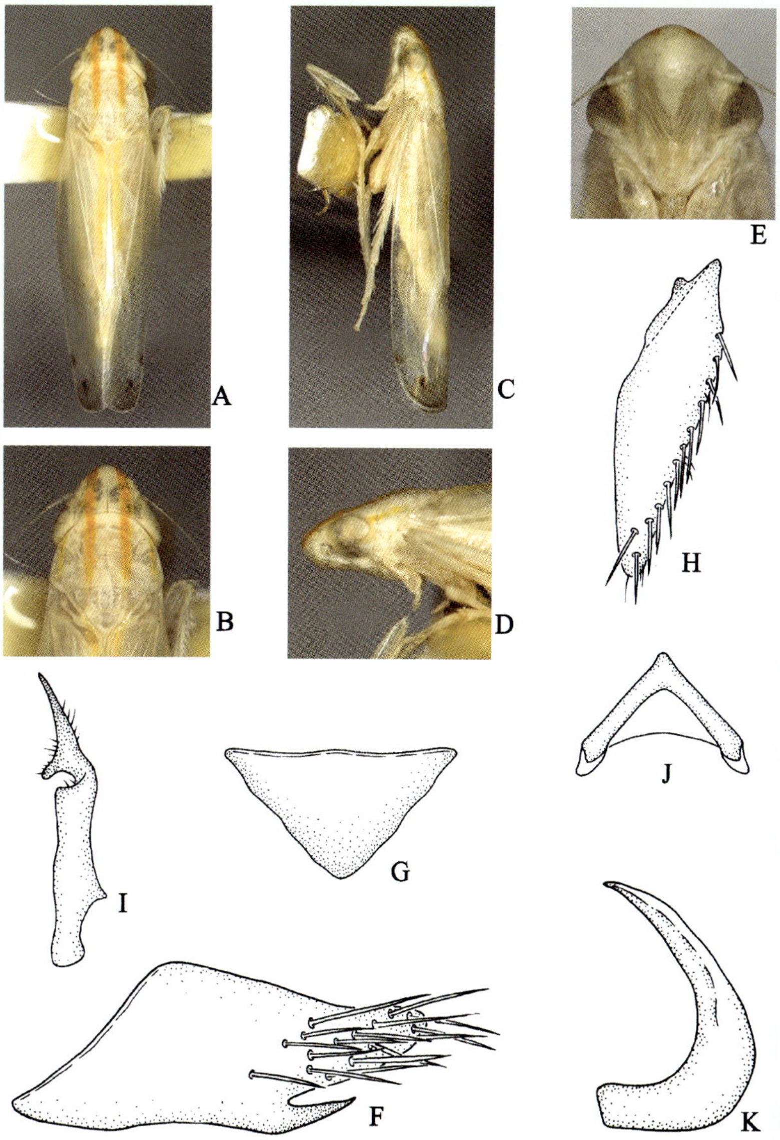

图57 腹突痕叶蝉 *Mohunia ventrospina* Chen *et* Li

A. 雄成虫背面观(male habitus, dorsal view)；B. 头胸部背面观(head and thorax, dorsal view)；C. 雄成虫侧面观(male habitus, lateral view)；D. 头胸部侧面观(head and thorax, lateral view)；E. 颜面(face)；F. 雄虫尾节侧面观(pygofer, lateral view)；G. 生殖基瓣(valve)；H. 下生殖板(subgenital plate)；I. 阳基侧突(style)；J. 连索(connective)；K. 阳茎侧面观(aedeagus, lateral view)

58. 白斑额垠叶蝉 *Mukaria albinotata* Cai *et* Ge, 1996（图 58，134）

Mukaria albinotata Cai *et* Ge, 1996: 187.

体连翅长：♂4.1～4.3mm，♀4.4～4.6mm。

体黑色有光泽，仅复眼黑褐色，前翅前缘域及端区暗红褐色，亚端部前缘区有2个白色透明横斑甚明显，爪片末端有1个黄白色斑点；颜面中域有1个黄褐色圆形斑纹，前、中足黄褐色，后足黑褐色。

雄虫尾节侧瓣粗视呈三角形，端区有密生粗长刚毛，腹缘内卷，其端部有1根折向基方的细长突起，突起末端钩状向背侧方弯曲。生殖基瓣三角形。下生殖板宽短，内缘在2/3处略凸出，然后向外缘渐次收狭，末端钝圆，外缘生细小刚毛。阳基侧突粗大，中部细缢缩，端部成叉突状。连索U形。阳茎基部膨大，端部分成二长叉，叉的端部成钩状弯向基方，弯曲处有1个缺刻，其缺刻两侧尖出。

寄主：金竹、慈竹。

分布：中国（贵州、四川、重庆）。

标本采集记录：2♂♂，四川成都沙河，1984-V-30，朱文炳采；1♀，重庆缙云山，1996-VI-20，杨茂发采；22♂♂20♀♀，贵州道真大沙河后花园，慈竹，2004-VIII-27，陈祥盛采；3♂♂2♀♀，贵州道真大沙河马村、仙女洞，金竹、慈竹，2004-VIII-24，陈祥盛采；1♂，重庆歌乐山，竹子，2007-IX-15，陈祥盛采；4♂♂2♀♀，贵州沿河麻阳河，竹子，2007-VI-12，陈祥盛采；1♀，贵州赤水金沙沟，竹子，2008-V-29，李红荣、张玉波采；1♂，四川长宁三松湖，竹子，2008-IX-30，李红荣采；1♂，海南尖峰岭，竹子，2009-IV-17～20，侯晓晖采。

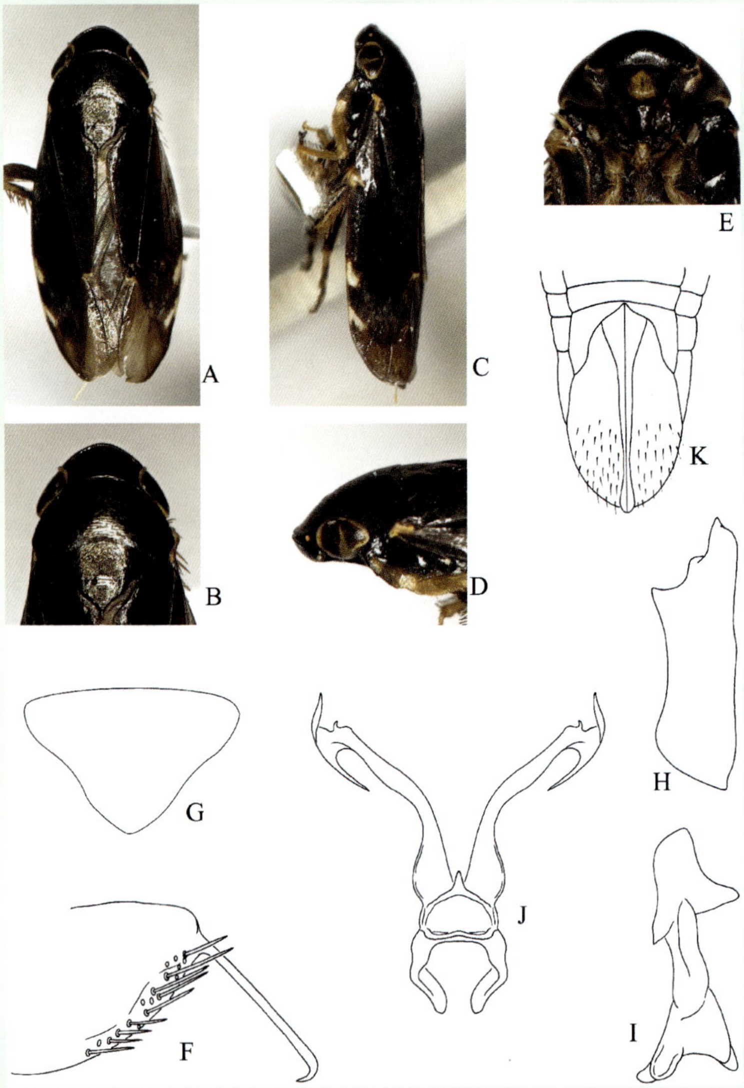

图58 白斑额垠叶蝉 *Mukaria albinotata* Cai *et* Ge

A. 雄成虫背面观（male habitus，dorsal view）；B. 头胸部背面观（head and thorax，dorsal view）；C. 雄成虫侧面观（male habitus，lateral view）；D. 头胸部侧面观（head and thorax，lateral view）；E. 颜面（face）；F. 雄虫尾节内侧面观（pygofer，inner side）；G. 生殖基瓣（valve）；H. 下生殖板（subgenital plates）；I. 阳基侧突（style）；J. 连索和阳茎腹面观（connective and aedeagus，ventral view）；K. 雌虫生殖节腹面观（female genital segment，ventral view）

59. 竹额垠叶蝉 *Mukaria bambusana* Li *et* Chen, 1999(图 59)

Mukaria bambusana Li *et* Chen, 1999: 117.

体连翅长：♂4.3～4.5mm，♀5.0～5.2mm。

本种雌雄体色斑纹存在差异，个体间体色斑纹亦有变化。雄虫头冠黑色，边缘和颜面额唇基淡黄白色，一些个体头冠与额唇基同为淡黄色，头冠中央有 2 条宽黑色纵斑；前胸背板和中胸小盾片黑色，一些个体前胸背板淡黄色，小盾片亦淡黄白色有黑褐色斑；前翅黑褐色被白色蜡粉，端区煤褐色，端区前缘有淡黄褐色斑，一些个体前翅后域及端区同为淡黄褐色，前域黑褐色，端区前缘有 1 个黄褐色斑。前唇基、胸部腹板黑褐色，胸足浅黄白色。腹部背、腹面黑褐色。

雄虫尾节侧瓣宽大，端缘斜直向上，致端背缘近似角状凸出，腹缘端部有 1 根指状突，端区有粗长刚毛。生殖基瓣三角形。下生殖板基部宽扁，于端 1/3 处骤然变细成棒状，中域有不规则纵向排列的刚毛。阳基侧突基部宽扁，端部成蟹钳状。连索宽 U 形。阳茎基部宽扁，端部四叉状，光滑，其中最顶端的二叉较小。

寄主：慈竹、麻竹。

分布：中国(贵州、云南)。

标本采集记录：1 ♂(正模)，8 ♂♂ 15♀♀(副模)，贵州榕江，1979-XI-12，李子忠采；3 ♂♂7♀♀(副模)，贵州罗甸，1985-VII-15，李子忠采；1 ♂8♀♀，贵州望谟打易，竹子，1998-VII-28，陈祥盛采；3♀♀，云南六库，竹子，2000-VIII-15，陈祥盛采；1 ♂3♀♀，贵州册亨，竹子，2006-VI-29～VII-1，张培采；6 ♂♂4♀♀，贵州册亨，2006-VII-1，张争光采；6 ♂♂15♀♀，贵州长顺威远，慈竹、糯竹，2006-VII-24，杨琳、陈祥盛采；1♀，贵州惠水羡塘，竹子，2008-V-30，陈祥盛、杨琳采；9 ♂♂28♀♀，贵州安龙，竹子，2008-VIII-24，陈祥盛、杨琳采；44♀♀，贵州关岭断桥，竹子，2008-VIII-26，陈祥盛、杨琳采；4 ♂♂29♀♀，贵州关岭板贵，竹子，2009-VIII-18～20，邢济春、李虎采；7 ♂♂ 2♀♀，云南芒宽，竹子，2010-VI-8，张培采；1 ♂，贵州兴义天生桥，麻竹，2010-VIII-11，陈祥盛、杨琳采；2 ♂♂8♀♀，云南贡山茨开吉速底，竹子，2011-VII-28，龙见坤采；3 ♂♂2♀♀，云南绿春黄连山，竹子，2011-VIII-4，常志敏、郑维斌采；1♀，贵州安龙城关，竹子，2011-VIII-27，常志敏采。

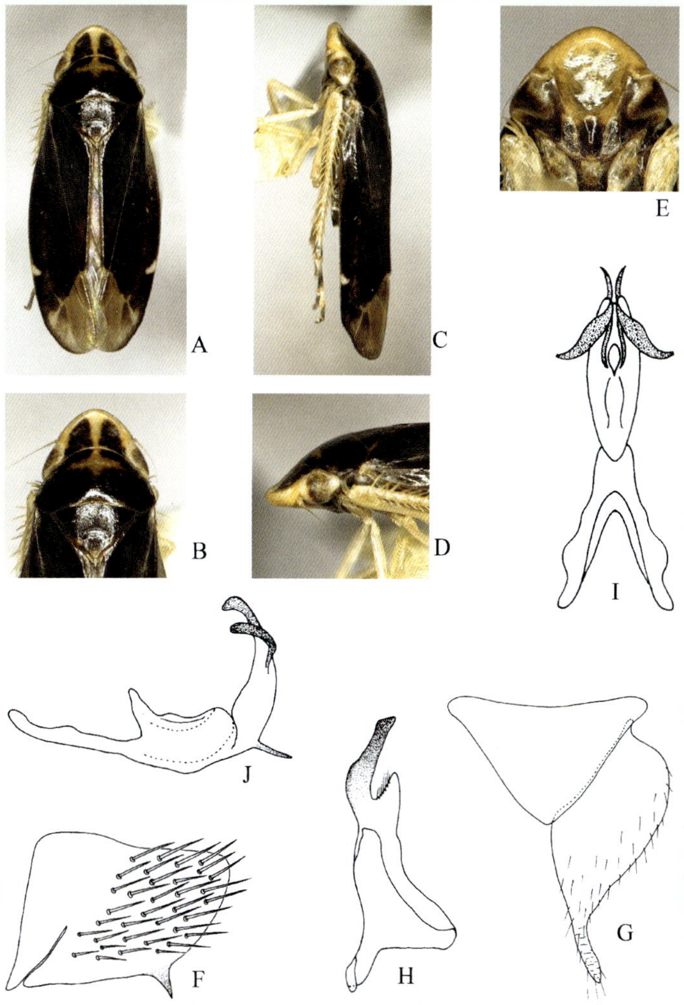

图 59 竹额垠叶蝉 *Mukaria bambusana* Li *et* Chen

A. 雄成虫背面观(male habitus, dorsal view); B. 头胸部背面观(head and thorax, dorsal view); C. 雄成虫侧面观(male habitus, lateral view); D. 头胸部侧面观(head and thorax, lateral view); E. 颜面(face); F. 雄虫尾节侧面观(pygofer, lateral view); G. 生殖基瓣和下生殖板(valve and subgenital plates); H. 阳基侧突(style); I. 连索和阳茎腹面观(connective and aedeagus, ventral view); J. 连索和阳茎侧面观(connective and aedeagus, lateral view)

60. 李氏额垠叶蝉 *Mukaria lii* Yang *et* Chen, 2011(图 60)

Mukaria lii Yang *et* Chen, 2011: 30.

体连翅长：♂ 4.10 ~ 4.30 mm；♀ 4.35 mm。

体黑褐色至黑色。复眼红褐色至黑褐色。额端部中域具1黄褐色圆斑，触角黄褐色。前、中足黄白色，后足大部分暗褐色，但转节、腿节基部、胫节基部、跗节各节基部黄白色。前翅末端具透明斑。雌虫色同雄虫，惟后足黄白色。

雄虫尾节密生粗长刚毛，背面观，背后缘中部具指状突起。生殖基瓣基缘长为中长的2.04倍。下生殖板基大部宽大，端部渐尖，末端膜质状。阳基侧突基部宽片状，端部钝圆。连索U形，侧面观基部背突出。阳茎片状，基部宽大，端部延伸为2个粗壮突起，该突起端半骤然变细，并向中央相向弯折，末端刀状，弯折处外方具1粗齿。

寄主：平竹。

分布：中国(贵州)。

标本采集记录：2♀♀，贵州道真，1988-IX-19，李子忠采；1♀，贵州习水三岔河，2000-IX-26，陈祥盛采；1♀，贵州梵净山护国寺，2001-VIII-2，李子忠采；1♂(正模)，7♂♂1♀(副模)，贵州道真大沙河，平竹，2004-VIII-18，陈祥盛采。

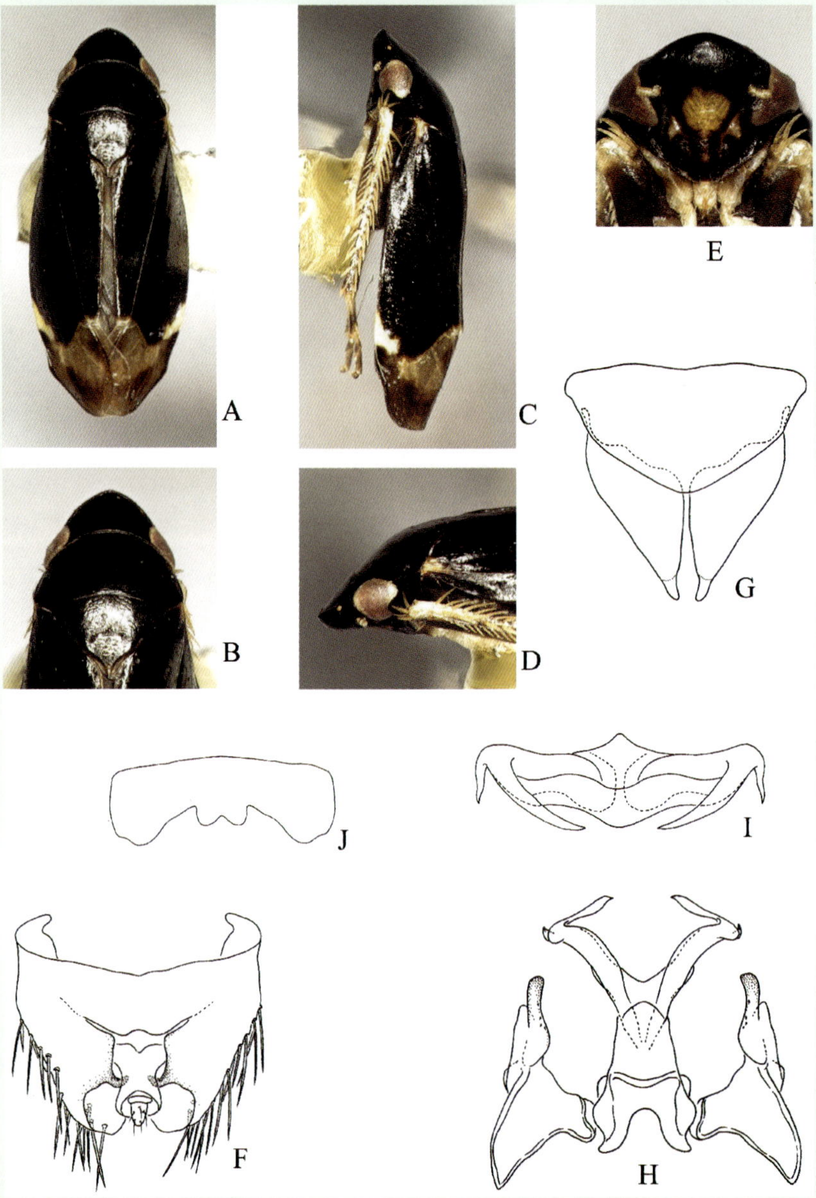

图 60 李氏额垠叶蝉 *Mukaria lii* Yang *et* Chen

A. 雄成虫背面观(male habitus, dorsal view)；B. 头胸部背面观(head and thorax, dorsal view)；C. 雄成虫侧面观(male habitus, lateral view)；D. 头胸部侧面观(head and thorax, lateral view)；E. 颜面(face)；F. 雄虫尾节背面观(pygofer, dorsal view)；G. 生殖基瓣和下生殖板(valve and subgenital plates)；H. 阳基侧突、连索和阳茎腹面观(styles, connective and aedeagus, ventral view)；I. 阳茎后面观(aedeagus, posterior view)；J. 雌虫第7节腹板(female sternite VII)

61. 斑翅额垠叶蝉 *Mukaria maculata*（Matsumura，1912）（图 61）

Parabolotettix maculata Matsumura，1912：281.

Mukaria maculata，Schumacher，1915：97.

体连翅长：♂3.1～3.6mm，♀3.5～4.0mm。

体黑色有光泽，前翅亦黑色，具黑色斑，但雌雄个体间斑纹图案不相同。雄虫前翅前缘域有 1 个黄斑，两翅合拢时此斑近似圆形，端区前缘黑色区域有 2 个黄色小斑，第 1 端室和第 2 端室内各有 1 个不甚明显的淡黄斑，端区烟褐色；雌虫前翅斑纹图案常有变化，最主要变化是黑色区域面积减少，致端区前缘有 1 个黑色斑，其余为烟褐色，或前翅内缘、后缘烟褐色，端区黑褐色。

雄虫尾节侧瓣宽圆突出，端缘有粗长刚毛。生殖基瓣后缘近似锥状突出。下生殖板宽扁，端部尖突，中域纵向被生粗长刚毛。阳基侧突基部宽，端部外侧骤然凹入，致末端成细枝状凸出，其凹陷处有数根细小刚毛。连索 U 形。阳茎基部宽扁，端部成二分叉，其端叉的端部再次二分叉。

寄主：慈竹、麻竹等。

分布：中国（贵州、福建、台湾、香港、广东、云南、湖南、海南）；日本；爪哇。

标本采集记录：1♀，福建斥门，1978-V-25，采集人不详；2♀♀，贵州榕江，1989-VIII-4，李子忠采；3♂♂5♀♀，贵州荔波，1998-X-24，李子忠、杨茂发采；3♂♂，贵州荔波茂兰，竹子，1998-X-24，陈祥盛采；1♂2♀♀，贵州习水三岔河，竹子，2000-IX-27，陈祥盛采；1♀，贵州福泉黄丝，慈竹，2006-VIII-10，陈祥盛、杨琳采；1♀，云南临沧，竹子，2006-VIII-23，张争光采；2♂♂11♀♀，广东广州华南植物园，竹子，2006-XI-22，陈祥盛采；5♂♂1♀，湖南武冈，竹子，2007-VI-II-9，陈祥盛、杨琳采；1♀，广西凭祥友谊关，竹子，2009-V-11，郑延丽采；1♂6♀♀，广西隆安，竹子，2010-VIII-9，陈祥盛、杨琳采；2♂♂1♀，湖南新宁崀山，麻竹，2010-X-6，陈祥盛、杨琳采；3♂♂4♀♀，海南霸王岭，竹子，2011-I-6，郑维斌、龙见坤采；1♂，云南绿春黄连山，竹子，2011-VIII-4，常志敏、郑维斌采。

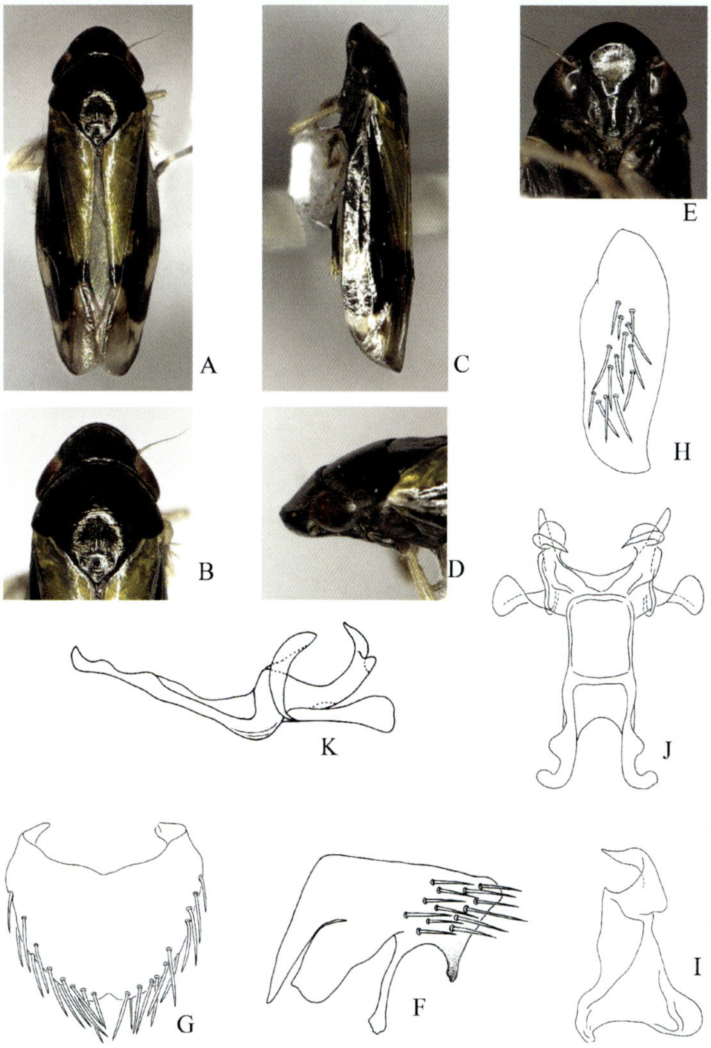

图 61　斑翅额垠叶蝉 *Mukaria maculata*（Matsumura）

A. 雄成虫背面观（male habitus，dorsal view）；B. 头胸部背面观（head and thorax，dorsal view）；C. 雄成虫侧面观（male habitus，lateral view）；D. 头胸部侧面观（head and thorax，lateral view）；E. 颜面（face）；F. 雄虫尾节侧面观（pygofer，lateral view）；G. 雄虫尾节背面观（pygofer，dorsal view）；H. 下生殖板（subgenital plates）；I. 阳基侧突（style）；J. 连索和阳茎腹面观（connective and aedeagus，ventral view）；K. 连索和阳茎侧面观（connective and aedeagus，lateral view）

62. 白足额垠叶蝉 *Mukaria pallipes* Li *et* Chen, 1999(图 62, 125)

Mukaria pallipes Li *et* Chen, 1999: 119.

体连翅长: ♂4.0~4.2mm, ♀4.5~4.8mm。

体黑色有光泽，复眼黑色，单眼淡黄微带白色，惟亚侧缘区外侧延伸至颜面基域淡黄白色，头冠前缘域中央于亚缘脊后有1条短小黄白纵线纹。胸部腹板黑色，胸足和胫刺灰白色，仅后足胫节基半部和末端微被褐色光泽；前翅黑色，仅端缘域黑色成分减淡为褐色，端区前缘1条短斜纹以及爪片末端1个小点淡褐黄色。腹部背、腹面黑色无任何斑纹，仅下生殖板粗刚毛黄褐色。

雄虫尾节侧瓣宽大，密生粗长刚毛。下生殖板宽短，近似平行四边形，密生细小柔毛，端缘尖圆。阳基侧突狭长，基部细，中部宽大，亚端部骤然变细，向外侧弯曲成钩状。连索U形。阳茎腹面观基部管状，较细，中部膨大，亚端部缢缩变细，端部成伞状扩宽，两侧具粗齿状突起，生殖孔开口于端缘；侧面观阳茎基部粗，中端部略变细，背缘直，腹缘微凹。

寄主：慈竹、糯竹、麻竹。

分布：中国（贵州、湖南、四川、福建）。

标本采集记录：1♂(正模)，8♂♂5♀♀(副模)，贵州茂兰，1998-V-23，李子忠采；4♂♂2♀♀，贵州荔波茂兰，慈竹，1998-V-24，陈祥盛采；4♂♂4♀♀，贵州荔波小七孔，1998-V-31，陈祥盛采；2♂♂3♀♀，贵州荔波茂兰，慈竹，1998-X-24，陈祥盛采；4♂♂3♀♀，贵州贵阳花溪公园，慈竹，2006-VIII-16，陈祥盛采；14♂♂21♀♀，贵州贵阳花溪公园，慈竹，2006-X-15，刘明宏采；2♂♂，贵州沿河麻阳河，竹子，2007-VI-12，陈祥盛采；2♂♂15♀♀，贵州长顺威远，糯竹，2007-VII-14，杨琳、陈祥盛采；21♂♂19♀♀，湖南新宁崀山，竹子，2007-VIII-10，陈祥盛采；2♂♂5♀♀，贵州沿河麻阳河，竹子，2007-X-2，李玉建、宋琼章采；3♀♀，贵州大学南校区校园，慈竹，2007-X-7，陈祥盛、杨琳采；2♂♂6♀♀，四川雅安孔平，竹子，2010-VII-15，郑延丽采；2♂♂4♀♀，湖南新宁崀山，麻竹，2010-X-6，陈祥盛、杨琳采；2♂♂2♀♀，福建三明大田，慈竹，2011-V-1，杨卫诚采；2♂♂3♀♀，福建三明大田，慈竹，2011-V-15，常志敏采。

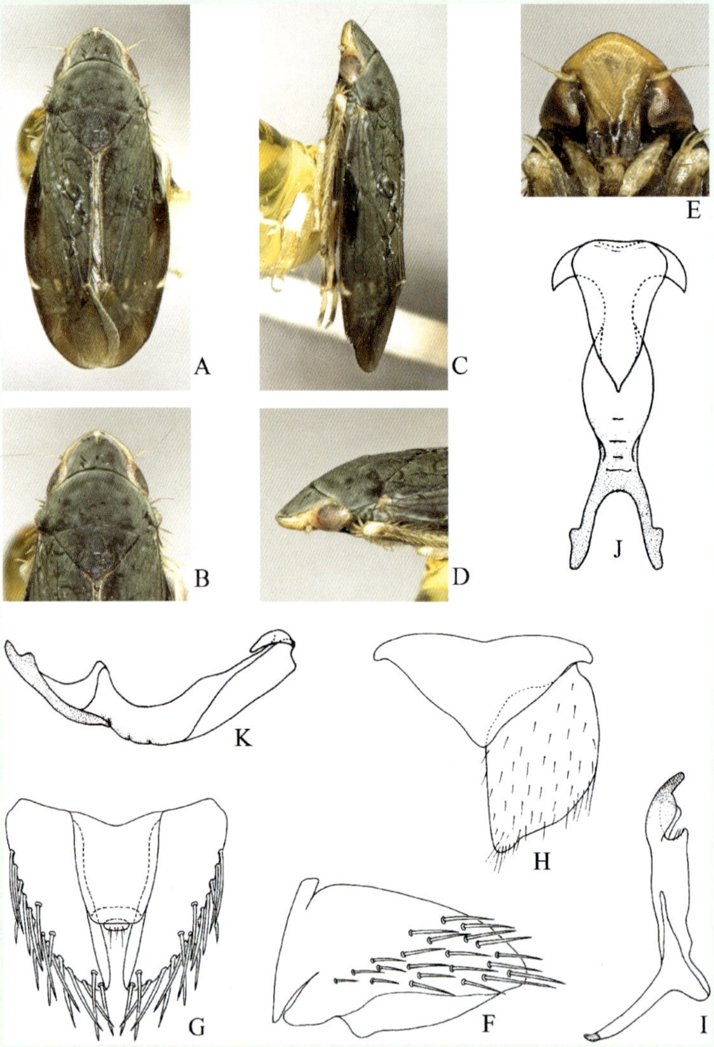

图62 白足额垠叶蝉 *Mukaria pallipes* Li *et* Chen

A. 雄成虫背面观(male habitus, dorsal view); B. 头胸部背面观(head and thorax, dorsal view); C. 雄成虫侧面观(male habitus, lateral view); D. 头胸部侧面观(head and thorax, lateral view); E. 颜面(face); F. 雄虫尾节侧面观(pygofer, lateral view); G. 雄虫尾节背面观(pygofer, dorsal view); H. 生殖基瓣和下生殖板(valve and subgenital plates); I. 阳基侧突(style); J. 连索和阳茎腹面观(connective and aedeagus, ventral view); K. 阳茎侧面观(aedeagus, lateral view)

63. 黄褐额垠叶蝉 *Mukaria testacea* Chen, Liang *et* Li, 2009（图 63）

Mukaria testacea Chen, Liang *et* Li, 2009: 144.

体连翅长：♂ 3.70 ~ 3.80 mm，♀ 3.95 ~ 4.20 mm。

体黄褐色。头顶头冠冠缝端部具 1 黑色小斑；单眼红色，复眼黑褐色，额端大部、颊、舌侧板、唇基黑色。胸部腹面黑褐色，胸足黄白色，后足胫节末端、第 1、3 跗节端半黑褐色；前翅前缘中部、爪片末端具黑褐色斑纹，另在第 1、3 端室基部及 R_{1b} 脉端部各具 1 褐色小斑。下生殖板黑褐色。

雄虫尾节密生粗长刚毛，无任何突起，腹面观两侧缘靠近，中端部处明显骨化。生殖基瓣近三角形，基缘长为中长的 1.72 倍。下生殖板基大部宽，近长椭圆形，端部 1/3 骤然变细成膜质棒状突起。阳基侧突基部阔，端部较尖。连索与阳茎紧密相连，不可分，呈倒 U 形，侧面观其基部背向突出。阳茎管状，生殖孔位于端部，其周缘环状骨化，阳茎背缘端 1/3 处具 2 对刺突，斜指向侧基方，近端部 1 对较粗长，近基部 1 对较细短，且弯折。雌虫第七腹节腹板后缘深凹，中部具 1 缺刻。

寄主：慈竹。

分布：中国（广东）。

标本采集记录：1 ♂（正模），4 ♂♂21 ♀♀（副模），广东广州华南植物园，2006-XI-22，竹子，陈祥盛采。

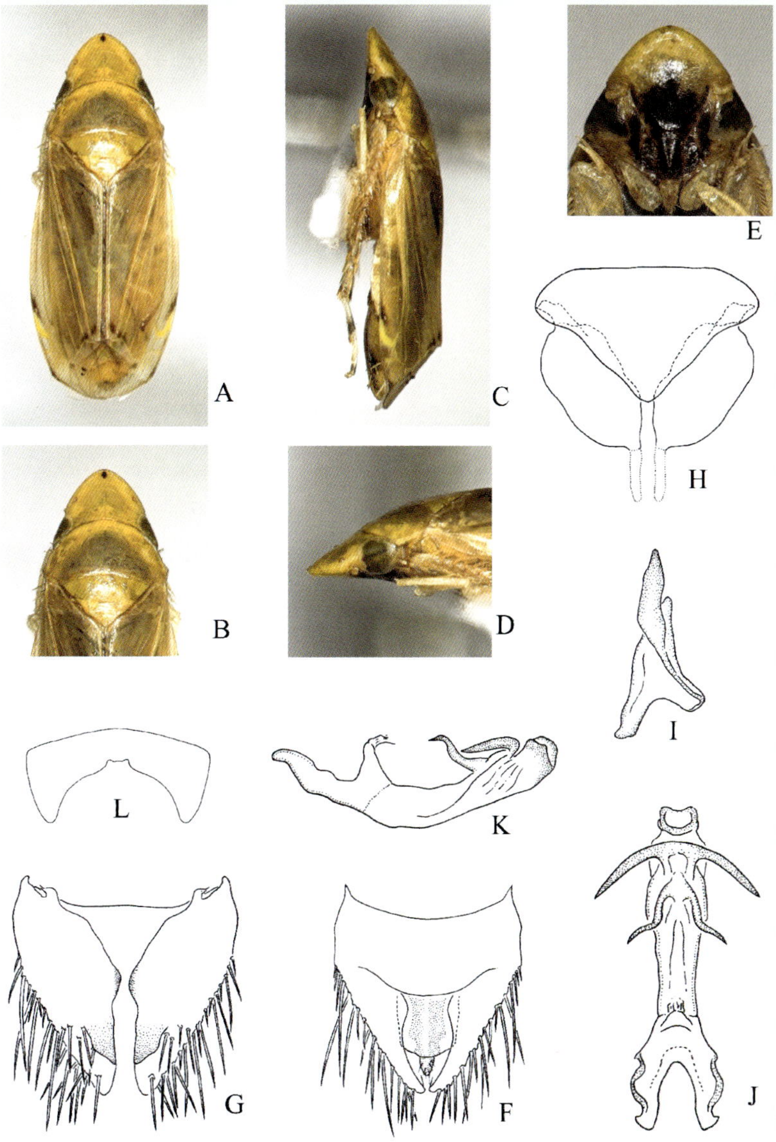

图 63 黄褐额垠叶蝉 *Mukaria testacea* Chen, Liang *et* Li

A. 雄成虫背面观（male habitus, dorsal view）；B. 头胸部背面观（head and thorax, dorsal view）；C. 雄成虫侧面观（male habitus, lateral view）；D. 头胸部侧面观（head and thorax, lateral view）；E. 颜面（face）；F. 雄虫尾节背面观（pygofer, dorsal view）；G. 雄虫尾节腹面观（pygofer, ventral view）；H. 生殖基瓣和下生殖板（valve and subgenital plates）；I. 阳基侧突（style）；J. 连索和阳茎背面观（connective and aedeagus, dorsal view）；K. 连索和阳茎侧面观（connective and aedeagus, lateral view）；L. 雌虫第 7 节腹板（female sternite VII）

64. 沿河额垠叶蝉，新种 *Mukaria yanheensis* sp. nov.（图 64）

体连翅长：♂3.70~3.75mm，♀3.70mm。

体黑色有光泽，仅复眼黑褐色，前翅爪片外缘中部具鲜黄色不规则斑，前缘域及端区暗红褐色，亚端部前缘区有1个黄白色透明，另在爪片末端有1个淡黄褐半透明斑；前、中足黄白色，后足黄褐色。

雄虫尾节侧瓣中后域密生粗刚毛，背缘略呈弧形，后缘尖，腹缘中部具1粗大齿状突，其端部斜向头、腹部，腹缘中后部具7~9枚小齿。生殖基瓣阔三角形，基宽为中长的2.08倍。下生殖板狭长，基部较宽，端半较狭，外侧缘凹入，亚端域具数根小细刚毛，端缘圆，膜状。阳基侧突基部阔，端部渐细，端部成刺突状，扭曲，末端喙状。连索主干及臂均粗大，主干与阳茎高度愈合。阳茎背面观两侧缘近平行，略波曲，端缘圆，端缘两侧各具1分叉的刺状突起；侧面观，阳茎基部粗大，端部狭。

寄主：楠竹。

分布：中国(贵州)。

标本采集记录：正模♂，贵州沿河麻阳河，楠竹，2007-VI-5，陈祥盛采；副模2♂♂1♀♀，余同正模。

讨论：新种外形特征与斑翅额垠叶蝉 *M. maculata*（Matsumura，1912）较接近，主要区别在于：前翅爪片后缘中央黄色斑纹狭小；尾节腹缘具粗大齿状突起；下生殖板中域无粗大刚毛，端缘圆，膜质状；阳茎端部突起简单。

词源：新种根据模式标本产地(贵州沿河)命名。

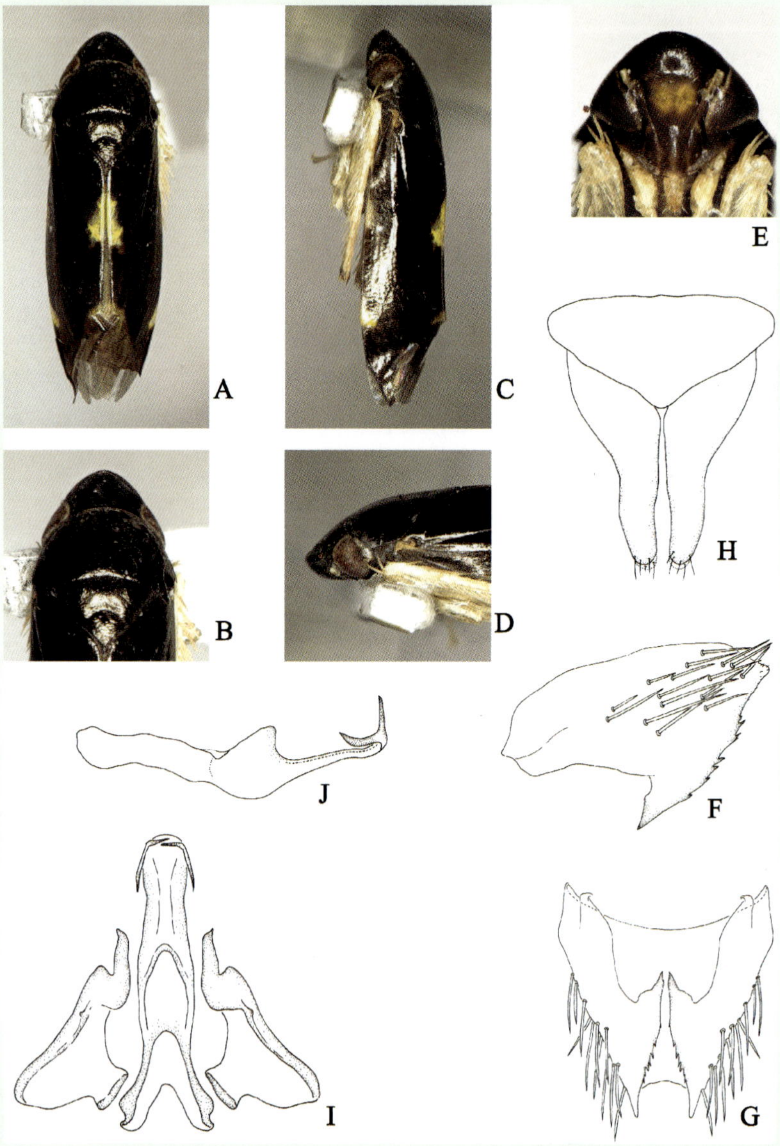

图 64 沿河额垠叶蝉，新种 *Mukaria yanheensis* sp. nov.

A. 雄成虫背面观(male habitus, dorsal view)；B. 头胸部背面观(head and thorax, dorsal view)；C. 雄成虫侧面观(male habitus, lateral view)；D. 头胸部侧面观(head and thorax, lateral view)；E. 颜面(face)；F. 雄虫尾节侧面观(pygofer, lateral view)；G. 雄虫尾节腹面观(pygofer, ventral view)；H. 生殖基瓣和下生殖板(valve and subgenital plates)；I. 阳基侧突、连索和阳茎背面观(styles, connective and aedeagus, dorsal view)；J. 连索和阳茎侧面观(connective and aedeagus, lateral view)

65. 塔纹新痕叶蝉 *Neomohunia pyramida* (Li *et* Chen, 1999)(图 65, 135)

Mohunia pyramida Li *et* Chen, 1999: 123

Neomohunia pyramida, Chen, Li and Yang, 2007: 373.

体连翅长：♂ 5.1 ~ 5.4mm, ♀5.8 ~ 6.0mm。

体淡黄白色。头冠部、前胸背板中域有 1 条鲜红色条纹，向后渐加宽，呈塔状。中胸小盾片除两侧角外为褐色，前翅爪片后缘有 1 条宽褐色条纹，边缘微呈齿状，沿爪缝有 1 条鲜红色条纹，另在前翅前缘近中部、亚端部及与爪片末端相连处，各有 1 个不规则深褐斑纹，第 1 端室端部、前翅外缘浅褐色；后足胫节末端、各跗爪褐色。

雄虫尾节侧瓣基部宽，端向渐狭尖，后半部具粗大刚毛，后缘波曲，后腹缘交接处延伸为 1 根粗壮刺突，端尖。生殖基瓣三角形，后缘尖圆。下生殖板阔三角形，内侧缘较直，端缘尖圆，外缘域密生 2 ~ 3 列粗长刚毛。阳基侧突基部细，中部成宽片状，端部向外侧扭曲，端缘尖圆。连索 Y 形，主干远长于两臂。阳茎侧面观基部膨大，近基部于背腔突两侧有 1 对粗长刺突，弯曲向尾方伸出；阳茎干端向略变细，管状，强烈向背方弯曲，端 1/4 稍膜状，端部稍扩宽，端缘圆，于端 1/4 处后缘伸出 1 根长刺状突，指向背方。

寄主：平竹等。

分布：中国(贵州)。

标本采集记录：7 ♂♂12 ♀♀，贵州宽阔水，1984-VII-28，李子忠采；2 ♂♂3 ♀♀，贵州宽阔水，1984-VIII-1，李子忠采；1 ♂4 ♀♀，贵州梵净山，1994-VIII-11，陈祥盛、杨茂发采；1 ♀，贵州佛顶山，1994-VIII-14，张亚州采；1 ♀，贵州贵阳森林公园，2002-VI-12，葛德燕采；1 ♂，贵州梵净山，2002-VII-28，李子忠采；6 ♂♂9 ♀♀，贵州道真三桥，2004-V-22 ~ 23，陈祥盛采；8 ♂♂5 ♀♀，贵州道真大沙河，2004-VIII-17 ~ 19，陈祥盛采；3 ♂♂4 ♀♀，贵州大沙河磨盘石，2004-VIII-21 ~ 23，张斌、杨茂发采；4 ♂♂6 ♀♀，贵州大沙河仙女洞，2004-VIII-17 ~ 24，杨茂发、张斌采；5 ♂♂4 ♀♀，贵州梵净山，2004-VIII-31，陈祥盛采。

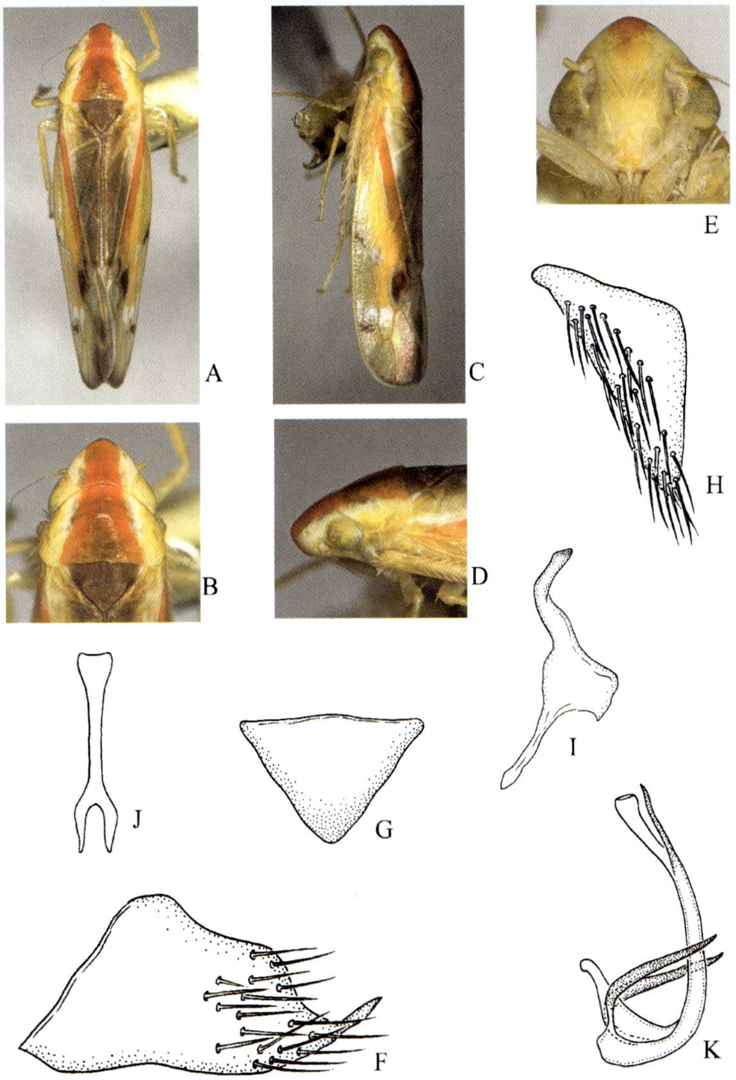

图 65　塔纹新痕叶蝉 *Neomohunia pyramida* (Li *et* Chen)

A. 雄成虫背面观(male habitus, dorsal view)；B. 头胸部背面观(head and thorax, dorsal view)；C. 雄成虫侧面观(male habitus, lateral view)；D. 头胸部侧面观(head and thorax, lateral view)；E. 颜面(face)；F. 雄虫尾节侧面观(pygofer, lateral view)；G. 生殖基瓣(valve)；H. 下生殖板(subgenital plate)；I. 阳基侧突(style)；J. 连索(connective)；K. 阳茎侧面观(aedeagus, lateral view)

66. 五斑竹额垠叶蝉 *Bambusimukaria quinquepunctata* Yang, Chen *et* Li, in press（图 66, 136）

Bambusimukaria quinquepunctata Yang, Chen *et* Li, in press.

体连翅长：♂5.30～5.40 mm，♀5.50～5.60 mm。

体黄白色至橘黄色。复眼黑褐色；头胸部背面具 5 个黑色斑点，其中头冠端缘 1 个、前胸背板前缘及中胸小盾片前缘各 2 个；前足胫节近端部具 1 暗褐色圆斑。雌虫色同雄虫，惟腹部第 7 节腹板具 2 个近半月形黑褐色斑。

雄虫肛节端腹缘向后腹方延伸出 1 粗大突起，弯向腹、前方，端向渐尖。尾节侧瓣宽圆，密生粗长刚毛。生殖基瓣三角形，基宽为中长的 2.0 倍，后缘圆尖。下生殖板基部宽，端向渐狭，末端尖，外侧缘于端 1/3 处内凹。阳基侧突基部宽，端部骤然变细成指突状，斜指向侧方，端缘钝圆。连索 Y 形，主干粗，与阳茎基部高度愈合，略短于两臂。阳茎腹面观近似 V 形，基部狭，端向扩宽，端半叉状分离，端部延伸为弯刺状突起，于端 1/3 内侧横向生出 1 粗齿状突起，端尖，突起背方密生细小短刺；阳茎干腹面观圆锥形，端缘圆；侧面观阳茎具较发达的背腔突，稍膜质，阳茎干粗短，直，端缘平截，近中部两侧生出粗刺突，背向弯曲，端尖。雌虫第七节腹板后缘宽凹，其中央具 1 小凹刻。

寄主：斑竹等。

分布：中国（贵州、福建）。

标本采集记录：1♀，贵州荔波茂兰洞塘，1998-V-24，陈祥盛采；10♀♀，贵州望谟打易，斑竹，1998-VII-28，陈祥盛采；1♂（正模），24♂♂6♀♀（副模），贵州贵阳森林公园，2006-VII-11，宋琼章采；5♂♂7♀♀（副模），贵州贵阳森林公园，2006-VIII-11，陈祥盛、杨琳采；1♀，贵州长顺威远，2007-VII-14，陈祥盛采；6♀♀，福建三明大田大仙峰，竹子，2011-V-14，常志敏、龙见坤采；5♀♀，福建永安天宝岩，竹子，2011-V-17，常志敏、杨卫诚采。

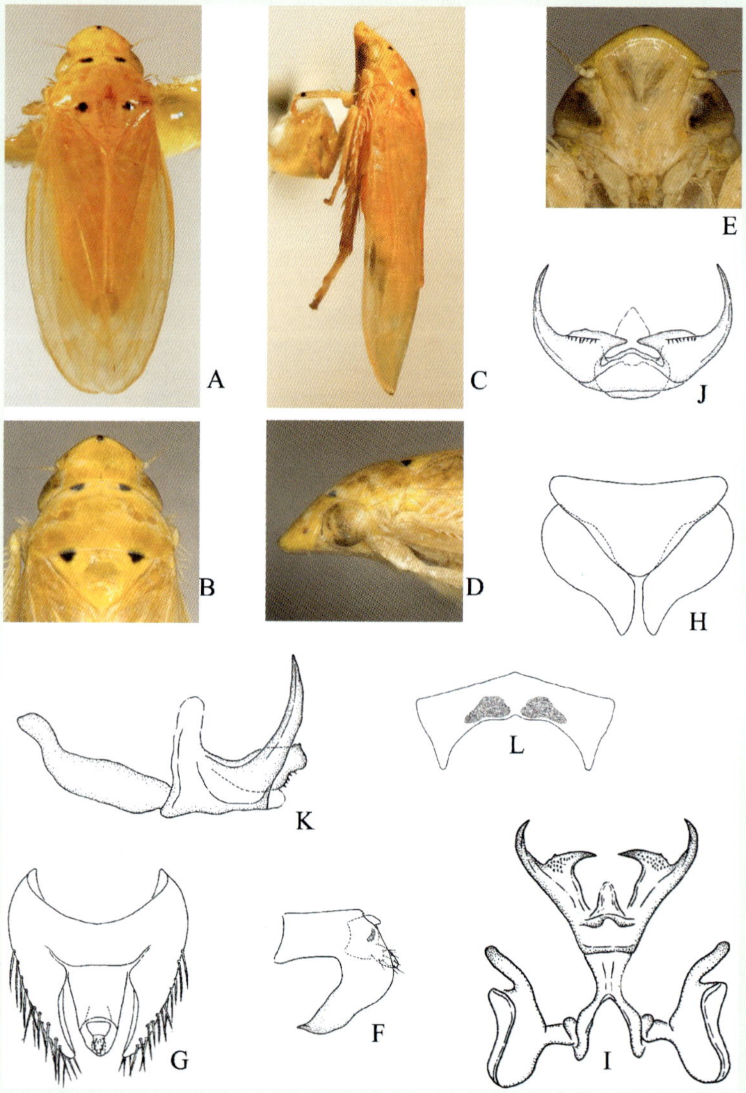

图 66　五斑竹额垠叶蝉 *Bambusimukaria quinquepunctata* Yang, Chen *et* Li

A. 雄成虫背面观（male habitus, dorsal view）；B. 头胸部背面观（head and thorax, dorsal view）；C. 雄成虫侧面观（male habitus, lateral view）；D. 头胸部侧面观（head and thorax, lateral view）；E. 颜面（face）；F. 肛节（anal segment）；G. 雄虫尾节背面观（pygofer, dorsal view）；H. 生殖基瓣和下生殖板（valve and subgenital plates）；I. 阳基侧突、连索和阳茎腹面观（connective and aedeagus, ventral view）；J. 阳茎后面观（aedeagus, posterior view）；K. 连索和阳茎侧面观（connective and aedeagus, lateral view）；L. 雌虫第 7 节腹板（female sternite VII）

67. 截板叉索叶蝉 *Neurotettix truncatus* Dai, Xing *et* Li, 2011(图 67)

Neurotettix truncatus Dai, Xing *et* Li, 2011: 69.

体连翅长：♂4.8～5.3mm，♀4.9～5.3mm。

体黄褐色，头冠前缘具黑色斑，在黑色斑的下方具2个不规则的橙黄色斑，复眼黑色，单眼黄白色，颜面棕黄色，具有黑色横斑纹，触角淡黄白色，触角窝下方及色侧板黑褐色，前唇基黄褐色，端部黑色。前胸背板棕黄色，具6条黄褐色纵条纹，其中中央两条延伸至小盾片，小盾片棕黄色，基侧角淡褐色；前翅棕黄色，具不规则形褐色斑，翅脉黄白色，翅端部淡褐色。

雄虫尾节侧瓣短，后背域具11根刚毛，腹缘末端延伸为一个向背部弯曲的长突起，端部尖。生殖基瓣近似三角形。下生殖板宽短，外侧缘具2～3列呈不规则分布的粗长刚毛，端部平截。阳基侧突基部宽大，亚端部骤然变细而弯曲。连索近似X状，臂长大于其主干。阳茎对称，基部宽阔，阳茎干细长，侧面观呈C状，生殖孔开口于端部。

寄主：竹类。

分布：中国(湖北、贵州)。

标本采集记录：1♂，贵州宽阔水，2010-VIII-16，邢济春采；1♂2♀♀，贵州宽阔水，2010-VII-12，戴仁怀采；1♂1♀，湖北利川，2010-VIII-1，倪俊强采；4♀♀，贵州雷山雷公山，竹子，2010-XI-7，陈祥盛、杨琳采。

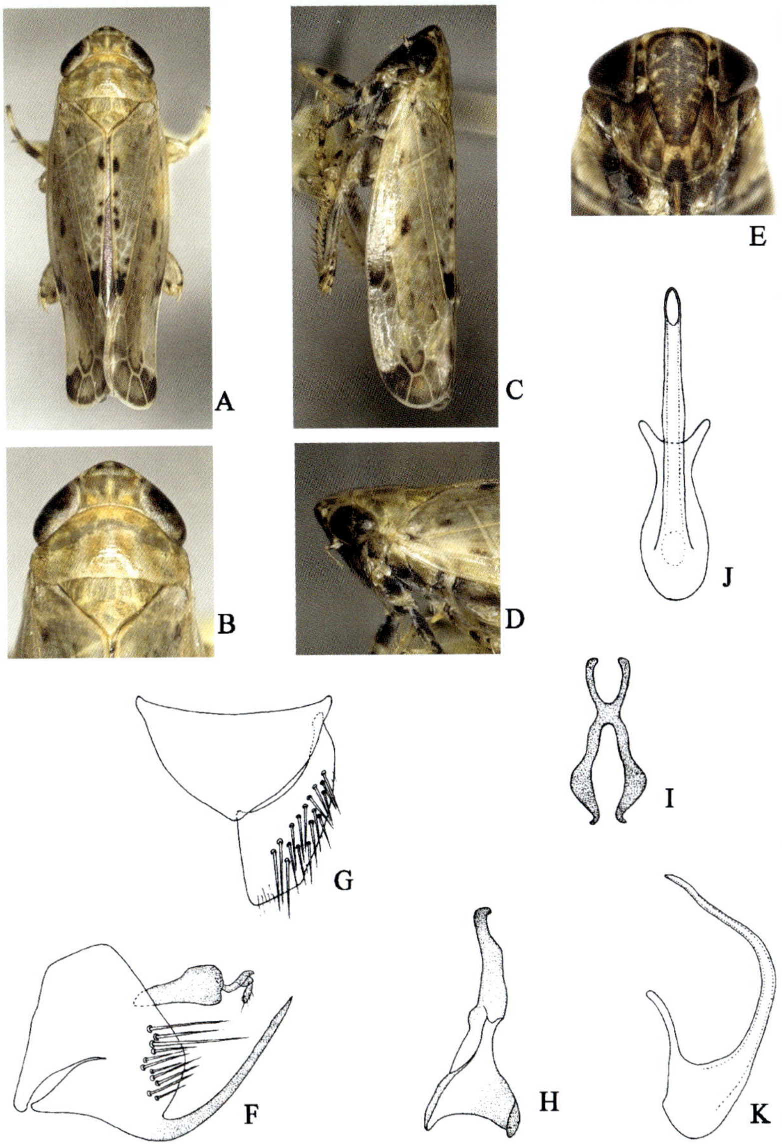

图 67 截板叉索叶蝉 *Neurotettix truncatus* Dai, Xing *et* Li

A. 雄成虫背面观(male habitus, dorsal view); B. 头胸部背面观(head and thorax, dorsal view); C. 雄成虫侧面观(male habitus, lateral view); D. 头胸部侧面观(head and thorax, lateral view); E. 颜面(face); F. 雄虫尾节侧瓣(pygofer, lateral view); G. 生殖基瓣和下生殖板(valve and subgenital plate); H. 阳基侧突(style); I. 连索(connective); J. 阳茎后腹面观(aedeagus, posterior and ventral view); K. 阳茎侧面观(aedeagus, lateral view)

68. 端斑类痕叶蝉 *Paramohunia notata* (Li *et* Chen, 1999)(图 68)

Mohunia notata Li *et* Chen, 1999: 125

Paramohunia notata, Chen, Li and Yang, 2007: 374.

体连翅长：♂4.3～4.5 mm。

头冠部及颜面淡黄白色、复眼黑色；前胸背板和小盾片淡橙黄色，胸部腹板和胸足淡黄白色；前翅淡橙黄色，端区白色透明。臀室 frt 瑞前内室端部 1 个斑点以及端区前缘 1 条短斜纹黑褐色；腹部背、腹面淡黄微带白色。

雄虫尾节侧瓣宽，后缘接近平直，后、腹缘交界处延伸成角状突起，端，后背方有数根粗长刚毛，后背缘内侧向腹方伸出 1 宽片状突起，突起基 1/3 狭，端大部较宽，后端向渐尖，弯向后方。生殖基瓣半圆形，基宽为中长的 1.62 倍。下生殖板近似三角形，内侧缘较直，外侧缘弧形，端缘圆，外侧域密生粗长刚毛，内侧域有细柔毛。阳基侧突基部宽扁，亚端部骤变细，先向内侧弯折，后斜弯向外侧方，指状，端缘钝圆。连索长环状，与阳茎基部高度愈合。阳茎背面观基部较粗，端部较细端缘两侧各具 1 粗齿，背缘具 2 小齿；侧面观略向背方弯曲，背缘槽状，端缘平截，生殖孔位于端缘。

寄主：竹类。

分布：中国(重庆)。

标本采集记录：1 ♂(正模)1 ♂(副模)，重庆江津四面山，1998-VIII-17，陈祥盛采。

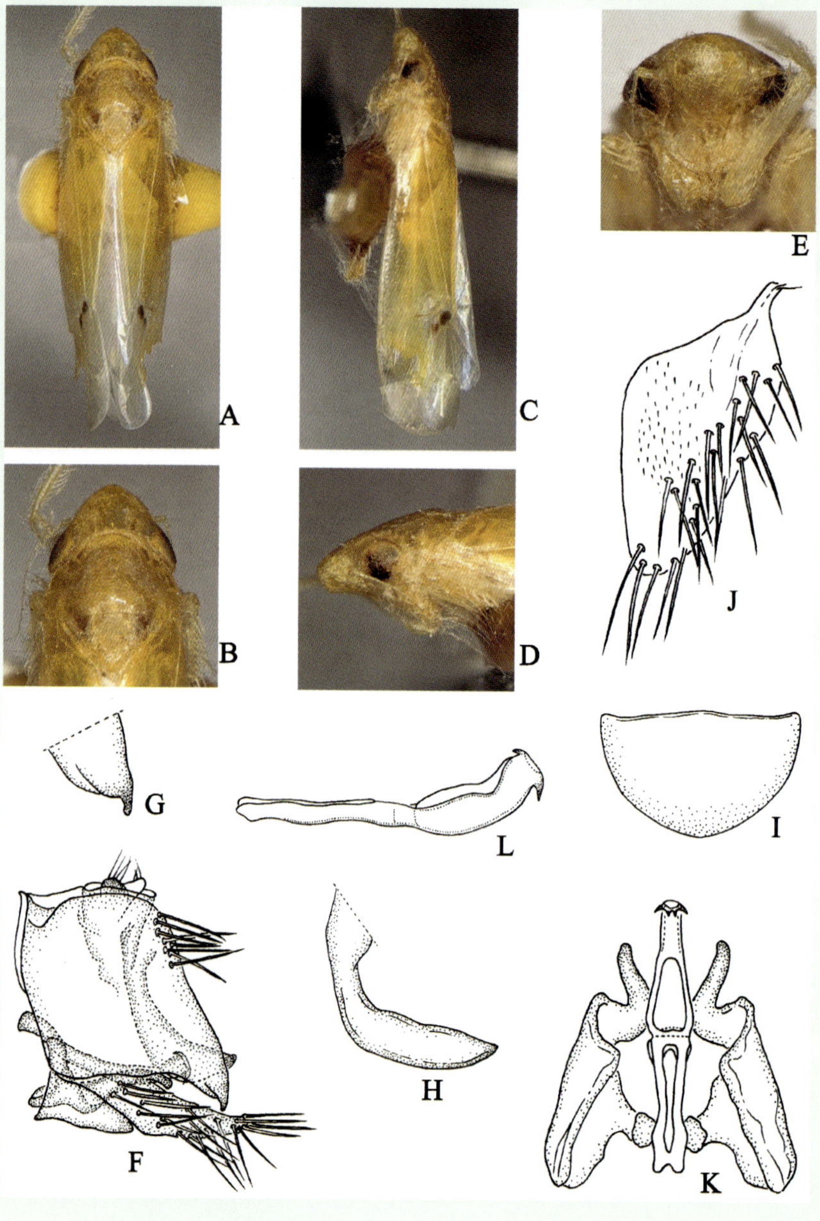

图 68 端斑类痕叶蝉 *Paramohunia notata* (Li *et* Chen)

A. 雄成虫背面观(male habitus, dorsal view)；B. 头胸部背面观(head and thorax, dorsal view)；C. 雄成虫侧面观(male habitus, lateral view)；D. 头胸部侧面观(head and thorax, lateral view)；E. 颜面(face)；F. 雄虫尾节侧面观(pygofer, lateral view)；G. 尾节端部(apex of pygofer, lateral view)；H. 尾节内突(inner process of pygofer)；I. 生殖基瓣(valve)；J. 下生殖板(subgenital plate)；K. 阳基侧突、连索和阳茎背面观(style, connective and aedeagus, dorsal view)；L. 连索和阳茎侧面观(connective and aedeagus, lateral view)

69. 单斑木叶蝉 *Phlogotettix monozoneus* Li *et* Wang, 1998（图 69）

Phlogotettix monozoneus Li *et* Wang, 1998: 373.

体连翅长：♂ 4.5mm，♀5.1mm。

头冠及颜面瓦灰色，基域中央有 1 枚黑色圆斑；复眼黑色；单眼与体同色。前胸背板及小盾片淡黄微带灰白色，惟小盾片基域及中央的从带纹黄褐色；前翅淡黄白色，半透明，有光泽，一些个体爪脉和爪片末端黑色。

雄虫尾节侧瓣端向渐窄，后缘圆，端区着生粗长刚毛，腹缘突起粗细匀称，端部向上弯曲，背缘波曲。生殖基瓣近似长条形。下生殖板基部宽，端 1/3 处骤然变细，具横皱，密生长毛，间生粗长刚毛，近中央内侧有 1 枚细长突起。阳基侧突基部宽，中部至末端较窄长，末端部成弯构状，弯曲处具细毛。连索 V 形。阳茎背腔突发达，阳茎干管状，端向渐尖，向背方微弯曲，其基部腹面着生 1 个长的且端部分叉的突起。

寄主：灌木、斑竹。

分布：中国（贵州、四川）。

标本采集记录：1 ♂1♀，贵州贵阳森林公园，斑竹，2011-VIII-27，陈祥盛、杨琳采。

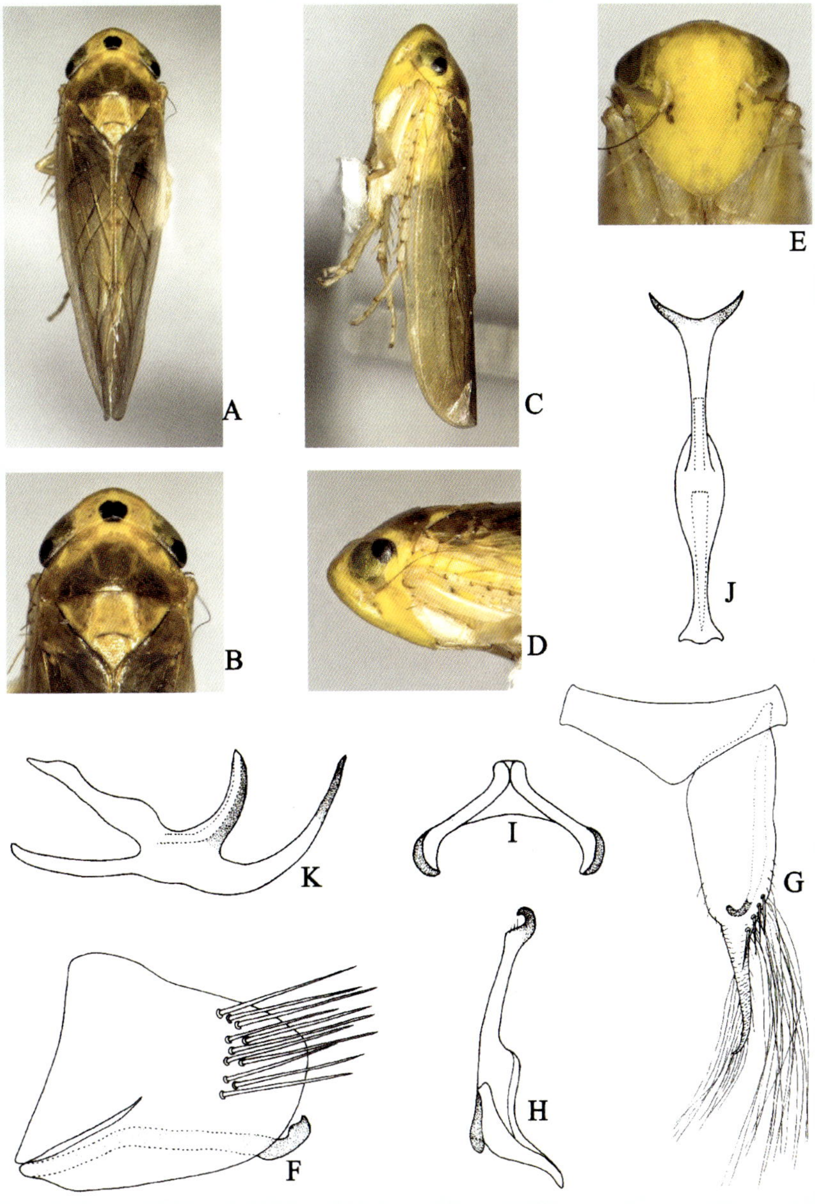

图 69 单斑木叶蝉 *Phlogotettix monozoneus* Li *et* Wang

A. 雄成虫背面观（male habitus, dorsal view）；B. 头胸部背面观（head and thorax, dorsal view）；C. 雄成虫侧面观（male habitus, lateral view）；D. 头胸部侧面观（head and thorax, lateral view）；E. 颜面（face）；F. 雄虫尾节侧瓣（pygofer, lateral view）；G. 生殖基瓣和下生殖板（valve and subgenital plate）；H. 阳基侧突（style）；I. 连索（connective）；J. 阳茎腹面观（aedeagus, ventral view）；K. 阳茎侧面观（aedeagus, lateral view）

70. 希神木叶蝉 *Phlogotettix polyphemus* Gnezdilov, 2003（图 70）

Phlogotettix polyphemus Gnezdilov, 2003：16.

体连翅长：♂5.7～5.8mm。

头冠黄褐色，前缘域具4个淡褐色斑，基域中央有1枚黑色圆斑；颜面黄色，两侧触角窝下方各具1个黑色小圆斑；复眼黑色；单眼淡黄色。前胸背板及小盾片黄褐色；前翅黄褐色，半透明。

雄虫尾节侧瓣宽，端向渐窄，端缘圆，端区着生粗长刚毛，腹缘突起略弯折，中偏端部膨大，端部渐细。生殖基瓣近似长条形。下生殖板基部宽，端1/3骤然变细，具横皱，端半密生长毛，间生粗长刚毛。阳基侧突基部宽，端向渐窄，端部向外侧弯曲，末端尖，弯曲处具细毛。连索V形。阳茎背腔发达，直，阳茎干管状，端部弯曲，端缘平截，阳茎腹面着生1个长的且端部分叉的突起。

寄主：斑竹。

分布：中国（浙江，贵州）。

标本采集记录：1♂1♀，贵州贵阳森林公园，斑竹，2011-VIII-27，陈祥盛、杨琳采。

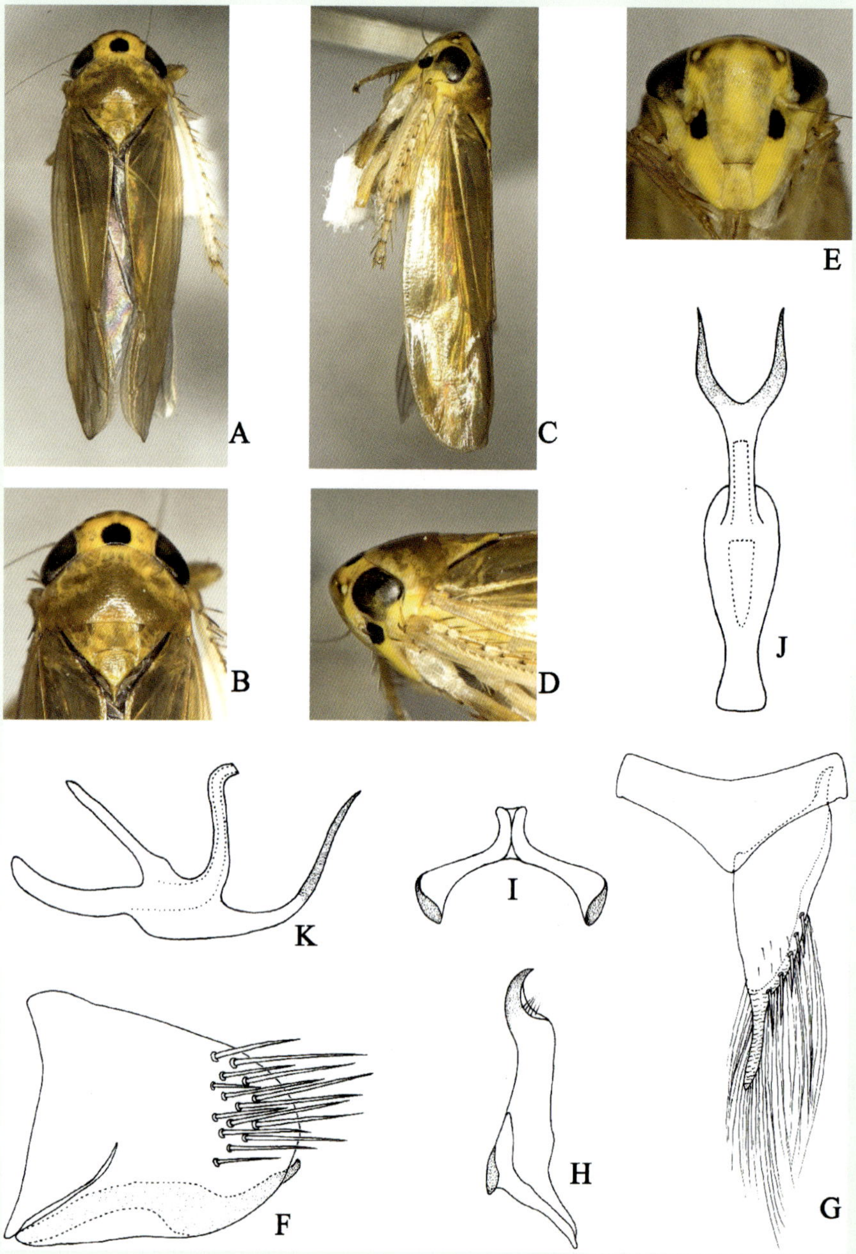

图 70　希神木叶蝉 *Phlogotettix polyphemus* Gnezdilov

A. 雄成虫背面观（male habitus, dorsal view）；B. 头胸部背面观（head and thorax, dorsal view）；C. 雄成虫侧面观（male habitus, lateral view）；D. 头胸部侧面观（head and thorax, lateral view）；E. 颜面（face）；F. 雄虫尾节侧瓣（pygofer, lateral view）；G. 生殖基瓣和下生殖板（valve and subgenital plate）；H. 阳基侧突（style）；I. 连索（connective）；J. 阳茎后腹面观（aedeagus, posterior and ventral view）；K. 阳茎侧面观（aedeagus, lateral view）

71. 西藏木叶蝉 *Phlogotettix tibetaensis* Li *et* Wang, 1998(图 71)

Phlogotettix tibetaensis Li *et* Wang, 1998: 376.

体连翅长：♂ 4.4mm，♀4.8mm。

头冠前端及颜面微带白色，基域淡黄微带褐色色泽。前胸背板黄褐色，前缘域有1列瓦灰色斑纹；小盾片黄褐色，端区有1条淡褐色黄带；前翅黄褐色，半透明，有光泽，爪脉及爪片末端色深暗。胸部腹面淡黄白色，无任何斑纹。

雄虫尾节侧瓣基部宽，端向稍窄，后缘弧圆，端区有粗长刚毛；腹缘突起粗细均匀，波曲，端部背向扭曲。下生殖板基部宽，端区骤然变细，形如指状，内侧生1枝状突起，端区生细长刚毛，间生粗刚毛。阳基侧突基半部宽，端半部细且扭曲，亚端部膨大。连索Y形，主干与臂近等长。阳茎背腔突发达，直；阳茎干背向略弯曲，端尖，腹缘中部具粗长突起，其端部分叉。

寄主：竹类(首次报道)。

分布：中国(西藏、四川)。

标本采集记录：1♂1♀，西藏亚东，1986-VII-10，何潭采；1♂1♀，四川长宁竹海，竹子，2008-VI-6，张玉波采。

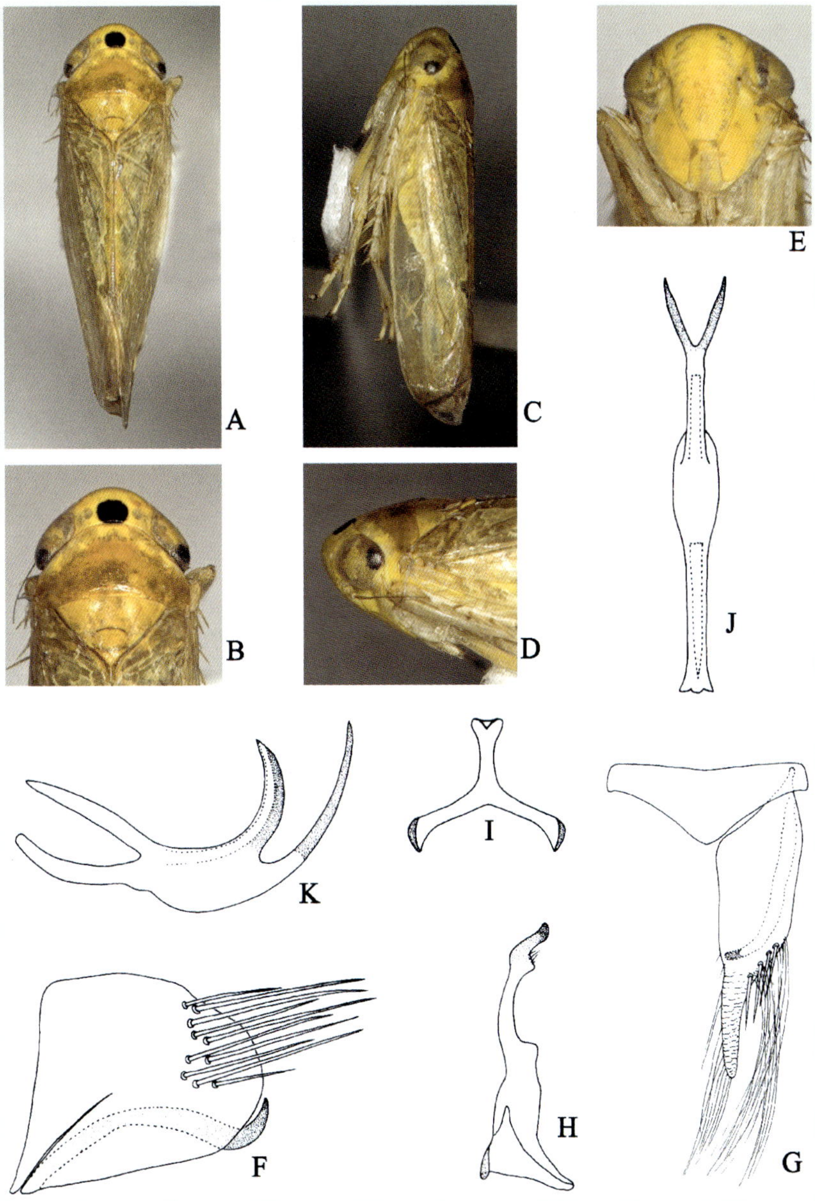

图 71 西藏木叶蝉 *Phlogotettix tibetaensis* Li *et* Wang

A. 雄成虫背面观(male habitus, dorsal view); B. 头胸部背面观(head and thorax, dorsal view); C. 雄成虫侧面观(male habitus, lateral view); D. 头胸部侧面观(head and thorax, lateral view); E. 颜面(face); F. 雄虫尾节侧瓣(pygofer, lateral view); G. 生殖基瓣和下生殖板(valve and subgenital plate); H. 阳基侧突(style); I. 连索(connective); J. 阳茎后腹面观(aedeagus, posterior and ventral view); K. 阳茎侧面观(aedeagus, lateral view)

72. 黑带拟痕叶蝉 *Pseudomohunia nigrifascia* Li, Chen *et* Zhang, 2007(图 72)

Pseudomohunia nigrifasci Li, Chen *et* Zhang, 2007: 88.

体连翅长：♂ 4.7 ~ 4.8mm，♀ 4.8 ~ 5.0 mm。

体黄白色。头胸部自头顶端缘至小盾片末端具 1 由狭变宽的黑色纵带纹；前翅爪片外缘及其端部外侧暗褐色，第 4 端室具 1 小黑褐色斑纹。

雄虫尾节侧瓣横宽，背腹缘近平行，背后域具粗大刚毛，后缘弧圆，背后缘内侧具 1 梳状粗大突起。生殖基瓣阔三角形。下生殖板狭三角形，基部宽，端部渐尖，侧域具 3 排粗大刚毛。阳基侧突基部宽，端向渐细，端半延伸为 1 钩状突起。连索 Y 形，与阳茎基部高度愈合。阳茎简单，基部膨大，端部分成 2 枝，片状，端部圆尖。

寄主：狭叶方竹。

分布：中国(贵州)。

标本采集记录：1 ♂(正模)，1 ♂3♀♀(副模)，贵州雷山雷公山，2005-VIII-13 ~ 14，李子忠、张斌采；1 ♂ 8♀♀，贵州雷山雷公山，竹子，2010-XI-7，陈祥盛、杨琳采。

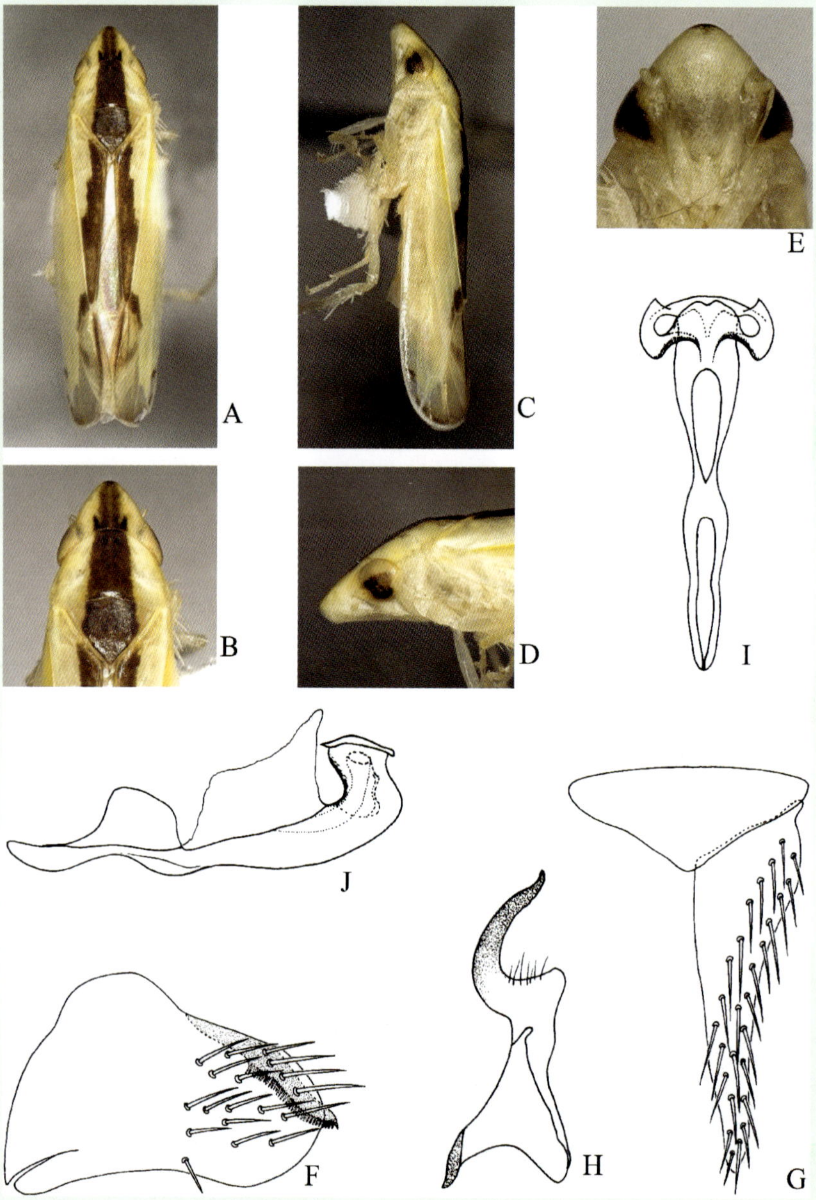

图 72 黑带拟痕叶蝉 *Pseudomohunia nigrifascia* Li, Chen *et* Zhang

A. 雄成虫背面观(male habitus, dorsal view)；B. 头胸部背面观(head and thorax, dorsal view)；C. 雄成虫侧面观(male habitus, lateral view)；D. 头胸部侧面观(head and thorax, lateral view)；E. 颜面(face)；F. 雄虫尾节侧面观(pygofer, lateral view)；G. 生殖基瓣和下生殖板(valve and subgenital plate)；H. 阳基侧突(style)；I. 连索和阳茎后腹面观(connective and aedeagus, posterior and ventral view)；J. 连索和阳茎侧面观(connective and aedeagus, lateral view)

73. 安龙带叶蝉，新种 *Scaphoideus anlongensis* sp. nov.（图 73）

体连翅长：♂6.8 ~ 7.0mm；♀7.5mm。

头冠乳黄白色微褐，中域具1“山”字形暗红褐色横带纹。颜面额唇基黄褐色至褐色，基域具4条黑褐色横带纹。前胸背板灰褐色，前域和中后部横带纹暗褐色。小盾片基半部褐色，端半部乳白色，两侧缘中偏端部各具1黑色斑点。前翅黄褐色，翅脉暗褐色，翅面具暗褐色和乳白色斑块。

头冠前端尖圆突出，中长略小于复眼间宽(0.80∶1)，冠面略隆起；单眼几乎靠近复眼。颜面中长略大于包括复眼宽(1.09∶1)。前胸背板宽于头部包括复眼(1.13∶1)，中长大于头顶中长(1.49∶1)。中胸小盾片中长稍大于前胸背板中长(1.03∶1)。

雄虫尾节基部阔，端部渐狭，背缘近平直，腹缘弧圆，后缘圆尖，中后域具粗长刚毛。生殖基瓣三角形，后缘圆尖。下生殖板狭长，弧形弯曲，基部宽，端向渐尖细，近基部外侧域具5 ~ 8根粗大刚毛，端半具横皱，末端具小刚毛。阳基侧突基中基部较宽，端1/3变细而尖，亚端部具1小突起。连索Y形，主干与阳茎侧突高度愈合。阳茎侧突粗长，端向渐尖，亚端部靠拢，端部稍向外弯。阳茎腹面观，基部1/3膨大，端2/3两侧缘近平行，端部两侧延伸为1刺状突，端缘中部隆起，中央略凹入；阳茎侧面观，背腔较发达，与阳茎干近呈V形，阳茎中基部较粗，端1/3处缢缩变细，且弯向背方，末端尖。

寄主：水竹。

分布：中国(贵州)。

标本采集记录：正模♂，贵州安龙兴隆仙鹤坪，水竹，2011-VIII-28，龙见坤采；副模1♂1♀，余同正模。

讨论：新种体色斑纹与黑颊带叶蝉 *S. nigrigenatus* Li, 1990、刺板带叶蝉 *S. spiniplateus* Li *et* Wang, 2002较相近，主要区别在于：下生殖板中域无刺状突；阳基侧突端半部较直，亚端部具1小突起；阳茎侧突侧面观直；阳茎侧面观亚端缢缩。本新种阳基侧突的形状与本属的其他种类明显不同。

词源：新种根据模式标本产地贵州安龙命名。

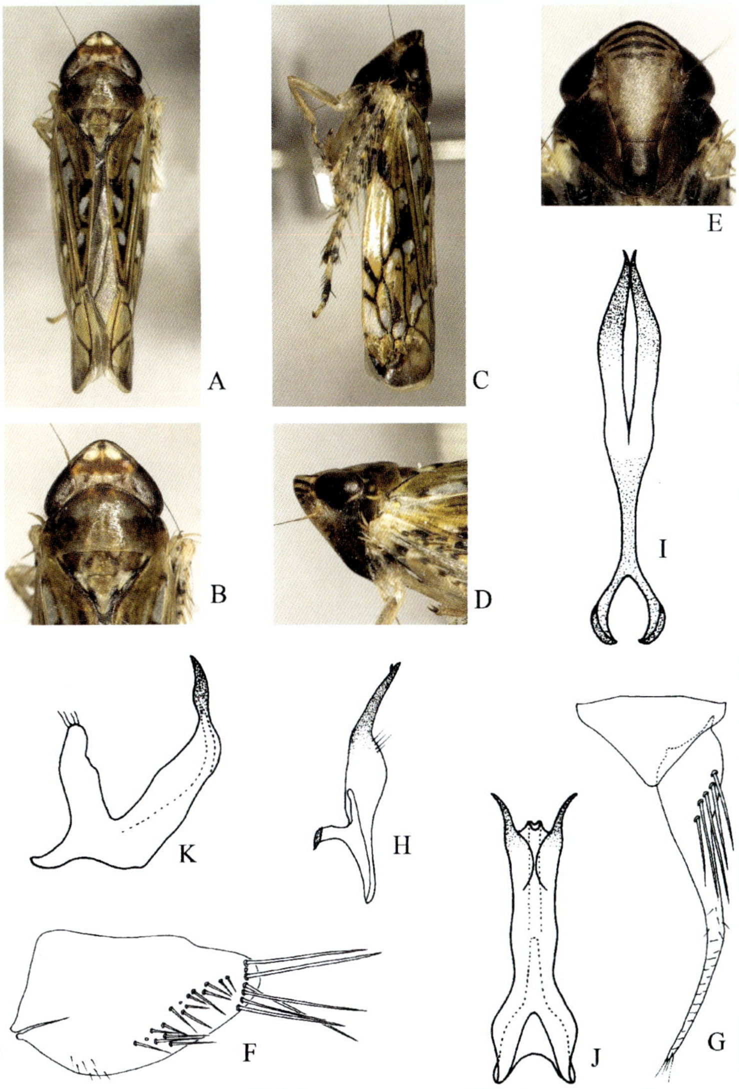

图73 安龙带叶蝉，新种 *Scaphoideus anlongensis* sp. nov.

A. 雄成虫背面观(male habitus, dorsal view)；B. 头胸部背面观(head and thorax, dorsal view)；C. 雄成虫侧面观(male habitus, lateral view)；D. 头胸部侧面观(head and thorax, lateral view)；E. 颜面(face)；F. 雄虫尾节侧瓣(pygofer, lateral view)；G. 生殖基瓣和下生殖板(valve and subgenital plate)；H. 阳基侧突(style)；I. 连索和侧突(connective and paraphyses)；J. 阳茎腹面观(aedeagus, ventral view)；K. 阳茎侧面观(aedeagus, lateral view)

74. 锥板带叶蝉 *Scaphoideus conicaplateus* Li *et* Dai, 2004(图 74)

Scaphoideus conicaplateus Li *et* Dai, 2004: 283.

体连翅长: ♂6.5 ~ 6.8mm; ♀6.7 ~ 7.0mm。

头冠乳白色，顶端有 1 枚黑色斑，中域有 1 枚波状黑色横纹。复眼黑褐色，单眼黄白色。颜面额唇基淡黄白色，其余部分淡黄褐色，基缘有 3 条黑褐色横纹。前胸背板灰白色，前缘和中域两侧有深褐色斑块。小盾片灰白色，两侧基角处各具 1 枚深褐色斑。前翅淡黄褐色，半透明，散生不规则灰白色斑和黑褐色斑块。胸部腹面深褐色，足黄褐色。腹部背、腹面淡黄褐色，各节后缘有狭窄的黄白色边。

雄虫尾节侧瓣近长方形，长大于高，背缘平直，腹缘弧圆，后缘圆，中、后部端区数丛长刚毛，其中后部的两丛排列成直线。下生殖板近似锥形，基部宽大，端半骤然变细，末端钝圆尖，外缘域近基部 1/3 处有 3 根粗长刚毛，端区有数根细刚毛。阳基侧突基部宽，端半骤然变细成指状突，略向外侧弯曲，末端尖。连索主干细长，长为臂长的 1.77 倍。阳茎侧突侧面观弯向背方，基部粗，端部尖，背面观近平行；阳茎腹面观基部宽，中部缢缩变细，端部近三角形，端缘尖圆；侧面观背腔突发达，腹缘呈粗齿突状，阳茎干端向渐狭，端部两侧具片状突起。

寄主：未明(本研究中 1 雌性标本采自平竹上)。

分布：中国(贵州)。

标本采集记录：2♂♂3♀♀，贵州梵净山，2001-VIII-3，李子忠、宋红艳采；1♀，贵州道真大沙河，1400m，平竹，2004-8-17，陈祥盛采。

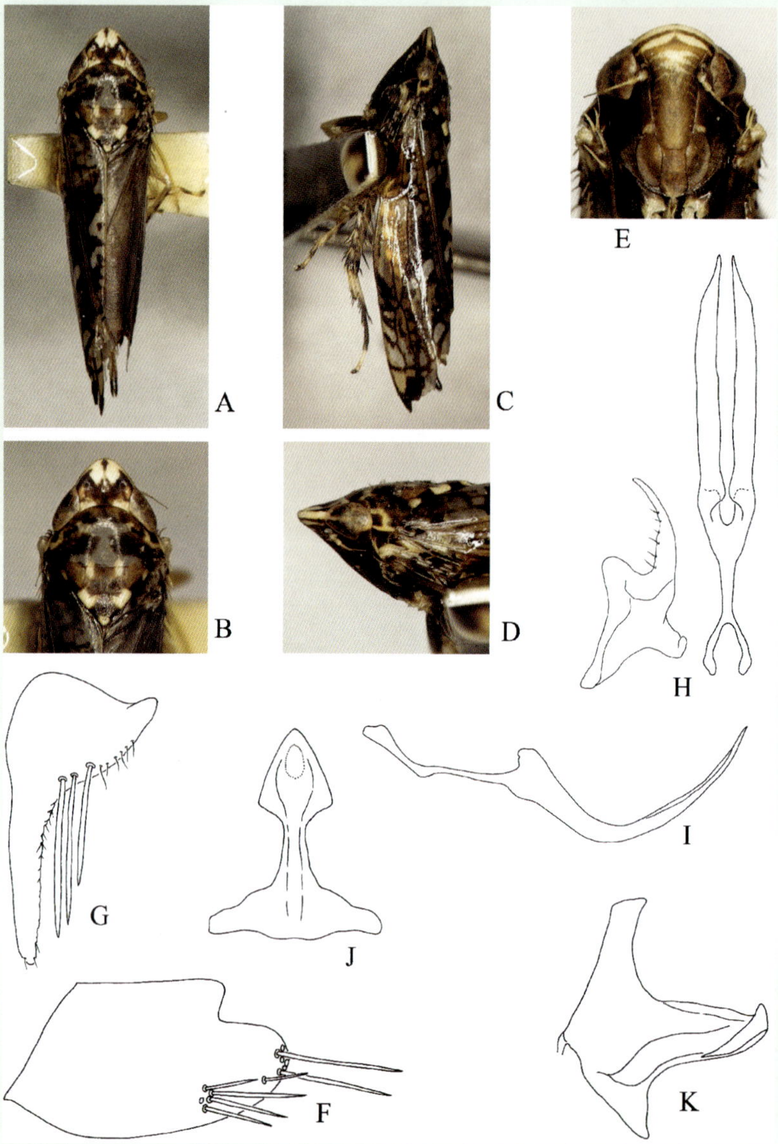

图 74　锥板带叶蝉 *Scaphoideus conicaplateus* Li *et* Dai

A. 雄成虫背面观(male habitus, dorsal view); B. 头胸部背面观(head and thorax, dorsal view); C. 雄成虫侧面观(male habitus, lateral view); D. 头胸部侧面观(head and thorax, lateral view); E. 颜面(face); F. 雄虫尾节侧瓣(pygofer, lateral view); G. 下生殖板(subgenital plate); H. 阳基侧突、连索和侧突(style, connective and paraphyses); I. 连索和侧突(connective and paraphyses); J. 阳茎腹面观(aedeagus, ventral view); K. 阳茎侧面观(aedeagus, lateral view)

75. 梵净带叶蝉 *Scaphoideus fanjingensis* Li *et* Dai, 2004(图 75)

Scaphoideus fanjingensis Li *et* Dai, 2004: 284.

体连翅长：♂7.0～7.2mm，♀7.2～7.4mm。

头冠淡黄色，中央有 1 枚笔架形褐色斑纹。复眼黑褐色，单眼黄白色。颜面淡黄褐色，两侧有不甚明显的淡黄白色横纹。前胸背板淡黄褐色，两侧域有不规则形灰白色斑。小盾片淡黄白色，基角斑褐色，基域中央有 2 褐色小斑，端区两侧有 1 枚黑色斑。前翅淡黄白色半透明，翅脉、端区前缘 4 条斜纹及第 3 端室内 1 大斑黑褐色。胸部腹板及胸足和腹部背面、腹面淡黄白色无斑纹。

雄虫肛管两侧基部分别延伸为横向的粗壮突起，突起腹部渐尖，成刺状，端部向外侧弯折，末端尖。尾节侧瓣长明显大于高，端向渐窄，端缘圆，端区有不规则排列的粗长刚毛。下生殖板基部宽，中部变细成枝状，基部外侧有 4 根粗长刚毛，侧缘有皱褶。阳基侧突基部宽扁，端部弯折外伸，由基至端渐变细，弯折处有数根小刚毛。连索细长，主干长是臂长的 2.88 倍。阳茎侧突 2 支较细，略波曲，端部交叉。阳茎侧扁，腹面观基部宽，端大部稍细，端部分叉；阳茎侧面观，背腔较发达，与阳茎干近呈 V 形，阳茎干宽，略向背方弯曲，端缘近平截，腹方具刺状突起。

寄主：草本植物、平竹等。

分布：中国(贵州)。

标本采集记录：3♂♂4♀♀，贵州梵净山，2001-VII-29，李子忠采；1♂，贵州道真大沙河，1400m，平竹，2004-VIII-18，陈祥盛采。

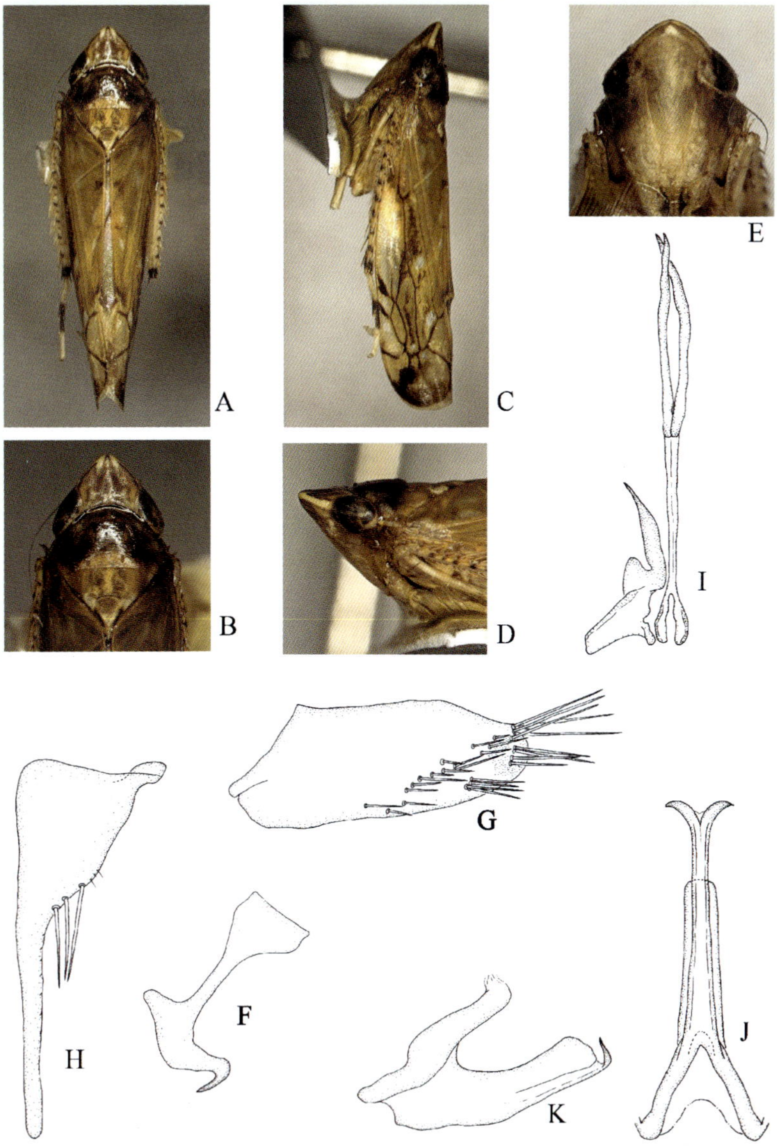

图 75 梵净带叶蝉 *Scaphoideus fanjingensis* Li *et* Dai

A. 雄成虫背面观(male habitus, dorsal view); B. 头胸部背面观(head and thorax, dorsal view); C. 雄成虫侧面观(male habitus, lateral view); D. 头胸部侧面观(head and thorax, lateral view); E. 颜面(face); F. 肛节侧面观(anal segment, lateral view); G. 雄虫尾节侧瓣(pygofer, lateral view); H. 下生殖板(subgenital plate); I. 阳基侧突、连索和侧突(style, connective and paraphyses); J. 阳茎腹面观(aedeagus, ventral view); K. 阳茎侧面观(aedeagus, lateral view)

76. 阔横带叶蝉 *Scaphoideus festivus* Matsumura, 1902(图 76)

Scaphoideus festivus Matsumura, 1902: 384.

体连翅长：♂4.2～4.5 mm，♀4.4～4.6mm。

体黄白色，具黄褐色至褐色斑。沿头冠前缘有1黑色横线，其中部变宽，两端细，在靠近复眼前角处有1红褐色横带；颜面黄白色，基域有2条黑色横线，颊在触角窝下方有1黑色斑点；触角黄白色。前胸背板前缘和中后部分别有1条橙红色横带，后面的横带纹较宽；小盾片基半域具橙红色横带，端半黄白色，两侧缘在基部1/3和端部1/3处各有黑色斑点；前翅黄褐色至褐色，翅脉褐色，翅面上具数枚不规则的透明斑，胸部腹板及胸足黄白色，胫节上具黑色环状斑。腹部背、腹面淡褐色，腹面两侧有暗色斑。

雄虫尾节侧瓣侧面观长大于高，背后缘凹入，后缘较圆，腹缘弧圆，中后部具数枚粗长刚毛。下生殖板三角形，基部宽，端向渐窄，近中域靠近外缘处有2根粗长刚毛，外缘略波曲。阳基侧突基部宽，端部尖细，向外侧弯曲。连索Y字形，主干短于臂长。阳茎侧突2支平行伸出，基部宽离，与连索愈合，端部尖细，亚端部向外侧扩大。阳茎短小，V形，中端部背面具凹槽，基背突发达。背连索细长。

寄主：水稻、柑橘、茶树、竹子。

分布：中国(贵州、云南、四川、陕西、宁夏、湖南、北京、河北、河南、江西、福建、广东、广西、海南、台湾)；印度；斯里兰卡；日本；朝鲜。

标本采集记录：1♂，贵州贵阳黔灵公园，竹子，1999-VII-3，陈祥盛采。

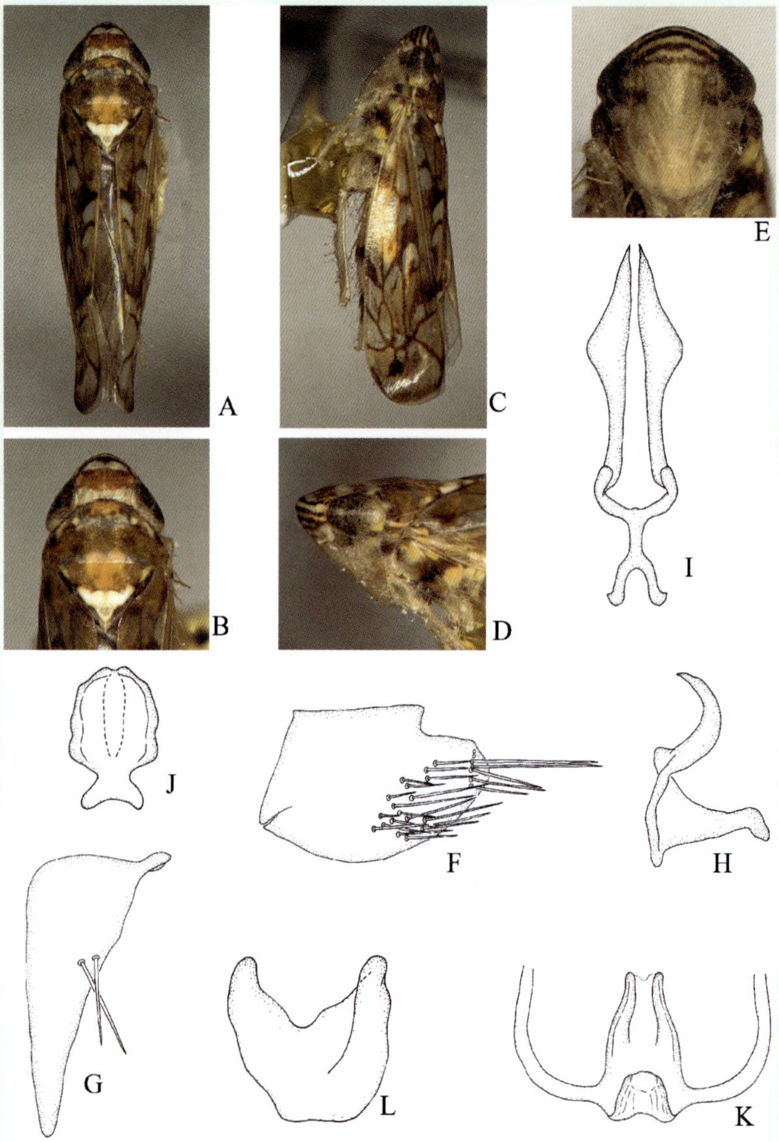

图 76 阔横带叶蝉 *Scaphoideus festivus* Matsumura

A. 雄成虫背面观(male habitus, dorsal view)；B. 头胸部背面观(head and thorax, dorsal view)；C. 雄成虫侧面观(male habitus, lateral view)；D. 头胸部侧面观(head and thorax, lateral view)；E. 颜面(face)；F. 雄虫尾节侧瓣(pygofer, lateral view)；G. 下生殖板(subgenital plate)；H. 阳基侧突(style)；I. 连索和侧突(connective and paraphyses)；J. 阳茎腹面观(aedeagus, ventral view)；K. 阳茎背面观(aedeagus, dorsal view)；L. 阳茎侧面观(aedeagus, lateral view)

77. 白背带叶蝉 *Scaphoideus kumamotonis* Matsumura, 1914(图 77, 142)

Scaphoideus kumamotonis Matsumura, 1914: 224.

体连翅长: ♂4.2~4.5mm, ♀4.7~5.1mmm。

头冠淡黄白色, 侧缘黑褐色, 顶端有1黑色小斑点, 二复眼前角处有1黑色圆斑, 且有黑色细线与单眼相连。颜面污黄色, 基域有2~3条黑褐色横纹。前胸背板淡黄白色, 两侧区棕色, 前域有2黑色小点。小盾片淡黄白色, 基角棕色; 前翅淡黄白色, 爪片部1锥形斑、端前内室2棕色斑带、第3端室内1斑点均黑褐色, 端区棕色; 胸足污黄色, 中、后足有黑色小斑点。

雄虫尾节侧瓣宽大, 后缘中域显著突出, 中域密生粗大刚毛。下生殖板较尾节侧瓣短, 基部宽, 端向渐狭, 端缘尖圆, 外侧近基部有2~3根粗长刚毛。阳基侧突基部宽扁, 端部尖细弯折外伸。连索Y字型, 主干长显著大于臂长。阳茎侧突二枝平行伸出, 基部与连索愈合。阳茎腹面观箭头形, 端部两侧各斜生1刺状突起, 生殖孔位于顶端; 侧面观, 背腔突发达, 与阳茎干近呈V形, 阳茎干直。

寄主: 草本植物、箭夹竹(首次报道该种叶蝉取食竹类)。

分布: 中国(贵州、云南、西藏、四川、浙江、河南); 日本。

标本采集记录: 3♂♂, 四川长宁竹海, 800m, 楠竹, 2008-VI-4~6, 张玉波, 李红荣采; 1♂, 云南孟养, 2008-VII-20, 李建达采; 1♂3♀♀, 云南西双版纳, 2008-VII-21, 宋月华采; 2♂♂3♀♀, 贵州望谟, 2009-IV-26, 张争光、宋琼章采; 1♂1♀, 四川雅安同台山, 竹子, 2010-VII-15~18, 张培采; 4♂♂1♀, 湖南新宁崀山, 箭夹竹, 2011-X-2, 陈祥盛、杨琳采。

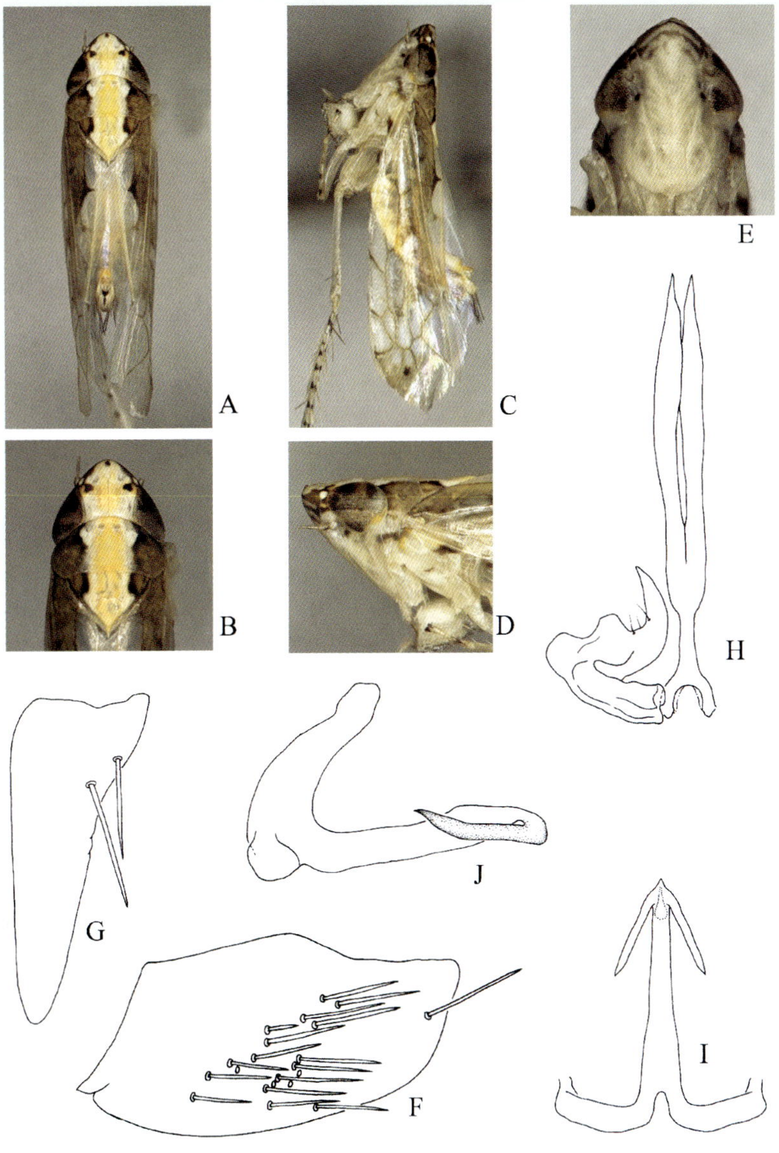

图 77 白背带叶蝉 *Scaphoideus kumamotonis* Matsumura

A. 雄成虫背面观(male habitus, dorsal view); B. 头胸部背面观(head and thorax, dorsal view); C. 雄成虫侧面观(male habitus, lateral view); D. 头胸部侧面观(head and thorax, lateral view); E. 颜面(face); F. 雄虫尾节侧瓣(pygofer, lateral view); G. 下生殖板(subgenital plate); H. 阳基侧突、连索和侧突(style, connective and paraphyses); I. 阳茎腹面观(aedeagus, ventral view); J. 阳茎侧面观(aedeagus, lateral view)

78. 绿春带叶蝉，新种 *Scaphoideus luchunensis* sp. nov.（图 78）

体连翅长：♂5.50mm，♀5.55mm。

头冠淡黄白色，中部有 1 条橙黄褐色宽横带，沿头冠前缘有 1 条黑色缘线，单眼黄白色，复眼黑色。颜面淡黄白色微褐，基域有 4 条黑色横线。前胸背板黄褐色，前缘和中后部的宽横带纹橙黄色；小盾片基半部橙黄色，端半部乳白色，侧缘有 2 枚黑色小斑点。前翅淡褐色，翅脉暗褐色，后缘中央、爪片末端及革片中央均具白色透明斑；胸部腹板及胸足黄白色微褐，后足胫节外侧 1 列纵斑点、胫节末端和跗节端部黑色。腹部背、腹面淡黄白色，各节后缘有黑色狭边。雄虫尾节基瓣黑色。

头冠前端弧圆突出，中长略小于复眼间宽（0.84：1），冠面略隆起；单眼几乎靠近复眼。颜面中长略大于包括复眼宽（1.08：1）。前胸背板宽于头部包括复眼（1.07：1），中长大于头顶中长（1.54：1）。中胸小盾片略长于前胸背板（1.08：1）。

雄虫尾节侧瓣背缘前部 2/3 较直，后 1/3 斜，腹缘稍波曲，后缘弧圆，中后部靠近腹缘密生刚毛，后缘域具 1 列约 7 根粗长刚毛。生殖基瓣三角形，基宽为中长的 2.21 倍。下生殖板狭长，基部宽，端向渐狭，末端尖圆，端大部具细长毛。阳基侧突基部宽阔，端部呈钩状弯曲。连索 Y 形，主干及臂均细长，主干约为臂长的 1.44 倍，主干与阳茎侧突高度愈合，无明显分界。阳茎简单，无突起。后腹面观阳茎干基部宽，中部缢缩变细，端部两侧膨大，端缘圆；侧面观阳茎背腔较发达，与阳茎干近呈 V 形，阳茎干略向背方弯曲，端 1/3 片状膨大，端缘圆。背连索退化，不明显。

寄主：竹类。

分布：中国（云南）。

标本采集记录：正模♂，云南绿春黄连山，竹子，2011-VIII-4，常志敏、郑维斌采；副模 1♀，余同正模。

讨论：新种外形和体色斑纹与黑瓣带叶蝉 *S. nigrivalveus* Li *et* Wang, 2005 近似，主要区别在于：下生殖板于基部 1/6 处即明显变狭（后者于端 1/3 处变狭）；阳茎侧突端部岔离（后者端突交叉）；阳茎腹面观中部缢缩，亚端部膨大，端缘圆（后者两侧缘近平行，端缘近平截）；阳茎侧面观近 V 形（后者近 Y 形）。

词源：新种根据模式标本产地云南绿春命名。

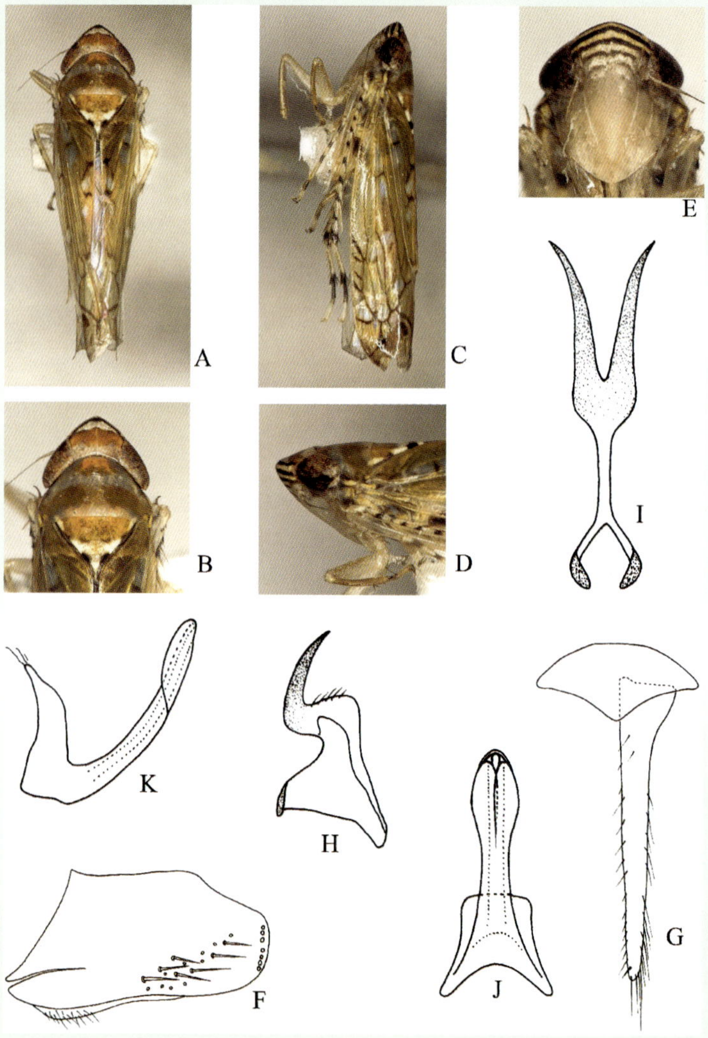

图 78 绿春带叶蝉，新种 *Scaphoideus luchunensis* sp. nov.

A. 雄成虫背面观（male habitus, dorsal view）；B. 头胸部背面观（head and thorax, dorsal view）；C. 雄成虫侧面观（male habitus, lateral view）；D. 头胸部侧面观（head and thorax, lateral view）；E. 颜面（face）；F. 雄虫尾节侧瓣（pygofer, lateral view）；G. 生殖基瓣和下生殖板（valve and subgenital plate）；H. 阳基侧突（style）；I. 连索和侧突（connective and paraphyses）；J. 阳茎腹面观（aedeagus, ventral view）；K. 阳茎侧面观（aedeagus, lateral view）

79. 黑颊带叶蝉 *Scaphoideus nigrigenatus* Li, 1990(图 79)

Scaphoideus nigrigenatus Li, 1990: 97.

体连翅长：♂6.2~6.5mm，♀6.4~6.7mm。

头冠黄白色，中央有1枚山字形黑斑，顶端及两侧缘中部各有1枚黑色斑点；额唇基灰黄白色，基域有5条黑色横线，前唇基、颊、舌侧板黑褐色。前胸背板黄褐色，具不规则黑褐色斑块；小盾片基半部黄褐色，端半部黄白色，基侧角、基域中央2枚小点及侧缘2枚斑点黑褐色；前翅黄褐色，翅脉暗褐色，翅面散布不规则透明斑，其中爪片部具4枚，革片部具6~7枚，翅室内有黑褐色斑块，尤其第3端室最明显；中胸腹板和前胸侧板大部黑褐色，足淡黄褐色，后足腿节中段黑褐色，中、后足胫节有黑色斑。腹部背面褐色，腹面黑褐色，各节有1枚"八"字形黄色斑。雄虫尾节淡黄褐色，下生殖板刚毛淡黄白色。

雄虫尾节侧瓣长大于高，背缘稍波曲，后缘中央成尖圆突出，腹缘圆弧形，后、腹区域具数丛粗长刚毛。下生殖板狭长三角形，基部宽，端向渐细尖，末端钝跋山涉水，外侧域中偏基部处有5~6根粗长刚毛。阳基侧突基部宽，中部扭曲，端部粗刺状，弯折外伸，末端尖。连索Y形，主干粗大，向基部渐宽，主干为臂长的2.8倍。阳茎侧突粗长，近平行伸出，端尖，基部与连索愈合。阳茎侧面观近V形，端部两侧具指状突起，腹面观端部呈W形，基背突发达。背连索发达，宽片状，侧扁，侧面观中部缢缩，端缘宽圆，近端部背缘延伸为粗齿。

寄主：平竹、慈竹。

分布：中国(贵州、湖北、四川)。

标本采集记录：7♂♂2♀♀，贵州宽阔水，1984-VII-1，李子忠、汪廉敏采；2♂♂3♀♀，四川峨眉山，1991-VII-3，李子忠采；3♂♂8♀♀，湖北咸丰，1994-VII-22，杜艳丽采；3♂♂3♀♀，贵州望谟，1996-VI-7，李子忠采；4♂♂8♀♀，贵州宽阔水，2001-VIII-25，李子忠采；2♂♂♀♀，贵州雷公山，2004-VIII-4，葛德燕采；3♂♂4♀♀，贵州道真，2004-VIII-12，宋琼章采；2♂♂3♀♀，贵州道真大沙河，1400m，平竹，2004-VIII-17，陈祥盛采；1♀，贵州道真大沙河，1050m，慈竹，2004-VIII-24，陈祥盛采。

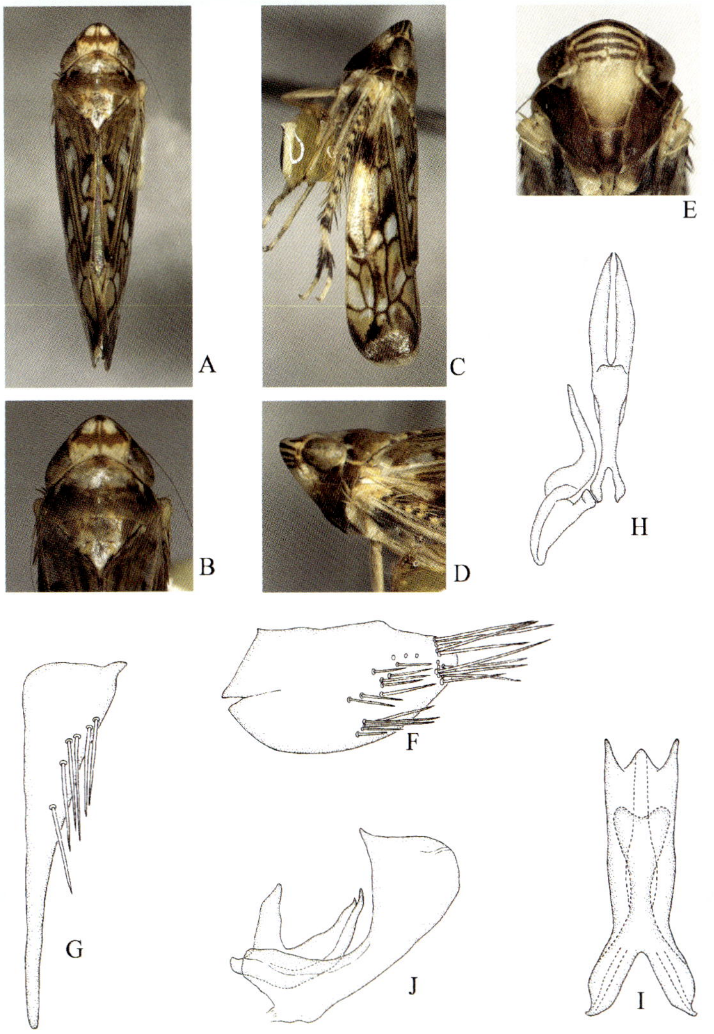

图 79　黑颊带叶蝉 *Scaphoideus nigrigenatus* Li

A. 雄成虫背面观(male habitus, dorsal view)；B. 头胸部背面观(head and thorax, dorsal view)；C. 雄成虫侧面观(male habitus, lateral view)；D. 头胸部侧面观(head and thorax, lateral view)；E. 颜面(face)；F. 雄虫尾节侧瓣(pygofer, lateral view)；G. 下生殖板(subgenital plate)；H. 阳基侧突、连索和侧突(style, connective and paraphyses)；I. 阳茎腹面观(aedeagus, ventral view)；J. 阳茎和背连索侧面观(aedeagus and dorsal connective, lateral view)

80. 黑瓣带叶蝉 *Scaphoideus nigrivalveus* Li *et* Wang, 2005 (图 80)

Scaphoideus nigrivalveus Li *et* Wang, 2005: 130.

体连翅长：♂5.5～5.8 mm，♀5.8 mm。

头冠淡黄白色，中央有1条橙黄白色宽横带，沿头冠前缘有1条黑色缘线，单眼黄白色，复眼黑色。颜面淡黄白色，基域有4条黑色横线。前胸背板黄白色，前缘和中后部的宽横带纹橙黄色；小盾片基半部橙黄色，端半部灰白色，侧缘有2枚黑色小斑点。前翅淡褐色，翅脉黑色，后缘中央、爪片末端及革片中央均具白色透明斑；胸部腹板及胸足黄白色，后足胫节外侧1列纵斑点、胫节末端和跗节端部黑色。腹部背、腹面淡黄白色，各节后缘有黑色狭边。雄虫尾节基瓣黑色。雌虫第7节腹板端部黑色。

雄虫尾节侧瓣长大于高，背、后缘处凹入，后缘圆形突出，腹缘相对较直，后、腹区域具数丛粗长刚毛；下生殖板狭长三角形，基部宽，端向渐细尖，末端钝圆，外侧域中部处有3根粗长刚毛。阳基侧突基部宽，中部扭曲，端部粗刺状，弧形向外侧弯折，末端尖。连索Y形，主干为臂长的1.73倍。阳茎侧突粗长，基大部近平行，端部2/5交叉，向外侧弯折，端尖，基部与连索愈合。阳茎侧面观近Y形，侧面观端部背缘略成小指状突起，基背突发达，基部腹缘具小突起，阳茎干腹面观两侧缘近平行，端部两侧骨化，中央具小缺刻。背连索发达，细长，侧扁。

寄主：平竹。

分布：中国（贵州、湖北）。

标本采集记录：1♂，湖北武当山，1997-VIII-7，杨茂发采；1♂，贵州道真大沙河，1400m，平竹，2004-VIII-18，陈祥盛采；1♂，贵州道真大沙河，2004-VIII-24，徐翩采。

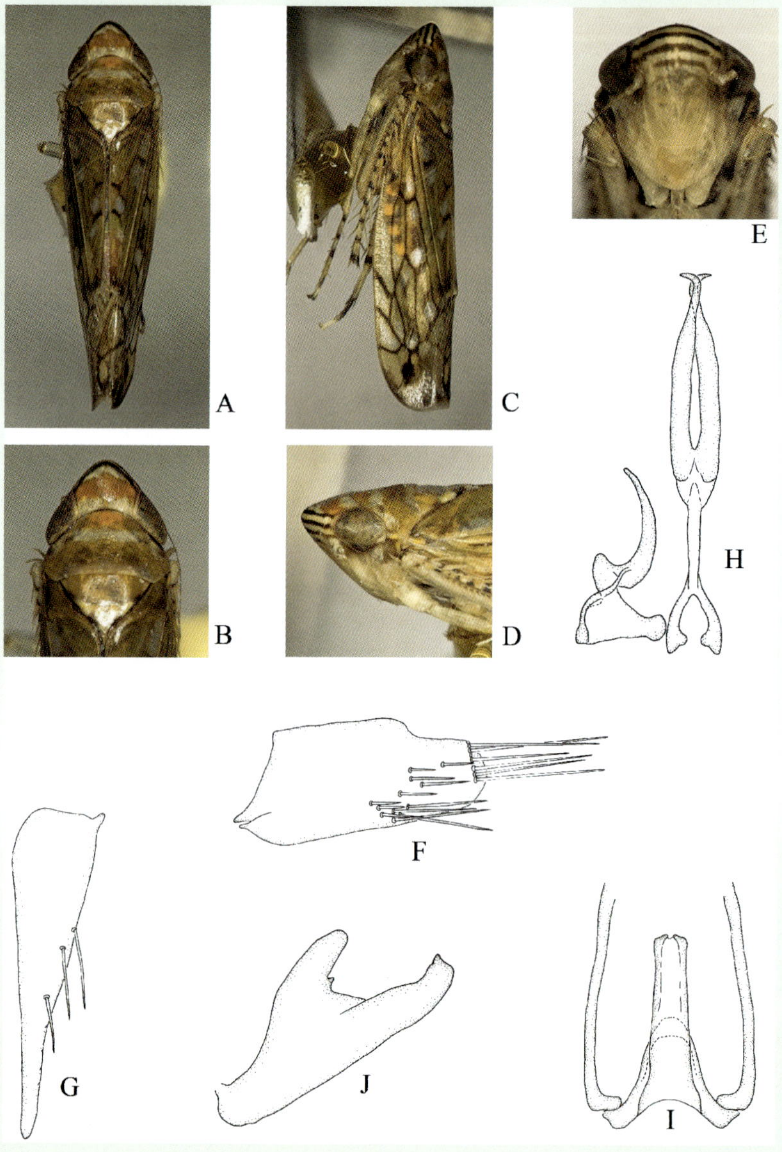

图 80 黑瓣带叶蝉 *Scaphoideus nigrivalveus* Li *et* Wang

A. 雄成虫背面观(male habitus, dorsal view); B. 头胸部背面观(head and thorax, dorsal view); C. 雄成虫侧面观(male habitus, lateral view); D. 头胸部侧面观(head and thorax, lateral view); E. 颜面(face); F. 雄虫尾节侧瓣(pygofer, lateral view); G. 下生殖板(subgenital plate); H. 阳基侧突、连索和侧突(style, connective and paraphyses); I. 阳茎和背连索腹面观(aedeagus and dorsal connective, ventral view); J. 阳茎侧面观(aedeagus, lateral view)

81. 雅安带叶蝉 *Scaphoideus yaanensis* Yang, Chen *et* Li, in press(图 81)

Scaphoideus yaanensis Yang, Chen *et* Li, in press.

体连翅长：♂5.00 ~ 5.25 mm，♀5.85 mm。

头冠前缘具褐色细缘纹，复眼前角间具暗褐色横带纹；颜面大部分为黄白色，但额唇基基部具 3 条褐色横带纹，其中最下方的带纹不太清晰，颊区于复下角处外方褐色；前胸背板前缘域暗褐色，中后部具 1 黄褐色宽横带纹；中胸小盾片基半黄褐色，端半黄白色；前翅淡黄褐色，翅脉褐色，具暗褐色和白色斑纹。

头冠前端弧圆突出，中长略小于复眼间宽(0.87∶1)，冠面略隆起；单眼几乎靠近复眼。颜面中长略大于包括复眼宽(1.03∶1)。前胸背板宽于头部包括复眼(1.07∶ 1)，中长大于头顶中长(1.55∶1)。中胸小盾片中长小于前胸背板(0.85∶1)。

雄虫尾节侧瓣背缘后端略凹，后、腹缘弧圆，后、腹端具粗长刚毛。生殖基瓣横宽，后缘突出。下生殖板狭长三角形，端向渐尖，末端钝，外侧近中部具 4 根粗长刚毛。阳基侧突基部宽，端部渐尖成刺状，向外侧弯曲。连索主干为臂长的 1.69 倍。阳茎侧突基 1/3 处腹缘与连索相连接，基部宽圆片状，端大部分枝，其端部弯向两侧，端缘成圆片状，腹缘具粗齿，指向腹后方。阳茎粗短，基部膨大，端部背侧缘各具 1 粗齿状突起。

寄主：竹类。

分布：中国(四川)。

标本采集记录：1 ♂(正模)，1 ♂1 ♀(副模)，中国四川雅安同台山，竹子，2010-VII-15 ~ 18，张培采。

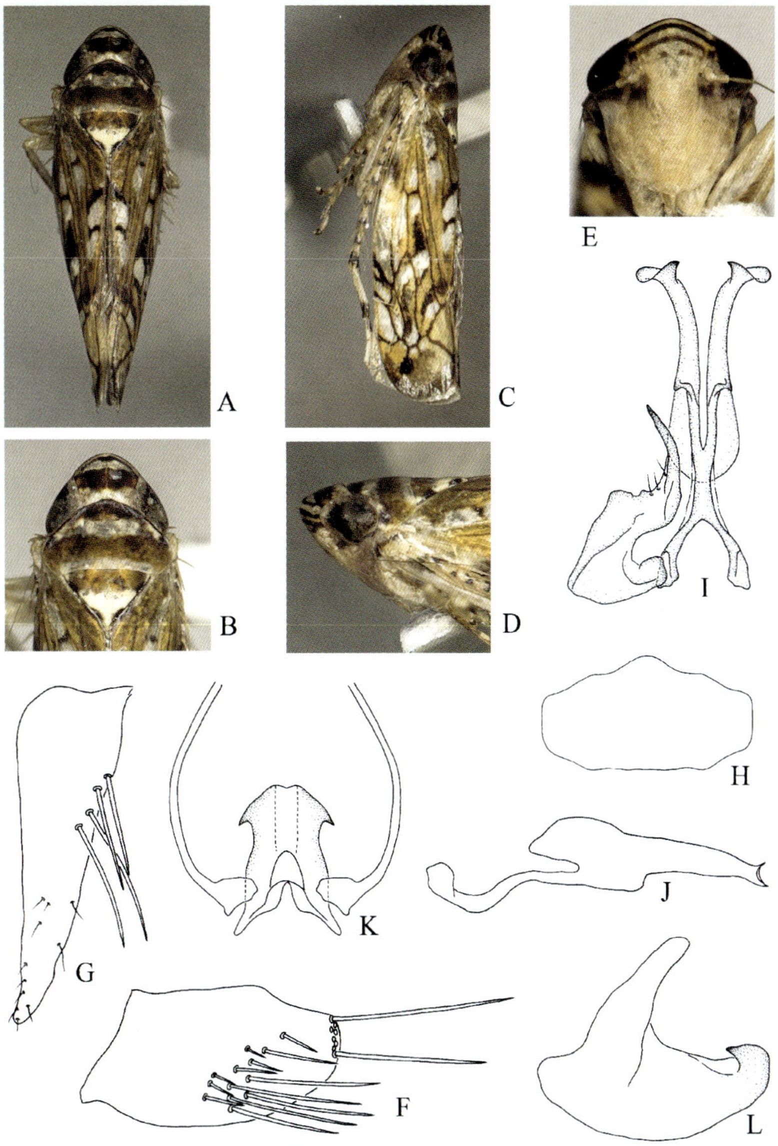

图 81 雅安带叶蝉 *Scaphoideus yaanensis* Yang, Chen *et* Li

A. 雄成虫背面观(male habitus, dorsal view)；B. 头胸部背面观(head and thorax, dorsal view)；C. 雄成虫侧面观(male habitus, lateral view)；D. 头胸部侧面观(head and thorax, lateral view)；E. 颜面(face)；F. 雄虫尾节侧瓣(pygofer, lateral view)；G. 下生殖板(valve and subgenital plate)；H. 生殖基瓣(valve)；I. 阳基侧突、连索和侧突(style, connective and paraphyses)；J. 连索和侧突侧面观(connective and paraphyses, lateral view)；K. 阳茎和背连索腹面观(aedeagus and dorsal connective, ventral view)；L. 阳茎侧面观(aedeagus, lateral view)

82. 纵条拟带叶蝉 *Scaphotettix striatus* Dai *et* Zhang, 2009（图 82，126）

Scaphotettix striatus Dai *et* Zhang, 2009：658.

体连翅长：♂3.2～3.4mm，♀3.5～38mm。

头冠茶褐色，中央有 3 条白色纵线纹，复眼黑褐色，颜面淡黄白色，触角窝下方有 1 枚黑色斑。前胸背板茶褐色，有 5 条白色纵线纹，其中 3 条与头冠纵线纹相接；小盾片淡黄白色，中央有 3 条白色纵线纹；前翅淡茶褐色，翅脉白色，沿翅脉镶以褐色纹。胸部腹板和胸足淡黄白色。腹部背腹面淡黄白色。

雄虫尾节侧瓣长形突出，端缘成锐角突出，端区有粗长刚毛，端腹缘有 1 枚长的片状突。基瓣宽三角形。下生殖板近似三角形，外侧缘有粗长刚毛列。阳基侧突长形，亚端部弯曲，弯折处有数根细小刚毛。连索近乎 U 字形。阳茎干近似锥状，生殖孔大，位于端部。

寄主：箭夹竹（首次报道该种叶蝉取食竹类）。

分布：中国（福建、云南、台湾）。

标本采集记录：5♂♂3♀♀，福建三明，1978-X-12，葛钟麟提供；5♂♂3♀♀，湖南新宁城关，箭夹竹，2010-X-6，陈祥盛、杨琳采；102♂♂63♀♀，湖南新宁崀山，箭夹竹，2011-X-2，陈祥盛、杨琳采。

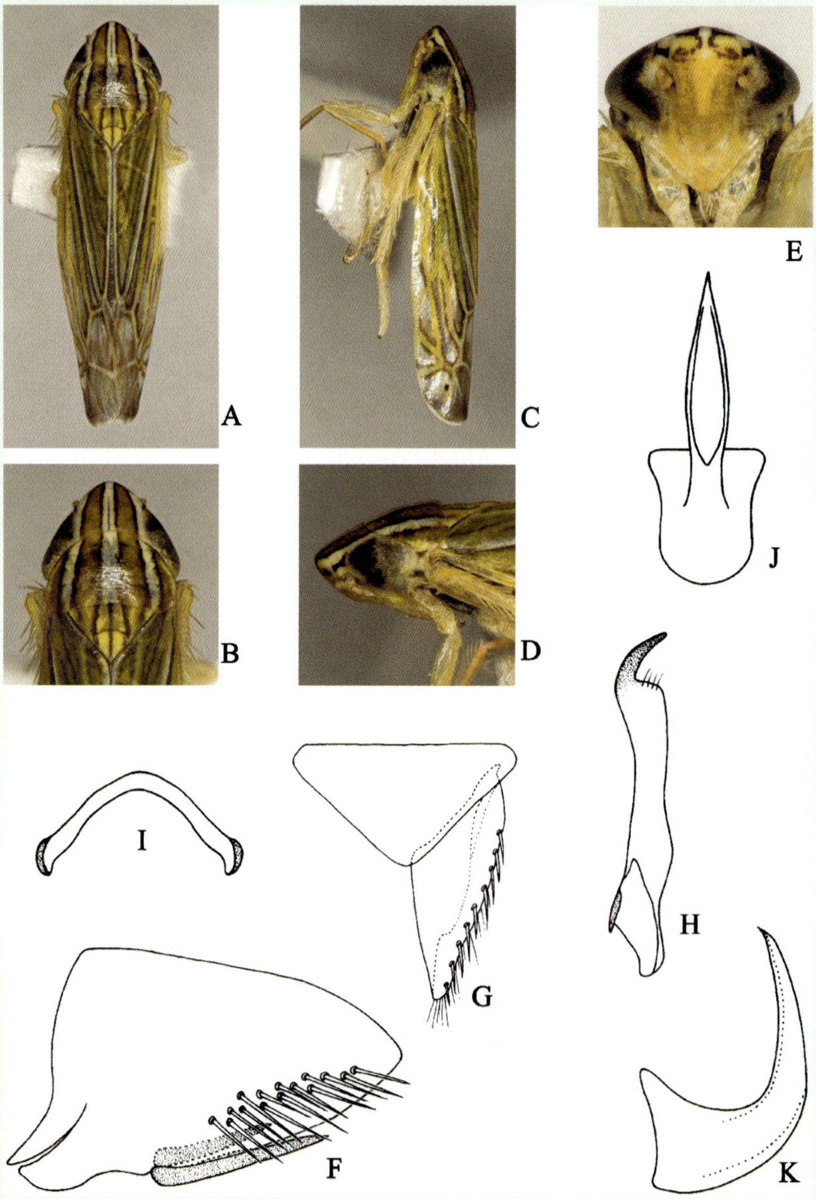

图 82　纵条拟带叶蝉 *Scaphotettix striatus* Dai *et* Zhang

A. 雄成虫背面观（male habitus, dorsal view）；B. 头胸部背面观（head and thorax, dorsal view）；C. 雄成虫侧面观（male habitus, lateral view）；D. 头胸部侧面观（head and thorax, lateral view）；E. 颜面（face）；F. 雄虫尾节侧瓣（pygofer, lateral view）；G. 生殖基瓣和下生殖板（valve and subgenital plate）；H. 阳基侧突（style）；I. 连索（connective）；J. 阳茎后腹面观（aedeagus, posterior and ventral view）；K. 阳茎侧面观（aedeagus, lateral view）

83. 双锥条背叶蝉 *Tiaobeinia bisubula* Chen *et* Li, 2008(图83)

Tiaobeinia bisubula Chen *et* Li (in Chen, Li *et* Yang), 2008: 302.

体连翅长：♂5.1～5.4mm，♀5.0～5.8mm。

本种体色变化较大。体黄白色，体背分为深色和浅色两种色型。采于7月份的标本均为浅色型。头胸部背面具3条宽狭近相等的鲜黄色纵带纹，带纹间为乳白色。前翅爪片于爪缝内侧缘乳白色，翅端室淡褐色，Cu1b脉、第四端室端部及R2+3脉各具1个褐色小斑。后翅无色透明。采于9月份的标本则有深、浅两种色型。深色型的大部分体色与浅色型相同，主要区别为头胸部背面的中央纵带纹鲜桔红色，且自前至后逐渐加宽，前翅内缘自爪片基部至爪片端部并延端片大部具红褐色宽纵带纹，该纵带纹在爪片部由基至端渐变狭，边缘不平整。

雄虫尾节侧瓣侧面观近呈平行四边形，背缘平直，后缘具2锥状突起。下生殖板宽三角形，外侧域具4列长刚毛。阳基侧突倒“7”字形，基部宽片状，2/3处缢缩如颈状，亚端部彭大，端部尖。连索Y形，基部扩宽，主干为臂长的1.6倍。阳茎粗管状，端部具1对小齿突，近基部具1对弯曲的刺突，背腔中等长，膜质。

寄主：斑竹。

分布：中国(贵州)。

标本采集记录：1♂(正模)，3♂♂8♀♀(副模)，贵州望谟打易，“斑竹”，1997-IX-23，陈祥盛采；副模7♂♂3♀♀(体色较淡)，贵州望谟打易，1998-VII-28，陈祥盛采；1♀，贵州道真，2004-VIII-25，陈祥盛采。

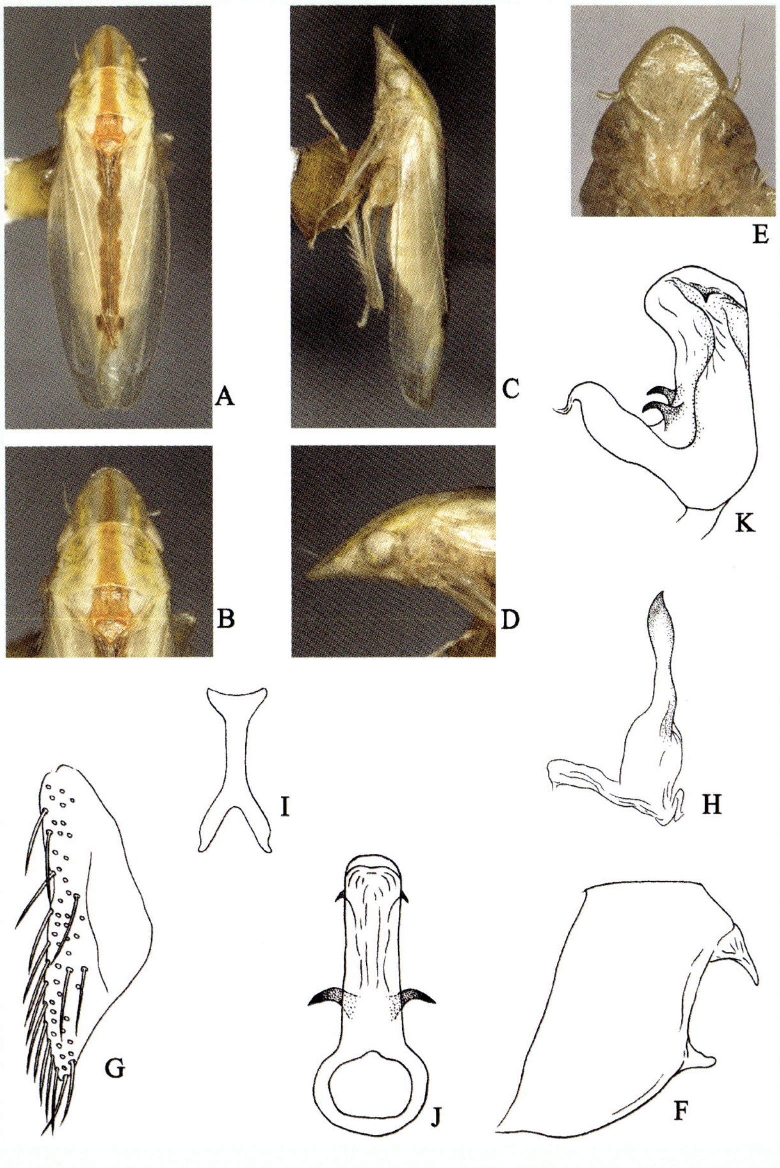

图83 双锥条背叶蝉 *Tiaobeinia bisubula* Chen *et* Li

A. 雄成虫背面观(male habitus, dorsal view); B. 头胸部背面观(head and thorax, dorsal view); C. 雄成虫侧面观(male habitus, lateral view); D. 头胸部侧面观(head and thorax, lateral view); E. 颜面(face); F. 雄虫尾节侧面观(pygofer, lateral view); G. 下生殖板(subgenital plate); H. 阳基侧突(style); I. 连索(connective); J. 阳茎后腹面观(aedeagus, posterior and ventral view); K. 阳茎侧面观(aedeagus, lateral view)

84. 峨眉条背叶蝉 *Tiaobeinia emeiensis* Chen *et* Yang, 2008(雄虫首次记录)(图 84)

Tiaobeinia emeiensis Chen *et* Yang (in Chen, Li *et* Yang), 2008: 304.

体连翅长: ♂4.10 ~ 4.30mm, ♀4.30 ~ 4.45mm。

体淡黄白色。头冠部中域有1条鲜黄色纵条纹,由端至基渐加宽,此纹至前胸背板后分为两条,并向后一直延伸至中胸小盾片横刻痕折与侧缘相交,前胸背板两侧域另有1条淡鲜黄色条纹。前翅淡黄白色略带褐色,革片沿爪缝内侧基部2/3具1条鲜黄色带纹,前翅端部淡褐色,自m-cu3脉至第一端室内沿M3+4脉有1褐色斜纹,另在第四端室靠近R2+3脉有1不规则小褐色斑。后翅无色透明。

雄虫尾节侧面观基部宽,尾向渐狭,后缘圆,后部靠近背方密生数根长刚毛;背面观,后缘宽凹,侧缘内侧具角状突起,突起先向腹方,后向尾方弯曲,表面具不规则皱纹,突起着生处上前方具小刚毛簇。生殖基瓣近梯形,后缘近平截,基宽为主长的2.38倍。下生殖板基部宽,端部稍狭,外侧域密生粗长刚毛,内缘直,外缘稍波曲,端缘圆尖。阳基侧突基部宽,端部聚然变细成指状。连索Y形,两臂紧靠,侧面观中部背方具膜状突起。阳茎干宽片状,背面观中部偏端方缢缩,端缘宽圆凹入,亚端部背方具2三角形片状突起,另在阳茎干中部背缘中央具1棒状突起,其末端钝圆。

寄主:竹类。

分布:中国(四川)。

标本采集记录:1♀(正模),四川峨嵋山,1995-VII-13,杨茂发采;1♂1♀,四川峨眉山,竹子,2010-VII-12~14,郑延丽采;2♂♂3♀♀,四川峨眉山神水阁,竹子,2010-VII-12~14,张培采;1♀,四川雅安孔平,竹子,2010-VII-15,郑延丽采。

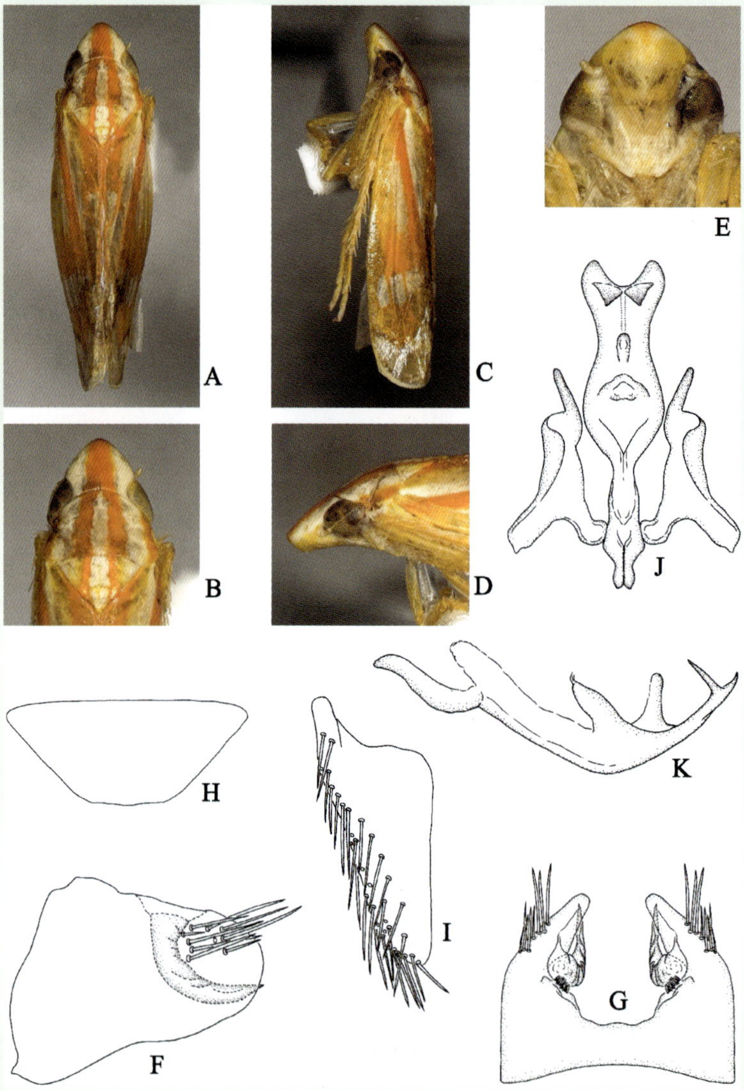

图84 峨眉条背叶蝉 *Tiaobeinia emeiensis* Chen *et* Yang

A. 雄成虫背面观(male habitus, dorsal view); B. 头胸部背面观(head and thorax, dorsal view); C. 雄成虫侧面观(male habitus, lateral view); D. 头胸部侧面观(head and thorax, lateral view); E. 颜面(face); F. 雄虫尾节侧面观(pygofer, lateral view); G. 雄虫尾节背面观(pygofer, dorsal view); H. 生殖基瓣(valve); I. 下生殖板(subgenital plate); J. 阳基侧突、连索和阳茎背面观(styles, connective and aedeagus, dorsal view); K. 连索和阳茎侧面观(connective and aedeagus, lateral view)

85. 弯突条背叶蝉，新种 *Tiaobeinia wantuia* sp. nov.（图 85，137）

体连翅长：♂ 4.50 ~ 4.75mm，♀4.75 ~4.95mm。

体黄白色。头胸部背面中域具 1 条由狭渐宽的红褐色纵带纹，其两侧各有 1 较狭的鲜黄色纵带纹。复眼褐色。前翅淡黄白色，爪片外缘延伸至端片具黑褐色宽带纹。翅端区烟褐色。

各部构造概如双锥条背叶蝉 *T. bisubula* 。头冠前端尖圆突出，中长小于复眼间宽(0.78：1)，颜面中长略小于宽(0.92：1)。前胸背板宽于头部包括复眼(1.09：1)，中长大于头顶中长(1.26：1)。中胸小盾片中长稍大于前胸背板中长(1.10：1)。

雄虫尾节侧瓣侧面观近呈长方形，背腹缘短于前后缘，背缘平直，腹缘波曲，后缘膜状，于背方向后、腹方延伸出 1 粗长片状突起，突端部尖，另在后缘中部偏腹方具生 1 膜状扭曲突起；背面观后缘凹入，凹陷处向后方伸出 2 粗长突起，突起波曲，端向渐尖，端部岔离。生殖基瓣阔三角形，基宽为中长的 1.59 倍。下生殖板基部稍狭，端大部宽，外侧域密生粗长刚毛，端缘圆尖。阳基侧突狭长，基部较宽，端向渐细，端 1/3 略向内弯，端部圆尖。连索 Y 形，两臂相互紧靠。阳茎腹面观近基部宽，亚端部变细，端部扩宽，端缘近平截。侧面观阳茎略向背方弯曲，背腔与阳茎干交界处侧缘具 1 弯钩状突起，其端部扭向外侧，阳茎干背缘端部延伸成 1 齿状突起，另在阳茎干端 1/3 两侧靠近腹方具 1 齿状突。

寄主：麻竹、水竹、楠竹。

分布：中国(湖南、贵州)。

正模：♂，贵州平塘大塘三角坡，竹子，2010-X-17，陈祥盛、杨琳采；副模 7 ♂♂25♀♀，同正模；1 ♂1♀，湖南武冈头塘，麻竹，2007-VIII-9，陈祥盛、杨琳采；7 ♂♂7♀♀，湖南武冈云山，楠竹，2010-X-5，陈祥盛、杨琳采；2♀♀，贵州雷公山方祥，楠竹，2010-XI-7，陈祥盛、杨琳采；4 ♂♂7♀♀，湖南武冈云山，楠竹，2011-X-1，陈祥盛、杨琳采。

讨论：新种外形特征与双锥条背叶蝉 *T. bisubula* Chen *et* Li, 2008 非常近似，主要区别在于：尾节背后缘突起片状，粗大，长超过尾节长度，近腹方的膜状突起刺状(后者背后缘突起短小，近腹方的膜状突起指状)；下生殖板端部圆(后者尖)；阳基侧突端部向内弯(后者直)；阳茎干两侧端 1/3 处具 1 齿突(后者齿突位于亚端部中央)。

词源：新种根据阳基侧突端部弯曲命名，“Wan-Tu”即为“弯突”的汉语拼音。

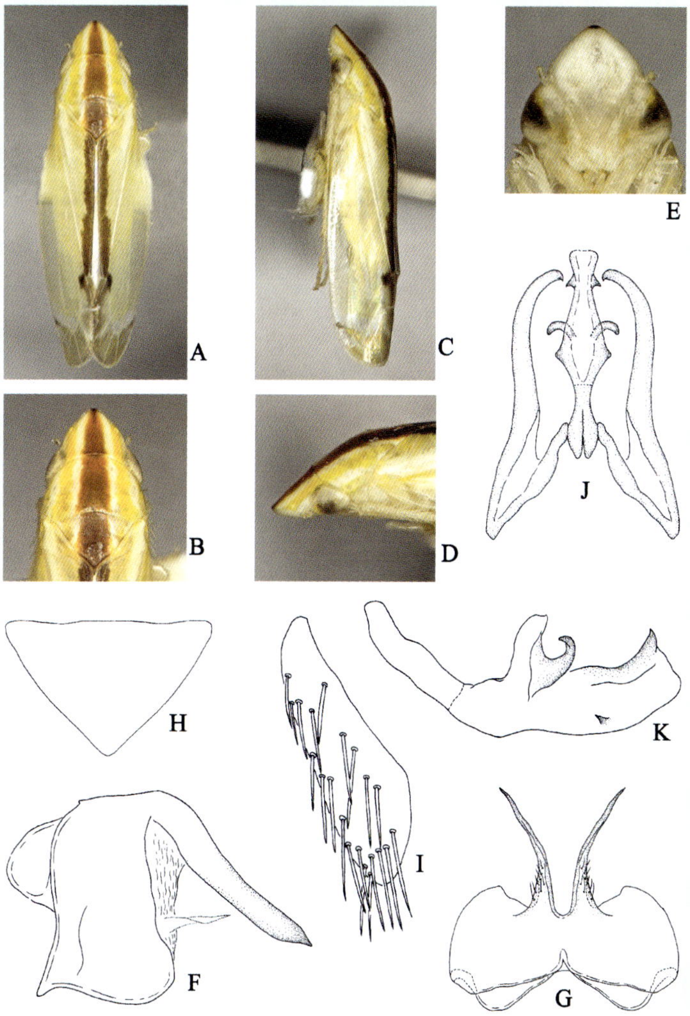

图 85　弯突条背叶蝉，新种 *Tiaobeinia wantuia* sp. nov.

A. 雄成虫背面观(male habitus, dorsal view)；B. 头胸部背面观(head and thorax, dorsal view)；C. 雄成虫侧面观(male habitus, lateral view)；D. 头胸部侧面观(head and thorax, lateral view)；E. 颜面(face)；F. 雄虫尾节侧面观(pygofer, lateral view)；G. 雄虫尾节背面观(pygofer, dorsal view)；H. 生殖基瓣(valve)；I. 下生殖板(subgenital plate)；J. 阳基侧突、连索和阳茎腹面观(styles, connective and aedeagus, ventral view)；K. 连索和阳茎侧面观(connective and aedeagus, lateral view)

86. 弯茎拟狭额叶蝉 *Vartalapa curvata* Viraktamath, 2004（图 86）

Vartalapa curvata Viraktamath, 2004: 24.

体连翅长：♂ 6.7～7.0mm，♀7.0～7.3mm。

头冠淡黄白色，端部前缘两侧各有 1 枚黑色小斑点，复眼黑色，颜面淡黄白色，具绿色色泽，颊区有 3 枚红色斜纹。前胸背板淡绿色，有 4 条红色纵纹；小盾片淡橘黄色，无明显斑纹；前翅淡绿色，端区淡褐色，端区前缘有 2 枚褐色小斑，具红色纵纹，其中爪片 2 条，其内侧 1 条较短，与外侧 1 条紧靠，革片部的红色纵纹呈间断状；虫体腹面淡黄白色，雌虫第 7 节腹板后缘黑褐色。

雄虫尾节侧瓣端腹角成指状延伸。生殖基瓣近似三角形。下生殖板长方形，密生粗长刚毛，内缘端部成角状突出。阳基侧突基部宽大，端部略膨大，外侧呈指状向外延伸，末端部弯而尖。连索长 U 形。阳茎与连索愈合，基部两侧各着生 1 支弯曲的长突，长于阳茎干，端部背缘呈细齿状，阳茎干管状，端部略膨大，生殖孔开口于末端。

寄主：竹类。

分布：中国（福建、湖北）；印度。

标本采集记录：2♂♂2♀♀，福建三明，1978-IX-24，葛钟麟提供；2♀♀，湖北神农架，1997-VIII-12，杨茂发采；4♂♂6♀♀，福建武夷山，2009-VIII-4，郑延丽采。

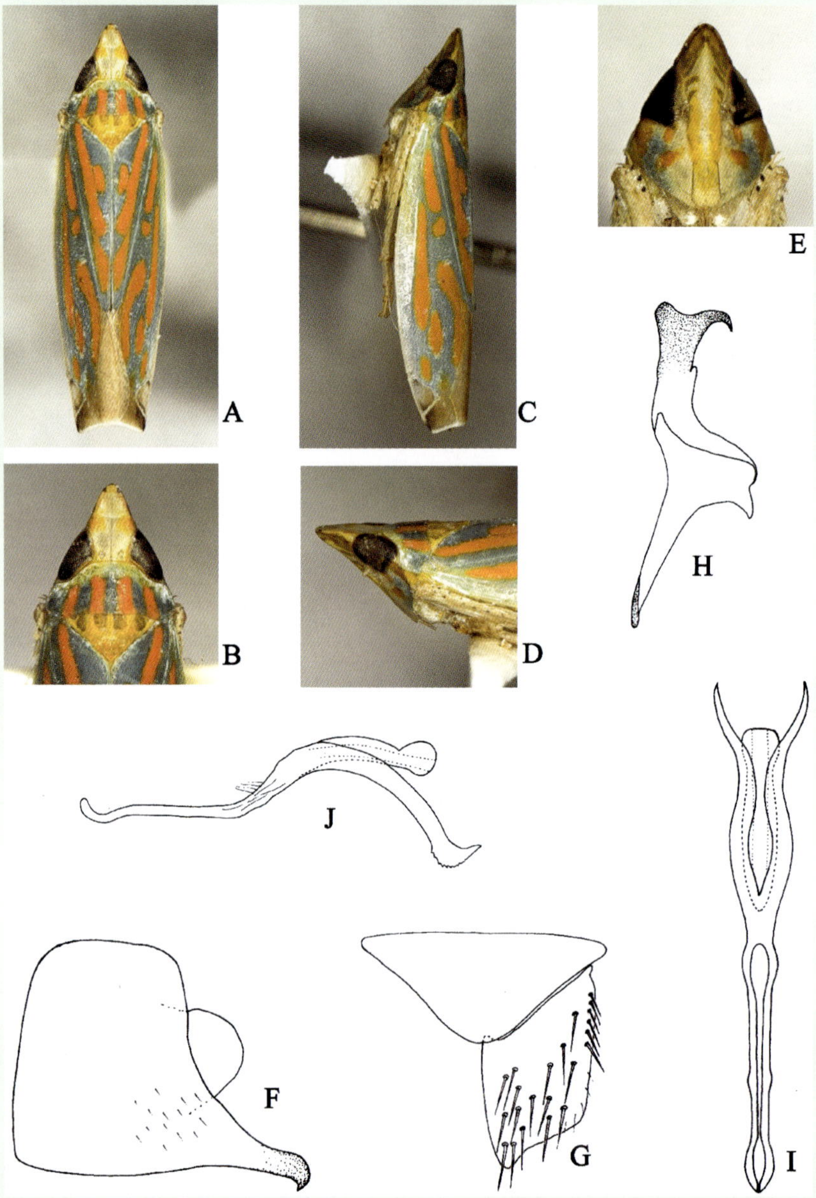

图 86 弯茎拟狭额叶蝉 *Vartalapa curvata* Viraktamath

A. 雄成虫背面观（male habitus, dorsal view）；B. 头胸部背面观（head and thorax, dorsal view）；C. 雄成虫侧面观（male habitus, lateral view）；D. 头胸部侧面观（head and thorax, lateral view）；E. 颜面（face）；F. 雄虫尾节侧瓣（pygofer, lateral view）；G. 生殖基瓣和下生殖板（valve and subgenital plate）；H. 阳基侧突（style）；I. 连索和阳茎腹面观（connective and aedeagus, ventral view）；J. 阳茎侧面观（aedeagus, lateral view）

87. 二点颜脊叶蝉 *Xenovarta acuta* Viraktamath，2004（图 87，130）

Xenovarta acuta Viraktamath，2004：24.

体连翅长：♂ 7.1 ~ 7.6mm，♀7.4 ~ 7.7mm。

体淡黄白色，具橘黄色纵带纹。头冠淡黄白色，端缘有 2 枚黑色小斑点，中央有 2 条橘黄色纵纹，复眼黑色，单眼淡黄白色，颜面淡黄白色，两侧有褐色斜纹。前胸背板有 4 条，小盾片有 2 条橘黄色纵纹；前翅淡黄白色，翅脉带绿色色泽，端缘褐色，具 5 条橘黄色纵纹，其中中前域 2 条两端流离。虫体腹面淡黄白色，无明显斑纹。

雄虫尾节侧瓣狭长，端向渐窄，端缘圆，端区着生许多粗长刚毛。生殖基瓣与下生殖板愈合，端部中央成裂缝状。阳基侧突基部宽大，端部变细，微弯曲，其弯曲处有细刚毛簇。连索 Y 字形，主干大于其臂长。阳茎干管状弯曲，背腔发达，生殖孔位于阳茎干中部，阳茎干基部两侧各有 1 个弯曲的突起，其长度与阳茎干接近等长。

寄主：水竹、慈竹、斑竹等竹类（首次报道该种叶蝉取食竹类）。

分布：中国（香港、湖南、福建、贵州）。

标本采集记录：2♀♀，福建三明，1978-X-11，采集者不详；2♂♂2♀♀，贵州道真，1984-VII-15，李子忠采；1♂，贵州务川，1985-VII-25，覃举安采；4♂♂9♀♀，贵州望谟打易，竹子，1997-IX-22，陈祥盛采；2♀♀，贵州平坝农场，竹子，1998-IX-5，陈祥盛采；2♂♂2♀♀，贵州贵阳黔灵公园，竹子，1999-VII-3，陈祥盛采；1♀，贵州贵阳花溪公园，竹子，2006-VII-28，刘明宏采；3♀♀，贵州贵阳森林公园，竹子，2006-VIII-11，杨琳、陈祥盛采；1♂，贵州贵阳花溪公园，竹子，2006-VIII-16，陈祥盛采；12♂♂13♀♀，贵州贵阳黔灵公园，竹子，2007-VIII-21，陈祥盛、杨琳采；2♂♂1♀，福建武夷山，2009-VIII-4，郑延丽采；1♂1♀，贵州绥阳宽阔水，竹子，2010-VIII-8，郑延丽采；1♀，贵州平塘大塘三角坡，水竹，2010-X-17，陈祥盛、杨琳采；1♂1♀，贵州贵阳森林公园，竹子，2011-VIII-27，陈祥盛、杨琳采；6♀♀，贵州平塘大塘三角坡，水竹、慈竹，2011-IX-9，陈祥盛、杨琳采。

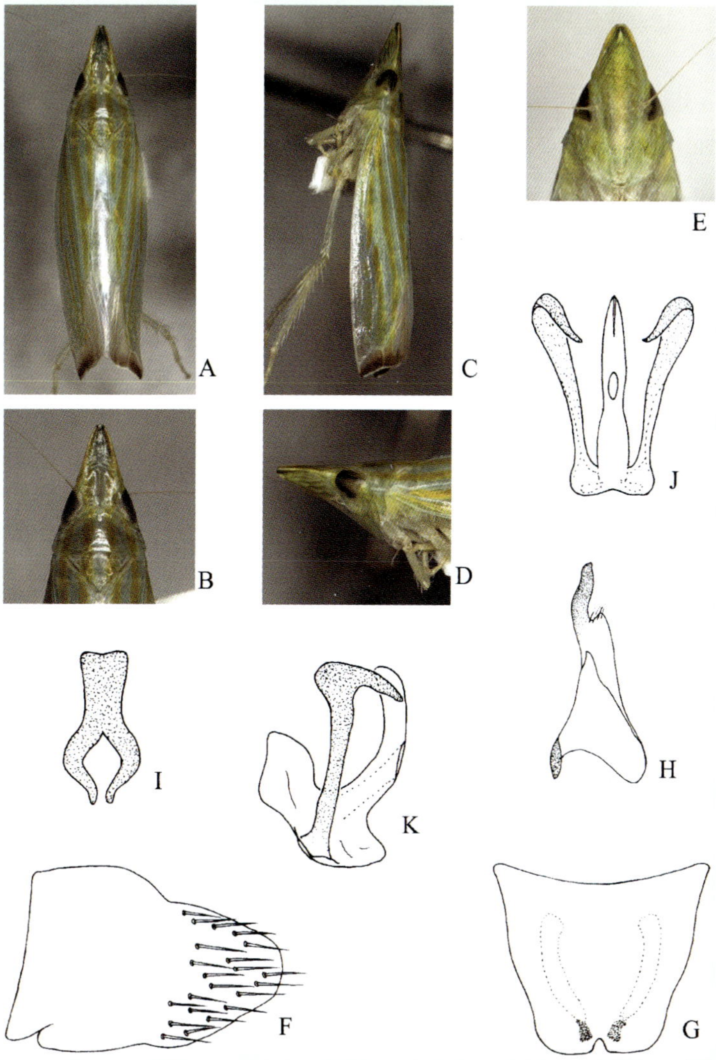

图 87　二点颜脊叶蝉 *Xenovarta acuta* Viraktamath

A. 雄成虫背面观（male habitus，dorsal view）；B. 头胸部背面观（head and thorax，dorsal view）；C. 雄成虫侧面观（male habitus，lateral view）；D. 头胸部侧面观（head and thorax，lateral view）；E. 颜面（face）；F. 雄虫尾节侧瓣（pygofer，lateral view）；G. 生殖基瓣和下生殖板（valve and subgenital plates）；H. 阳基侧突（style）；I. 连索（connective）；J. 阳茎后腹面观（aedeagus，posterior and ventral view）；K. 阳茎侧面观（aedeagus，lateral view）

88. 长角颜脊叶蝉 *Xenovarta longicornis* Duan et Zhang, 2010(图 88)

Xenovarta longicornis Duan *et* Zhang, 2010: 43.

体连翅长：♂ 6.3 ~ 6.5mm，♀6.5 ~ 6.8mm。

体黄绿色，具红色带纹。头冠淡黄色，与颜面相交处的隆脊橘红色，复眼黑褐色，单眼黄色，颜面淡黄色。前胸背板黄绿色，具 4 条红色纵纹；小盾片黄色；胸足淡黄绿色，侧刺淡黄色；前翅绿色，具 3 条红色纵纹。腹部黄绿色，生殖节颜色稍深。

雄虫尾节侧瓣端向渐窄，端缘有 1 枚指状突起，背缘有 1 枚膜状突起。下生殖板与基瓣融合近似梯形，两侧外缘具许多长刚毛。阳基侧突基部宽大，端部弯曲，弯曲处有细刚毛，端部中央向外侧扩大，端部近乎指状。连索 Y 字型，主干短而宽。阳茎干侧面观呈 C 字型形弯曲，中部成二叉状，端部尖，稍弯曲，生殖孔位于分叉处。

寄主：竹类(首次报道该种叶蝉取食竹类)。

分布：中国(海南)。

标本采集记录：5 ♂♂ 2♀♀，海南尖峰岭，1997-V-14，杨茂发采；1 ♂，海南大田，2007-VII-09，邢济春采；1 ♂5 ♀♀，海南尖峰岭，2007-VII-10 ~ 12，张斌、邢济春、李玉建采；2 ♂♂，海南尖峰岭，2009-IV-10，蒋晓红采。

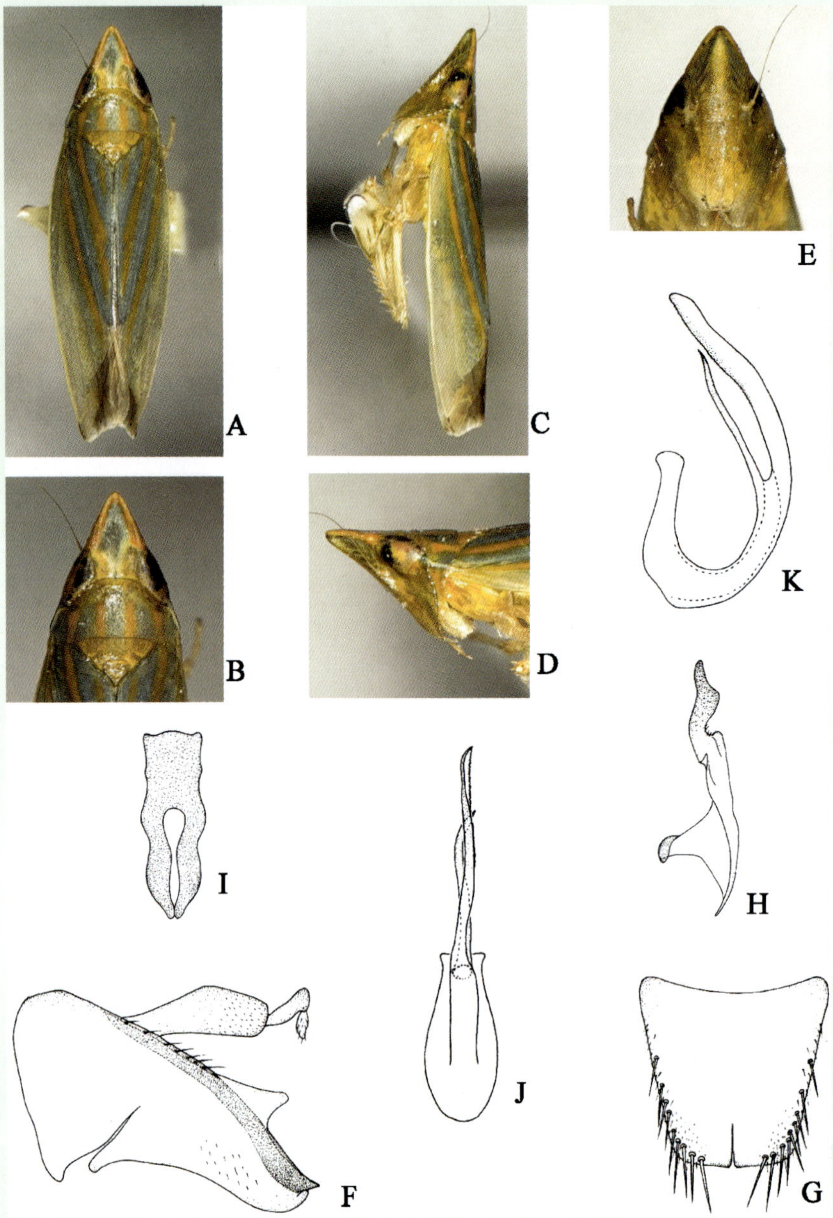

图 88 长角颜脊叶蝉 *Xenovarta longicornis* Duan *et* Zhang

A. 雄成虫背面观(male habitus, dorsal view)；B. 头胸部背面观(head and thorax, dorsal view)；C. 雄成虫侧面观(male habitus, lateral view)；D. 头胸部侧面观(head and thorax, lateral view)；E. 颜面(face)；F. 雄虫尾节侧瓣(pygofer, lateral view)；G. 生殖基瓣和下生殖板(valve and subgenital plates)；H. 阳基侧突(style)；I. 连索(connective)；J. 阳茎后腹面观(aedeagus, posterior and ventral view)；K. 阳茎侧面观(aedeagus, lateral view)

89. 锥尾颜脊叶蝉 *Xenovarta subulata* Xing, Dai *et* Li, 2011(图 89)

Xenovarta subulata Xing, Dai *et* Li, 2011: 66.

体连翅长: ♂5.9mm。

体黄绿色，具红色带纹。头冠黄绿色，与颜面相交处的隆脊橘红色，复眼褐色，单眼黄色，颜面淡黄绿色。前胸背板黄绿色，具 4 条红色纵纹，其中中央 2 条延伸至小盾片；小盾片黄绿色；胸足淡黄绿色，侧刺淡黄色；前翅绿色，具 3 条红色纵纹，翅端部棕褐色。

雄虫尾节侧瓣端向渐窄，长大于高，背缘具 6 根粗刚毛，腹缘端部具 1 个锥状的长突起。下生殖板与基瓣融合近似梯形，两侧外缘具许多长刚毛。阳基侧突基部宽大，端部弯曲，弯曲处有细刚毛，端部中央发达，且具横皱。连索 Y 状，主干长短于其臂长。阳茎背腔发达，阳茎干细长，侧面观呈 C 字型形弯曲，端部尖，生殖孔位于亚端部，腹面观在生殖孔之上左侧具 1 个小的刺状突。

寄主：竹类(首次报道该种叶蝉取食竹类)。

分布：中国(广东、贵州)。

标本采集记录：1 ♂(正模)，广东南昆山，竹子，2010-VIII-23，邢济春采；2 ♂♂，贵州荔波茂兰，竹子，2011-VII-16 ~ 20，宋琼章采。

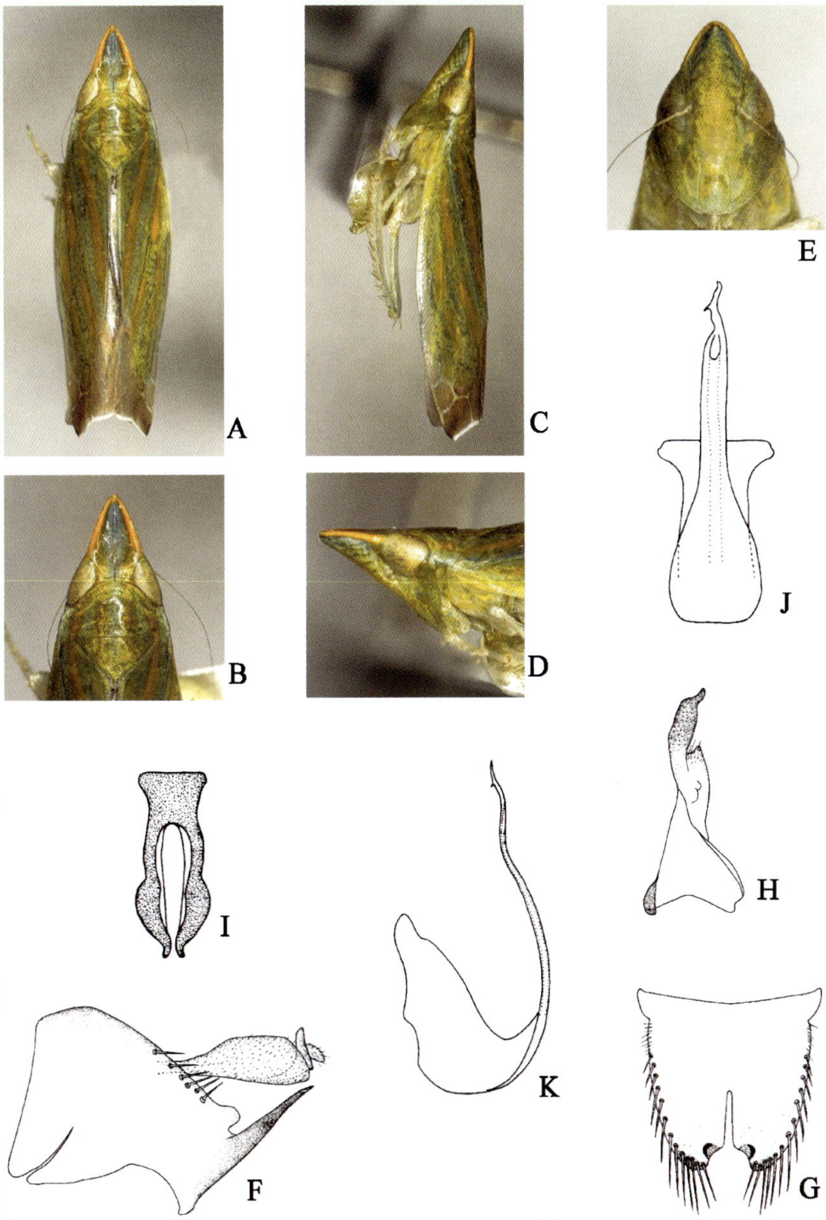

图 89　锥尾颜脊叶蝉 *Xenovarta subulata* Xing, Dai *et* Li

A. 雄成虫背面观(male habitus, dorsal view); B. 头胸部背面观(head and thorax, dorsal view); C. 雄成虫侧面观(male habitus, lateral view); D. 头胸部侧面观(head and thorax, lateral view); E. 颜面(face); F. 雄虫尾节侧瓣(pygofer, lateral view); G. 生殖基瓣和下生殖板(valve and subgenital plates); H. 阳基侧突(style); I. 连索(connective); J. 阳茎后腹面观(aedeagus, posterior and ventral view); K. 阳茎侧面观(aedeagus, lateral view)

(四)横脊叶蝉亚科 Evacanthinae

90. 景洪狭顶叶蝉 *Angustella jinghongensis* Li *et* Li, 2011(图 90)

Angustella jinghongensis Li *et* Li, 2011: 48.

体连翅长: ♂6.5mm。

体淡橘黄色。头冠中央有1枚近似梯形黑色斑，复眼黑色，单眼淡黄白色，四周有黑色环绕，近似于黑色小斑点，颜面淡黄白色，额唇基基缘有1枚黑色小斑，此斑沿中央纵脊延伸，额唇基两侧缘各有1条黑褐色纵纹。前胸背板具黑褐色横带纹；前翅姜黄色，翅端色较暗，端区有1条橘黄色横带纹，前缘、后缘、沿爪缝和翅脉黑褐色；胸部腹板和胸足淡黄白色，无明显斑纹。

雄虫尾节侧瓣斜向背面伸出，端背角呈尖角状，腹缘突起细长，向外侧伸出，超过尾节侧瓣端缘甚多。下生殖板长叶片状，中域有粗长刚毛，外缘有细长刚毛。阳基侧突细长，亚端部呈颈状，端缘平切向外侧伸出。连索Y形，干长是臂长的3倍，基部较细。阳茎囊状，背缘钩状突强壮。

寄主：竹类。

分布：中国(云南)。

标本采集记录：1♂(正模)，云南景洪，2006-VIII-27，张培采；1♀，云南西双版纳勐腊，竹子，2011-VII-24，郑维斌、常志敏；1♂，云南绿春黄连山，竹子，2011-VIII-4，常志敏、郑维斌采。

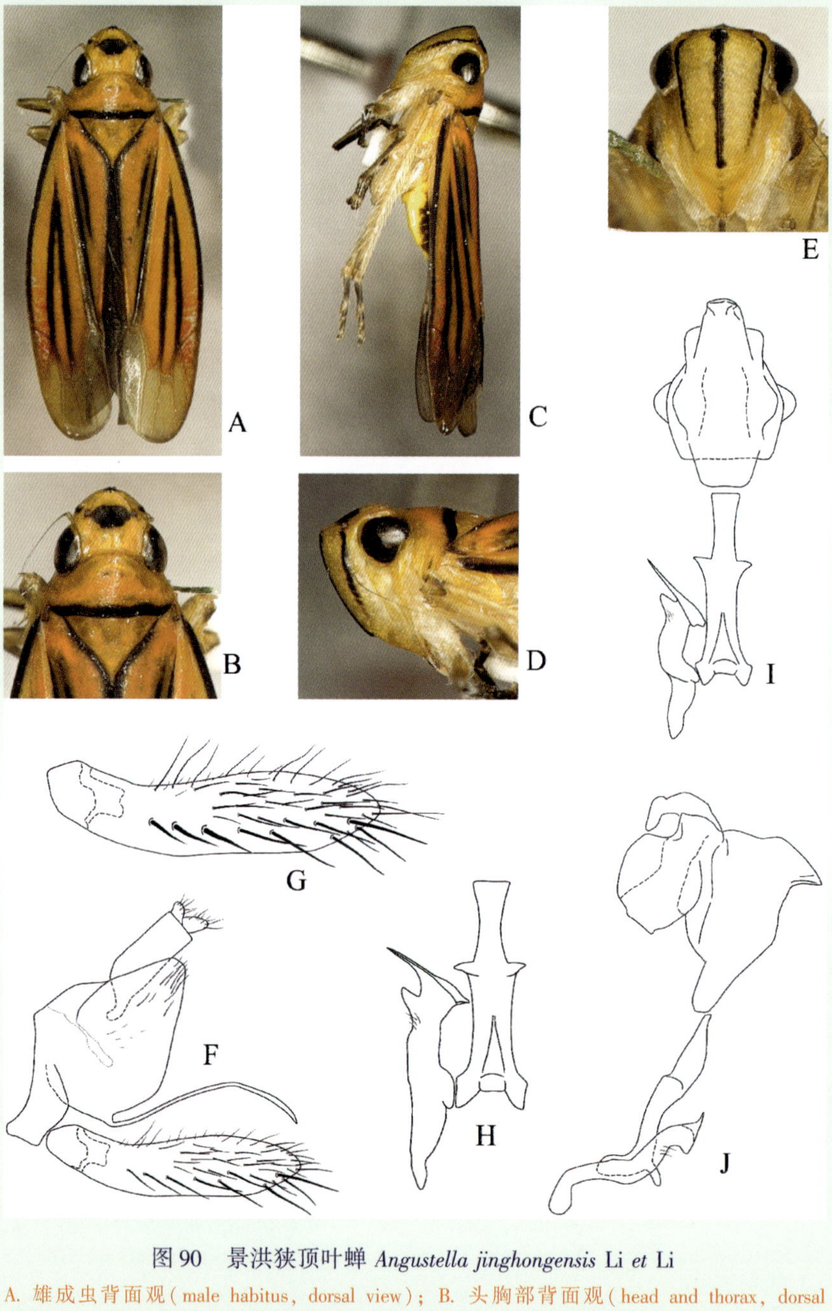

图 90 景洪狭顶叶蝉 *Angustella jinghongensis* Li *et* Li

A. 雄成虫背面观(male habitus, dorsal view); B. 头胸部背面观(head and thorax, dorsal view); C. 雄成虫侧面观(male habitus, lateral view); D. 头胸部侧面观(head and thorax, lateral view); E. 颜面(face); F. 雄虫生殖节侧面观(male genital segment, lateral view); G. 下生殖板(subgenital plate); H. 阳基侧突和连索(style and connective); I. 阳基侧突、连索和阳茎腹面观(style, connective and aedeagus, ventral view); J. 阳基侧突、连索和阳茎腹面观(style, connective and aedeagus, lateral view)

91. 白边狭顶叶蝉 *Angustella leucostriata* Li *et* Wang, 1991(图 91)

Angustella leucostriata Li *et* Wang, 1991: 50.

体连翅长: ♂6.50~6.80 mm, ♀7.20~7.50 mm。

头冠淡橙黄白色，颜面淡黄白色，头冠中前域有1枚不规则黑色大斑，颜面中脊和两侧纵线状纹及舌侧板上1枚大斑黑色；单眼淡褐色。前胸背板浅橙黄色，沿前缘和后缘具黑褐色狭边；中胸小盾片淡橙黄白色；前翅青绿色，前缘域和端区淡黄白色透明，翅脉橙黄色；胸部腹板和胸足淡黄白色。腹部背面黑褐色，腹面淡黄白色。雄虫尾节黑褐色。

雄虫生殖节侧扁，尾节侧瓣端缘呈尖角状突出，腹缘前端具细长突起，沿外缘延伸至背缘，其长超过背缘。下生殖板阔而长，超过尾节侧瓣端缘，以中、端部处最宽，外侧域有2列粗刚毛。阳基侧突中部宽，端部内端突钝圆，外端突略弯曲，端向渐细成刺状，外伸。连索Y形，主干为臂长的4.20倍。阳茎囊状，具复杂突起，端部腹面有极骨化的长棒状倒突。

寄主：竹类。

分布：中国(贵州、云南)。

标本采集记录：8♂♂16♀♀，贵州绥阳宽阔水，1984-VIII-4-6，李子忠、高念昭采；5♂♂9♀♀，贵州望谟，1986-VI-15~17，李子忠采；7♂♂9♀♀，云南龙陵，2002-VII-24~25，李子忠、杨茂发采；3♂♂4♀♀，贵州绥阳宽阔水，2010-VIII-10~15，戴仁怀、李虎采。

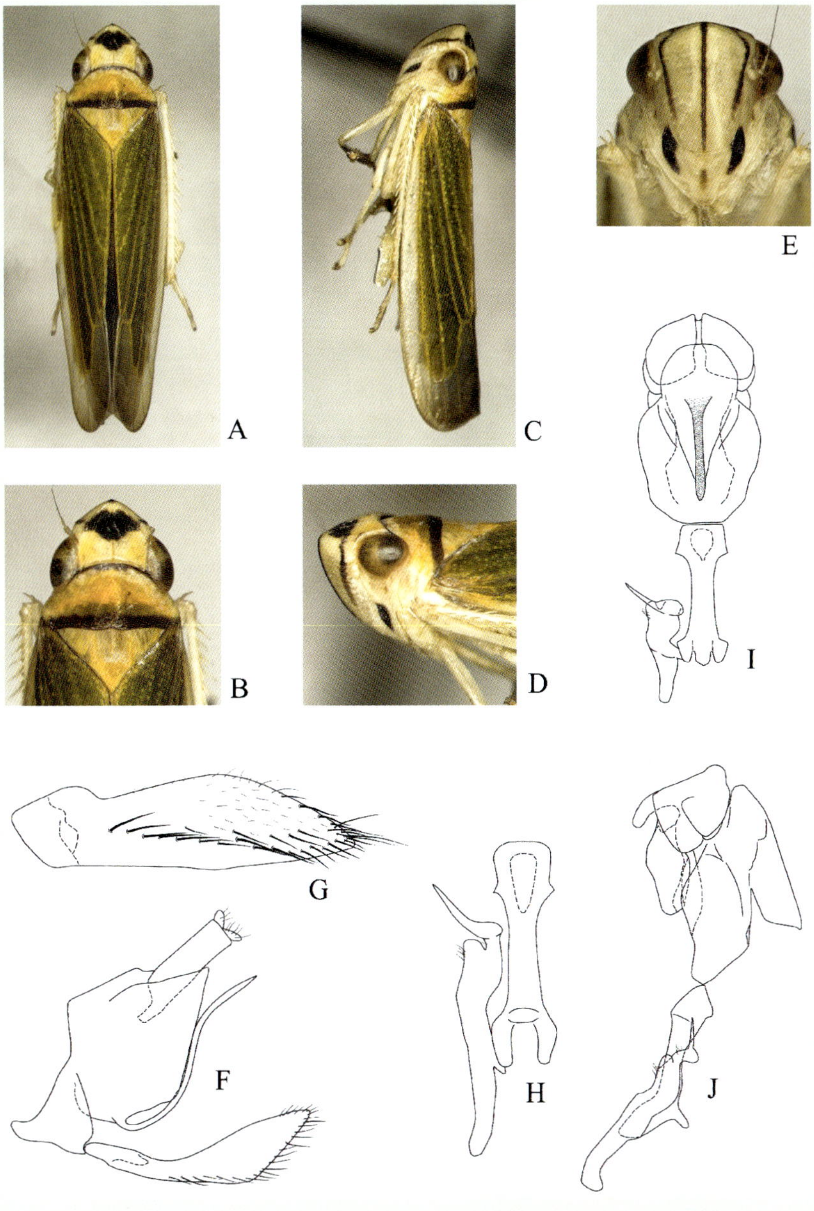

图 91 白边狭顶叶蝉 *Angustella leucostriata* Li *et* Wang

A. 雄成虫背面观(male habitus, dorsal view); B. 头胸部背面观(head and thorax, dorsal view); C. 雄成虫侧面观(male habitus, lateral view); D. 头胸部侧面观(head and thorax, lateral view); E. 颜面(face); F. 雄虫生殖节侧面观(male genital segment, lateral view); G. 下生殖板(subgenital plate); H. 阳基侧突和连索(style and connective); I. 阳基侧突、连索和阳茎腹面观(style, connective and aedeagus, ventral view); J. 阳基侧突、连索和阳茎侧面观(style, connective and aedeagus, lateral view)

92. 黑尾狭顶叶蝉，新种 *Angustella nigricauda* sp. nov.（图 92）

体连翅长：♂6.65～6.95 mm，♀7.15～7.45 mm。

本种有深绿色和黄绿色两种体色。深绿色个体体黄褐色。头冠中域具1黑褐色大斑，颜面中脊和两侧纵线状纹暗褐色，舌侧板外侧大部黑褐色；单眼淡褐色；复眼褐色。前胸背板沿前缘和后缘具黑褐色狭边；前翅除端区暗褐色、前缘域淡黄褐色近透明外，大部为青绿色；后翅暗褐色，翅脉黑褐色。腹部腹面中后部颜色逐渐加深为暗褐色，雄虫尾节黑褐色。黄绿色个体除前翅大部为黄绿色，前缘域为淡黄白色近透明外，各部颜色如深绿色个体。

雄虫生殖节侧扁，尾节侧瓣端缘呈尖角状突出，腹缘前端具细长突起，沿外缘延伸至背缘，其长超过背缘。下生殖板阔而长，超过尾节侧瓣端缘，以中、端部处最宽，外侧域有1列粗刚毛。阳基侧突长条状，端部内端突钝圆，外端突直，端向渐细成刺状，外伸。连索Y形，主干为臂长的1.8倍。阳茎囊状，端部具复杂突起，腹面近中部有极骨化的长片状倒突，其端部延伸为齿状；后腹面观，阳茎干亚端部两侧具齿状突起。

寄主：竹类。

分布：中国（云南）。

标本采集记录：正模♂，云南绿春黄连山，竹子，2011-VIII-4，常志敏、郑维斌采；副模8♂♂11♀♀，余同正模。

讨论：新种与白边狭顶叶蝉 *A. leucostriata* Li *et* Wang，1991近似，主要区别在于：前翅端部黑色；阳基侧突外端突直而尖；连索两侧缘近基部处无齿突；阳茎干腹面观亚端部两侧具齿状突。

词源：新种根据前翅端部黑色命名。

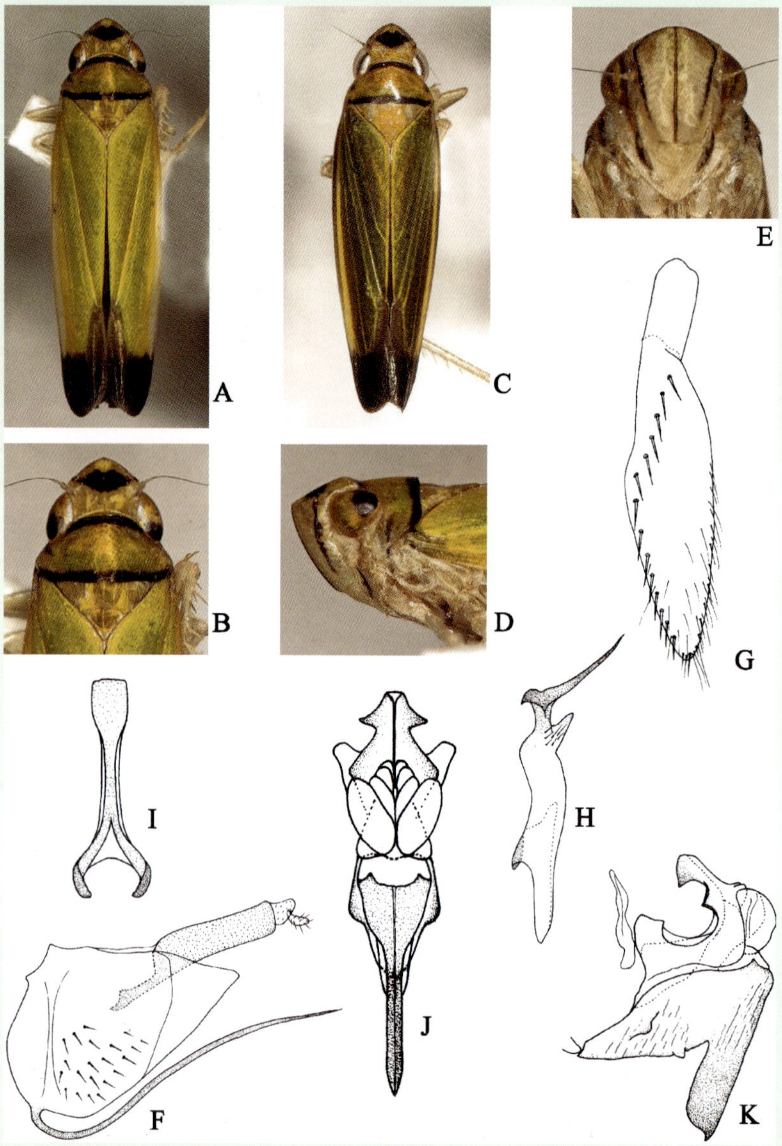

图92　黑尾狭顶叶蝉，新种 *Angustella nigricauda* sp. nov.

A. 雄成虫背面观（male habitus, dorsal view）；B. 头胸部背面观（head and thorax, dorsal view）；C. 雄成虫侧面观（male habitus, lateral view）；D. 头胸部侧面观（head and thorax, lateral view）；E. 颜面（face）；F. 雄虫生殖节侧面观（male genital segment, lateral view）；G. 下生殖板（subgenital plate）；H. 阳基侧突（style）；I. 连索（connective）；J. 阳茎腹面观（aedeagus, ventral view）；K. 阳茎侧面观（aedeagus, lateral view）

93. 黑缘狭顶叶蝉 *Angustella nigrimargina* Li et Li, 2011（图 93）

Angustella nigrimargina Li *et* Li, 2011：49.

体连翅长：♂ 6.5mm，♀7.5mm。

体淡橘黄色。头冠中央有 1 枚黑色斑，复眼黑色，单眼淡黄白色，四周有黑色环绕，近乎 1 枚小黑点，额唇基和前唇基中央纵贯 1 条黑色线状纹，额唇基两侧各有 1 枚黑褐色纵纹。前胸背板前缘中央 1 条短纹和后缘基部横带纹均黑褐色；前翅淡姜黄色，前缘、后缘、沿爪缝和翅脉黑褐色；胸部腹板和胸足淡黄白色无明显斑纹。

雄虫尾节侧瓣宽短，端区骤然缢缩变细，有数根细刚毛，腹缘细长，伸出尾节侧瓣端缘甚多。下生殖板宽叶片状，中域密生粗长刚毛，外缘有细长刚毛。阳基侧突亚端部成瓶颈状，端缘平切向外侧伸出。连索 Y 形，主干长是臂长的 2.5 倍，中央两侧各有 1 枚向外侧延伸的角状突。阳茎囊状，端部背缘钩状突强壮。

寄主：竹类。

分布：中国（云南）。

标本采集记录：1 ♂（正模），云南勐腊，1992-X-20，李子忠采；1♀（副模），云南勐腊，2008-VII-19，蒋晓红采；1♀，云南西双版纳勐腊，竹子，2011-VII-24，郑维斌、常志敏；1 ♂2♀♀，云南绿春黄连山，竹子，2011-VIII-4，常志敏、郑维斌采。

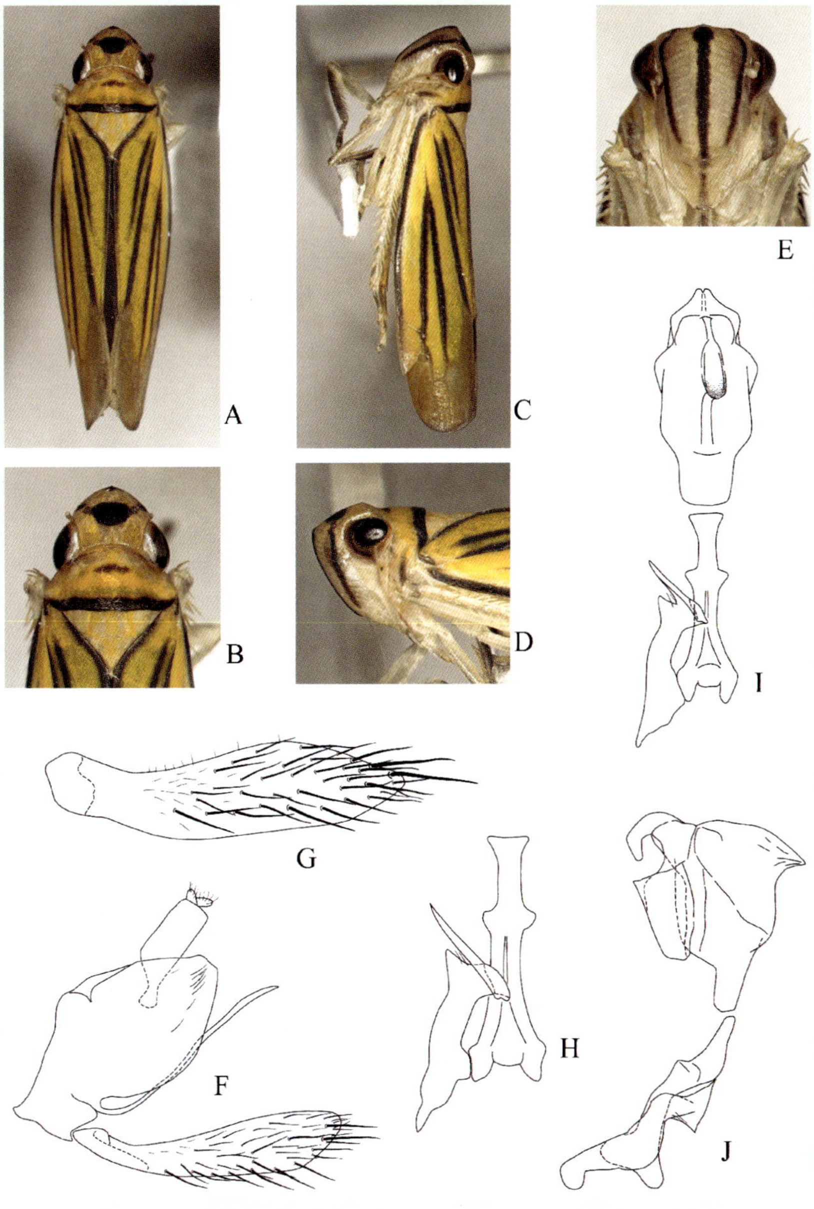

图 93 黑缘狭顶叶蝉 *Angustella nigrimargina* Li et Li

A. 雄成虫背面观（male habitus，dorsal view）；B. 头胸部背面观（head and thorax，dorsal view）；C. 雄成虫侧面观（male habitus，lateral view）；D. 头胸部侧面观（head and thorax，lateral view）；E. 颜面（face）；F. 雄虫生殖节侧面观（male genital segment，lateral view）；G. 下生殖板（subgenital plate）；H. 阳基侧突和连索（style and connective）；I. 阳基侧突、连索和阳茎腹面观（style，connective and aedeagus，ventral view）；J. 阳基侧突、连索和阳茎腹面观（style，connective and aedeagus，lateral view）

94. 竹斜脊叶蝉 *Bundera bambusana* Yang, Chen *et* Li, in press(图 94)

Bundera bambusana Yang, Chen *et* Li, in press.

体连翅长，♂6.35～6.75mm，♀6.85～7.10mm。

雄虫体黑色。头冠侧区中部生1枚淡黄褐色斑块，触角、单眼及复眼为黄褐色。颜面除了颊区的下侧缘淡黄褐色外，其余黑褐色。前翅棕黑色，爪片基部具1枚淡黄褐色三角形斑纹，爪片末端1枚小圆形斑及此斑相对的前缘区1枚大的半圆形斑均无色透明；各足端爪、后足胫节末端与各跗节端部暗褐色。腹部背腹面黑褐色。雌虫体淡黄褐色。仅头冠中央具4枚黑褐横斑。颜面后唇基与前唇基侧缘区及中脊暗褐色。前胸背板与小盾片淡灰黄色，前胸背板的前缘与中域有一些晕斑，小盾片基角为淡烟褐色。前翅爪片末端具1枚黑褐色斑纹。腹部各节背腹板后缘及产卵器淡黄褐色。

雄虫尾节侧瓣近呈三角形，后端逐渐变狭，端部上翘，端缘近平截。雄虫下生殖板狭而弯，端缘弧圆，中部最窄，中域具1列约7根粗刚毛，内侧、外侧及端缘均生长缘毛。阳基侧突中部宽，端内突尖三角形，内外角端向渐细，端部略向外弯，端缘近平截。连索Y形，主干长是臂长的4倍。阳茎基部细管状，中部膨大，背缘两侧有大的片状突，端部细，弯管状。

寄主：竹类。

分布：中国(云南)。

标本采集记录：1♂(正模)，13♂♂9♀♀(副模)，云南泸水片马，2800m，山竹，2000-VIII-17，陈祥盛采。

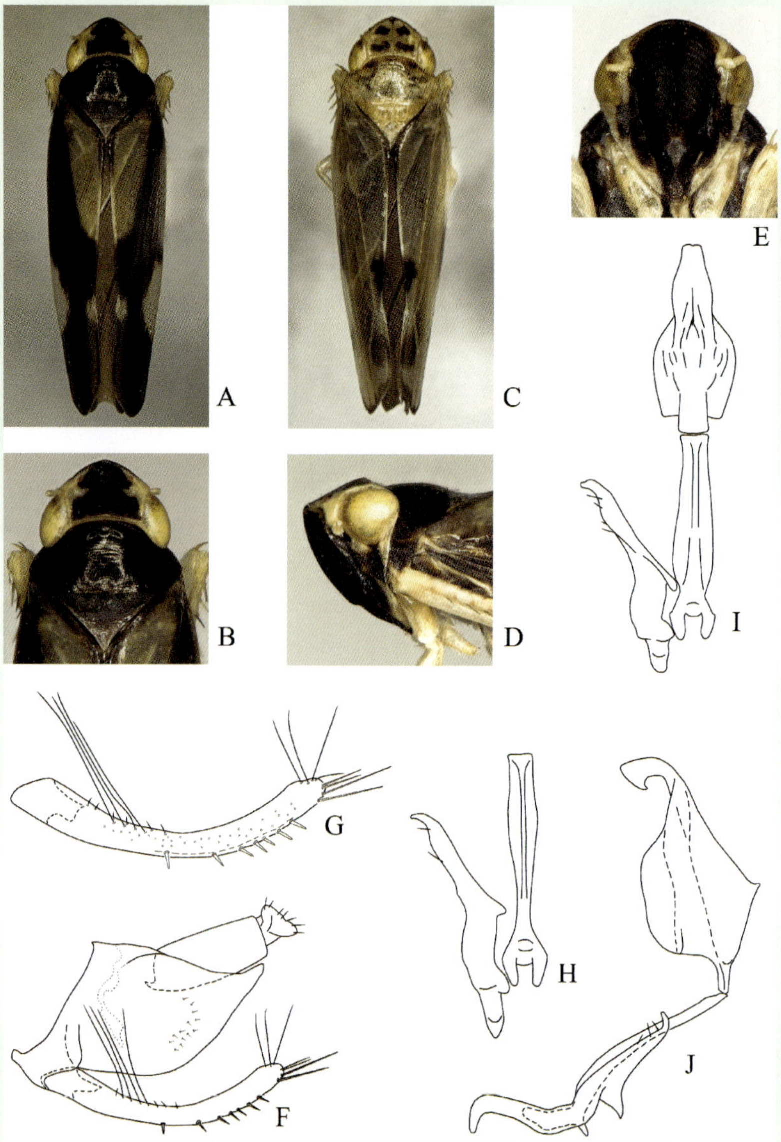

图 94 竹斜脊叶蝉 *Bundera bambusana* Yang, Chen *et* Li

A. 雄成虫背面观(male habitus, dorsal view)；B. 头胸部背面观(head and thorax, dorsal view)；C. 雄成虫侧面观(male habitus, lateral view)；D. 头胸部侧面观(head and thorax, lateral view)；E. 颜面(face)；F. 雄虫生殖节侧面观(male genital segment, lateral view)；G. 下生殖板(subgenital plate)；H. 阳基侧突和连索(style and connective)；I. 阳基侧突、连索和阳茎腹面观(style, connective and aedeagus, ventral view)；J. 阳基侧突、连索和阳茎侧面观(style, connective and aedeagus, lateral view)

95. 黑色冠垠叶蝉 *Boundarus nigronotus* Zhang, Zhang *et* Wei, 2010(图 95)

Boundarus nigronotus Zhang, Zhang *et* Wei, 2010: 66.

体连翅长：♂5.50～6.00 mm，♀6.00～7.00 mm。

头冠黄褐色，中央有 1 枚黑色大斑；颜面黄褐色；复眼、前胸背板、小盾片黑褐色；前翅亦黑褐色，翅脉黄白色。

雄虫尾节侧瓣近似三角形突出，腹缘无突起。下生殖板长宽微弯，基部分节，边缘有长刚毛。阳基侧突端部尖细针状，中部粗壮且弯曲，弯曲处有刚毛，基部较细。连索近似丫字形，两臂特短。阳茎基部细小，中部背缘有 1 对大的片状突起，端部膨大，端腹缘有 1 对刺状突，腹缘中部成角状扩延。

寄主：竹类。

分布：中国(四川、贵州、陕西、河南、湖北、吉林)。

标本采集记录：1 ♂2♀♀，四川广元水磨沟，1500m，竹子，2007-VIII-18，张玉波采。

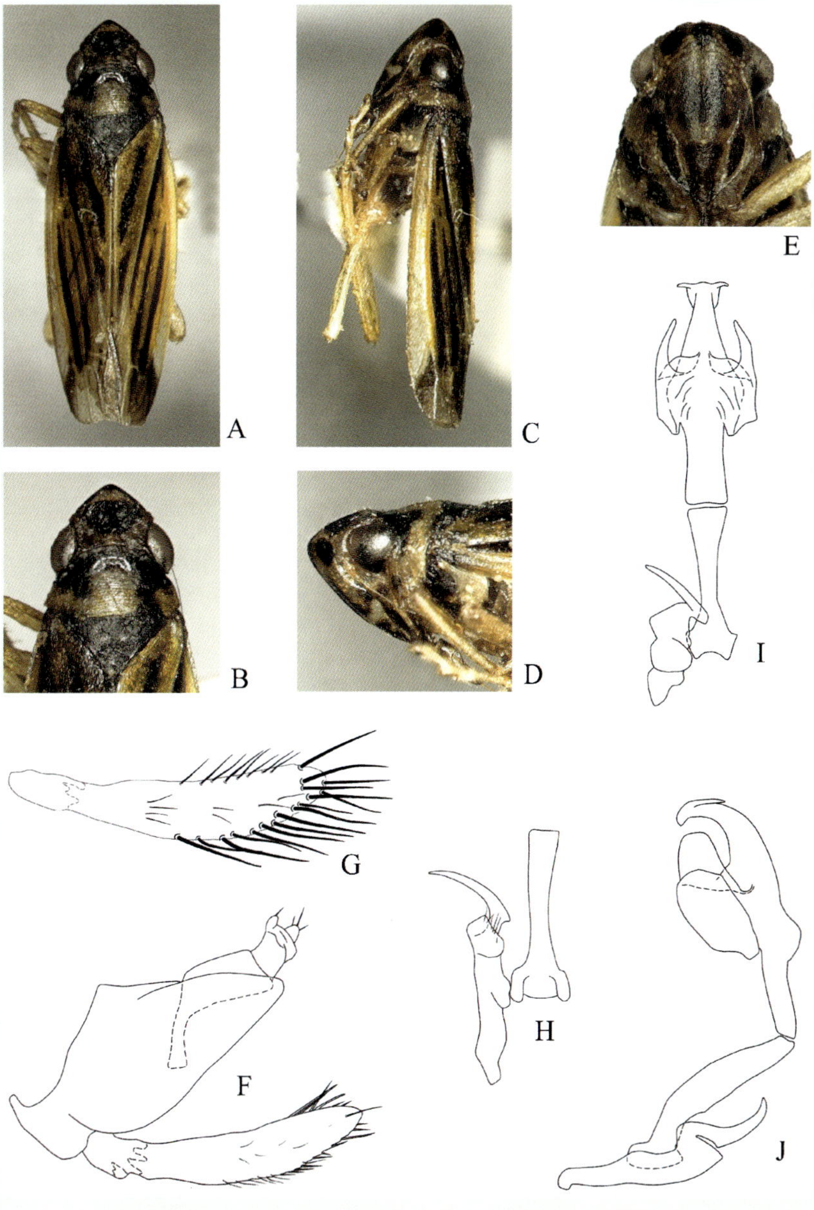

图 95 黑色冠垠叶蝉 *Boundarus nigronotus* Zhang, Zhang *et* Wei

A. 雄成虫背面观(male habitus, dorsal view)；B. 头胸部背面观(head and thorax, dorsal view)；C. 雄成虫侧面观(male habitus, lateral view)；D. 头胸部侧面观(head and thorax, lateral view)；E. 颜面(face)；F. 雄虫生殖节侧面观(male genital segment, lateral view)；G. 下生殖板(subgenital plate)；H. 阳基侧突和连索(style and connective)；I. 阳基侧突、连索和阳茎腹面观(style, connective and aedeagus, ventral view)；J. 阳基侧突、连索和阳茎侧面观(style, connective and aedeagus, lateral view)

96. 白边脊额叶蝉 *Carinata kelloggii* (Baker, 1923)(图 96)

Onukia kelloggii Baker 1923: 372.

Carinata kelloggii, Li *et* Wang, 1991: 67.

体连翅长：♂5.80～6.00 mm，♀6.00～6.20 mm。

体及前翅淡黄微带绿色，雌虫头冠部淡黄白色。头冠中前域有 1 枚大黑斑，此斑前缘深凹，复眼黑色，单眼黑褐色，额唇基两侧于触角窝下方各有 1 枚黑色横斑。前胸背板前、后缘有黑褐色狭边；前翅前缘域淡黄白色透明，端区浅烟煤褐色；胸部腹板及胸足淡黄白色，无任何斑纹。

雄虫生殖节侧扁，尾节侧瓣狭而突出，末端圆，腹缘突起较长，末端伸至侧瓣端缘，成羽状分支。下生殖板狭长，中域有 1 列粗刚毛。阳基侧突弯折扭曲。连索 Y 形，主干长是臂长的 3 倍。阳茎中部两侧成片状扣合，端部成管状且弯曲。

寄主：竹类。

分布：中国(福建、贵州、广西、重庆)。

标本采集记录：5♂♂4♀♀，贵州绥阳宽阔水，竹子，1984-VIII-1～5，李子忠采；6♀♀，贵州金佛山，竹子，1994-VIII-14-16，张亚洲采；2♂♂2♀♀，贵州佛顶山，竹子，1994-VIII-15，陈祥盛采；10♂♂5♀♀，贵州梵净山，竹子，1986-VII-22，李子忠采；6♂♂，重庆缙云山，竹子，1996-VI-21，杨茂发采；10♂♂4♀♀，重庆金佛山，竹子，1996-VII-3，杨茂发采；8♂♂10♀♀，广西元宝山，竹子，2004-VII-14～15，杨茂发采；7♂♂7♀♀，贵州道真大沙河，竹子，2004-VIII-17～20，杨茂发采；4♂♂，贵州道真大沙河仙女洞，竹子，2004-VIII-24，张斌采。

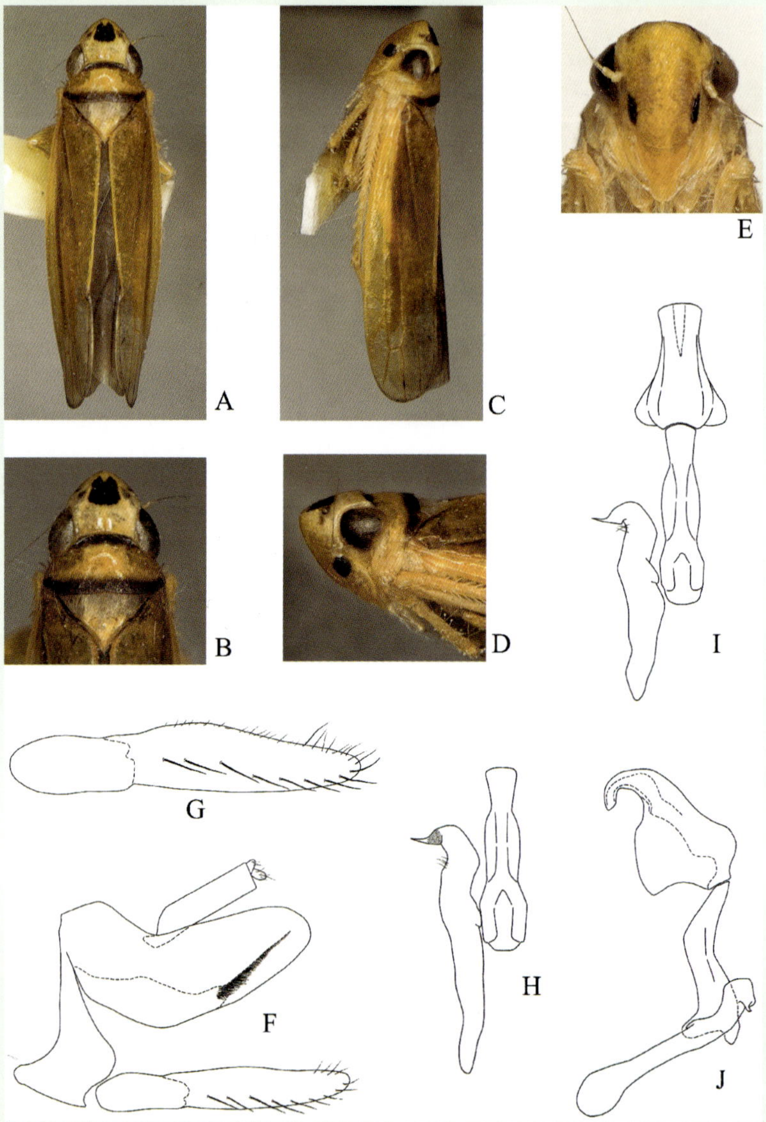

图 96 白边脊额叶蝉 *Carinata kelloggii* (Baker)

A. 雄成虫背面观(male habitus, dorsal view); B. 头胸部背面观(head and thorax, dorsal view); C. 雄成虫侧面观(male habitus, lateral view); D. 头胸部侧面观(head and thorax, lateral view); E. 颜面(face); F. 雄虫生殖节侧面观(male genital segment, lateral view); G. 下生殖板(subgenital plate); H. 阳基侧突和连索(style and connective); I. 阳基侧突、连索和阳茎腹面观(style, connective and aedeagus, ventral view); J. 阳基侧突、连索和阳茎侧面观(style, connective and aedeagus, lateral view)

97. 黑带脊额叶蝉 *Carinata nigrofasciata* Li *et* Wang, 1994(图 97)

Carinata nigrofasciata Li *et* Wang, 1994: 101.

体连翅长: ♂5.60 mm, ♀6.00~6.20 mm。

体淡黄色，复眼黑褐色，单眼棕红色，头冠亚端部中央有1枚黑色大斑，此斑前缘凹入，两侧沿侧脊后伸，致后部扩大，后缘接近平直。前胸背板前、后缘具黑色狭边；前翅爪片大部及前缘域基部4/5淡橙黄色，中央有1条黑色弯曲纵带纹，翅端煤褐色，爪片末端有1烟褐色区；后翅煤褐色。胸部腹板及胸足淡橙黄色无斑纹。腹部背面中央淡煤褐色，腹面淡黄微带白色，无斑纹。

雄虫尾节侧瓣端缘斜直，腹缘基部有1宽的片状突起，向后伸超过侧瓣端缘。下生殖板叶片状，内侧有1列粗刚毛，外缘有细长毛。阳基侧突基部成管状，端部成弯钩状。连索Y形，主干长为臂长的5倍，末端膨大。阳茎中部两侧有1大片突扣合成囊状，端部细弯管状。

寄主：未明(1头雌虫标本采自竹子上)。

分布：1♀，四川广元水磨沟，1500m，竹子，2007-VIII-18，张玉波采。

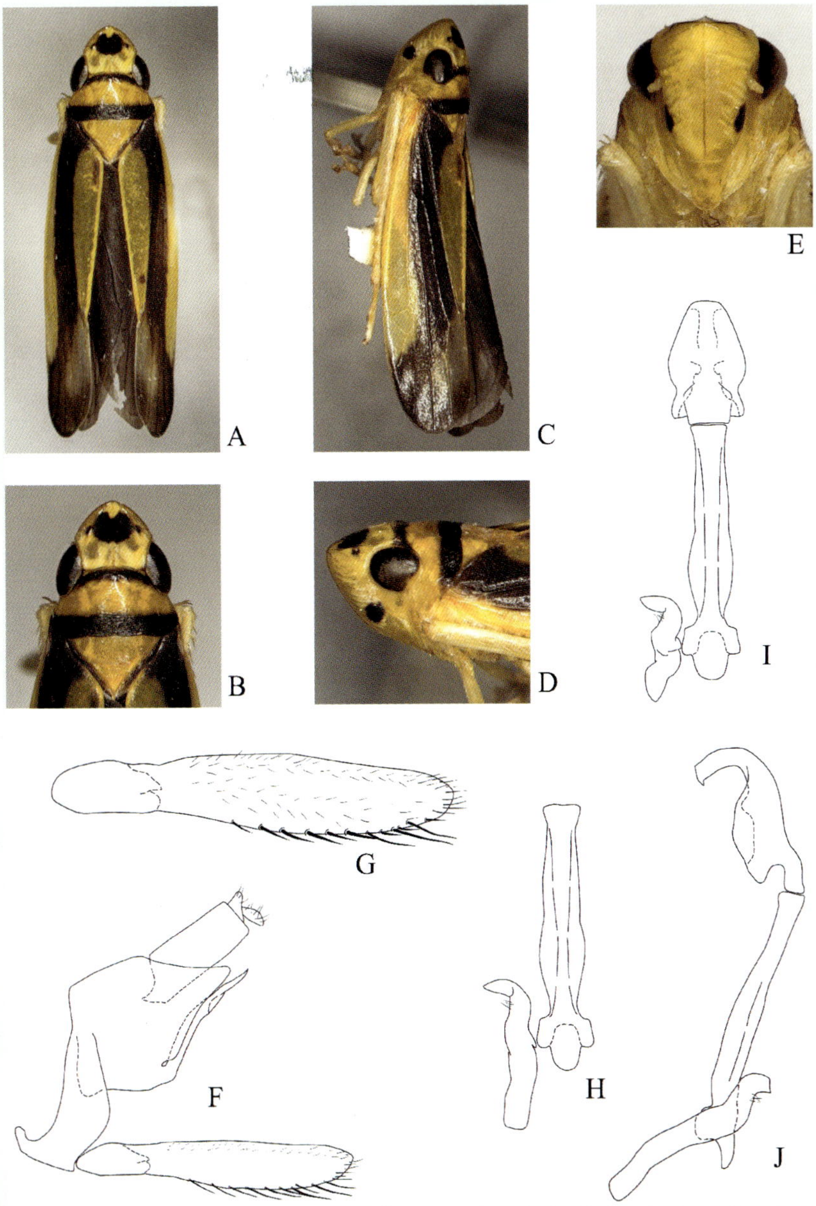

图 97 黑带脊额叶蝉 *Carinata nigrofasciata* Li *et* Wang

A. 雄成虫背面观(male habitus, dorsal view); B. 头胸部背面观(head and thorax, dorsal view); C. 雄成虫侧面观(male habitus, lateral view); D. 头胸部侧面观(head and thorax, lateral view); E. 颜面(face); F. 雄虫生殖节侧面观(male genital segment, lateral view); G. 下生殖板(subgenital plate); H. 阳基侧突和连索(style and connective); I. 阳基侧突、连索和阳茎腹面观(style, connective and aedeagus, ventral view); J. 阳基侧突、连索和阳茎侧面观(style, connective and aedeagus, lateral view)

98. 峨眉消室叶蝉 *Chudania emeiana* Yang *et* Zhang, 1990(图 98)

Chudania emeiana Yang *et* Zhang (in Zhang), 1990: 67.

体连翅长：♂5.0~5.2mm，♀5.8~6.1mm。

头冠、颜面基半部，前胸背板、小盾片黑色；复眼色稍减淡，呈黑褐色；颜面端半部、单眼、触角、胸部和腹部腹面、胸足呈浅黄色，惟胸足爪节呈浅褐色；前翅基半部后缘和端半部均呈褐色，在端半部褐色区内有浅黄色斑纹。

雄虫尾节侧瓣尾节突发达，末端尖。下生殖板有 8 根大刚毛。阳基侧突宽阔，基半部扭曲，端半部变阔，致背腹观近呈三角形，端部脚状延伸。连索 Y 形。阳茎端部向腹面弧形弯曲，端半部膜质，囊状，腹面有 2 条纵骨化带支持膜质部；阳茎基半部骨化，在阳茎近基部约 1/3 处，阳茎干侧面有 1 对短突起，伸向阳茎基方，向末端变尖。阳茎基部腔口中部腹面有 1 对很长的突起，约在近基部 1/3 处向背上方分出 1 短枝支，短枝长度约为该突起全长的 1/3，阳茎基部与连索关键处腹面有 1 叉状突起。

寄主：草本植物、慈竹(首次报道该种叶蝉取食竹类)。

分布：中国(贵州、四川)。

标本采集记录：2♂♂1♀，贵州宽阔水，1984-VIII-4，李子忠采；7♂♂5♀♀，四川峨眉净水，1991-VIII-1~2，李子忠采；1♂2♀♀，贵州梵净山，1994-VIII-9，李子忠、陈祥盛采；1♂1♀，贵州福泉黄丝镇，慈竹，2006-VIII-10，陈祥盛、杨琳采。

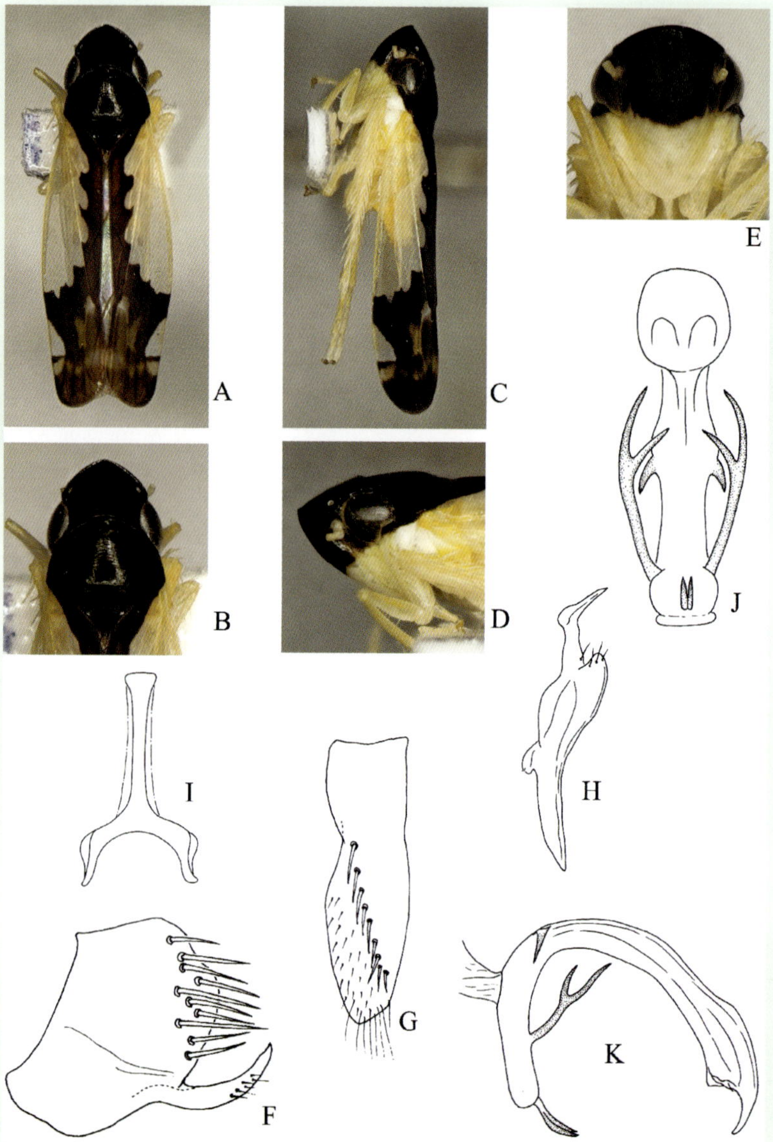

图 98 峨眉消室叶蝉 *Chudania emeiana* Yang *et* Zhag

A. 雄成虫背面观(male habitus, dorsal view); B. 头胸部背面观(head and thorax, dorsal view); C. 雄成虫侧面观(male habitus, lateral view); D. 头胸部侧面观(head and thorax, lateral view); E. 颜面(face); F. 雄虫尾节侧瓣(pygofer, lateral view); G. 下生殖板(subgenital plate); H. 阳基侧突(style); I. 连索(connective); J. 阳茎腹面观(aedeagus, ventral view); K. 阳茎侧面观(aedeagus, lateral view)

99. 甘肃消室叶蝉 *Chudania ganana* Yang *et* Zhang, 1990(图 99)

Chudania ganana Yang *et* Zhang (in Zhang), 1990: 68.

体连翅长：♂4.8mm，♀5.5mm。

雄虫头冠、颜面、前胸背板、小盾片均为黑色，但颜面端部色略减淡；复眼红褐色；单眼、触角、胸部和腹部腹面均为浅黄色。腹部背面褐色，前翅爪区沿翅基缘、后缘以及爪片端部全为深褐色，基余部分为浅黄色，端半部深褐色；前翅浅黄色与深褐色交界处边缘角状交错。在革区端半部褐色区内，沿翅前缘中部有 1 较大近三角形的浅黄色斑纹，其附近端方有 1 浅黄色小斑；沿翅后缘在爪片端部 Cu 横脉处、第 1 端室近端部各有 1 浅黄色小斑。雌虫颜面仅在基部中央有 1 很小黑斑，背面沿中线具 1 黑褐色纵带纹，仅前翅端部扩展为褐色，褐色纵带由前端向后褐色渐次减淡，翅近端部后缘褐色很浅，至翅端部又略加深，革区在爪片末端有 1 浅黄色小斑。腹部背面浅黄色。

雄虫尾节具发达尾节突，斜伸向背后方，端向渐细，末端尖，略弯曲。下生殖板具 10~12 根粗大刚毛，成 1 纵列。阳基侧突宽阔，基半部扭曲，端半部变阔，致背腹观近呈三角形，端部脚状延伸。连索 Y 形。阳茎向腹面弧形弯曲，端半部膜质，囊状，腹面有 2 条纵骨化带支持膜质部；阳茎基半部骨化，在阳茎中部背侧面，由两侧发出 1 对弯曲短突，伸向阳茎基方，端向渐尖；阳茎基部腹面有 1 对很长的突起，沿阳茎腹面延伸，在靠突起基部 2/5 处分出 1 短枝，其长度约为突起全长的 1/5；在阳茎与连索关键处腹面有 1 叉状短突起。

寄主：竹类(首次报道该种叶蝉取食竹类)。

分布：中国(甘肃、四川)。

标本采集记录：1 ♂，甘肃兰州，1997-VIII-21，李子忠采；4♀♀，四川广元水磨沟，竹子，2007-VIII-18，张玉波采。

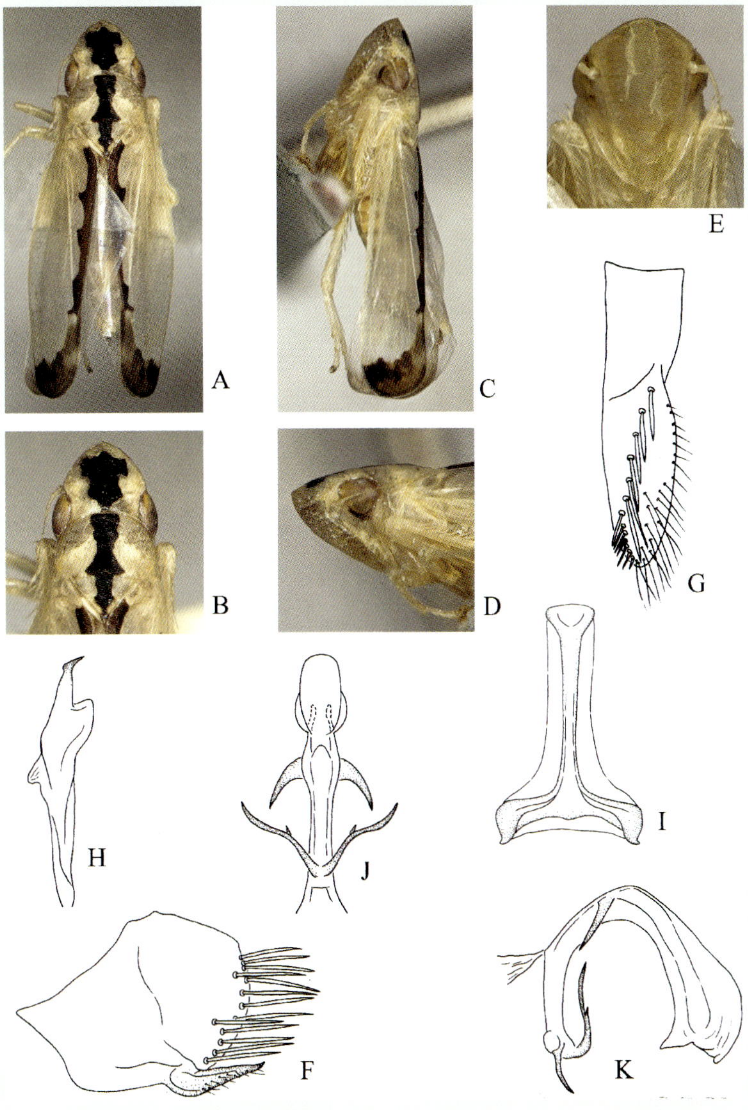

图 99 甘肃消室叶蝉 *Chudania ganana* Yang *et* Zhang

A. 雌成虫背面观(female habitus, dorsal view); B. 头胸部背面观(head and thorax, dorsal view); C. 雌成虫侧面观(female habitus, lateral view); D. 头胸部侧面观(head and thorax, lateral view); E. 颜面(face); F. 雄虫尾节侧瓣(pygofer, lateral view); G. 下生殖板(subgenital plate); H. 阳基侧突(style); I. 连索(connective); J. 阳茎腹面观(aedeagus, ventral view); K. 阳茎侧面观(aedeagus, lateral view)

100. 赫氏消室叶蝉 *Chudania hellerina* Zhang *et* Yang, 1990(图 100, 149)

Chudania hellerina Zhang *et* Yang (in Zhang), 1990: 65.

体连翅长: ♂ 4.7 ~ 5.0mm, ♀5.5 ~5.8mm。

雄虫头冠部、颜面基半部、复眼、前胸背板、小盾片黑色有光泽, 单眼、触角、颜面端半部、胸部和腹部腹面浅黄色, 腹部背面深褐色, 胸足末端淡褐色, 尾节褐色。前翅沿基缘、后缘及翅端半部深褐色, 其余部分浅黄色, 褐色区与浅黄色区交界处互相交错, 褐色区呈角状突出。革区端半部褐色区沿横脉及相连纵脉为浅黄色, 中部靠翅前缘有 1 大形浅黄色斑纹, 端区自前缘至后缘有 1 不规则、不连续的淡黄色横带, 此外, 在爪片末端有 1 个浅黄色小斑。雌虫体背黑色部分及前翅褐色区较雄虫小, 其中头冠中部两侧、前胸背板和中胸小盾片两侧均淡黄白色。腹部背面浅黄色。

雄虫尾节腹缘后方有 1 发达的尾节突, 斜伸向背后方, 末端弯曲。下生殖板中端部中域斜生 1 列约 8 根粗大刚毛。连索 Y 形。阳茎向腹面弧形弯曲, 端半部膜质, 囊状, 腹面有 2 条纵骨化带支持该膜质部; 阳茎基半部骨化, 在阳茎近中部侧面, 有 1 对突起分别伸向两侧, 微弯, 端向渐尖; 在阳茎基部腔口的端部腹面有 1 对发达的细长干状突起, 近中部处向腹下方分出 1 短突。阳茎基部与连索关键处有 1 叉状短突起。

寄主: 草本植物、楠竹(首次报道该种叶蝉取食竹类)。

分布: 中国(广西、湖南、云南、贵州)。

标本采集记录: 3 ♂ ♂ 3 ♀ ♀, 贵州梵净山, 1994-VIII-9, 陈祥盛采; 1♀, 云南西双版纳勐腊, 竹子, 2011-VIII-24, 郑维斌、常志敏采; 1♀, 湖南武冈云山, 楠竹, 2011-X-1, 陈祥盛、杨琳采。

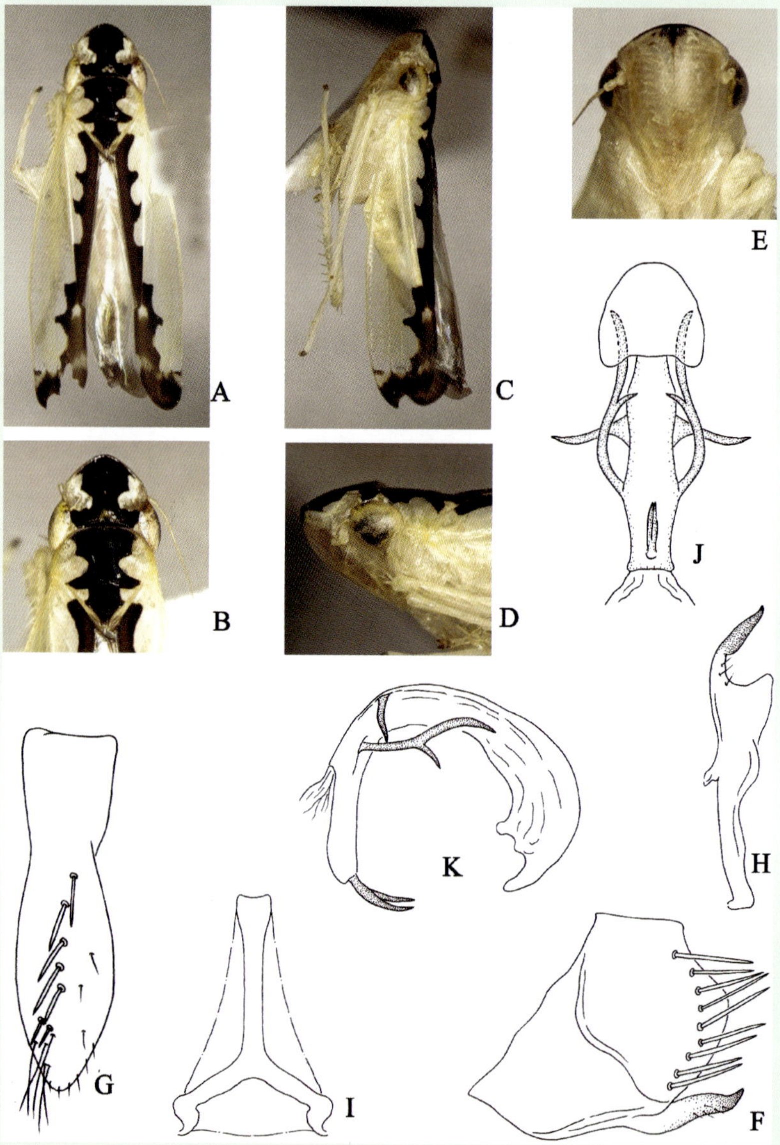

图 100 赫氏消室叶蝉 *Chudania hellerina* Zhang *et* Yang

A. 雄成虫背面观(male habitus, dorsal view); B. 头胸部背面观(head and thorax, dorsal view); C. 雄成虫侧面观(male habitus, lateral view); D. 头胸部侧面观(head and thorax, lateral view); E. 颜面(face); F. 雄虫尾节侧瓣(pygofer, lateral view); G. 下生殖板(subgenital plate); H. 阳基侧突(style); I. 连索(connective); J. 阳茎腹面观(aedeagus, ventral view); K. 阳茎侧面观(aedeagus, lateral view)

101. 昆明消室叶蝉 *Chudania kunmingana* Zhang *et* Yang, 1990(图 101)

Chudania kunmingana Zhang *et* Yang (in Zhang), 1990: 61.

体连翅长: ♂5.2~5.5mm, ♀5.8~6.0mm。

头冠部、颜面基半部、复眼、前胸背板、小盾片褐色, 前翅爪片及革区端部也呈褐色, 褐色深浅不均, 颜面基半部颜色加深呈暗褐色。单眼、触角、颜面端半部、胸部和腹部腹面及胸足均为浅黄色, 惟胸足爪节色略加深, 为浅褐色。腹部背面及侧面深褐色, 但背面前部1~4节两侧浅黄色。

雄虫尾节腹缘后方有1发达的尾节突, 端部向背方近直角状弯曲, 背端部横截, 端缘不平整。下生殖板内缘基部1/3处有1个刺状突, 中域斜生1列约7根大刚毛。阳基侧突宽阔, 端部呈蟹钳状。连索Y形。阳茎弯向腹面, 端半部膨大, 膜质, 囊状, 由基部向端部发出1对非常发达的突起, 突起弯向腹面, 基半部在膜质的囊内, 端半部伸出囊外, 端向渐尖; 阳茎基半部骨化, 在阳茎中部与膜质部交界处两侧有1对细长干状突起, 其末端弯曲, 在阳茎基部腔口端部腹侧面, 向侧面伸出1对细长突起, 端部弯曲, 阳茎基部与连索关键处腹面有1对小突起, 伸向腹后下方。

寄主: 草本植物(本研究中1雄性标本采自竹子上)。

分布: 中国(云南、贵州、重庆)。

标本采集记录: 1♀, 贵州织金, 1986-VIII-8, 李子忠采; 1♀, 贵州道真, 1988-V-15, 李子忠采; 5♂♂3♀♀, 贵州宽阔水, 1989-VII-6~7, 李子忠采; 1♂, 贵州望谟, 1997-IX-23, 陈祥盛采; 1♂, 重庆江津四面山, 1300m, 竹子, 1998-VI-17, 陈祥盛采。

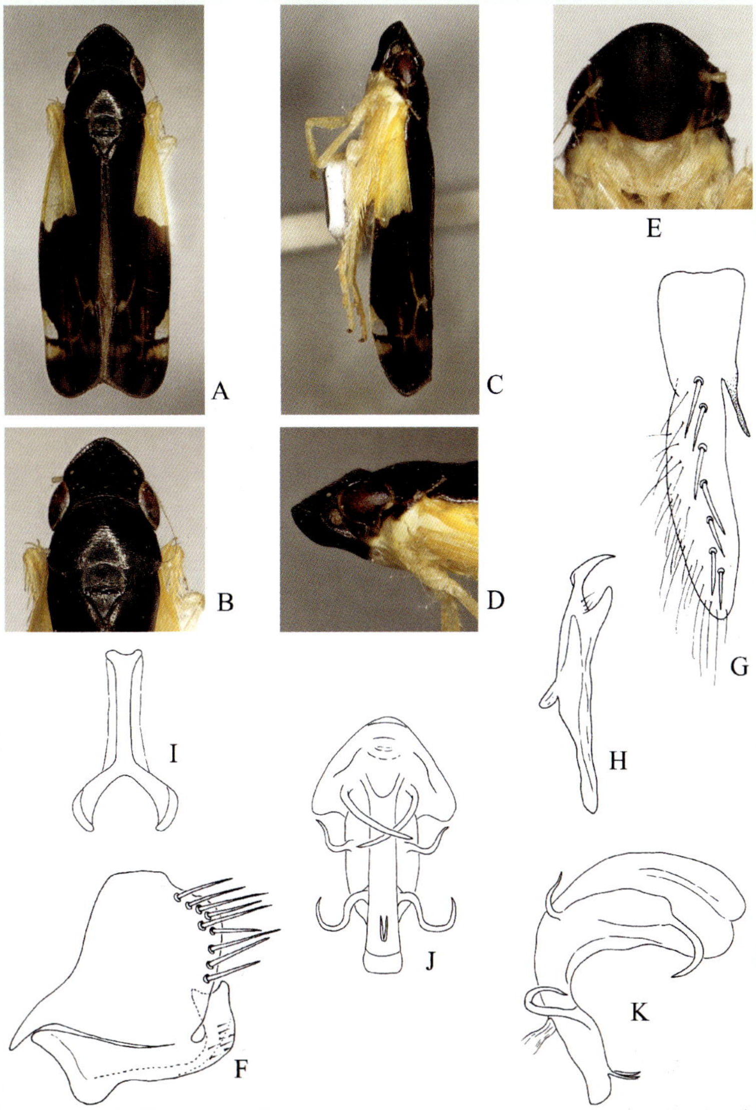

图 101 昆明消室叶蝉 *Chudania kunmingana* Zhang *et* Yang

A. 雄成虫背面观(male habitus, dorsal view); B. 头胸部背面观(head and thorax, dorsal view); C. 雄成虫侧面观(male habitus, lateral view); D. 头胸部侧面观(head and thorax, lateral view); E. 颜面(face); F. 雄虫尾节侧瓣(pygofer, lateral view); G. 下生殖板(subgenital plate); H. 阳基侧突(style); I. 连索(connective); J. 阳茎腹面观(aedeagus, ventral view); K. 阳茎侧面观(aedeagus, lateral view)

102. 中华消室叶蝉 *Chudania sinica* Zhang *et* Yang, 1990(图 102, 150)

Chudania sinica Zhang *et* Yang (in Zhang), 1990: 59.

体连翅长：♂5.0 ~ 5.2mm，♀5.8 ~ 6.0mm。

头冠部、颜面基半部、复眼、前胸背板、小盾片黑色，前翅后缘及翅端部深褐色，单眼、触角、颜面端半部、胸部和腹部腹面及胸足浅黄色，惟胸足爪节为浅褐色。腹部背面中央深褐色，由前向后深褐色区域渐宽，以至末端几节背面为深褐色。

雄虫尾节腹缘后方有 1 发达的尾节突，其端部背向弯曲，近呈直角，背端部横切，端缘不平整。下生殖板内、外缘基部 1/3 处内凹，内缘具 1 刺状突，中端部中域具 1 列约 8 根大刚毛。阳基侧突宽阔，基半部扭曲，端半部变阔，端部有 1 脚状延伸，致端部近呈蟹钳状。连索 Y 形。阳茎弯向腹面，端半部膨大，膜质，囊状，近端部腹面有 1 膜质囊状突起；阳茎基半部骨化，在阳茎中部与膜质部交界处分别向端腹面和基背面伸出 1 对发达的钩状突起，突起端部渐尖；在阳茎基部与连索关键处有 1 两叉小突起。

寄主：广玉兰、油桐、草本植物、箬竹(首次报道该种叶蝉取食竹类)。

分布：中国(湖南、广东、广西、福建、贵州、四川、浙江、陕西)。

标本采集记录：1 ♂，贵州册亨者楼，竹子，2011-VIII-26，龙见坤、常志敏采；1 ♂1 ♀，湖南新宁崀山，箬竹，2011-X-2，杨琳、陈祥盛采。

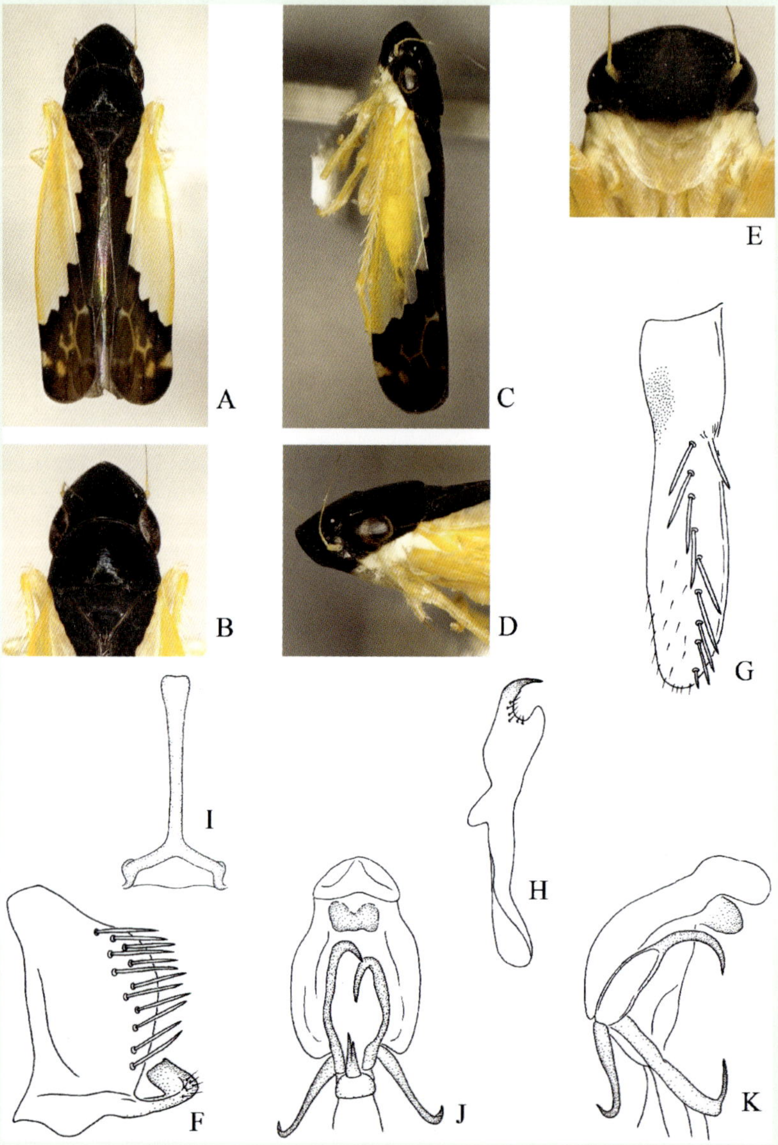

图 102 中华消室叶蝉 *Chudania sinica* Zhang *et* Yang

A. 雄成虫背面观(male habitus, dorsal view); B. 头胸部背面观(head and thorax, dorsal view); C. 雄成虫侧面观(male habitus, lateral view); D. 头胸部侧面观(head and thorax, lateral view); E. 颜面(face); F. 雄虫尾节侧瓣(pygofer, lateral view); G. 下生殖板(subgenital plate); H. 阳基侧突(style); I. 连索(connective); J. 阳茎腹面观(aedeagus, ventral view); K. 阳茎侧面观(aedeagus, lateral view)

103. 云南消室叶蝉 *Chudania yunnana* Yang *et* Zhang, 1990(图 103)

Chudania yunnana Yang *et* Zhang (in Zhang), 1990: 62.

体连翅长：♂5.0～5.2mm，♀55.5～6.0mm。

头冠部、颜面基半部、前胸背板及小盾片黑色，有光泽，复眼褐色，单眼、触角、颜面基半部、胸部和腹部腹面及胸足为浅黄色，惟各足爪节色较深，为浅褐色。前翅有褐色斑纹图案。雄虫腹部背面6～8节为黑褐色，其前几节背板两侧为浅黄色，中央黑褐色，由前向后黑褐色区域渐加宽以至背板全为黑褐色。

雄虫尾节腹缘后方有1发达的尾节突，其基部宽阔，侧扁，端部变细，末端尖，微上弯。下生殖板外缘凹入，中域有1列约9根刚毛。阳基侧突宽阔，基半部扭曲，末端足状延伸。连索Y形。阳茎向腹面弧形弯曲，端半部膜质，囊状，末端膨大，腹面有2条纵骨化带，由基半骨化部分延伸而来，支持膜质部；阳茎中部背面靠阳茎干有2对短突，分别伸向基方和端方；阳茎基部腹面有1对发达的长突，端部两叉状，沿阳茎干方向向背后方延伸；在此长突基部，阳茎与连索关键处腹面，有1叉状短突。

寄主：草本植物、竹类(首次报道该种叶蝉取食竹类)。

分布：中国(云南)。

标本采集记录：1♂，云南绿春黄连山，2011-VIII-4，常志敏、郑维斌采；1♂，贵州平塘大塘三角坡，2011-VIII-27，陈祥盛、杨琳采。

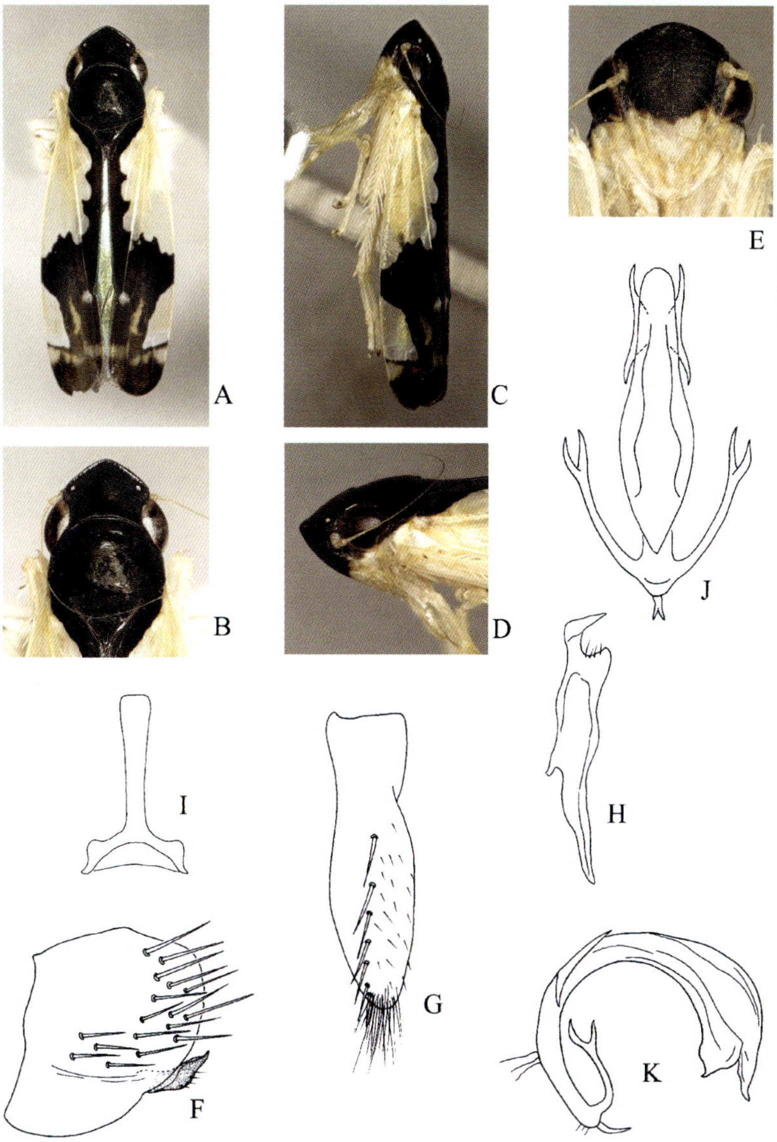

图 103　云南消室叶蝉 *Chudania yunnana* Yang *et* Zhang

A. 雄成虫背面观(male habitus, dorsal view)；B. 头胸部背面观(head and thorax, dorsal view)；C. 雄成虫侧面观(male habitus, lateral view)；D. 头胸部侧面观(head and thorax, lateral view)；E. 颜面(face)；F. 雄虫尾节侧瓣(pygofer, lateral view)；G. 下生殖板(subgenital plate)；H. 阳基侧突(style)；I. 连索(connective)；J. 阳茎腹面观(aedeagus, ventral view)；K. 阳茎侧面观(aedeagus, lateral view)

104. 红条凹片叶蝉 *Concaveplana rubilinena* Li, 2010(图 104)

Concaveplana rubilinena Li, 2010: 153.

体连翅长：♂6.8～7.0mm，♀7.5mm。

体及前翅淡黄白色，头冠中央有1条红色细纵纹，穿过前胸背板，止于小盾片基部，两侧各有1条不甚明显的红色纵纹，别无其他斑纹。

雄虫尾节侧瓣后缘中央深刻凹入，端背缘极度突出，端腹缘宽圆突出。下生殖板长而宽，外侧有长刚毛。阳基侧突基部宽，端部尖细弯曲向外伸。连索Y形。阳茎干弯曲，端部与主干垂直弯曲，基部有1对宽大的突起，其长度超过阳茎干端缘。

寄主：未明(本研究中1雄性标本采自竹子上)。

分布：中国(贵州、四川)。

标本采集记录：1♂(正模)，8♂♂1♀(副模)，贵州麻阳河，2007-IX-27～30，宋琼章、李玉建、邢济春采；1♂，四川雅安孔平乡，竹子，2010-VII-15，郑延丽采。

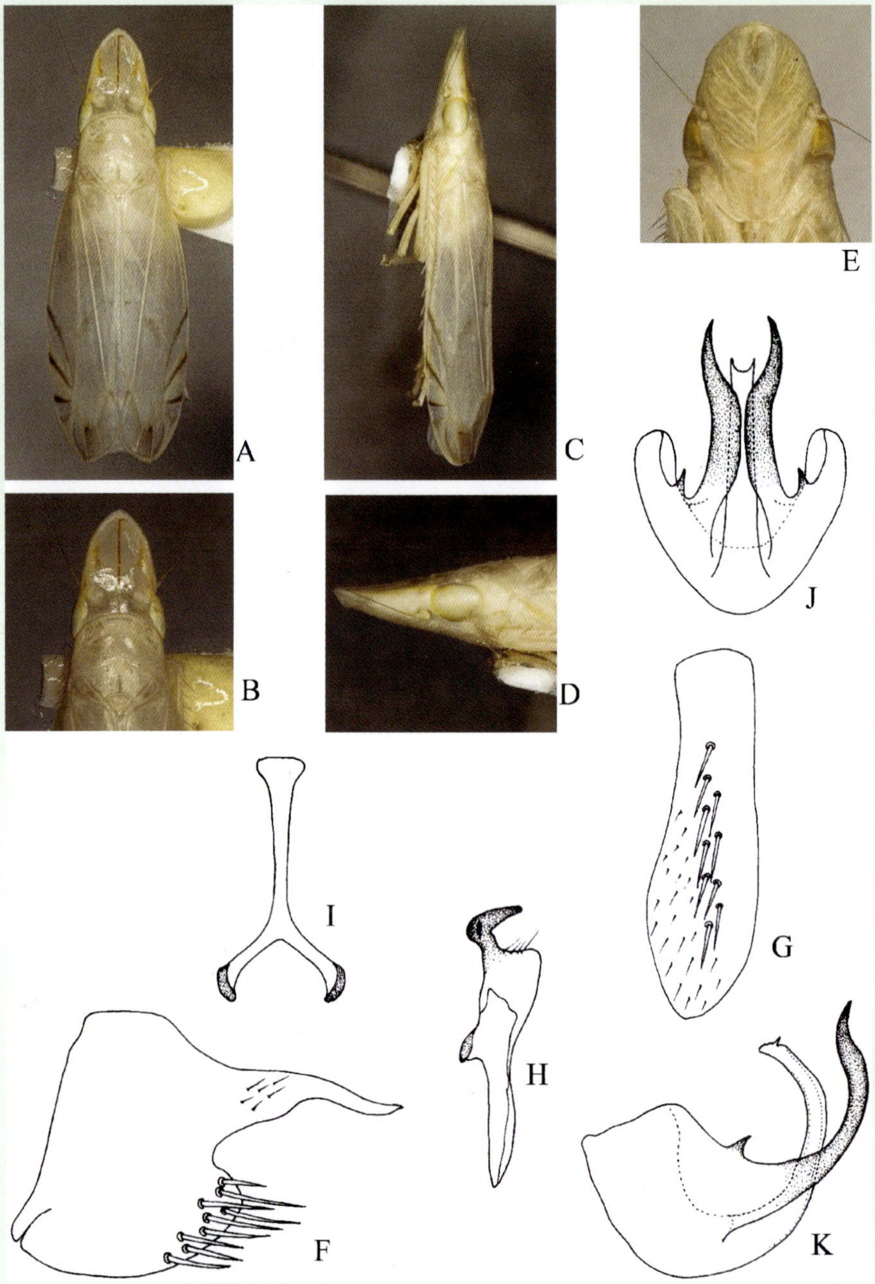

图 104 红条凹片叶蝉 *Concaveplana rubilinena* Li

A. 雄成虫背面观(male habitus, dorsal view); B. 头胸部背面观(head and thorax, dorsal view); C. 雄成虫侧面观(male habitus, lateral view); D. 头胸部侧面观(head and thorax, lateral view); E. 颜面(face); F. 雄虫尾节侧瓣(pygofer, lateral view); G. 下生殖板(subgenital plate); H. 阳基侧突(style); I. 连索(connective); J. 阳茎腹面观(aedeagus, ventral view); K. 阳茎侧面观(aedeagus, lateral view)

105. 曲突凸冠叶蝉，新种 *Convexana fleura* sp. nov.（图 105）

体连翅长：♂5. 80 ~ 5. 90 mm，♀5. 80 ~ 6. 00 mm。

头冠、前胸背板、中胸小盾片和前翅黑色。复眼黑褐色，单眼黄白色，头冠中央纵脊前端和基部、单眼着生区黄白色，颜面黄白色。前翅前缘中部有 1 枚长形白色透明斑，一些个体端区有 2 -3 枚淡黄白色横带纹；胸部腹板和胸足淡黄白色，中胸背板中央黑褐色。腹部背面黑褐色，腹部淡黄白色，各节中央淡黄褐色，生殖节黑褐色。雌虫前翅色较淡，革片灰白色。

雄虫尾节侧瓣端向渐细，近乎锥形，具微毛。下生殖板亚端部收窄变细，端缘有长毛，中央有 1 列粗长刚毛，约 14 根。阳基侧突基部扭曲，端部人足形向外侧延伸。连索 Y 形，主干长是臂长的 6 倍。阳茎侧面观中部双瓣扣合成长囊状，末端呈短管状弯曲，基部成细管状。雌虫腹部第七节腹板中长为第六节的 3 倍，后缘中央弧形凹入，两侧叶长形突出，产卵器伸出尾节侧瓣端缘。

寄主：未明（本研究中 1 雄性标本采自精竹上）。

分布：中国（云南）。

标本采集记录：正模♂，云南丽江，精竹，2000-VIII-10，陈祥盛采；副模：1♂1♀，云南龙陵，2000-VII-24，李子忠采；2♀♀，云南丽江，2000-VIII-10，李子忠采；5♂♂7♀♀，云南兰坪，2000-VIII-12，李子忠采；2♂♂2♀♀，云南片马，2000-VIII-15，李子忠采；3♂♂3♀♀，云南兰坪，2006-VIII-8，宋琼章采；1♀，云南片马，2006-VIII-14，张培采；2♂♂5♀♀，云南盈江，2011-VI-3，李玉建采；7♂♂11♀♀，云南龙陵，2011-VI-10 ~ 11，李玉建采；4♂♂8♀♀，云南片马，2011-VI-19，李玉建、张斌采。

讨论：新种外形特征和体色斑纹与白脊凸冠叶蝉 *C. albicarinata* Li, 1994 相似，区别在于：本新种雄虫颜面淡黄白色，雌虫小盾片黑色，阳基侧突端部弯折。

词源：新种名来源于拉丁词 fleure（弯曲的），意指阳基侧突弯曲。

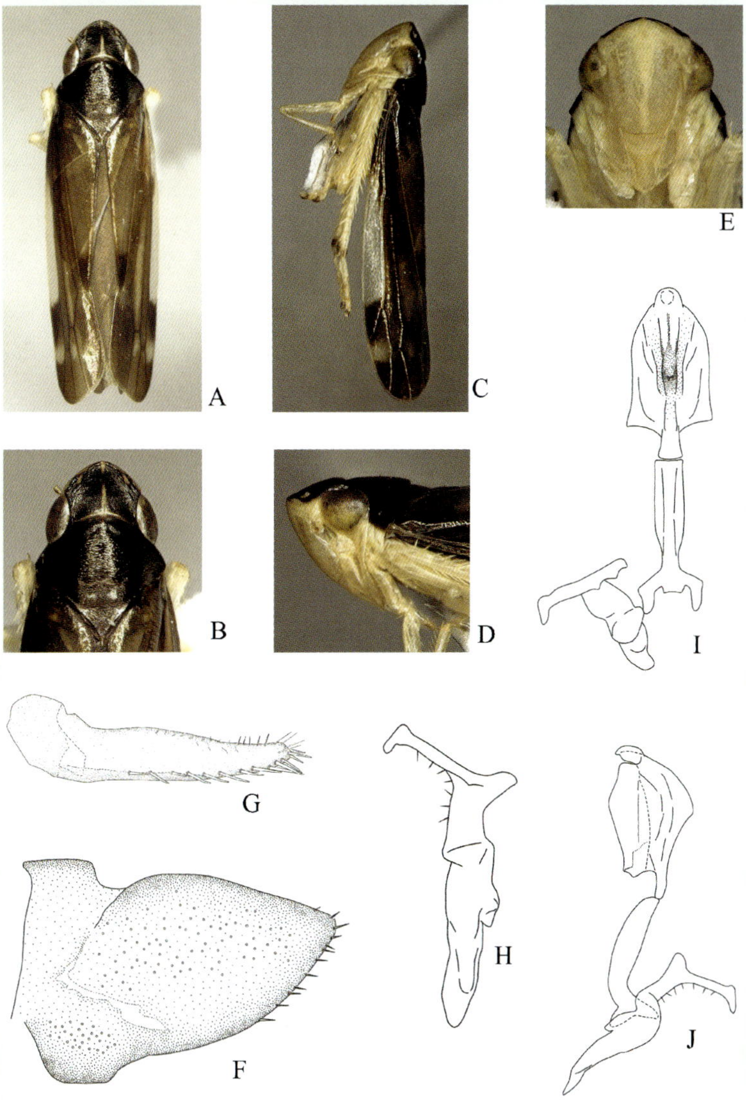

图 105　曲突凸冠叶蝉，新种 *Convexana fleura* sp. nov.

A. 雄成虫背面观（male habitus，dorsal view）；B. 头胸部背面观（head and thorax，dorsal view）；C. 雄成虫侧面观（male habitus，lateral view）；D. 头胸部侧面观（head and thorax，lateral view）；E. 颜面（face）；F. 雄虫尾节侧瓣（male pygofer，lateral view）；G. 下生殖板（subgenital plate）；H. 阳基侧突（style）；I. 阳基侧突、连索和阳茎腹面观（style，connective and aedeagus，ventral view）；J. 阳基侧突、连索和阳茎侧面观（style，connective and aedeagus，lateral view）

106. 细线内突叶蝉 *Extensus collectivus* Huang, 1989(图 106)

Extensus collectivus Huang, 1989: 72.

体连翅长: ♂ 4.7 ~ 5.2mm, ♀5.4 ~5.9mm。

体淡黄白色略带黄晕, 体背1条黑色纵带起自头冠顶端, 纵贯前胸背板、中胸小盾片, 终止于前翅爪片末端, 此纵线在头冠顶端1/3处细小, 其余部分粗细匀称; 前翅与体同色, 端部烟色, 第2端室基缘有1个黑色斑, 前缘室和第4端室均具黑色短带纹。

雄虫尾节侧面观, 侧侧缘近似角状突出, 端腹角有1个齿突, 端背角内腔有1对细长突起。下生殖板狭长, 长为宽的8倍。阳基侧突扭曲, 末端尖细。连索Y形。阳茎侧面观弯曲, 在基部有1对端部成弯钩状的突起, 末端成4根小刺状突, 其外侧的刺突较内侧的长。

寄主: 草本植物(本研究中1雌性标本采自金竹上)。

分布: 中国(台湾、贵州、四川)。

标本采集记录: 2♂♂1♀, 贵州梵净山, 1994-VIII-12, 李子忠采; 1♀, 贵州道真马村, 1050m, 金竹, 2004-VIII-24, 陈祥盛采。

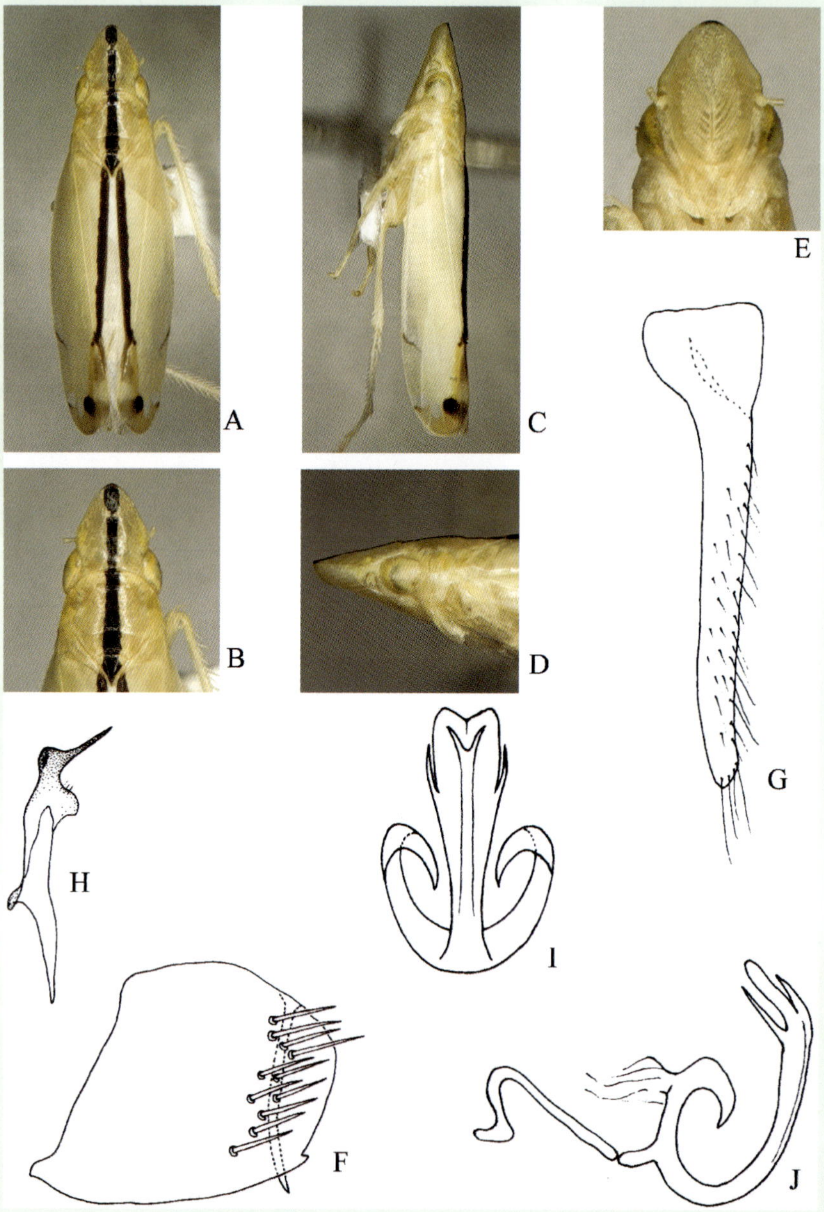

图 106 细线内突叶蝉 *Extensus collectivus* Huang

A. 雄成虫背面观(male habitus, dorsal view); B. 头胸部背面观(head and thorax, dorsal view); C. 雄成虫侧面观(male habitus, lateral view); D. 头胸部侧面观(head and thorax, lateral view); E. 颜面(face); F. 雄虫尾节侧瓣(pygofer, lateral view); G. 下生殖板(subgenital plate); H. 阳基侧突(style); I. 连索(connective); J. 阳茎腹面观(aedeagus, ventral view); K. 阳茎侧面观(aedeagus, lateral view)

107. 黄带横脊叶蝉 *Evacanthus repexus* Distant, 1908(图 107)

Evacanthus repexus Distant, 1908: 227.

体连翅长: ♂5. 20~5. 50 mm, ♀5. 80~6. 20 mm。

体黑色。头冠基缘近复眼处, 冠面相交的颜面基缘, 前胸背板后缘狭边及胸足淡黄色。前翅淡黄色, 一些个体呈淡橙黄色, 端区黑色, 其黑色部分向前延伸占据革片中央大部, 爪片部亦黑色, 仅后缘淡黄微带白色。

雄虫尾节侧瓣近似长方形, 端缘斜直, 腹缘突起直伸, 端部变细致成锥形。下生殖板微弯曲, 侧缘有粗刚毛。阳基侧突端部弯折向外伸出。连索丫字形。阳茎基部细, 中部背缘有 1 对翼状突起, 端部成弯管状, 生殖孔位于末端。

寄主: 玉米、柑橘(本研究中 1 雄性标本采自竹子上)。

分布: 中国(云南、贵州、四川、西藏、甘肃、陕西、湖北、广西); 印度。

标本采集记录: 3♀♀, 云南泸水片马, 2000-V-17, 李子忠采; 4♂♂, 云南兰坪, 2000-VIII-12~13, 李子忠采; 4♂♂, 贵州梵净山护国寺, 2002-V-27~29, 李子忠采; 2♂♂, 贵州梵净山铜矿厂, 2002-V-28, 李子忠采; 1♂, 四川长宁竹海, 800m, 竹子, 2008-VI-5, 张玉波、李红荣采; 2♂♂2♀♀, 贵州关岭普利乡, 2009-VIII-17~22, 邢济春、李虎采。

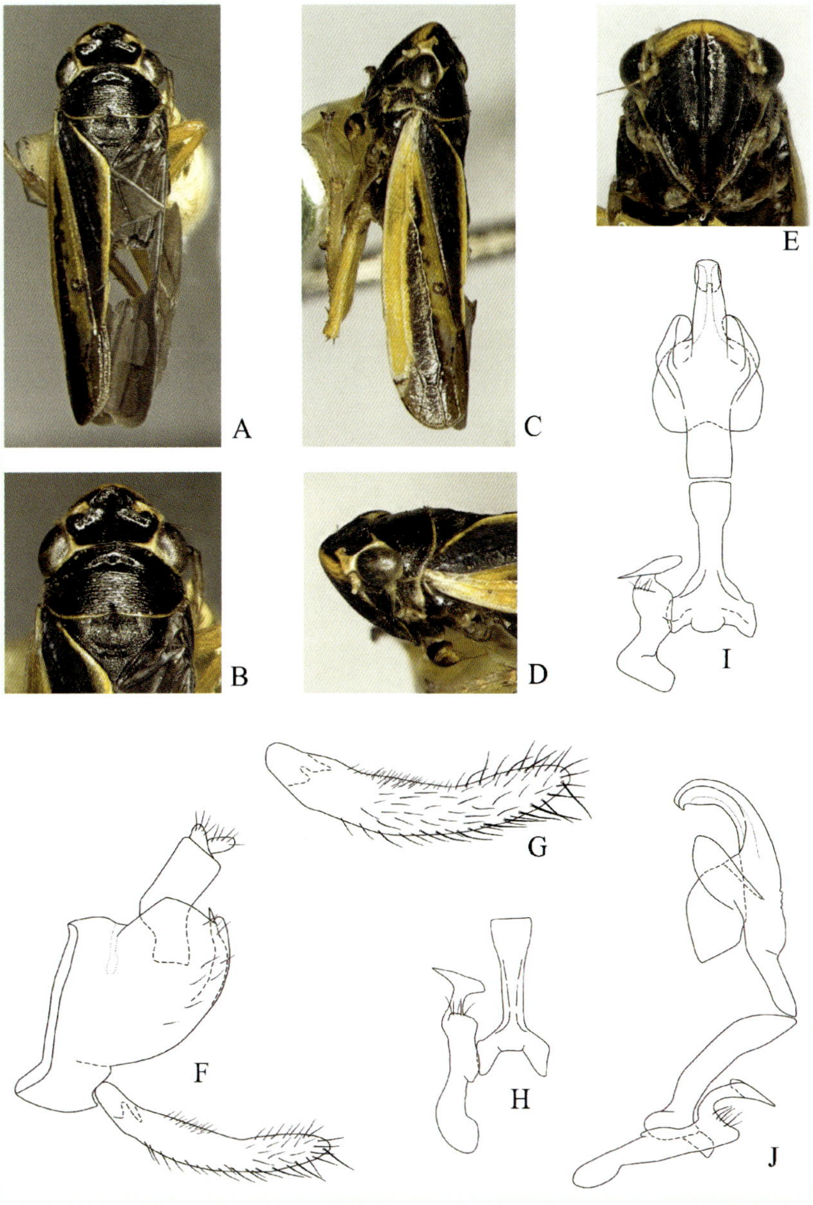

图 107 黄带横脊叶蝉 *Evacanthus repexus* Distant

A. 雄成虫背面观(male habitus, dorsal view); B. 头胸部背面观(head and thorax, dorsal view); C. 雄成虫侧面观(male habitus, lateral view); D. 头胸部侧面观(head and thorax, lateral view); E. 颜面(face); F. 雄虫生殖节侧面观(male genital segment, lateral view); G. 下生殖板(subgenital plate); H. 阳基侧突和连索(style and connective); I. 阳基侧突、连索和阳茎腹面观(style, connective and aedeagus, ventral view); J. 阳基侧突、连索和阳茎侧面观(style, connective and aedeagus, lateral view)

108. 淡色隐脉叶蝉 *Nirvana placida*（Stål, 1859）（图 108）

Jassus（*Deltocephalus*）*placidus* Stål, 1859: 295.

Nirvana placida, Melichar, 1903: 166.

体连翅长：♂4.5～4.7mm，♀5.0～5.2mm。

体污黄白色，没有明显斑纹，仅头冠部侧缘具淡橙红色缘带，此带由基至端逐渐减淡至消失，头冠中央有1条白色纵带；前翅略带金黄晕接近透明，在端半部前缘区有2短斜纹，第2端室内1枚圆形斑同为深褐色至黑褐色；雄虫下生殖板端半为淡橙红色，各足跗爪黑褐色。

雄虫尾节侧瓣宽，腹缘远长于背缘，后缘圆，端区具1列粗长刚毛，腹缘内侧具1粗大突起，端向渐尖，背向弯曲。下生殖板狭长，基部稍宽，端向渐狭，端缘圆尖，端1/3外侧域具1列约5根粗刚毛，端区具细刚毛。阳基侧突狭长，中部较宽，端1/3处缢缩，端部呈弯刺突状。连索Y形。阳茎侧面观背腔发达，阳茎干基部稍粗，向背方弯曲，亚端部腹缘具1长刺状突，端缘两侧各具1稍短小的刺突。

寄主：大豆、苎麻、刺梨、绿豆、豇豆、蚕豆、木豆、水稻、甘蔗、樟树、番石榴、柑橘、水竹（本文首次报道该种叶蝉取食竹类）等。

分布：中国（广西、云南、贵州、四川、湖南、陕西、福建、海南、香港、台湾）；斯里兰卡；马来西亚；印度；巴基斯坦；新加坡；泰国；菲律宾；日本。

标本采集记录：11♂♂15♀♀，云南勐仑，1992-V-16-19，李子忠采；7♂♂8♀♀，贵州梵净山，1994-VIII-5～7，李子忠采；15♂♂20♀♀，贵州榕江，1989-VIII-10～12，李子忠、汪廉敏采；5♂♂1♀，四川长宁竹海，竹子，2008-VI-6，张玉波、李红荣采；1♂1♀，贵州平塘三角坡，水竹，2010-X-17，陈祥盛、杨琳采。

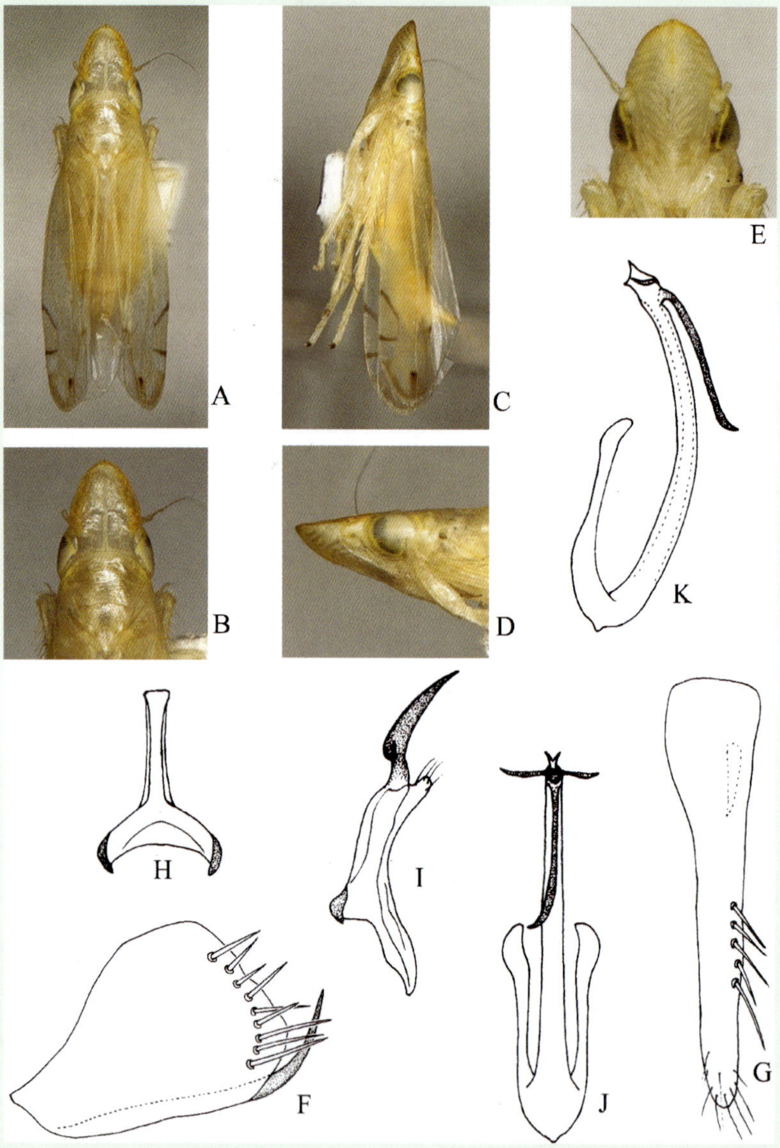

图 108 淡色隐脉叶蝉 *Nirvana placida*（Stål）

A. 雄成虫背面观（male habitus, dorsal view）；B. 头胸部背面观（head and thorax, dorsal view）；C. 雄成虫侧面观（male habitus, lateral view）；D. 头胸部侧面观（head and thorax, lateral view）；E. 颜面（face）；F. 雄虫尾节侧瓣（pygofer, lateral view）；G. 下生殖板（subgenital plate）；H. 阳基侧突（style）；I. 连索（connective）；J. 阳茎腹面观（aedeagus, ventral view）；K. 阳茎侧面观（aedeagus, lateral view）

109. 斑驳锥头叶蝉 *Onukia guttata* Li *et* Wang, 1991（图 109）

Onukia guttata Li *et* Wang, 1991: 58.

体连翅长：♂5.50～5.80 mm，♀5.80～6.00 mm。

体黑色。头部黑色，唯前唇基及颊区端部淡黄白色；头冠前缘中央沿单眼上脊处有1短浅黄色线状；单眼淡黄色；复眼黑色。前胸背板和中胸小盾片黑色；前翅黑褐色，唯爪片末端1斑纹、前缘域中部及端区1条横带纹淡黄微带白色；胸部腹板和胸足淡黄白色无任何斑纹。腹部背面煤褐色，腹面淡黄白色。雌虫腹部第七节腹板后缘中部黑褐色，尾节黑褐色。

雄虫生殖节侧扁，尾节侧瓣宽大，端缘斜直，端背缘和端腹缘均呈尖角状突出，缺腹突。下生殖板叶片状，外侧域和端域均生粗刚毛。阳基侧突基部细，中部粗壮，端部扭曲外伸。连索Y形，主干长是臂长的4倍。阳茎端部成管状，生殖孔位于顶端，中部两侧有宽片状突。

寄主：竹类。

分布：中国（贵州）。

标本采集记录：2♂♂2♀♀，贵州宽阔水，竹子，1984-VIII-1，李子忠采；3♂♂1♀，贵州梵净山，竹子，1986-VII-22，李子忠采；7♂♂3♀♀，贵州望谟，竹子，1986-VIII-25，李子忠采；1♂，贵州宽阔水，1989-VII-10，李子忠采；6♂♂1♀，贵州梵净山，竹子，1994-VIII-9-10，张亚洲、李子忠采；1♂4♀♀，贵州宽阔水，2001-VII-26，李子忠采；4♂♂，贵州梵净山回香坪，竹子，2001-VIII-1，杨茂发采；4♂♂，贵州梵净山护国寺，竹子，2001-VIII-2，宋琼章、宋红艳、李子忠采；1♀，贵州宽阔水，2010-VIII-11，范志华采。

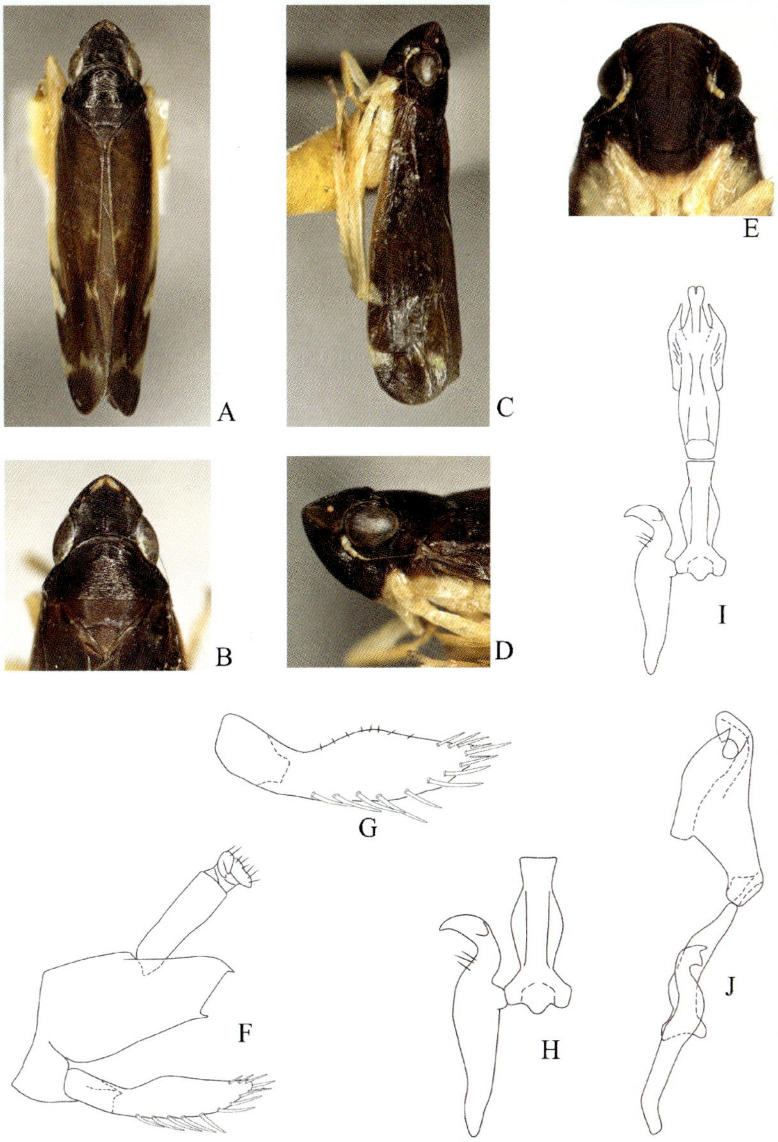

图 109　斑驳锥头叶蝉 *Onukia guttata* Li *et* Wang

A. 雄成虫背面观（male habitus, dorsal view）；B. 头胸部背面观（head and thorax, dorsal view）；C. 雄成虫侧面观（male habitus, lateral view）；D. 头胸部侧面观（head and thorax, lateral view）；E. 颜面（face）；F. 雄虫生殖节侧面观（male genital segment, lateral view）；G. 下生殖板（subgenital plate）；H. 阳基侧突和连索（style and connective）；I. 阳基侧突、连索和阳茎腹面观（style, connective and aedeagus, ventral view）；J. 阳基侧突、连索和阳茎侧面观（style, connective and aedeagus, lateral view）

110. 黑色锥头叶蝉 *Onukia nigra* Li *et* Wang, 1991(图 110)

Onukia nigra Li *et* Wang, 1991: 58.

体连翅长，♂6.80～7.00 mm，♀7.00～7.50 mm。

体黑色。头冠近复眼边缘淡黄白色，一些个体沿单眼上脊处有1条短淡黄色纹；单眼黄色；复眼黑色；触角淡黄白色，其鞭节微带煤褐色。胸部腹板和胸足淡黄白色至橙黄色无任何斑纹；前翅黑褐色，爪片部黑色成份减淡为褐色，端区有1条淡黄白色横带。雌虫腹部背面黑褐色，腹面淡黄褐色，唯第7腹节腹板中央黑色。

雄虫生殖节侧扁，尾节侧瓣发达，端背缘弧形弯曲，其端背缘和端腹缘的顶角均成刺状，腹缘中部生1根大刺。下生殖板长叶片状，长度超过尾节侧瓣端缘，外侧有2列粗刚毛。阳基侧突端部弯折外伸，其弯曲处有1齿状突，基部细。连索丫字形，其主干长是臂长的2.5倍。阳茎端部成细长管状，亚端部弯曲处两侧各有1刺状突，中部两侧有大的片状突。

寄主：竹类。

分布：中国(贵州)。

标本采集记录：1♂5♀♀，贵州宽阔水，1984-VII-28-VIII-1，李子忠采；1♀，贵州梵净山，1986-VII-22，李子忠采；5♀♀，贵州望谟，1986-VIII-25，李子忠采；2♀♀，贵州宽阔水，1989-VII-10，李子忠采；1♀，贵州梵净山，1994-VIII-9，张亚洲采；1♂，贵州梵净山，1994-VIII-10，李子忠采；2♂♂1♀，贵州梵净山，竹子，1998-VII-4，陈祥盛采；1♂6♀♀，贵州梵净山，2001-VII-30-VIII-3，李子忠采；5♀♀，贵州梵净山，2001-VIII-1-2，杨茂发采；1♀，贵州宽阔水，2010-VIII-11，李虎采。

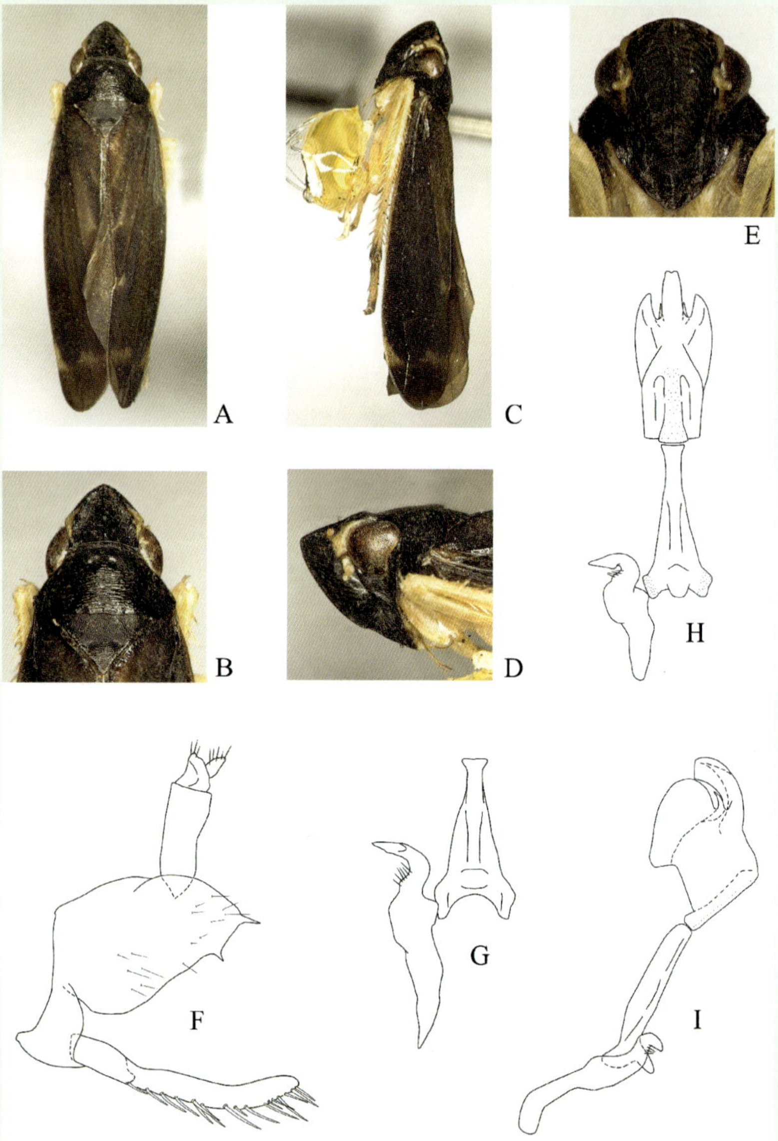

图 110　黑色锥头叶蝉 *Onukia nigra* Li *et* Wang

A. 雄成虫背面观(male habitus, dorsal view)；B. 头胸部背面观(head and thorax, dorsal view)；C. 雄成虫侧面观(male habitus, lateral view)；D. 头胸部侧面观(head and thorax, lateral view)；E. 颜面(face)；F. 雄虫生殖节侧面观(male genital segment, lateral view)；G. 阳基侧突和连索(style and connective)；H. 阳基侧突、连索和阳茎腹面观(style, connective and aedeagus, ventral view)；I. 阳基侧突、连索和阳茎侧面观(style, connective and aedeagus, lateral view)

111. 望谟副锥头叶蝉 *Paraonukia wangmoensis* Yang, Chen *et* Li, in press(图 111, 138)

Paraonukia wangmoensis Yang, Chen *et* Li, in press.

体连翅长：♂6.10～6.30 mm，♀6.95～7.05 mm。

头顶、颜面、前胸背板、中胸小盾片黑色。复眼褐色，触角淡黄白色至黄褐色。前翅黑褐色，前缘具三个淡黄白色三角形斑纹。胸部腹面黄白色，腹部背面暗褐色，腹部腹面黄白色。

雄虫尾节侧瓣近四边形，前端较宽，后端略狭，背缘直，背、后缘具1尖齿，指向尾方，腹后缘处具1尖齿，指向腹面。下生殖板狭长，两侧缘近平行，端缘弧圆，中域具1列约9根粗刚毛，端域另具数根小刚毛。阳基侧突粗短，亚端部缢缩，端部阔三角形，端缘平截。连索近长方形，中部宽。阳茎基部细管状，中部彭大，背缘具片状突起，阳茎干粗大，背、头向弯曲，生殖孔位于端部，亚端部背缘隆起；阳茎腹后缘具粗长突起，该突起端部分叉，腹面观，分叉略向左侧扭曲。

寄主：斑竹、广竹等。

分布：中国（贵州、湖南）。

标本采集记录：1♂（正模），7♂♂3♀♀（副模），贵州望谟打易，斑竹，1997-IX-22，陈祥盛采；1♂（副模），贵州平塘大塘三角坡，竹子，2011-VIII-27，陈祥盛、杨琳采；1♂（副模），湖南武冈云山，广竹，2011-X-1，陈祥盛、杨琳采。

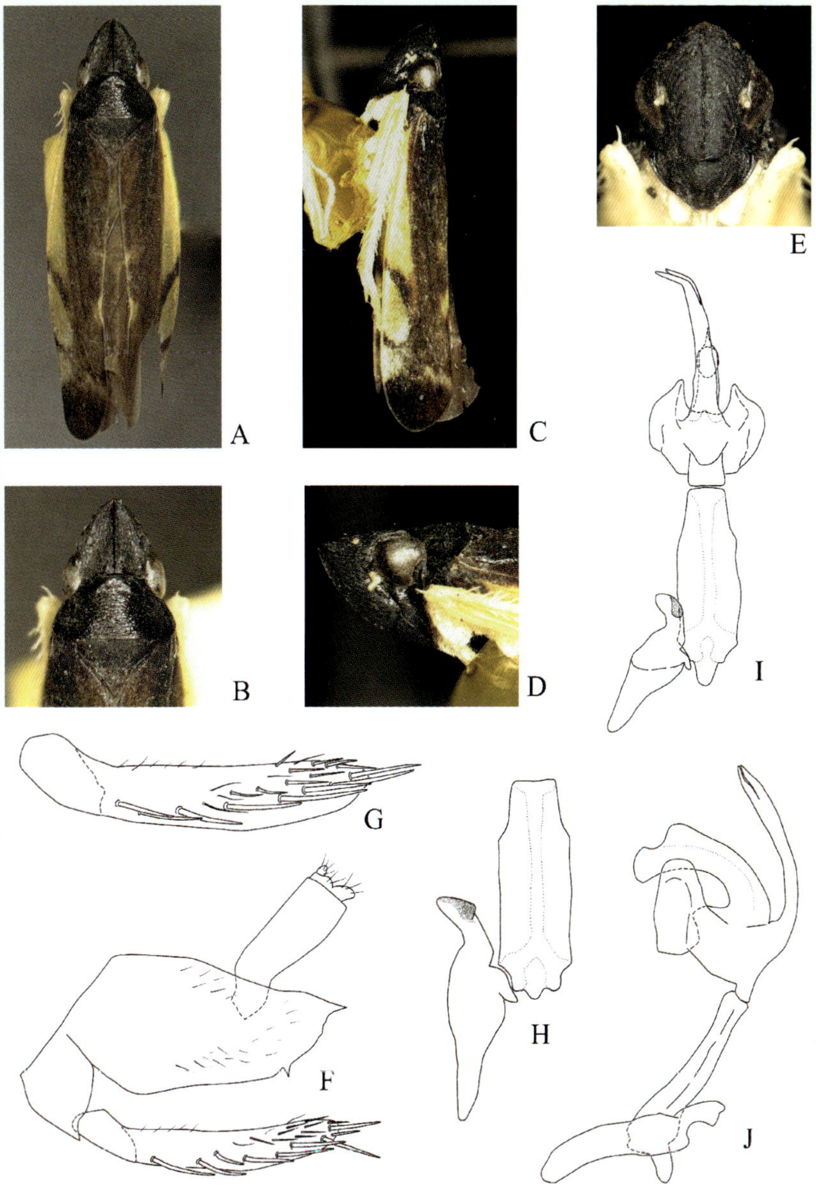

图 111　望谟副锥头叶蝉 *Paraonukia wangmoensis* Yang, Chen *et* Li

A. 雄成虫背面观（male habitus, dorsal view）；B. 头胸部背面观（head and thorax, dorsal view）；C. 雄成虫侧面观（male habitus, lateral view）；D. 头胸部侧面观（head and thorax, lateral view）；E. 颜面（face）；F. 雄虫生殖节侧面观（male genital segment, lateral view）；G. 下生殖板（subgenital plate）；H. 阳基侧突和连索（style and connective）；I. 阳基侧突、连索和阳茎腹面观（style, connective and aedeagus, ventral view）；J. 阳基侧突、连索和阳茎侧面观（style, connective and aedeagus, lateral view）

112. 绥阳拟片脊叶蝉 *Parapythamus suiyangensis* Li *et* Li, 2011(图 112)

Parapythamus suiyangensis Li *et* Li, 2011: 40.

体连翅长：♂6.50～7.00 mm，♀7.60 mm。

体污黄色。头冠前半部及单眼周边黑色，两单眼连线前方头冠中央有1白斑，单眼后方头冠侧缘各有1白斑；复眼黑褐色，单眼橙色半透明。额唇基和前唇基黄褐色，额唇基和前唇基周边黄白色，触角至单眼间有1黑色条带，复眼下方到舌侧板周边有1污黑色条斑。前翅黄褐色，散生数个白色半透明斑，端部翅脉赭黄色。

雄虫尾节侧瓣近三角形，腹缘无突起。下生殖板长叶片状，外缘具有细小刚毛，中域有1列约6根粗刚毛，端部散生8根左右粗刚毛。阳基侧突长，粗细匀称，端部呈足状向外弯曲，弯曲处生有数根刚毛。连索 Y 形。阳茎细长，背向弯曲，基部背缘有1对片状背突，近端部有成对的片状突，阳茎开口周边有3个片状的倒刺突。

寄主：未知(本研究中1雌虫标本采自竹子上)。

分布：中国(贵州)。

标本采集记录：1♂，贵州绥阳宽阔水，2001-VIII-26，李子忠采；1♀，贵州绥阳宽阔水，竹子，2010-VIII-8，郑延丽采；2♂♂，贵州绥阳宽阔水，2010-VIII-11，范志华、李玉建采；1♂，贵州绥阳宽阔水，2010-VIII-14，邢济春采。

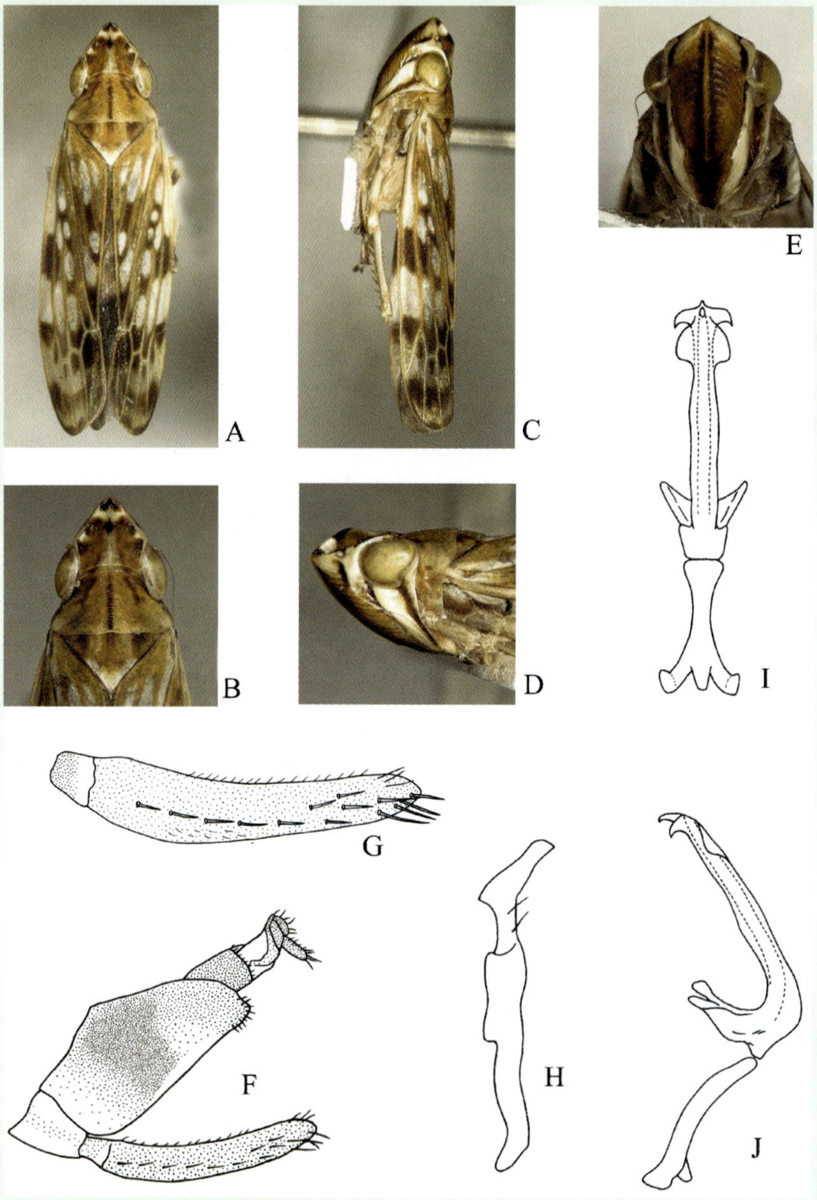

图 112 绥阳拟片脊叶蝉 *Parapythamus suiyangensis* Li *et* Li

A. 雄成虫背面观(male habitus, dorsal view)；B. 头胸部背面观(head and thorax, dorsal view)；C. 雄成虫侧面观(male habitus, lateral view)；D. 头胸部侧面观(head and thorax, lateral view)；E. 颜面(face)；F. 雄虫生殖节侧面观(male genital segment, lateral view)；G. 下生殖板(subgenital plate)；H. 阳基侧突(style)；I. 连索和阳茎腹面观(connective and aedeagus, ventral view)；J. 连索和阳茎侧面观(connective and aedeagus, lateral view)

113. 横纹拟隐脉叶蝉 *Sophonia transvittata* Li *et* Chen, 2005（图 113）

Sophonia transvittata Li *et* Chen, 2005：75.

体连翅长：♂ 5.1 ~ 5.2mm，♀5.8 ~ 6.0mm。

头冠黄白色，单眼周围橘黄色，复眼淡黄色至淡褐色；颜面或多或少白色，无斑纹。前胸背板和小盾片淡黄色，侧域具橘黄色带纹。前翅淡黄色，近中部前缘至后缘细横带纹、端部中央大斑黑色，翅基部、端部及横带纹两侧具不规则的橘红色斑纹。胸、腹部黄白色，无斑纹。雌虫色如雄虫，但前翅中部横带纹及端部中央黑斑变狭变细。

雄虫尾节宽，背缘远短于腹缘，后缘圆，端区具 1 列粗刚毛，后、腹缘交界处内侧具 1 刺状突，背向弯曲，端尖。下生殖板长阔，基 1/3 略狭，外缘波曲，端缘圆，中端部中域斜生 1 列约 9 根粗刚毛。阳基侧突中部宽，两端细，亚端部缢缩，端部鸟头状，端尖。连索 Y 形。阳茎侧面观背腔突较发达，阳茎干基部粗，中部向背方弯曲，端尖，亚端部两侧各具 1 小刺突。

寄主：斑竹。

分布：中国（贵州、云南）。

标本采集记录：5 ♂♂12 ♀♀，贵州望谟打易，斑竹，1997-IX-6，陈祥盛采；2 ♂♂ 3♀♀，云南泸水片马，竹子，2000-VIII-15，李子忠、陈祥盛采；1 ♂1♀，云南泸水片马，竹子，2000-VIII-16，陈祥盛采。

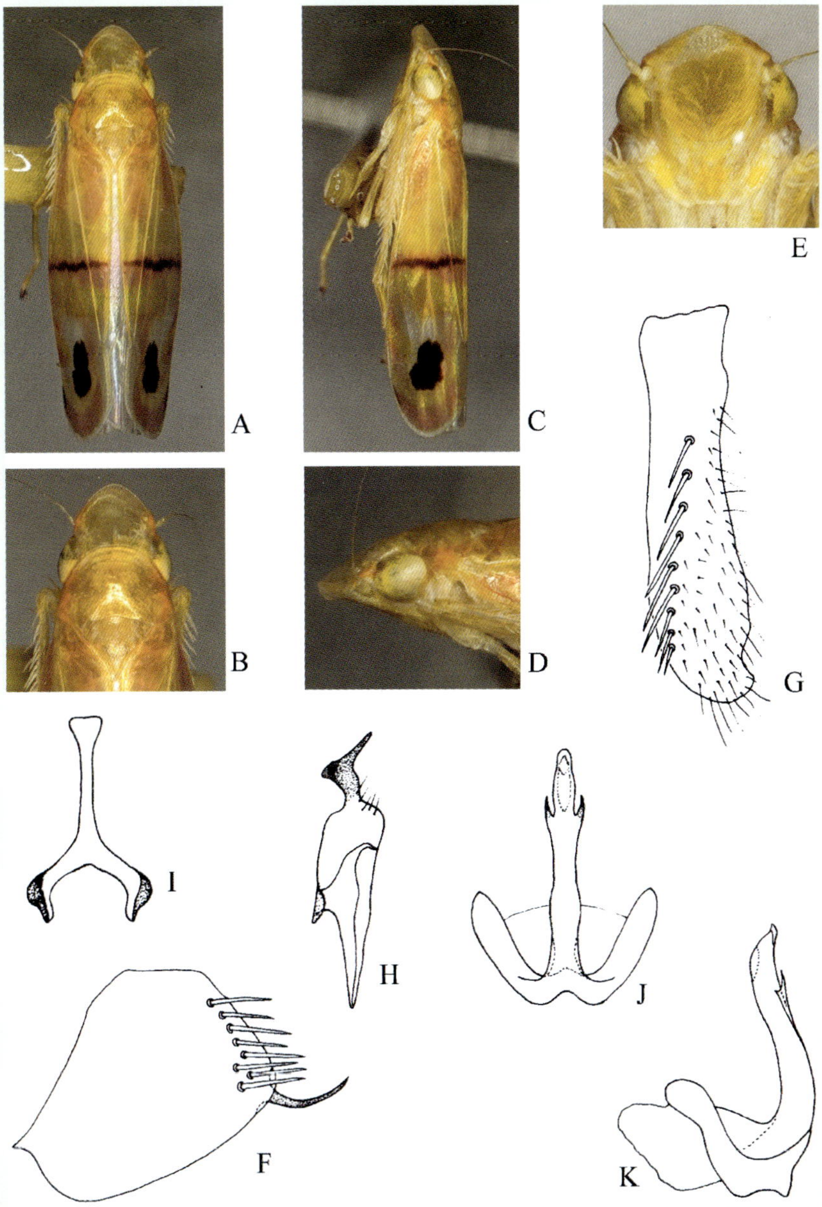

图 113　横纹拟隐脉叶蝉 *Sophonia transvittata* Li *et* Chen

A. 雄成虫背面观（male habitus, dorsal view）；B. 头胸部背面观（head and thorax, dorsal view）；C. 雄成虫侧面观（male habitus, lateral view）；D. 头胸部侧面观（head and thorax, lateral view）；E. 颜面（face）；F. 雄虫尾节侧瓣（pygofer, lateral view）；G. 下生殖板（subgenital plate）；H. 阳基侧突（style）；I. 连索（connective）；J. 阳茎腹面观（aedeagus, ventral view）；K. 阳茎侧面观（aedeagus, lateral view）

114. 横带角突叶蝉 *Taperus fasciatus* Li *et* Wang, 1994(图 114)

Taperus fasciatus Li *et* Wang, 1994: 378.

体连翅长: ♂5.10～5.50 mm, ♀5.80～6.00 mm。

体及前翅黑色。沿头冠中脊延伸至前胸背板基域的纵带、侧脊外侧光滑区、颜面、胸部腹板、胸足和腹部腹面淡黄白色。前翅端区1条横带及爪片末端1枚大斑灰白色。腹部背面、生殖节和爪黑色。雌虫体深褐色,前翅灰白色,中央纵带纹及端区黑色,腹部第7节腹板后缘中央黑褐色。

雄虫尾节侧瓣侧面观端缘狭而突出,端区有众多刚毛。下生殖板叶片状,内侧缘有5根粗刚毛,外侧缘有许多细刚毛,顶端有数根长刚毛。阳基侧突基部呈管状弯曲,端部弯折向外侧伸出。连索Y字形,主干长是臂长的3倍。阳茎中部两侧有2个大的片状突起,端部呈管状,末端钝圆。

寄主:水竹(首次报道该种叶蝉取食竹类)。

分布:中国(贵州、云南、四川、陕西、湖南、江西、浙江、福建、广西、海南);越南。

标本采集记录:1♂,四川广元水磨沟,1500m,竹子,2007-VIII-18,张玉波采;1♂,贵州平塘三角坡,水竹,2010-X-17,陈祥盛、杨琳采。

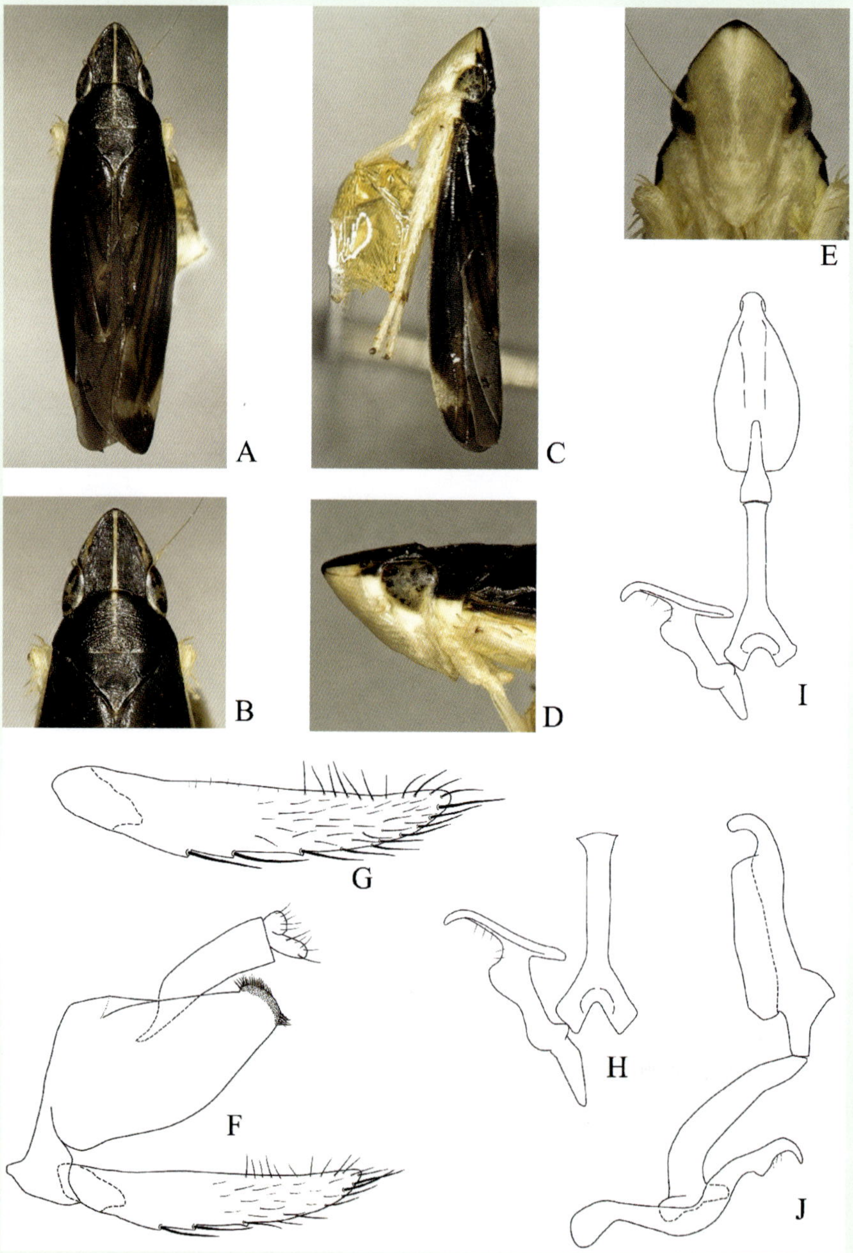

图 114 横带角突叶蝉 *Taperus fasciatus* Li *et* Wang

A. 雄成虫背面观(male habitus, dorsal view); B. 头胸部背面观(head and thorax, dorsal view); C. 雄成虫侧面观(male habitus, lateral view); D. 头胸部侧面观(head and thorax, lateral view); E. 颜面(face); F. 雄虫生殖节侧面观(male genital segment, lateral view); G. 下生殖板(subgenital plate); H. 阳基侧突和连索(style and connective); I. 阳基侧突、连索和阳茎腹面观(style, connective and aedeagus, ventral view); J. 阳基侧突、连索和阳茎侧面观(style, connective and aedeagus, lateral view)

115. 绿春角突叶蝉 *Taperus luchunensis* Zhang, Zhang *et* Wei, 2010(图 115)

Taperus luchunensis Zhang, Zhang *et* Wei, 2010: 45.

体连翅长：♂6.20～6.40 mm，♀6.50～6.80 mm。

头冠、前胸背板、小盾片黑褐色，中央黄白色纵带纹自头冠到小盾片逐渐加宽，颜面淡黄白色，无明显斑纹。前翅黑褐色，前缘中部1大斑、端区前缘1枚小斑淡黄白色，半透明；胸部腹板和胸足淡黄白色，无斑纹。腹部背面黑褐色，腹面淡桔红色，尾节黑褐色。

雄虫尾节侧瓣端向渐窄，端区微向上翘，端缘圆，端缘和端背缘有刚毛簇。下生殖板微弯曲内侧有粗刚毛列，外侧缘有长刚毛。阳基侧突近乎管状，端缘平切，亚端部有细刚毛。连索Y字形，主干长是臂长的3倍。阳茎中部两侧片状突近乎长方形，基部细管状，端部细管状弯曲，紧贴片状突。

寄主：平竹。

分布：中国(云南、贵州、四川、陕西、湖北、广西)。

标本采集记录：1♂，湖北神农架，2004-VIII-13，彭景阳采；1♂1♀，贵州道真大沙河，1400m，平竹，2004-VIII-18，陈祥盛采；4♂♂5♀♀，贵州雷公山小丹江，2005-IX-13-14，李子忠、张斌采；2♂♂1♀，四川广元水磨沟，2007-VIII-18，孟泽洪采；7♂♂3♀♀，贵州绥阳宽阔水茶场，2010-VIII-10～14，李玉建、于晓飞、李虎、范志华采。

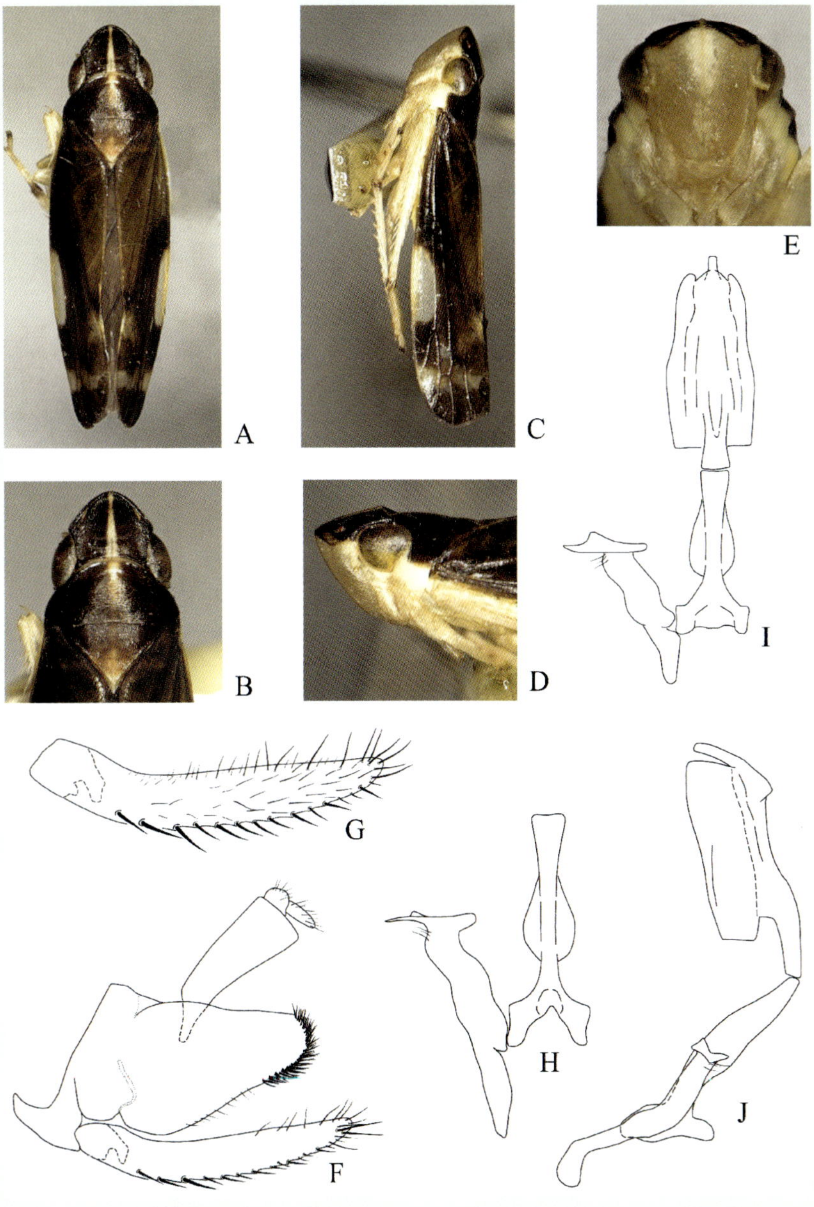

图 115　绿春角突叶蝉 *Taperus luchunensis* Zhang, Zhang *et* Wei

A. 雄成虫背面观(male habitus, dorsal view)；B. 头胸部背面观(head and thorax, dorsal view)；C. 雄成虫侧面观(male habitus, lateral view)；D. 头胸部侧面观(head and thorax, lateral view)；E. 颜面(face)；F. 雄虫生殖节侧面观(male genital segment, lateral view)；G. 下生殖板(subgenital plate)；H. 阳基侧突和连索(style and connective)；I. 阳基侧突、连索和阳茎腹面观(style, connective and aedeagus, ventral view)；J. 阳基侧突、连索和阳茎侧面观(style, connective and aedeagus, lateral view)

(五)铲头叶蝉亚科 Hecalinae

116. 卡西亚长头叶蝉 *Bumizana khasiana* Viraktamath *et* Viraktamath, 1989(图 116)

Bumizana khasiana Viraktamath *et* Viraktamath, 1989: 22.

体连翅长：♂5.50～5.80 mm，♀7.10～7.30mm。

全体枯草黄色，惟头冠端部有褐色斑。复眼黑褐色，单眼红褐色，触角着生处有不甚明显的褐色斑。雌虫产卵器淡褐色。

雄虫尾节侧面弯曲，末端尖，中部外侧有长刚毛。生殖基瓣与尾节愈合。下生殖板基部宽，端部细且弯折向外侧伸出。阳基侧突呈倒“7”字形。连索近 U 形。阳茎侧面观弯针状，端部分叉，生殖孔位于阳茎腹面末端。

寄主：禾本科杂草、竹类。

分布：中国(贵州、云南、广东)；印度。

标本采集记录：2♂♂1♀，贵州望谟，1986-VI-24，张杰采；1♂1♀，贵州望谟，竹子，2006-VI-27，张培采；1♀，云南勐海，2006-VIII-25，宋琼章采；1♂1♀，云南勐养森林公园，2008-VII-21，蒋晓红采；2♂♂，广东珠海，2008-V-9，侯晓晖采。

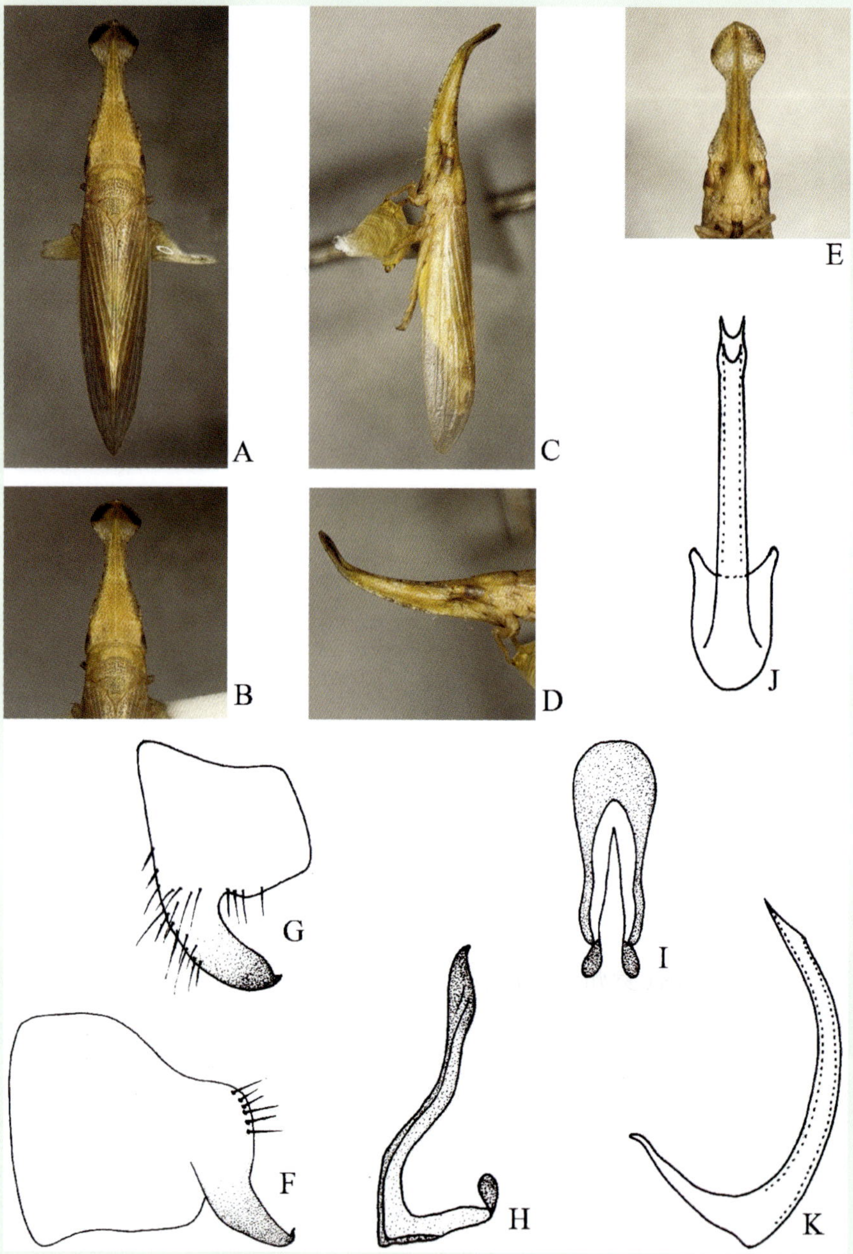

图 116 卡西亚长头叶蝉 *Bumizana khasiana* Viraktamath *et* Viraktamath

A. 雄成虫背面观(male habitus, dorsal view); B. 头胸部背面观(head and thorax, dorsal view); C. 雄成虫侧面观(male habitus, lateral view); D. 头胸部侧面观(head and thorax, lateral view); E. 颜面(face); F. 雄虫生殖节侧面观(male genital segment, lateral view); G. 下生殖板(subgenital plate); H. 阳基侧突(style); I. 连索(connective); J. 阳茎后腹面观(aedeagus, posterior and ventral view); K. 阳茎侧面观(aedeagus, lateral view)

(六)叶蝉亚科 Iassinae

117. 弯片窄头叶蝉 *Batracomorphus laminocus* Cai *et* He, 2001(图117)

Batracomorphus laminocus Cai *et* He, 2001: 189.

体连翅长: ♂4.8~5.0 mm, ♀5.5~5.7 mm。

体淡黄绿色。复眼灰褐色至红褐色，单眼无色透明围以红色圈；前翅爪片末端前方有1褐点，端片褐色；腹部背面浅橙黄色至锈红色。

雄虫尾节侧瓣略长，后缘凸圆，后半域疏生短刚毛；尾节突端半部狭片状，末端向内斜向背方弯曲。生殖基瓣与尾节侧瓣基腹缘愈合。下生殖板半透明，内缘亚端部和外缘端部着生细长刚毛。阳基侧突端部渐次收窄，外向弯曲。连索呈高脚酒杯形，主干较粗。阳茎腔复体短，阳茎干管状端向渐次收窄，端部裂为两片，背缘略向两侧翼状扩展，生殖孔位于末端后腹面，长度约为阳茎干长的1/3，阳茎背腔发达，长达阳茎亚端部。

寄主：楠竹(首次报道该种叶蝉取食竹类)。

分布：中国(贵州、浙江、湖南、湖北)。

标本采集记录：3♂♂6♀♀，湖南武冈云山，楠竹，2010-X-5，陈祥盛、杨琳采。

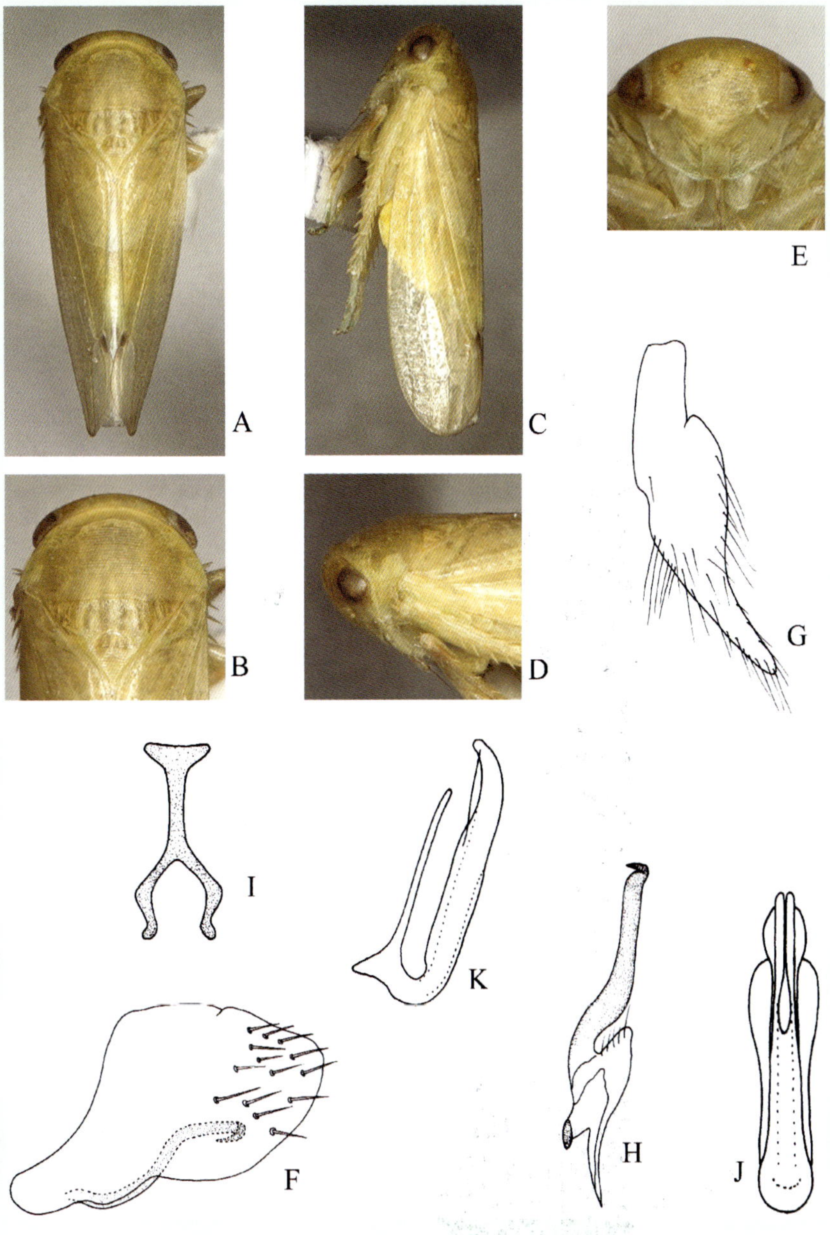

图117 弯片窄头叶蝉 *Batracomorphus laminocus* Cai *et* He

A. 雄成虫背面观(male habitus, dorsal view); B. 头胸部背面观(head and thorax, dorsal view); C. 雄成虫侧面观(male habitus, lateral view); D. 头胸部侧面观(head and thorax, lateral view); E. 颜面(face); F. 雄虫尾节侧瓣(pygofer, lateral view); G. 下生殖板(subgenital plate); H. 阳基侧突(style); I. 连索(connective); J. 阳茎后腹面观(aedeagus, posterior and ventral view); K. 阳茎侧面观(aedeagus, lateral view)

（七）圆痕叶蝉亚科 Megophthalminae

118. 片茎网脉叶蝉 *Dryodurgades lamellaris* Vilbaste, 1968（图 118）

Dryodurgades lamellaris Vilbaste, 1968: 58.

体连翅长：♂4.2 ~ 4.3 mm；♀4.5 ~ 4.6 mm。

体黄褐色。头冠有大、小2对黑斑，大的1对位于中线两侧，与中线和复眼之间等距，小的1对位于近复眼处，颜面单眼苍白色，围绕单眼周围一圈黑色，单眼与复眼之间具1肾形黑斑，单眼之间有1人字形黑斑，额唇基区两侧缘有两排小的黑斑，唇基间缝、前唇基大部分、唇基缝、舌侧板缝和触角窝周围均黑色，复眼褐色；前胸背板近前侧缘处有暗褐色斑块，中央有1黑色条纹，中线两侧有1对大的对称的椭圆黑斑。小盾片基侧角和中后域黑色，基部中央有1暗褐色斑块，中线两侧具一对对称的黑色圆点。

雄虫尾节侧瓣基部宽，端部狭，背缘弧形凹入，腹缘中部偏后部处形成1凹刻，后缘近平截。阳基侧突狭长，端部于内侧方近呈环状弯曲，末端尖。边索宽短，主干粗，两臂短，两臂中间具1圆形突起。阳茎背腔突超过阳茎干的3/4，阳茎干侧面观强烈侧扁，前缘明显突出，基部缢缩，端部和亚端部分别具一对分叉的突起。

寄主：平竹、慈竹（首次报道该种叶蝉取食竹类）。

分布：中国（广西、贵州、湖北、湖南、江西、陕西、四川、福建、台湾）；俄罗斯。

标本采集记录：1♂，贵州道真大沙河，1400m，平竹，2004-VIII-17，陈祥盛采；1♀，贵州道真马村，1050m，慈竹，2004-VIII-24，陈祥盛采。

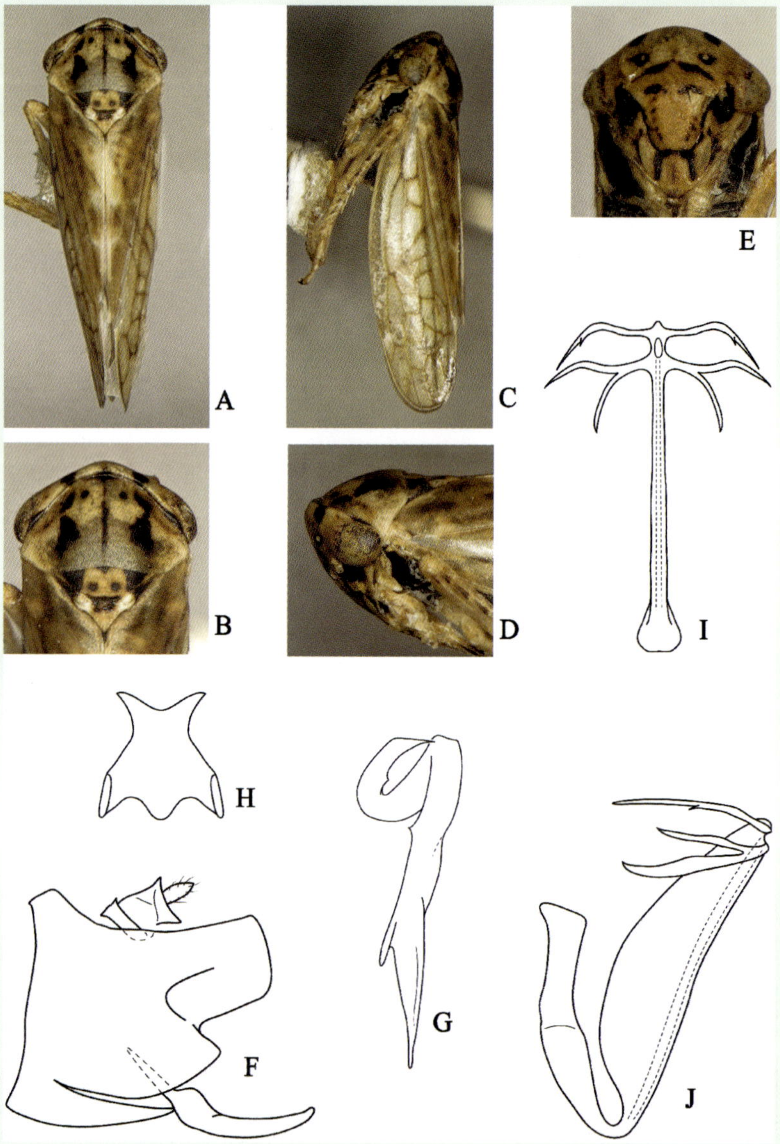

图118 片茎网脉叶蝉 *Dryodurgades lamellaris* Vilbaste

A. 雄成虫背面观（male habitus, dorsal view）；B. 头胸部背面观（head and thorax, dorsal view）；C. 雄成虫侧面观（male habitus, lateral view）；D. 头胸部侧面观（head and thorax, lateral view）；E. 颜面（face）；F. 雄虫生殖节侧面观（male genital segment, lateral view）；G. 阳基侧突（style）；H. 连索（connective）；I. 阳茎后腹面观（aedeagus, posterior and ventral view）；J. 阳茎侧面观（aedeagus, lateral view）

119. 黑斑突脉叶蝉 *Durgades nigropicta* Distant, 1912(图 119)

Durgades nigropicta Distant, 1912: 609.

体连翅长: ♂3.6~3.7 mm, ♀ 3.6~3.8 mm。

体褐色。雄虫头冠棕褐色,中央有1对黑色斑块;颜面大部分黑色,仅额唇基中央部分、舌侧板、触角窝下方及颜面基部为棕褐色;前胸背板大部分为黑色,中央和侧后缘棕褐色,小盾片黑色;前翅棕褐色,翅脉暗褐色。雌性体棕褐色,颜面及前胸背板前缘有少量暗褐色纹,小盾片及前翅淡褐色。

雄虫尾节侧瓣极度伸长,基部宽渐向端部收狭,末端尖细形成1刺状突起;背缘腹向凹陷,后腹缘上翘。下生殖板三角形,短于尾节,有时延长,端部弧圆。阳基侧突短小,侧向、尾向、后向扭曲,中臂长于外臂,末端扭曲指向端部,相对较瘦长。连索宽阔,小,侧缘波状。阳茎短小、粗壮,阳茎干短、近直,基部宽阔,腹缘着生1对长刺突起,背腔突发达,伸达阳茎亚端部,中央有1分裂的片状突起,外缘锯齿状,生殖孔位于末端。

寄主:未明(本研究中1雄性标本采自竹子上)。

分布:中国(云南、贵州、四川);印度;尼泊尔。

标本采集记录:1♂,贵州雷公山,竹子,2007-VII-7,陈祥盛、杨琳采。

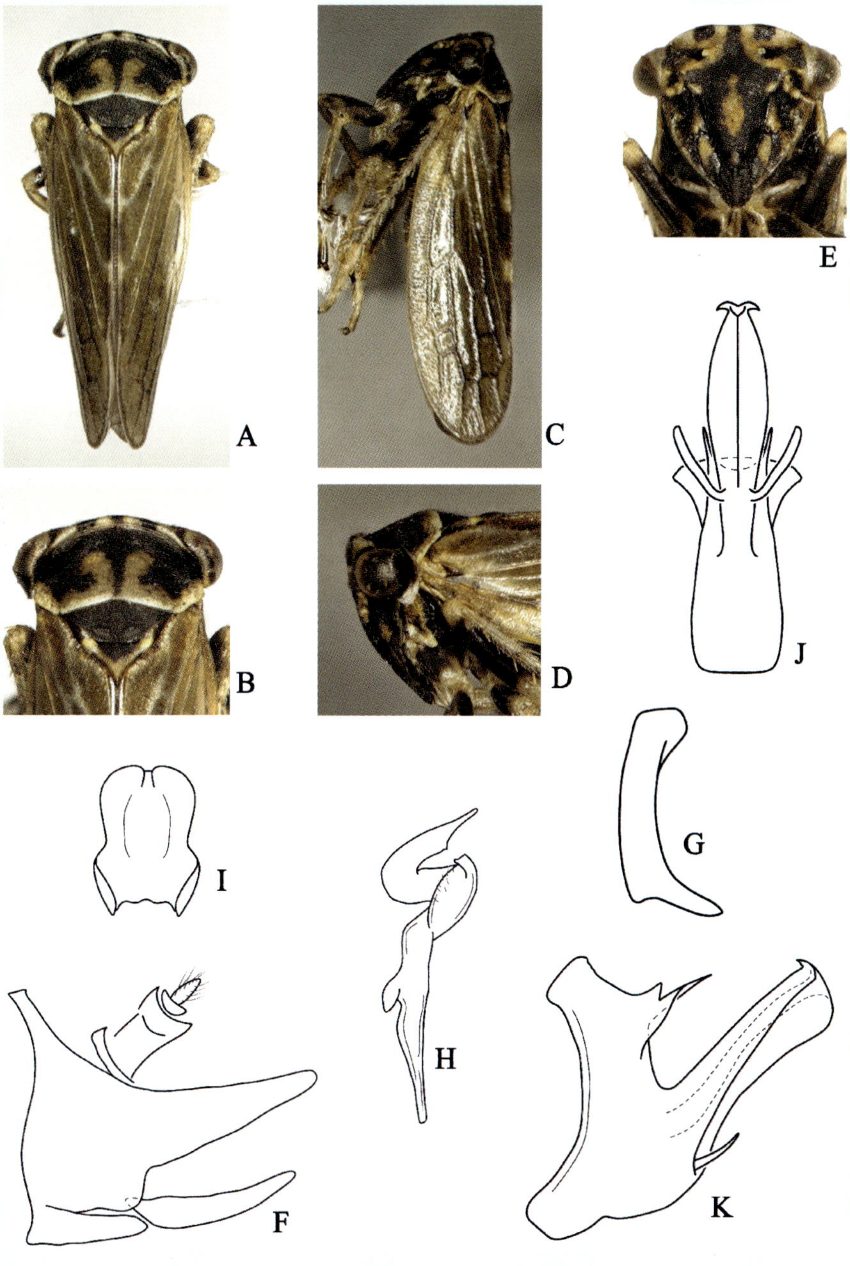

图 119 黑斑突脉叶蝉 *Durgades nigropicta* Distant

A. 雄成虫背面观(male habitus, dorsal view); B. 头胸部背面观(head and thorax, dorsal view); C. 雄成虫侧面观(male habitus, lateral view); D. 头胸部侧面观(head and thorax, lateral view); E. 颜面(face); F. 雄虫生殖节侧面观(male genital segment, lateral view); G. 下生殖板(subgenital plate); H. 阳基侧突(style); I. 连索(connective); J. 阳茎后腹面观(aedeagus, posterior and ventral view); K. 阳茎侧面观(aedeagus, lateral view)

120. 普氏叉突叶蝉 *Igerna priyankae* Viraktamath, 2011 (图 120)

Igerna priyankae Viraktamath, 2011: 72.

体连翅长：♂3.4～3.7 mm，♀ 3.7～4.1 mm。

体黄褐色至褐色。头顶、触角窝、前唇基端半部分别具2个黑斑，头冠后缘复眼之后的区域黑色；前胸背板前缘域具2个大的近三角形黑斑，但没有到达前缘，2个黑斑之间有1短的黑线；小盾片棕褐色，基侧角斑黑色，中域横刻痕黑色，沿中线两侧苍白色；前翅呈棕色，透明。雌虫体色与雄虫体色相似，但稍淡，黑色斑点减少，小盾片基侧角无黑斑。

雄虫肛领突起非常发达，近端部叉状，背枝较腹枝短。肛节粗短。尾节侧瓣腹后向突出，尾端弧圆，沿背缘骨化程度较高。阳基侧突内臂短于外臂。连索深色，后缘分裂呈两叶状。阳茎干基部阳茎腔形成1个台柱，阳茎干扁状，背向弯曲，生殖孔位于端部，亚端部后域具1指向腹部的小的突起。

寄主：竹类(首次报道该种叶蝉取食竹类)。

分布：中国(贵州)；尼泊尔；印度。

标本采集记录：1♂ 1♀，贵州安龙，竹子，2008-VIII-24，陈祥盛、杨琳采。

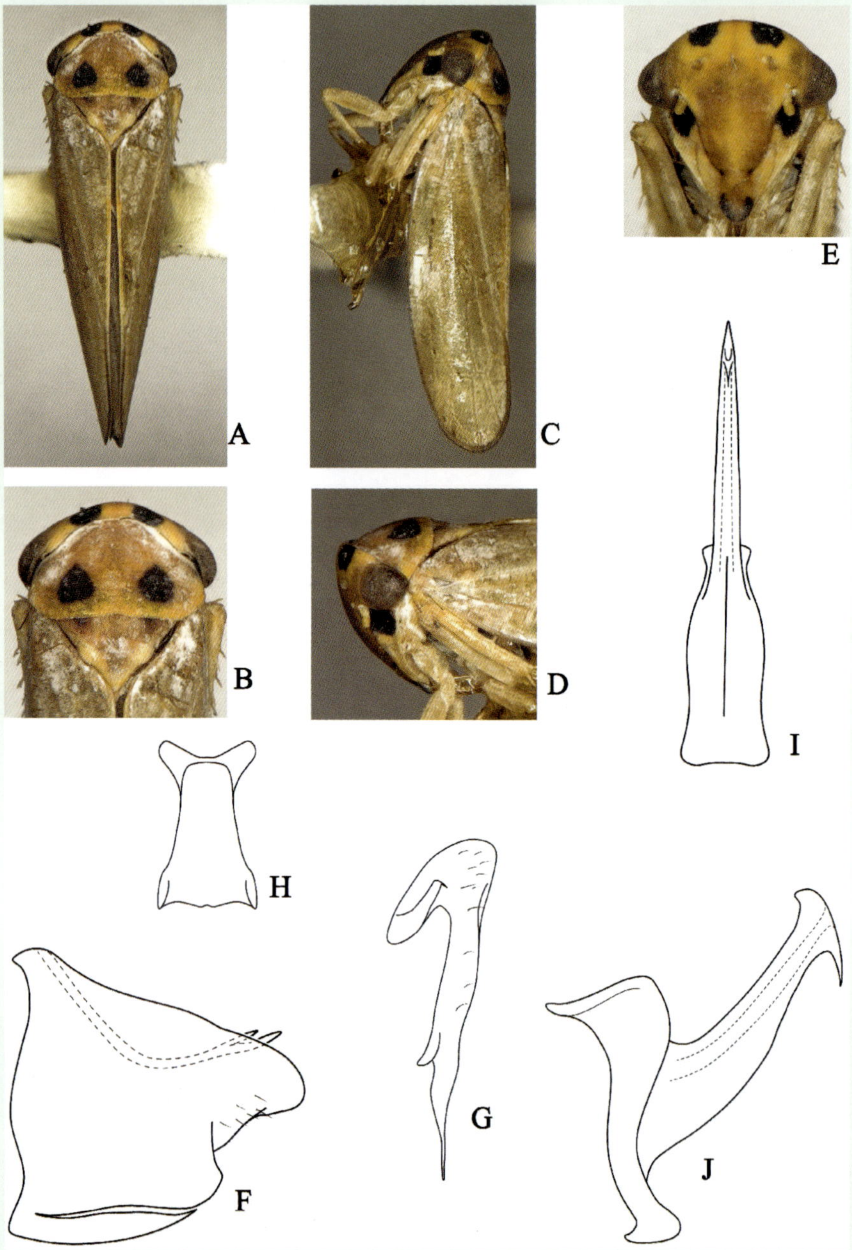

图120 普氏叉突叶蝉 *Igerna priyankae* Viraktamath

A. 雄成虫背面观(male habitus, dorsal view)；B. 头胸部背面观(head and thorax, dorsal view)；C. 雄成虫侧面观(male habitus, lateral view)；D. 头胸部侧面观(head and thorax, lateral view)；E. 颜面(face)；F. 雄虫尾节侧面瓣(male pygofer, lateral view)；G. 阳基侧突(style)；H. 连索(connective)；I. 阳茎后腹面观(aedeagus, posterior and ventral view)；J. 阳茎侧面观(aedeagus, lateral view)

121. 大贯锥茎叶蝉 *Onukigallia onukii*（Matsumura，1912）（图 121）

Agallia onukii Matsumura，1912：315.

Onukigallia onukii，Ishihara，1955：216.

体连翅长：♂4.3～4.5 mm，♀ 4.7～5.1 mm。

体褐色。头冠中央有 2 个黑色圆斑；颜面淡褐色，单眼之间具 1 横向的黑色条纹，额唇基、前唇基、舌侧板内侧、唇基缝及触角窝周围区域暗褐色；前胸背板暗褐色，前缘黑褐色，中域及侧后缘淡褐色；小盾片暗褐色，基侧角斑黑色，后域黄白色。前翅棕黄褐色，翅脉暗褐色。

雄虫肛领突起发达，有小孔和尾向的指状突起。尾节侧瓣基部宽阔，腹半延伸成 1 弯片状突，其后缘尖圆，中域散生纤细刚毛。下生殖板伸长，端部弧圆，沿背缘着生纤细长刚毛，腹缘具粗壮长刚毛。阳基侧突狭窄，中部直角弯折。连索宽片状。阳茎具发达的背腔突，阳茎干侧面观基部宽，端向渐细，强烈背向弯曲，背缘中央具 1 列齿状突起，后面观近端部呈竹叶状，生殖孔开口于亚端部。

寄主：竹类（首次报道该种叶蝉取食竹类）。

分布：中国（河南、浙江）；日本。

标本采集记录：1 ♂ 1♀，四川广元水磨沟，1500m，竹子，2007-VIII-18，张玉波采。

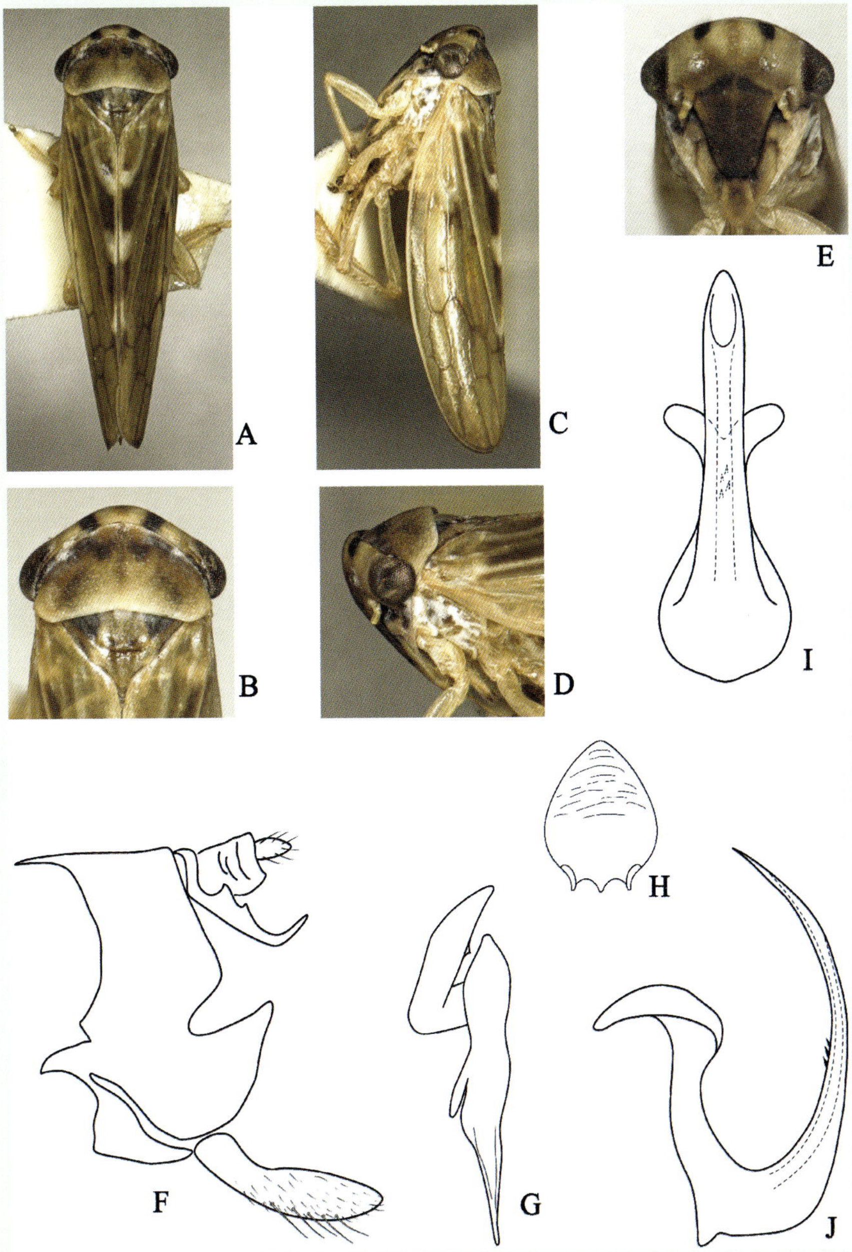

图 121　大贯锥茎叶蝉 *Onukigallia onukii*（Matsumura）

A. 雄成虫背面观（male habitus，dorsal view）；B. 头胸部背面观（head and thorax，dorsal view）；C. 雄成虫侧面观（male habitus，lateral view）；D. 头胸部侧面观（head and thorax，lateral view）；E. 颜面（face）；F. 雄虫尾节侧面瓣（male pygofer，lateral view）；G. 阳基侧突（style）；H. 连索（connective）；I. 阳茎后腹面观（aedeagus，posterior and ventral view）；J. 阳茎侧面观（aedeagus，lateral view）

（八）小叶蝉亚科 Typhlocybinae

122. 缅甸安小叶蝉 *Anaka burmensis* Dworakowska，1993（图 122，124，163～168）

Anaka burmensis Dworakowska，1993：163.

体连翅长：♂3.45～3.65 mm，♀ 3.80～4.05 mm。

体暗褐色至黑褐色。头冠乳白色微黄，中域冠缝两侧各具 1 黑褐色圆斑；额唇基大部乳白色微黄，端部及额唇基中央宽纵带黑褐色，该中纵带近基部处稍扩宽。前唇基及颊黑褐色，喙黄褐色；复眼黑褐色；触角黄褐色；前胸背板、中胸小盾片大部黑褐色，但前胸背板中域及后缘域、中胸小盾片中央及末端色稍浅，为黄褐色；前翅褐色至暗褐色，基部色较深，端部色较浅，翅斑处覆盖淡灰色蜡粉层，前翅前缘近端部 1/3 处具 1 透明斑，后缘基部、爪片近端部处各具 1 淡黄褐色半透明斑，翅脉淡褐色。后翅褐色半透明，翅脉暗褐色。胸部侧板褐色至暗褐色。胸足大部淡黄白色，惟前足腿节基半暗褐色，胫节黄褐色，中、后足腿节端半、胫节基部、端部及各跗爪暗褐色。腹部背、腹面暗褐色至黑褐色。雌虫色如雄虫，惟前翅透明斑更大。

雄虫尾节腹缘明显宽于背缘，后、腹缘相交处圆形突出，后缘中部向后方延伸为角状突起，末端指状，其下具生 1 小齿状突起。下生殖板基部宽阔，端半骤然变细，端缘近平截，变细处中域具生 3 根刚毛。阳基侧突细长，中部较宽，两端细，端部弯钩状。连索 U 型。阳茎管状，基部粗壮，端部为等宽的管状，末端端缘斜切，自阳茎近基部腹缘处具生 1 对长刺突，与阳茎同指向背方，近与阳茎等长，末端尖。阳茎背腔中等长。

寄主：慈竹、撑绿竹、糯竹等。

分布：中国（贵州、云南、湖南）；缅甸。

标本采集记录：8 ♂♂17 ♀♀，贵州贵阳黔灵公园，竹子，1999-VII-17，陈祥盛采；1 ♂，贵州赤水，竹子，2000-V-27，陈祥盛采；1 ♂2 ♀♀，贵州习水三岔河，竹子，2000-IX-27，陈祥盛采；4 ♂♂1 ♀，贵州道真大沙河仙女洞，竹子，2004-V-27，陈祥盛采；13 ♂♂15 ♀♀，贵州长顺威远，竹子，2006-VII-24，杨琳、陈祥盛采；17 ♂♂18 ♀♀，贵州福泉黄丝，竹子，2006-VIII-10，杨琳、陈祥盛采；9 ♂♂5 ♀♀，云南临沧，竹子，2006-VIII-23，张争光采；1 ♂1♀，贵州龙里城关，竹子，2007-VI-24，杨琳、陈祥盛采；6 ♂♂11♀♀，贵州长顺威远，竹子，2007-VII-14，杨琳、陈祥盛采；2 ♂♂2♀♀，贵州贵阳黔灵公园，竹子，2007-VIII-21，杨琳、陈祥盛采；2 ♂♂2♀♀，湖南新宁崀山，箬竹，2011-X-2，杨琳、陈祥盛采。

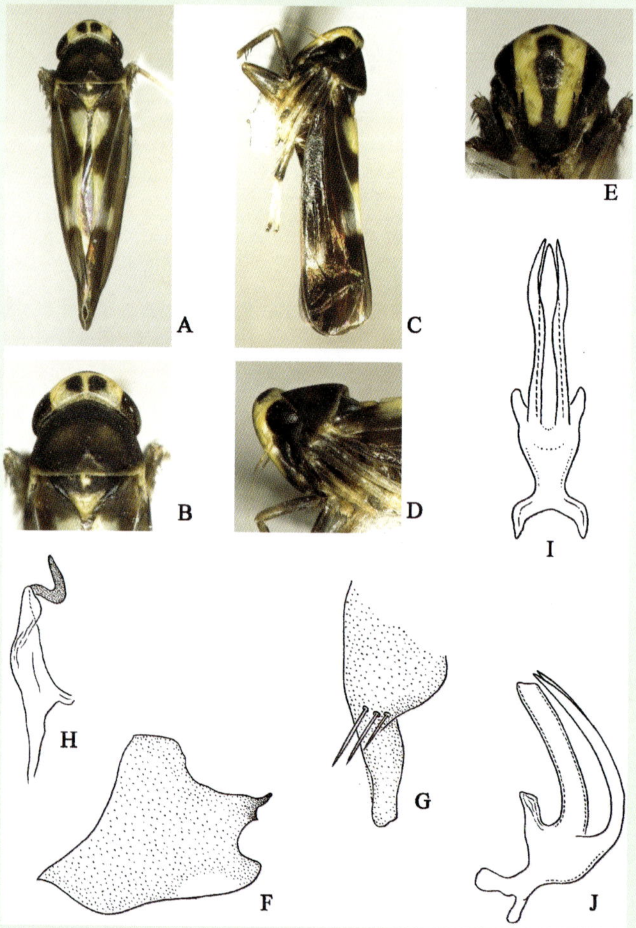

图 122 缅甸安小叶蝉 *Anaka burmensis* Dworakowska
A. 雄成虫背面观（male habitus，dorsal view）；B. 头胸部背面观（head and thorax，dorsal view）；C. 雄成虫侧面观（male habitus，lateral view）；D. 头胸部侧面观（head and thorax，lateral view）；E. 颜面（face）；F. 雄虫尾节侧瓣（pygofer，lateral view）；G. 下生殖板（subgenital plate）；H. 阳基侧突（style）；I. 连索和阳茎后腹面观（connective and aedeagus，posterior and ventral view）；J. 阳茎侧面观（aedeagus，lateral view）

123. 竹白小叶蝉 *Sweta bambusana* Yang *et* Chen, 2012(图 123, 143)

Sweta bambusana Yang *et* Chen, 2012: 37.

体连翅长: ♂ 4.03 mm, ♀ 3.75~4.22 mm。

体乳白色至淡黄色。前翅端半部翅室中域淡褐色; 胸足跗节末端暗褐色。

雄虫肛节腹角向腹方极度延伸为1粗大突起, 末端圆尖。尾节宽圆, 后缘近弧圆。下生殖板宽阔, 端缘圆。阳基侧突狭长, 中部稍宽, 略弯曲, 两端狭, 端部外侧角呈角状, 内侧角延伸成1弯曲突起, 末端尖细。阳茎腹面亚端部突起侧面观斜直, 指向腹前方, 背、腹面观略弯, 指向侧、基方; 端部突侧面观略长于亚端突起, 直, 指向腹前方, 背、腹面观, 指向侧、基方; 阳茎干端部钝圆。雌虫第七节腹板后缘宽圆, 中央略尖。

寄主: 慈竹。

分布: 中国(贵州、广东、广西)。

标本采集记录: 1 ♂ (正模)3♀♀(副模), 贵州惠水羡塘, 竹子, 2008-V-31, 陈祥盛、杨琳采; 3 ♂♂4♀♀(副模), 贵州长顺威远, 竹子, 1997-IX-30, 陈祥盛、杨琳采; 1 ♂3♀♀(副模), 广东广州白云山, 竹子, 2006-XI-21, 陈祥盛采。

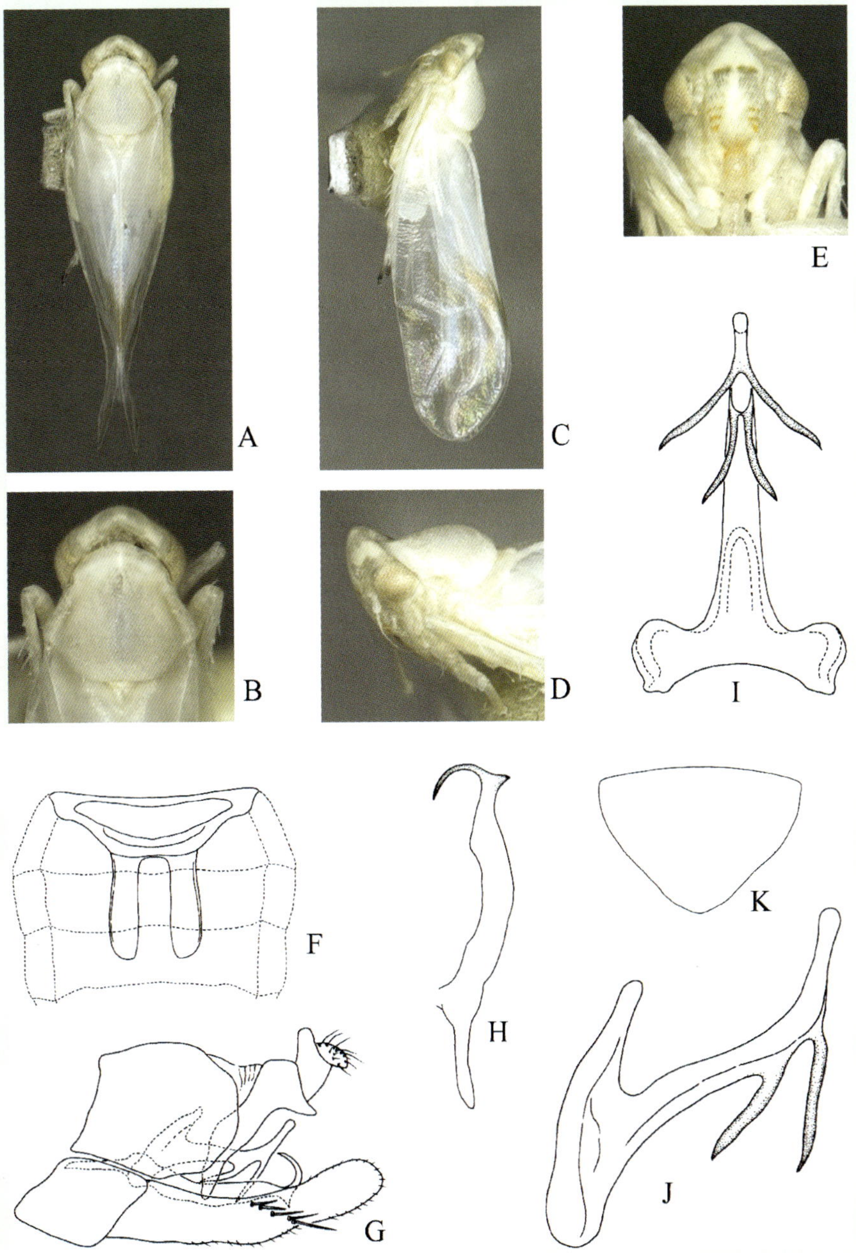

图 123 竹白小叶蝉 *Sweta bambusana* Yang *et* Chen

A. 雄成虫背面观(male habitus, dorsal view); B. 头胸部背面观(head and thorax, dorsal view); C. 雄成虫侧面观(male habitus, lateral view); D. 头胸部侧面观(head and thorax, lateral view); E. 颜面(face); F. 腹部基部腹面观(base of abdomen, ventral view); G. 雄虫生殖节侧面观(male genital segment, lateral view); H. 阳基侧突(style); I. 阳茎后腹面观(aedeagus, posterior and ventral view); J. 阳茎侧面观(aedeagus, lateral view); K. 雌虫第7节腹板腹面观(female abdominal sternite VII, ventral view)

第三章
物种多样性及其危害

有关竹子害虫的调查，从已有资料来看，主要集中于体型较大或为害症状明显(如缺刻、孔洞等)的害虫，如竹蝗、竹织叶野螟、笋象、夜蛾、毒蛾等，已记录的有10目75科300余属近700种(徐天森、王浩杰，2004)。叶蝉是竹子上常见的昆虫类群之一，也是重要的刺吸类害虫之一，近年来对竹子的危害呈上升趋势，但国内外涉及竹子叶蝉的研究并不多。杨琳等(1999)对贵州的竹子叶蝉害虫进行了初步的调查研究，共报道3亚科13种，并对这些种类的发生危害情况进行了简要报道；徐天森、王浩杰(2004)在《中国竹子主要害虫》中提及为害竹子的只有大青叶蝉 *Cicadella viridis* (Linnaeus, 1758) 1种，并简要介绍了其危害竹类的情况；近期，杨琳等(2011)将贵州竹子叶蝉增加到33属55种，并对其危害性进行了讨论；除此之外，仅在叶蝉分类文献中有零星的采自竹子上的新属新种的记述报道。本研究结合野外调查采集和室内标本初步鉴定结果，对竹子叶蝉的物种多样性和危害情况进行初步报道。

一、材料与方法

(一)调查时间

系统调查时间为2005~2011年，其中，普查时间为每年的4~11月；定点定期调查时间则为全年。

(二)调查地点

普查以中国南部各省(自治区、直辖市)为主，共涉及30余个县(市)。定点调查则以贵州、湖南等地为主，如贵州贵阳市花溪公园、黔灵公园、森林公园、贵州大学南校区校园、贵阳市花溪区青岩镇、福泉县黄丝镇、长顺县威远镇、湖南武冈市、新宁县等地为主要调查地点。

(三)调查方法

采用普查、定点定期调查相结合的方式进行，常用工具为捕虫网和毒瓶。普查时，对竹林(竹丛)进行较详细的扫网，采集竹子上所有叶蝉类昆虫，装入专门的毒瓶中，单独标注采集标签，记录寄主植物、发生数量等信息，带回实验室进行标本的整理鉴定，统计种类，对寄主植物进行鉴定。定点定期调查则以扫网方式，收集并统计定点竹丛或竹林的所有叶蝉标本的种类及数量，带回实验室，整理、鉴定和记录相关信息。叶蝉及寄主植物生态照片除注明之外，均为作者陈祥盛利用Sony相机拍摄所得。

(四)种类鉴定

种类鉴定全部依据成虫特征进行鉴别。种类的确定借助相关文献资料，先根据外形特征和体色进行亚科、族及属的判别、归类，然后进一步根据各属征和雄性外生殖器形态特征进行准确鉴定确认。未鉴定到种的，在亚科学名后用“sp.”标注。

(五)危害情况判断标准

本研究主要结合竹子叶蝉的发生数量以及是否在竹叶、竹枝上造成明显的斑痕状等进行简单的危害情况判定和统计。单网捕虫量16头及以上，症状明显，即判定为危害程度最重(用“+++++”表示)，单网捕虫量11~15头，即判定为危害程度重(用“++++”表示)，单网捕虫量6~10头，即判定为危害程度较重(用“+++”表示)，单网捕虫量1~5头，即判定为危害程度轻(用“++”表示)，单网捕虫量常为零，仅偶尔采到，即判定为危害程度较轻(用"＋"表示)。历年来调查采集，只在竹子上采获单头标本，无法确定该虫是否取食竹类，危害程度为零(用"/"表示)。

二、结果与分析

(一)叶蝉类昆虫种类

通过普查，共获采自竹子上的叶蝉类昆虫标本5000余号，经初步鉴定，共有8亚科58属123种(含10新种)(由于文献资料不全，尚有部分标本未鉴定)。现将已初步鉴定的123种叶蝉的名录、分类地位、寄主植物及危害程度列如表1。

(二)叶蝉类昆虫危害情况

经多年的野外调查，对我国竹子上的叶蝉类昆虫的发生、分布及危害情况已有较详细的认识和了解。总的来看，叶蝉这一类刺吸类昆虫，由于其取食时不形成缺刻和孔洞，症状不明显，因此在判定其危害程度时往往较困难。本研究主要结合其发生数量以及是否在竹叶、竹枝上造成明显的斑痕状等进行初步的判定和统计(见表1)。

表1　中国竹子叶蝉种类、分类地位、寄主及其对竹子的取食危害程度

种名	分类地位	寄　主	危害程度
1. 红纹平大叶蝉 *Anagonalia melichari*	大叶蝉亚科 Cicadellinae	水稻、水竹及其他禾本科植物	+
2. 点翅斑大叶蝉 *Anatkina illustris*	大叶蝉亚科 Cicadellinae	/	/
3. 黑缘条大叶蝉 *Atkinsoniella limba*	大叶蝉亚科 Cicadellinae	竹类	+
4. 黑红条大叶蝉 *Atkinsoniella nigrominiatula*	大叶蝉亚科 Cicadellinae	竹类	+
5. 隐纹条大叶蝉 *Atkinsoniella thalia*	大叶蝉亚科 Cicadellinae	禾本科植物、茶树、杂灌木、竹类	+
6. 短凹大叶蝉 *Bothrogonia exigua*	大叶蝉亚科 Cicadellinae	撑绿竹、水竹	+
7. 黑尾凹大叶蝉 *Bothrogonia ferruginea*	大叶蝉亚科 Cicadellinae	玉米、大豆、苹果、茶、盐肤木、箬竹、楠竹、广竹	+ +
8. 大斑凹大叶蝉 *Bothrogonia macromaculata*	大叶蝉亚科 Cicadellinae	竹类	+
9. 黔凹大叶蝉 *Bothrogonia qianana*	大叶蝉亚科 Cicadellinae	竹类	+
10. 柱凹大叶蝉 *Bothrogonia tianzhuensis*	大叶蝉亚科 Cicadellinae	/	/
11. 大青叶蝉 *Cicadella viridis*	大叶蝉亚科 Cicadellinae	高粱、玉米、粟、小米、小麦、水稻、甘蔗、麻、花生、豆类、蔬菜、草莓、山芋、茶、桑、梨、桃、苹果、杨、柳、洋槐、竹类等	+ +
12. 周氏凸唇叶蝉 *Erragonalia choui*	大叶蝉亚科 Cicadellinae	竹类	+
13. 黑条边大叶蝉 *Kolla nigrifascia*	大叶蝉亚科 Cicadellinae	竹类	+
14. 顶斑边大叶蝉 *Kolla paulula*	大叶蝉亚科 Cicadellinae	花椒、杂灌木、大麻、大豆、苋菜、萝卜、斑苦竹	+ + +
15. 枝茎窗翅叶蝉 *Mileewa branchiuma*	大叶蝉亚科 Cicadellinae	竹类	+ +
16. 窗翅叶蝉 *Mileewa margheritae*	大叶蝉亚科 Cicadellinae	玉米、艾、蒿及其它草本植物	/
17. 黑颜单突叶蝉 *Olidiana brevis*	离脉叶蝉亚科 Coelidiinae	/	/
18. 黄面单突叶蝉 *Olidiana huangmina*	离脉叶蝉亚科 Coelidiinae	/	/
19. 横带无突叶蝉 *Taharana fasciana*	离脉叶蝉亚科 Coelidiinae	花椒树、慈竹	+
20. 角顶片叶蝉 *Thagria birama*	离脉叶蝉亚科 Coelidiinae	平竹	+
21. 指片叶蝉 *Thagria digitata*	离脉叶蝉亚科 Coelidiinae	杂灌木、竹类	+ +
22. 尖头片叶蝉 *Thagria projecta*	离脉叶蝉亚科 Coelidiinae	/	/
23. 安龙柔突叶蝉 *Abrus anlongensis*	角顶叶蝉亚科 Deltocephalinae	竹类	+ +
24. 竹柔突叶蝉 *Abrus bambusanus*	角顶叶蝉亚科 Deltocephalinae	竹类	+ +
25. 双枝柔突叶蝉 *Abrus biprocessus*	角顶叶蝉亚科 Deltocephalinae	竹类	+
26. 短板柔突叶蝉 *Abrus breviolus*	角顶叶蝉亚科 Deltocephalinae	竹类	+ +
27. 短茎柔突叶蝉 *Abrus brevis*	角顶叶蝉亚科 Deltocephalinae	竹类	+

（续）

种名	分类地位	寄　主	危害程度
28. 凹板柔突叶蝉 *Abrus concavelus*	角顶叶蝉亚科 Deltocephalinae	竹类	+
29. 锥尾柔突叶蝉 *Abrus coneus*	角顶叶蝉亚科 Deltocephalinae	竹类	+ +
30. 细茎柔突叶蝉 *Abrus graciaedeagus*	角顶叶蝉亚科 Deltocephalinae	竹类	+ +
31. 黄氏柔突叶蝉 *Abrus huangi*	角顶叶蝉亚科 Deltocephalinae	竹类	+
32. 雷公山柔突叶蝉 *Abrus leigongshanensis*	角顶叶蝉亚科 Deltocephalinae	竹类	+ +
33. 崀山柔突叶蝉 *Abrus liangshanensis*	角顶叶蝉亚科 Deltocephalinae	箬竹	+
34. 道真柔突叶蝉 *Abrus daozhenensis*	角顶叶蝉亚科 Deltocephalinae	平竹	+ +
35. 武夷柔突叶蝉 *Abrus wuyiensis*	角顶叶蝉亚科 Deltocephalinae	竹类	+ +
36. 习水柔突叶蝉 *Abrus xishuiensis*	角顶叶蝉亚科 Deltocephalinae	狭叶方竹	+ +
37. 云山柔突叶蝉 *Abrus yunshanensis*	角顶叶蝉亚科 Deltocephalinae	广竹	+ +
38. 烟草嘎叶蝉 *Alobaldia tobae*	角顶叶蝉亚科 Deltocephalinae	竹类	+
39. 模式竹叶蝉 *Bambusana bambusae*	角顶叶蝉亚科 Deltocephalinae	平竹	+ + +
40. 片突竹叶蝉 *Bambusana biflaka*	角顶叶蝉亚科 Deltocephalinae	竹类	+ + +
41. 佛坪竹叶蝉 *Bambusana fopingensis*	角顶叶蝉亚科 Deltocephalinae	平竹、精竹、狭叶方竹等	+ + +
42. 黑斑竹叶蝉 *Bambusana nigrimaculata*	角顶叶蝉亚科 Deltocephalinae	竹类	+
43. 二纹拟竹叶蝉 *Bambusananus binotatus*	角顶叶蝉亚科 Deltocephalinae	竹类	+
44. 双斑拟竹叶蝉 *Bambusananus*	角顶叶蝉亚科 Deltocephalinae	竹子、平竹、多毛箬竹	+ + +
45. 叉茎拟竹叶蝉 *Bambusananus furcatus*	角顶叶蝉亚科 Deltocephalinae	狭叶方竹等竹类	+ + +
46. 李氏拟竹叶蝉 *Bambusananus lii*	角顶叶蝉亚科 Deltocephalinae	箬竹	+ + +
47. 斑翅拟竹叶蝉 *Bambusananus maculipennis*	角顶叶蝉亚科 Deltocephalinae	平竹等竹类	+ + +
48. 黄脉端突叶蝉 *Branchana xanthota*	角顶叶蝉亚科 Deltocephalinae	平竹、楠竹、精竹	+ + + +
49. 黑斑双叉叶蝉 *Chlorotettix nigromaculatus*	角顶叶蝉亚科 Deltocephalinae	竹类	+
50. 叉茎合板叶蝉 *Connectivus bifidus*	角顶叶蝉亚科 Deltocephalinae	水竹	+ + +
51. 叉突平额叶蝉 *Flatfronta pronga*	角顶叶蝉亚科 Deltocephalinae	慈竹、水竹等	+ + + +
52. 纵带光叶蝉 *Futasujinus candidus*	角顶叶蝉亚科 Deltocephalinae	禾本科植物	/
53. 异齿吉岭叶蝉 *Jilinga asymmetrica*	角顶叶蝉亚科 Deltocephalinae	平竹	+
54. 黄斑长角叶蝉 *Longicornus favipuncatus*	角顶叶蝉亚科 Deltocephalinae	竹类	+
55. 双带痕叶蝉 *Mohunia bifasciana*	角顶叶蝉亚科 Deltocephalinae	慈竹等	+ + + +
56. 内突痕叶蝉 *Mohunia introspina*	角顶叶蝉亚科 Deltocephalinae	麻竹等	+ + +
57. 腹突痕叶蝉 *Mohunia ventrospina*	角顶叶蝉亚科 Deltocephalinae	竹类	+ + +
58. 白斑额垠叶蝉 *Mukaria albinotata*	角顶叶蝉亚科 Deltocephalinae	精竹、慈竹等	+ + +
59. 竹额垠叶蝉 *Mukaria bambusana*	角顶叶蝉亚科 Deltocephalinae	慈竹	+ + + +
60. 李氏额垠叶蝉 *Mukaria lii*	角顶叶蝉亚科 Deltocephalinae	平竹	+ +
61. 斑翅额垠叶蝉 *Mukaria maculata*	角顶叶蝉亚科 Deltocephalinae	慈竹、麻竹等	+ + +
62. 白足额垠叶蝉 *Mukaria pallipes*	角顶叶蝉亚科 Deltocephalinae	慈竹	+ + + + +
63. 黄褐额垠叶蝉 *Mukaria testacea*	角顶叶蝉亚科 Deltocephalinae	慈竹	+ + + +
64. 沿河额垠叶蝉 *Mukaria yanheensis*	角顶叶蝉亚科 Deltocephalinae	楠竹	+
65. 塔纹新痕叶蝉 *Neomohunia pyramida*	角顶叶蝉亚科 Deltocephalinae	平竹等	+ + +
66. 五斑竹额垠叶蝉 *Bambusimukaria quinquepunctata*	角顶叶蝉亚科 Deltocephalinae	斑竹等	+ + +
67. 截板叉索叶蝉 *Neurotettix truncatus*	角顶叶蝉亚科 Deltocephalinae	竹类	+ +
68. 端斑类痕叶蝉 *Paramohunia notata*	角顶叶蝉亚科 Deltocephalinae	竹类	+
69. 单斑木叶蝉 *Phlogotettix monozoneus*	角顶叶蝉亚科 Deltocephalinae	灌木、斑竹	+
70. 希神木叶蝉 *Phlogotettix polyphemus*	角顶叶蝉亚科 Deltocephalinae	斑竹	+

（续）

种名	分类地位	寄　主	危害程度
71. 西藏木叶蝉 *Phlogotettix tibetaensis*	角顶叶蝉亚科 Deltocephalinae	竹类	+ +
72. 黑带拟痕叶蝉 *Pseudomohunia nigrifascia*	角顶叶蝉亚科 Deltocephalinae	狭叶方竹	+ +
73. 安龙带叶蝉 *Scaphoideus anlongensis*	角顶叶蝉亚科 Deltocephalinae	水竹	+
74. 锥板带叶蝉 *Scaphoideus conicaplateus*	角顶叶蝉亚科 Deltocephalinae	/	/
75. 梵净带叶蝉 *Scaphoideus fanjingensis*	角顶叶蝉亚科 Deltocephalinae	平竹、草本植物等	+ +
76. 阔横带叶蝉 *Scaphoideus festivus*	角顶叶蝉亚科 Deltocephalinae	水稻、柑橘、茶树、竹子	+
77. 白背带叶蝉 *Scaphoideus kumamotonis*	角顶叶蝉亚科 Deltocephalinae	箭夹竹	+ +
78. 绿春带叶蝉 *Scaphoideus luchunensis*	角顶叶蝉亚科 Deltocephalinae	竹类	+
79. 黑颊带叶蝉 *Scaphoideus nigrigenatus*	角顶叶蝉亚科 Deltocephalinae	平竹、慈竹	+ + +
80. 黑瓣带叶蝉 *Scaphoideus nigrivalveus*	角顶叶蝉亚科 Deltocephalinae	平竹	+
81. 雅安带叶蝉 *Scaphoideus yaanensis*	角顶叶蝉亚科 Deltocephalinae	竹类	+
82. 纵条拟带叶蝉 *Scaphotettix striatus*	角顶叶蝉亚科 Deltocephalinae	箭夹竹	+ + + + +
83. 双锥条背叶蝉 *Tiaobeinia bisubula*	角顶叶蝉亚科 Deltocephalinae	斑竹	+ +
84. 峨眉条背叶蝉 *Tiaobeinia emeiensis*	角顶叶蝉亚科 Deltocephalinae	竹类	+ +
85. 弯突条背叶蝉 *Tiaobeinia wantuia*	角顶叶蝉亚科 Deltocephalinae	麻竹、水竹、楠竹	+ + +
86. 弯茎拟狭额叶蝉 *Vartalapa curvata*	角顶叶蝉亚科 Deltocephalinae	竹类	+
87. 二点颜脊叶蝉 *Xenovarta acuta*	角顶叶蝉亚科 Deltocephalinae	水竹、慈竹、斑竹等	+ + + +
88. 长角颜脊叶蝉 *Xenovarta longicornis*	角顶叶蝉亚科 Deltocephalinae	竹类	+ +
89. 锥尾颜脊叶蝉 *Xenovarta subulata*	角顶叶蝉亚科 Deltocephalinae	竹类	+
90. 景洪狭顶叶蝉 *Angustella jinghongensis*	横脊叶蝉亚科 Evacanthinae	竹类	+
91. 白边狭顶叶蝉 *Angustella leucostriata*	横脊叶蝉亚科 Evacanthinae	竹类	+ + +
92. 黑尾狭顶叶蝉 *Angustella nigricauda*	横脊叶蝉亚科 Evacanthinae	竹类	+ +
93. 黑缘狭顶叶蝉 *Angustella nigrimargina*	横脊叶蝉亚科 Evacanthinae	竹类	+ +
94. 竹斜脊叶蝉 *Bundera bambusana*	横脊叶蝉亚科 Evacanthinae	竹类	+ + +
95. 黑色冠垠叶蝉 *Boundarus nigronotus*	横脊叶蝉亚科 Evacanthinae	竹类	+
96. 白边脊额叶蝉 *Carinata kelloggii*	横脊叶蝉亚科 Evacanthinae	竹类	+ + + +
97. 黑带脊额叶蝉 *Carinata nigrofasciata*	横脊叶蝉亚科 Evacanthinae	/	/
98. 峨眉消室叶蝉 *Chudania emeiana*	横脊叶蝉亚科 Evacanthinae	草本植物、慈竹	+
99. 甘肃消室叶蝉 *Chudania ganana*	横脊叶蝉亚科 Evacanthinae	竹类	+
100. 赫氏消室叶蝉 *Chudania hellerina*	横脊叶蝉亚科 Evacanthinae	草本植物、竹类	+
101. 昆明消室叶蝉 *Chudania kunmingana*	横脊叶蝉亚科 Evacanthinae	草本植物	/
102. 中华消室叶蝉 *Chudania sinica*	横脊叶蝉亚科 Evacanthinae	广玉兰、油桐、草本植物、箬竹	+
103. 云南消室叶蝉 *Chudania yunnana*	横脊叶蝉亚科 Evacanthinae	草本植物、竹类	+
104. 红条凹片叶蝉 *Concaveplana rubilinena*	横脊叶蝉亚科 Evacanthinae	/	/
105. 曲突凸冠叶蝉 *Convexana fleura*	横脊叶蝉亚科 Evacanthinae	/	/
106. 细线内突叶蝉 *Extensus collectivus*	横脊叶蝉亚科 Evacanthinae	草本植物	/
107. 黄带横脊叶蝉 *Evacanthus repexus*	横脊叶蝉亚科 Evacanthinae	玉米、柑橘	/
108. 淡色隐脉叶蝉 *Nirvana placida*	横脊叶蝉亚科 Evacanthinae	大豆、苎麻、刺梨、绿豆、豇豆、蚕豆、木豆、水稻、甘蔗、樟树、番石榴、柑橘、水竹	+
109. 斑驳锥头叶蝉 *Onukia guttata*	横脊叶蝉亚科 Evacanthinae	竹类	+ + +
110. 黑色锥头叶蝉 *Onukia nigra*	横脊叶蝉亚科 Evacanthinae	竹类	+ + +
111. 望谟副锥头叶蝉 *Paraonukia wangmoensis*	横脊叶蝉亚科 Evacanthinae	斑竹、广竹等	+ + +
112. 绥阳拟片脊叶蝉 *Parapythamus suiyangensis*	横脊叶蝉亚科 Evacanthinae	/	/

（续）

种名	分类地位	寄　主	危害程度
113. 横纹拟隐脉叶蝉 *Sophonia transvittata*	横脊叶蝉亚科 Evacanthinae	斑竹	+ + +
114. 横带角突叶蝉 *Taperus fasciatus*	横脊叶蝉亚科 Evacanthinae	水竹	+
115. 绿春角突叶蝉 *Taperus luchunensis*	横脊叶蝉亚科 Evacanthinae	平竹	+
116. 卡西亚长头叶蝉 *Bumizana khasiana*	铲头叶蝉亚科 Hecalinae	禾本科杂草、竹类	+
117. 弯片窄头叶蝉 *Batracomorphus laminocus*	叶蝉亚科 Iassinae	楠竹	+ +
118. 片茎网脉叶蝉 *Dryodurgades lamellaris*	圆痕叶蝉亚科 Megophthalminae	平竹、慈竹	+
119. 黑斑突脉叶蝉 *Durgades nigropicta*	圆痕叶蝉亚科 Megophthalminae	/	/
120. 普氏叉突叶蝉 *Igerna priyankae*	圆痕叶蝉亚科 Megophthalminae	竹类	+
121. 大贯锥茎叶蝉 *Onukigallia onukii*	圆痕叶蝉亚科 Megophthalminae	竹类	+
122. 缅甸安小叶蝉 *Anaka burmensis*	小叶蝉亚科 Typhlocybinae	慈竹、撑绿竹、糯竹等	+ + + + +
123. 竹白小叶蝉 *Sweta bambusana*	小叶蝉亚科 Typhlocybinae	慈竹	+ +

注：“+ + + + +”表示危害程度最重(单网捕虫量16头及以上，症状明显)；“+ + + +”表示危害程度重(单网捕虫量11~15头)；“+ + +”表示危害程度较重(单网捕虫量6~10头)；“+ +”表示危害程度轻(单网捕虫量1~5头)；“+”表示危害程度较轻(单网捕虫量常为零，仅偶尔采到)。“/”表示无法确定该虫是否取食竹类，危害程度为零(历年来调查采集，只在竹子上采获单头标本)。

从表1可见，危害非常严重的种类有缅甸安小叶蝉 *Anaka burmensis*（图124）、白足额垠叶蝉 *Mukaria pallipes*（图125）、纵条拟带叶蝉 *Scaphotettix striatus*（图126）3种，占总种数的2.44%。

危害严重的种类有黄脉端突叶蝉 *Branchana xanthota*（图127）、叉突平额叶蝉 *Flatfronta pronga*（图128）、双带痕叶蝉 *Mohunia bifasciana*（图129）、竹额垠叶蝉 *Mukaria bambusana*、黄褐额垠叶蝉 *Mukaria testacea*、二点颜脊叶蝉 *Xenovarta acuta*（图130）、白边脊额叶蝉 *Carinata kelloggii* 7种，占总种数的5.69%。

危害较严重的种类有顶斑边大叶蝉 *Kolla paulula*（图131）、模式竹叶蝉 *Bambusana bambusae*、片突竹叶蝉 *Bambusana biflaka*（图132）、佛坪竹叶蝉 *Bambusana fopingensis*、双斑拟竹叶蝉 *Bambusananus*、叉茎拟竹叶蝉 *Bambusananus furcatus*、李氏拟竹叶蝉 *Bambusananus lii*、斑翅拟竹叶蝉 *Bambusananus maculipennis*、叉茎合板叶蝉 *Connectivus bifidus*（图133）、内突痕叶蝉 *Mohunia introspina*、腹突痕叶蝉 *Mohunia ventrospina*、白斑额垠叶蝉 *Mukaria albinotata*（图134）、斑翅额垠叶蝉 *Mukaria maculata*、塔纹新痕叶蝉 *Neomohunia pyramida*（图135）、五斑竹额垠叶蝉 *Bambusimukaria quinquepunctata*（图136）、黑颊带叶蝉 *Scaphoideus nigrigenatus*、弯突条背叶蝉 *Tiaobeinia wantuia*（图137）、白边狭顶叶蝉 *Angustella leucostriata*、竹斜脊叶蝉 *Bundera bambusana*、斑驳锥头叶蝉 *Onukia guttata*、黑色锥头叶蝉 *Onukia nigra*、望谟副锥头叶蝉 *Paraonukia wangmoensis*（图138）、横纹拟隐脉叶蝉 *Sophonia transvittata* 23种，占总种数的18.70%。

危害轻的种类有黑尾凹大叶蝉 *Bothrogonia ferruginea*（图139）、大青叶蝉 *Cicadella viridis*（图140）、云山柔突叶蝉 *Abrus yunshanensis*（图141）、白背带叶蝉 *Scaphoideus kumamotonis*（图142）、竹白小叶蝉 *Sweta bambusana*（图143）等27种，占总种数的21.95%。

危害较轻的种类有红纹平大叶蝉 *Anagonalia melichari*、短凹大叶蝉 *Bothrogonia exigua*（图144）、大斑凹大叶蝉 *Bothrogonia macromaculata*（图145）、黑条边大叶蝉 *Kolla nigrifascia*（图146）、横带无突叶蝉 *Taharana fasciana*（图147）、崀山柔突叶蝉 *Abrus langshanensis*（图148）、赫氏消室叶蝉 *Chudania hellerina*（图149）、中华消室叶蝉 *Chudania sinica*（图150）、黔凹大叶蝉 *Bothrogonia qianana*（图151）等47种，占总种数的38.21%。

尚不能确定是否取食危害竹子的种类有点翅斑大叶蝉 *Anatkina illustris* 等16种，占总种数的13.01%。

在一年当中，6~9月是各种叶蝉的成虫常见期。

图 124　缅甸安小叶蝉 *Anaka burmensis*、危害状及其寄主植物

A. 成虫栖息状（竹叶正面）（adult resting on obverse leaf of bamboo）；B ~ D. 成虫栖息状（竹叶反面）（adults resting on dorsal leaves of bamboo）；E. 被取食为害的慈竹枝叶（damaged leaves of *Dendrocalamus affinis*, obverse view）；F. 被取食为害的慈竹丛（damaged bamboo cluster, *D. affinis*）

图 125　白足额垠叶蝉 *Mukaria pallipes* 及其危害状

A、B. 成虫栖息状（竹叶正面）（adult resting on obverse leaf of bamboo）；C. 若虫的蜕及成虫（竹叶正面）（slough of nymph and adult resting on obverse leaves of bamboo）；D. 成虫及其为害状（adult and symptom of leaf of bamboo, dorsal view）；E. 成虫栖息状（竹叶正面）（adults resting on obverse leaf）；F. 被取食为害的慈竹丛（damaged bamboo cluster, *Dendrocalamus affinis*）

图 126 纵条拟带叶蝉 *Scaphotettix striatus* 及其寄主植物

A. 成虫栖息状（adult resting on leaf of bamboo）；B. 采集生境（湖南新宁崀山，"箭夹竹"）（view of the area where *S. striatus* were captured，in Langshan，Xinning，Hunan，with bamboo "Jianjiazhu"）；C. 寄主植物"箭夹竹"（view of the host plant，bamboo "Jianjiazhu"）

图 127 黄脉端突叶蝉 *Branchana xanthota* 及其寄主植物

A. 成虫栖息状（adult resting on leaf of bamboo）；B. 采集生境（湖南武冈云山，楠竹）（view of the area where *Branchana xanthota* were captured，in Yunshan，Wugang，Hunan，with *Phyllostachys pubescebns*）；C. 寄主植物楠竹（view of the host plant，*P. pubescebns*）

图 128　叉突平额叶蝉 *Flatfronta pronga* 及其寄主植物慈竹

A、B. 成虫栖息状(adult resting on leaf of bamboo)；C. 采集生境(贵州贵阳森林公园，慈竹)(view of the area where *F. pronga* were captured，in Forest Park，Guiyang，Guizhou，with *Dendrocalamus affinis*)；D. 寄主植物慈竹(view of the host plant，*D. affinis*)

图 129　双带痕叶蝉 *Mohunia bifasciana* 及其寄主植物

A. 深色型雌成虫栖息状(darker form female adult resting on leaf of bamboo)；B. 浅色型雌成虫栖息状(pale form female adult resting on leaf of bamboo)；C. 寄主植物慈竹(view of the host plant，*Dendrocalamus affinis*)；D. 采集生境(贵州贵阳花溪公园)(view of the area where *M. bifasciana* were captured，in Huaxi Park，Guiyang，Guizhou，with *D. affinis*)

图 130　二点颜脊叶蝉 *Xenovarta acuta* 及其寄主植物

A. 成虫栖息状（adult resting on leaf of bamboo）；B. 采集生境（贵州贵阳黔灵公园）（view of the area where *X. acuta* were captured，in Qianlin Park，Guiyang，Guizhou，with bamboo）；C. 寄主植物竹子（view of the host plant，bamboo）

图 131　顶斑边大叶蝉 *Kolla paulula* 及其寄主植物

A，B. 成虫栖息状（adult resting on leaf of bamboo）；C. 采集生境（贵州贵阳花溪公园）（view of the area where *K. paulula* were captured，in Huaxi Park，Guiyang，Guizhou，with *Dendrocalamus affinis*）；D. 采集生境（湖南武冈云山）（view of the area where *K. paulula* were captured，in Yunshan，Wugang，Hunan，with bamboo）

图 132　片突竹叶蝉 *Bambusana biflaka* 及其寄主植物

A. 成虫栖息状(adult resting on leaf of bamboo)；B. 寄主竹子(view of the host plant，bamboo)；C. 采集生境(湖南武冈云山)(view of the area where *B. biflaka* were captured，in Yunshan，Wugang，Hunan，with bamboo)

图 133　叉茎合板叶蝉 *Connectivus bifidus* 及其寄主植物

A. 成虫栖息状(adult resting on leaf of bamboo)；B. 寄主植物楠竹(view of the host plant，*Phyllostachys pubescebns*)；C. 采集生境(湖南武冈云山，楠竹)(view of the area where *C. bifidus* were captured，in Yunshan，Wugang，Hunan，with *P. pubescebns*)

图 134　白斑额垠叶蝉 *Mukaria albinotata* 及其寄主植物

A，B. 成虫栖息状（adult resting on leaf of bamboo）；C. 采集生境（贵州沿河麻阳河，慈竹）（view of the area where *M. albinotata* were captured，in Mayanghe，Yanhe，Guizhou，with *Dendrocalamus affinis*）；D. 寄主植物慈竹（view of the host plant，*D. affinis*）

图 135　塔纹新痕叶蝉 *Neomohunia pyramida* 及其寄主植物

A. 成虫栖息状（adult resting on leaf of bamboo）；B. 采集生境（贵州道真大沙河，平竹）（view of the area where *N. pyramida* were captured，in Dashahe，Daozhen，Guizhou，with *Qiongzhuea communis*）；C. 寄主植物平竹（view of the host plant，*Q. communis*）

图 136　五斑竹额垠叶蝉 *Bambusimukaria quinquepunctata* 及其寄主植物

A，B. 成虫栖息状（adult resting on leaf of bamboo）；C. 寄主植物斑竹（view of the host plant，*Phyllostachys bambusoides* f. *lacrimadeae*）；D. 采集生境（贵州贵阳森林公园，斑竹）（view of the area where *N. wubania* were captured，in Forest Park，Guiyang，Guizhou，with *P. bambusoides* f. *lacrimadeae*）

图 137　弯突条背叶蝉 *Tiaobeinia wantuia* 及其寄主植物

A，B. 成虫栖息状（adult resting on leaf of bamboo）；C. 采集生境（湖南武冈云山，楠竹）（view of the area where *T. wantuia* were captured，in Yunshan，Wugang，Hunan，with *Phyllostachys pubescebns*）；D. 采集生境（贵州平塘大塘，水竹）（view of the area where *T. wantuia* were captured，in Datang，Pingtang，Guizhou，with *P. heteroclada*）

图 138　望谟副锥头叶蝉 *Paraonukia wangmoensis* 及其寄主植物

A. 成虫栖息状(adult resting on leaf of bamboo)；B. 采集生境(湖南武冈云山，"广竹")(view of the area where *P. wangmoensis* were captured, in Yunshan, Wugang, Hunan, with bamboo "Guangzhu")；C. 寄主植物"广竹"(view of the host plant, bamboo "Guangzhu")

图 139　黑尾凹大叶蝉 *Bothrogonia ferruginea* 及其寄主植物

A. 成虫栖息状(adult resting on leaf of bamboo)；B. 采集生境(湖南新宁崀山，箬竹)(view of the area where *B. ferruginea* were captured, in Langshan, Xinning, Hunan, with *Indocalamus* sp.)；C. 寄主植物箬竹(view of the host plant, *I.* sp.)

图 140　大青叶蝉 *Cicadella viridis* 及其寄主植物

A，B. 成虫栖息状(adult resting on leaf of bamboo)；C. 采集生境(贵州贵阳长坡岭森林公园，斑苦竹)(view of the area where *C. viridis* were captured，in Changpoling Forest Park，Guiyang，Guizhou，with *Pleiobastus linearis*)；D. 寄主植物斑苦竹(view of the host plant，*P. linearis*)

图 141　云山柔突叶蝉 *Abrus yunshanensis* 及其寄主植物

A. 成虫栖息状(adult resting on leaves of bamboo)；B. 采集生境(湖南武冈云山，"广竹")(view of the area where *A. yunshanensis* were captured，in Yunshan，Wugang，Hunan，with bamboo "Guangzhu")；C. 寄主植物"广竹"(view of the host plant，bamboo "Guangzhu")

图 142　白背带叶蝉 *Scaphoideus kumamotonis* 及其寄主植物

A，B. 成虫栖息状（adult resting on leaf of bamboo）；C. 采集生境（湖南新宁崀山，"箭夹竹"）（view of the area where *S. kumamotonis* were captured，in Langshan，Xinning，Hunan，with bamboo "Jianjiazhu"）；D. 寄主植物"箭夹竹"（view of the host plant，bamboo "Jianjiazhu"）

图 143　竹白小叶蝉 *Sweta bambusana* 及其寄主植物

A. 成虫栖息状（adult resting on leaf of bamboo）；B. 采集生境（贵州长顺威远，慈竹）（view of the area where *S. bambusana* were captured，in Weiyuan，Changshun，Guizhou，with *Dendrocalamus affinis*）；C. 寄主植物慈竹（view of the host plant，*D. affinis*）

图 144 短凹大叶蝉 *Bothrogonia exigua* 及其寄主植物

A. 成虫栖息状（adult resting on leaves of bamboo）；B. 寄主植物撑绿竹（view of the host plant, bamboo, *Bambusa pervariabilis* × *Dendrocalamopsis daii*）；C. 采集生境（贵州赤水丙安，撑绿竹）（view of the area where *B. exigua* were captured, in Bing' an, Chishui, Guizhou, with bamboo *B. pervariabilis* × *D. daii*）

图 145 大斑凹大叶蝉 *Bothrogonia macromaculata* 及其寄主植物

A. 成虫栖息状（adult resting on leaves of bamboo）；B. 采集生境（湖南武冈云山，"广竹"）（view of the area where *B. macromaculata* were captured, in Yunshan, Wugang, Hunan, with bamboo "Guangzhu"）；C. 寄主植物"广竹"（view of the host plant, bamboo "Guangzhu"）

图 146 黑条边大叶蝉 *Kolla nigrifascia* 及其寄主植物

A. 成虫栖息状(adult resting on leaf of bamboo)；B. 采集生境(贵州贵阳长坡岭森林公园，斑苦竹)(view of the area where *K. nigrifascia* were captured, in Changpoling Forest Park, Guiyang, Guizhou, with *Pleiobastus linearis*)；C. 寄主植物斑苦竹(view of the host plant, *P. linearis*)

图 147 横带无突叶蝉 *Taharana fasciana* 及其寄主植物

A. 成虫栖息状(adult resting on leaf of bamboo)；B. 采集生境(贵州贵阳花溪公园，慈竹)(view of the area where *T. fasciana* were captured, in Huaxi Park, Guiyang, Guizhou, with *Dendrocalamus affinis*)；C. 寄主植物慈竹(view of the host plant, *D. affinis*)

图 148　崀山柔突叶蝉 *Abrus langshanensis* 及其寄主植物

A. 成虫栖息状（adult resting on leaf of bamboo）；B. 若虫栖息状（nymph resting on leaf of bamboo）；C. 采集生境（湖南新宁崀山，箬竹）（view of the area where *A. langshanensis* were captured，in Langshan，Xinning，Hunan，with *Indocalamus* sp.）；D. 寄主植物箬竹（view of the host plant，*I.* sp.）

图 149　赫氏消室叶蝉 *Chudania hellerina* 及其寄主植物

A. 成虫栖息状（adult resting on leaf of bamboo）；B. 采集生境（湖南武冈云山，楠竹）（view of the area where *C. hellerina* were captured，in Yunshan，Wugang，Hunan，with *Phyllostachys pubescebns*）；C. 寄主植物楠竹（view of the host plant，*P. pubescebns*）

图 150　中华消室叶蝉 *Chudania sinica* 及其寄主植物

A. 成虫栖息状（adult resting on leaf of bamboo）；B. 采集生境（湖南新宁崀山，箬竹）（view of the area where *C. sinica* were captured, in Langshan, Xinning, Hunan, with *Indocalamus* sp.）；C. 寄主植物箬竹（view of the host plant, *I.* sp.）

图 151　黔凹大叶蝉 *Bothrogonia qianana* 及其寄主植物

A. 成虫栖息状（adult resting on leaf of bamboo）；B. 采集生境（贵州雷山雷公山，方竹）（view of the area where *B. qianana* were captured, in Leigongsha, Leisha, Guizhou, with *Chimonobambusa angustfolia*）；C. 寄主植物方竹（view of the host plant, *C. angustfolia*）

三、结论与讨论

(一)结论

1. 中国竹子叶蝉种类

中国竹子叶蝉初步鉴定共有 8 亚科 58 属 123 种，其中大叶蝉亚科 16 种，占总种数的 13.01%，离脉叶蝉亚科 6 种，占总种数的 4.88%，角顶叶蝉亚科 66 种，占总种数的 53.66%，横脊叶蝉亚科 27 种，占总种数的 21.95%，铲头叶蝉亚科 1 种，占总种数的 0.81%，叶蝉亚科 1 种，占总种数的 0.81%，圆痕叶蝉亚科 4 种，占总种数的 3.25%，小叶蝉亚科 2 种，占总种数的 1.63%。以角顶叶蝉种类最多，横脊叶蝉种类次之，叶蝉亚科和铲头叶蝉亚科种类最少。

2. 竹子叶蝉的危害情况

从目前调查情况看，中国竹子上的 123 种叶蝉中，缅甸安小叶蝉 *Anaka burmensis* 等 3 种(图 124 ~ 126)危害非常严重；黄脉端突叶蝉 *Branchana xanthota* 等 7 种(图 127 ~ 130)危害严重；顶斑边大叶蝉 *Kolla paulula* 等 23 种(图 131 ~ 138)危害较严重；黑尾凹大叶蝉 *Bothrogonia ferruginea* 等 27 种(图 139 ~ 143)危害轻；红纹平大叶蝉 *Anagonalia melichari* 等 47 种(图 144 ~ 151)危害较轻，另有点翅斑大叶蝉 *Anatkina illustris* 等 16 种目前尚不能确定其是否取食危害竹子。

(二)讨论

1. 关于中国竹子叶蝉的物种多样性

10 余年来，作者所在的研究组对我国竹子上叶蝉的物种多样性进行了较系统的调查研究，采获了大批标本，发表了一些新属种或新记录属种(李子忠，1990；李子忠，汪廉敏，1993；陈祥盛，李子忠，1997；李子忠，陈祥盛，1999；李子忠，戴仁怀，2004；Li and Chen，2005；李子忠，汪廉敏，2006；Li *et al.*，2007；Chen，Li and Yang，2007，2008；李子忠，宋月华，2009；Yang and Chen，2012a，2012b)。我国竹子叶蝉的种类在 1999 年的 3 亚科 20 余种的基础上，10 余年来增加到了目前的 8 亚科 123 种，种数增加了 6 倍多，说明中国竹子叶蝉的物种多样性非常丰富。

尤其是角顶叶蝉亚科(含额垠叶蝉类)，初步鉴定竹子上的种数高达 66 种，几乎为总种数的一半。需要说明的是，竹子上小叶蝉类昆虫的物种多样性也相当丰富，初步估计其物种数不会少于目前排在第二位的横脊叶蝉。但由于文献所限，本文仅报道了 2 种，尚有大量采自竹子上的小叶蝉类标本有待准确鉴定。经初步统计，在采获的各类竹子叶蝉标本中，未准确鉴定的尚有 30 余种，多数为角项叶蝉和小叶蝉(图 152 ~ 图 162)。

从调查采集的范围来看，许多地区的竹子叶蝉物种多样性调查研究十分有限，不少地区仍是空白。因此，今后调查研究工作的范围和深度均有待拓展。保守估计，中国竹子叶蝉的物种多样性数目应在 200 种以上。

2. 关于种类鉴定

叶蝉是半翅目头喙亚目中最大的一个类群，目前我国叶蝉共记录了 24 亚科 1480 余种，近 10 余年来每年仍有大批新属、新种不断被发现(张雅林，戴武，2004)。经调查发现，竹子叶蝉不仅种类多，而且隶属于不同的亚科(初步估计至少 10 个亚科以上)，多为角顶叶蝉亚科、小叶蝉亚科等目前研究工作不是很深入的类群，涉及文献资料多而零散，种类鉴定工作有一定困难。

3. 关于重要种类生物学及生态学等基础研究

生活于竹子上的叶蝉，因其以吸食竹枝叶汁液和产卵等方式为害，前期危害症状不明显，往往未引起足够的重视。加之很多种类的发生数量不大，对竹子未造成严重损失，长期以来未当作害虫看待。但笔者近年来通过野外调查发现，叶蝉在竹子上的发生及危害呈明显上升趋势，有不少种类有由次要害虫上升为主要害虫的可能(杨琳等，1999)。因此，对这些潜在的竹子重要害虫，在进行种类准确鉴定的基础上，开展深入的生物学和生态学研究，为这类害虫的综合治理提供基础资料，具有重要意义。

图 152　一种角顶叶蝉 *Deltocephalinae* sp. 1 及其寄主植物

A. 成虫栖息状（adult resting on leaf of bamboo）；B. 采集生境（湖南新宁崀山，箬竹）（view of the area where sp. 1 of Deltocephalinaewere captured, in Langshan, Xinning, Hunan, with *Indocalamus* sp.）；C. 寄主植物箬竹（view of the host plant, *I.* sp.）

图 153　一种角顶叶蝉 *Deltocephalinae* sp. 2 及其寄主植物

A. 成虫栖息状（adult resting on leaf of bamboo）；B. 寄主植物斑苦竹（view of the host plant, *Pleiobastus linearis*）；C. 采集生境（贵州贵阳长坡岭森林公园，斑苦竹）（view of the area where sp. 2 of Deltocephalinaewere captured, in Changpoling Forest Park, Guiyang, Guizhou, with *P. linearis*）

图 154　一种角顶叶蝉 *Deltocephalinae* sp. 3 及其寄主植物

A. 成虫栖息状(adult resting on leaf of bamboo)；B. 采集生境(贵州平塘大塘，竹子)(view of the area where sp. 3 of Deltocephalinaewere captured, in Datang, Pingtang, Guizhou, with bamboo)；C. 寄主植物竹子(view of the host plant, bamboo)

图 155　一种角顶叶蝉 *Deltocephalinae* sp. 4 及其寄主植物

A. 成虫栖息状(adult resting on leaf of bamboo)；B. 采集生境(贵州平塘大塘，水竹)(view of the area where sp. 4 of Deltocephalinaewere captured, in Datang, Pingtang, Guizhou, with *Phyllostachys heteroclada*)；C. 寄主植物水竹(view of the host plant, *P. heteroclada*)

图 156　一种叶蝉 *Iassinae* sp. 1 及其寄主植物

A. 成虫栖息状（adult resting on leaves of bamboo）；B. 采集生境（湖南武冈云山，“广竹”）（view of the area where sp. 1 of Iassinaewere captured，in Yunshan，Wugang，Hunan，with bamboo “Guangzhu”）；C. 寄主植物“广竹”（view of the host plant，bamboo “Guangzhu”）

图 157　一种小叶蝉 *Typhlocybinae* sp. 1 及其寄主植物

A，B. 成虫栖息状（adults resting on leaf of bamboo）；C ~ D. 成虫及其为害状（adult and symptom of leaf of bamboo）；E. 被取食为害的竹叶正面观（damaged leaves of bamboo，obverse view）；F. 被取食为害的竹叶背面观（damaged leaves of bamboo，dorsal view）

图 158　一种小叶蝉 *Typhlocybinae* sp. 2 及其寄主植物

A. 成虫栖息状(adult resting on leaf of bamboo)；B. 采集生境(贵州贵阳长坡岭森林公园，斑苦竹)(view of the area where sp. 2 of Typhlocybinaewere captured，in Changpoling Forest Park，Guiyang，Guizhou，with *Pleiobastus linearis*)；C. 寄主植物斑苦竹(view of the host plant，*P. linearis*)

图 159　一种小叶蝉 *Typhlocybinae* sp. 3 及其寄主植物

A. 成虫栖息状(adult resting on leaf of bamboo)；B. 采集生境(贵州贵阳长坡岭森林公园，斑苦竹)(view of the area where sp. 3 of Typhlocybinaewere captured，in Changpoling Forest Park，Guiyang，Guizhou，with *Pleiobastus linearis*)；C. 寄主植物斑苦竹(view of the host plant，*P. linearis*)

图 160　一种小叶蝉 *Typhlocybinae* sp. 4 及其寄主植物

A. 成虫栖息状（adult resting on leaf of bamboo）；B. 采集生境（贵州贵阳长坡岭森林公园，斑苦竹）（view of the area where sp. 4 of Typhlocybinaewere captured, in Changpoling Forest Park, Guiyang, Guizhou, with *Pleiobastus linearis*）；C. 寄主植物斑苦竹（view of the host plant, *P. linearis*）

图 161　一种小叶蝉 *Typhlocybinae* sp. 5 及其寄主植物

A. 成虫栖息状（adult resting on leaf of bamboo）；B. 采集生境（贵州贵阳森林公园，斑竹）（view of the area where sp. 5 of Typhlocybinaewere captured, in Forest Park, Guiyang, Guizhou, with *Phyllostachys bambusoides* f. *lacrimadeae*）；C. 寄主植物斑苦竹（view of the host plant, *P. bambusoides* f. *lacrimadeae*）

图 162　一种小叶蝉 *Typhlocybinae* sp. 6 及其寄主植物

A. 雄成虫栖息状(male adult resting on leaf of bamboo); B. 雌成虫栖息状(female adult resting on leaf of bamboo); C. 采集生境(贵州贵阳花溪公园，慈竹)(view of the area where sp. 6 of Typhlocybinaewere captured, in Huaxi Park, Guiyang, Guizhou, with *Dendrocalamus affinis*); D. 寄主植物慈竹(view of the host plant, *D. affinis*)

第四章
缅甸安小叶蝉的生物学特性

缅甸安小叶蝉 *Anaka burmensis* Dworakowska 隶属于半翅目 Hemiptera，叶蝉科 Cicadellidae，小叶蝉亚科 Typhlocybinae，叉脉叶蝉族 Dikraneurini，安小叶蝉属 *Anaka* Dworakowska *et* Viraktamath，系德国小叶蝉分类学家 Dworakowska 先生于 1993 年发表的新种。2007 年，笔者等在国内将其作为中国新记录属、种进行了初步的研究报道，并对安小叶蝉属的主要鉴别特征、缅甸安小叶蝉的成虫形态、寄主、分布以及该虫在贵阳市花溪公园、长顺县威远镇等地的危害情况进行了简要的介绍（杨琳等，2007）。

笔者在全国各地竹子叶蝉普查中，发现该虫不仅分布广泛、虫口密度大，而且若虫、初羽化成虫群集于竹叶背面刺吸为害，使受害竹子叶片正面出现大面积枯白色斑，严重影响竹叶的光合作用，不利于竹子的生长、发育。该虫不仅是竹子新害虫，而且近年来已上升为竹子上危害十分严重的叶蝉类重要害虫。鉴于缅甸安小叶蝉的生物学特性国内外未见报道，笔者于 2006 年起，对该虫的生物学进行了较系统的观察。

一、材料与方法

（一）材料

1. 设备及仪器

RXZ-300A 智能人工气候箱（温度波动 ±1℃，宁波江南仪器厂生产）、体视显微镜（Leica MZ12.5，德国莱卡公司生产）。

2. 其他材料

捕虫网、毒瓶、大号塑料杯（直径 9cm、高 20cm 圆柱形杯子）、花泥、1∶200 的营养液（新农夫无土栽培营养液，中科院化学所北京新化科技有限公司生产）、保鲜膜、鲜嫩竹枝、普通注射器、昆虫针、测微尺等。

（二）方法

1. 观察方法

野外观察：在贵州省贵阳市花溪公园、贵阳市长坡岭森林公园、长顺县威远镇、贵州大学南校区校园内选取各类竹林或竹丛，进行寄主、分布范围、危害程度的调查。在贵州大学校园内固定样竹丛进行定点系统观察，在发生期每天或每隔 1 ~ 2 d 进行 1 ~ 2 次调查，观察卵孵化、若虫发育、成虫羽化、产卵等各虫态的生活习性。

室内观察：野外采集各虫态标本，置于自制养虫杯中，在室内连续饲养，每天于 8∶00，12∶00，16∶00，20∶00 定时观察 1 次，观察记录成虫羽化、交配及若虫各龄历期，描述各虫态形态特征。

2. 养虫杯制备及饲养条件

先按照比例配制好营养液，把花泥切成长 × 宽 × 高为 2 × 2 × 1cm 左右大小的方块，浸泡在配制好的营养液中，待完全浸透后取出，置入特大号塑料杯中，再将新鲜嫩竹枝插在花泥上，然后用橡皮筋将保鲜膜封住杯口，用昆虫针将杯口中央的保鲜膜扎满小孔，以便透气。

每个养虫杯接入 2 ~ 5 头初孵若虫，放入 RXZ-300A 智能人工气候箱中饲养、观察。智能人工气候箱的各种参数设置：温度 28℃，相对湿度 70% ~ 80% RH，光照周期 L∶D = 14∶10，光照强度 2000lx。每天用注射器向养虫杯中的花泥注入适量营养液，（以湿润为度），以保竹枝活力。每隔 3 天更换 1 次新鲜嫩竹枝。待若虫羽化为成虫后，按每杯 1 雄 1 雌重新调整养虫杯中的试虫。

3. 寄主植物调查

在虫害发生的各个时期，对各种竹类植物进行调查，确定其寄主范围。

二、结果与分析

(一)分类地位

缅甸安小叶蝉 *Anaka burmensis* Dworakowska 隶属于半翅目 Hemiptera，叶蝉科 Cicadellidae，小叶蝉亚科 Typhlocybinae，叉脉叶蝉族 Dikraneurini，安小叶蝉属 *Anaka* Dworakowska *et* Viraktamath。

安小叶蝉属 *Anaka* 由 Dworakowska 和 Viraktamath 建立于 1975 年，模式种为 *Anaka colorata* Dworakowska *et* Viraktamath，1975。该属的主要鉴别特征为：头冠向前弧圆突出，中域圆滑隆起，前缘弧圆，后缘弧凹，冠缝仅基半明显，头冠中长明显短于复眼间宽；头冠与额弧圆相交，额唇基基部宽，端向稍变狭，前唇基端向渐狭，端缘弧圆；前胸背板前狭后宽，稍宽于头冠包括复眼，中长明显长于头冠，中域隆起，向两侧倾斜，前缘向前弧圆突出，后缘近平直；中胸小盾片短于前胸背板。前翅狭长；R_{1b} 脉与 R_5 脉基部靠近或共柄。后翅狭长，周缘脉完整、封闭。雄虫尾节腹缘明显宽于背缘，后、腹缘相交处圆形或角状突出，后缘中部常具向后方延伸的角状突起或刺突；下生殖板基部宽阔，端半骤然变细；阳茎管状，基部粗壮，端部细，阳茎近基部腹缘处或阳茎端部常具生刺状突。阳茎背腔较发达。连索 U 型。阳基侧突细长，中部较宽，基部、端部细，端部末端呈弯钩状。所有种类均取食为害竹类植物(Dworakowska *et al.*，1975；杨琳等，2007)。

迄今为止，该属全世界共记录 7 种。目前已知分布东洋区的印度、尼泊尔、印度尼西亚、缅甸、中国(Dworakowska *et al.*，1975；杨琳等，2007)。

(二)形态特征

1. 成虫(图 122)

成虫的形态特征详见本书第二章。

2. 卵

初产卵乳白色，长橄榄形，基部尖圆，端部钝圆，长 0.74～0.82 mm；宽 0.23～0.28 mm，近孵化时淡血红色(图 163)。

3. 若虫(图 164)

共 5 龄。各龄若虫全体大部分暗褐色，体背胸、腹部连接处、胸足及腹部腹面淡黄白略带绿色。体背密布暗褐色、长短不一的刚毛。头部扁宽，前缘弧形，后缘较直；复眼黑褐色，触角淡黄白色，喙管黑色。中后胸发达。胸足胫节密布短刺。

(三)分布、寄主及危害

1. 分布

缅甸安小叶蝉最初报道分布于缅甸(Dworakowska，1993)，寄主为竹子。据近年来在中国南方特别是西南地区及贵州省近 20 余县(市)的采集调查结果，发现缅甸安小叶蝉的分布范围非常广泛，西南各省份均有分布，在贵州几乎遍布全省各地。

2. 寄主

据调查，缅甸安小叶蝉的寄主范围亦相对较宽，在竹类植物中，大多数丛生阔叶竹，如慈竹(图 165)、斑竹(图 166)、麻竹、糯竹(图 167)、撑绿竹(*Bambusa pervariabilis* 与 *Dendrocalamopsis daii* 杂交竹种)(图 168)、楠竹、斑苦竹、箬竹等竹种上均发现其取食危害。

3. 危害

据野外普查和定点观察，发现缅甸安小叶蝉主要集中于竹丛的中、下部刺吸为害。若虫和初羽化成虫均有群集性，常常数十头按同一方向聚集于竹叶背面刺吸取食(图 166D，E，167C，D)，蜕皮后转移至附近继续取食，直至羽化为成虫，成虫后期方分散取食(图 165D～F)。竹子叶片受害后，受害处背面出现黄褐色小斑点(图 166D，E；167C～E；168C～F)，叶片正面对应的部位则为几乎连成片状的枯白色方形小斑(图 165B，C；166C；167B；168B)。

(四)生物学特性

1. 生活史

据室内饲养观察和野外调查，缅甸安小叶蝉在贵州贵阳 1 年发生 4 代(见表 2)，以卵在竹叶背面组织内越冬。翌春 3 月下旬越冬代卵开始孵化，4 月上旬为孵化盛期；若虫危害至 6 月上旬

图 163 缅甸安小叶蝉 *Anaka burmensis* 产卵痕、卵块及初孵若虫

A，B. 竹叶背面基半部的产卵痕（红色箭头所指）（oviposition scars on basal half of leaves of bamboo，dorsal side，red arrowhead directed）；C～E. 埋于竹叶组织中的越冬卵块（overwintering egg mass in tissue of bamboo leaf）；F. 越冬卵孵化后留下的产卵痕及初孵若虫（oviposition scars and 1st instar nymphs after overwintering）

图 164 缅甸安小叶蝉 *Anaka burmensis* 若虫

A. 若虫群集于竹叶背面取食为害状（nymphs resting on leaf of bamboo）；B. 虫体背面观（nymph dorsal view）；C. 头胸部背面观（head and thorax，dorsal view）；D. 颜面（face）；E. 虫体侧面观（nymph lateral view）；F. 头胸部侧面观（head and thorax，lateral view）

图 165　缅甸安小叶蝉 *Anaka burmensis* 为害慈竹

A. 寄主植物慈竹(view the host plant, *Dendrocalamus affinis*); B, C. 受害叶片正面(damaged leaves of bamboo, obverse view); D ~ E. 受害叶片反面(damaged leaves of bamboo, dorsal view); F. 成虫(adults resting on leaf of bamboo, dorsal view)(摄于贵州省贵阳市长坡岭森林公园)

图 166　缅甸安小叶蝉 *Anaka burmensis* 为害斑竹

A, B. 寄主植物斑竹(view the host plant, *Phyllostachys bambusoides* f. *lacrimadeae*); C. 受害叶片正面(damaged leaves of bamboo, obverse view); D. 受害叶片反面(damaged leaves of bamboo, dorsal view); E. 若虫(nymphs resting on leaf of bamboo, dorsal view); F. 成虫(adult resting on obverse leaf of bamboo)(摄于贵州省贵阳市森林公园)

图 167 缅甸安小叶蝉 *Anaka burmensis* 为害糯竹

A. 寄主植物糯竹(view the host plant, *Cephalostachyum pergracile*); B. 受害叶片正面(damaged leaves of bamboo, obverse view); C. 受害叶片反面(damaged leaves of bamboo, dorsal view); D. 若虫及其虫蜕(nymphs and their sloughs); E. 成虫及虫蜕(adult and their sloughs)(摄于贵州省长顺县威远镇)

图 168 缅甸安小叶蝉 *Anaka burmensis* 为害撑绿竹

A. 寄主植物撑绿竹(view the host plant, *Bambusa pervariabilis* × *Dendrocalamopsis daii*); B. 受害叶片正面(damaged leaves of bamboo, obverse view); C. 受害叶片反面(damaged leaves of bamboo, dorsal view); D. 2 龄若虫及其虫蜕(Second star nymphs and their sloughs); E. 3 龄若虫(Third star nymphs); F. 成虫及虫蜕(adult and their sloughs)(刘曼摄于贵州省赤水县丙安乡)

全部羽化为成虫；成虫始见期为5月中旬，羽化盛期在5月下旬；越冬代成虫一直持续至6月上旬。第1代卵于5月下旬出现，持续到6月中旬；若虫6月中旬至7月上旬为孵化盛期；成虫于7月上旬始现，羽化盛期在7月中下旬，此后世代重叠现象明显。第3代卵8月下旬开始出现，成虫至10月下旬仍少量可见。10月中旬开始出现卵，以卵在竹叶基半部背面组织内越冬(图163)。

2. 生活习性

(1)成虫。成虫一般自凌晨6时至上午10时前开始羽化，以6~8时居多。羽化前，老熟若虫腹部明显伸长，并提前爬到叶片背面为蜕皮做准备。蜕皮时，若虫前、中足紧紧抓住叶片，腹部多次剧烈颤动。首先从头胸部裂开，成虫头、胸及腹部前半部脱出一般历时5~10 min，腹部后半部脱出约需5 min，整个脱出过程约需10~15 min。脱出过程中，腹部不断颤动，以利脱出。脱出后的成虫前翅逐渐伸展正常覆于体背，成虫在蜕旁停栖一段时间后，刺吸汁液补充营养。

羽化后的成虫一般在若虫危害的叶背面继续刺吸取食1~2 d，有群集性，且整个群体同一朝向，然后分散离开原危害处到新鲜的枝叶处继续补充营养。成虫有趋光性和趋黄性。

成虫羽化5~8 d左右，即开始交尾。交尾多在早晨7时至上午11时前进行。每次交尾可持续30~90 min，甚至更长。交配后2~3 d即开始产卵。产卵时，成虫1对前足支起虫体，腹末下弯，产卵器与叶面成80~90度角，刀状产卵器伸出插入皮层下，遂产下1粒卵。产卵过程中，成虫腹部不断颤动，产1粒卵可持续50~110s，平均70 s左右。隔2~5 min后可继续再产。一般每只成虫每天可产卵4~12粒，甚至更多。产卵时间持续1 h左右，然后栖息或补充营养，隔1~2 d后再行产卵。成虫有一定的趋光性，在室内打开灯，即迅速弹跃至灯亮处。成虫的寿命最长的为31d。成虫的性比，据调查200头成虫，雌雄比为1.1∶1。

表2 缅甸安小叶蝉的生活史(贵州贵阳，2006~2008年)

世代	1~3月			4月			5月			6月			7月			8月			9月			10月			11~12月		
	上	中	下	上	中	下	上	中	下	上	中	下	上	中	下	上	中	下	上	中	下	上	中	下	上	中	下
越冬代	⊙	⊙	⊙	⊙	⊙	⊙																					
			△	△	△	△	△	△	△																		
								▲	▲	▲																	
第1代									○	○	○																
											△	△	△	△													
													▲	▲	▲	▲											
第2代														○	○	○	○										
															△	△	△	△									
																▲	▲	▲	▲								
第3代																		○	○	○	○						
																				△	△	△	△				
																					▲	▲	▲	▲			
(越冬代)																							⊙	⊙	⊙	⊙	⊙

注：⊙越冬卵，○卵，△若虫，▲成虫

(2)产卵部位。卵主要产于竹叶基半部背面的表皮组织下，每个卵块5~18粒卵斜排成长条状(图163)，每张叶片1~4个卵块，多数为2个。产卵痕后期呈淡褐色。卵的历期8~13d。因气温不同，各代卵历期不尽相同，一般为10 d左右。

(3)若虫。第1代若虫的孵化在上午8时至中午14时前，以10~12时孵化最多。若虫孵化时，靠其自身的活动力使虫体伸出组织表皮产卵痕处，但若虫仍呈卵状直立或略斜立于枝上。遇风后，经过不断蠕动，各足逐渐伸展开，从卵穴处爬出，数头至十余头聚集在附近的叶面上静伏刺吸，同一朝向(图164A，166E)。蜕皮后转移至附近的未危害部位继续静伏取食，危害的叶片，大都某个部分开始变为黄褐色，逐渐扩展到整个叶片，危害处对应的叶片正面，则出现连成一片的灰白

图 169　竹子叶蝉天敌广腹螳螂
Hierodula patellifem (Serville)
A. 成虫栖息状(adult resting on leaf of bamboo)；B. 生境(湖南武冈云山，楠竹)(view of the area where *H. patellifem* were captured, in Yunshan, Wugang, Hunan, with *Phyllostachys pubescens*)

图 170　竹子叶蝉天敌大草蛉
Chrysopaseptera punctata Wesmael
A，B. 成虫栖息状(adult resting on leaf of bamboo)；C. 生境(贵州贵阳长坡岭森林公园，斑苦竹)(view of the area where *C. punctata* were captured, in Changpoling Forest Park, Guiyang, Guizhou, with *Pleiobastus linearis*)

色近方形小斑。进入 3 ~ 5 龄后，由于取食量大，若虫更是经常在叶片中央大部间转移。1 头若虫一生一般只危害 1 张叶片。若虫共有 5 龄，若虫的蜕皮一般在凌晨 6 时至上午 10 时间进行，偶有午后蜕皮的，以 6 ~ 8 时最多。蜕皮前半天至 1 d，若虫的腹部已渐渐延长。蜕完皮后，若虫一般在虫蜕旁停栖一段时间，再在附近取食。其蜕下的皮可在竹叶背面停留较长时间而不掉落，呈群集状排列(图 167E)。

3. 发生与环境

(1)温度。缅甸安小叶蝉各虫态在气温较高的 6 ~ 8 月，各虫态的发育速度较快，比其它月份的各虫态要提前 1 ~ 3 d。

(2)天敌。据调查，缅甸安小叶蝉的天敌主要有蜘蛛、螳螂、草蛉、蠋蝽等。蜘蛛、广腹螳螂 *Hierodula patellifem* (Serville)(图 169)均能捕食若虫和成虫；大草蛉 *Chrysopaseptera punctata* Wesmael(图 170)的幼虫能够大量地捕食叶蝉若虫；蠋蝽 *Arma chinensis* (Fallou)也可捕食若虫，对叶蝉种群有一定的控制作用。

竹子上捕食叶蝉的蜘蛛的种类较多，经初步的采集鉴定，近几年来在竹林间调查得到的蜘蛛有以下几种：八点球腹蛛 *Thierdion octomaculatum* Boes. *et* Str.、大腹园蛛 *Araneus ventricosus* (L. Koch)、斜纹猫蛛 *Oxyopes sertatus* L. Koch、白斑猎蛛 *Evarcha albaria* (L. Koch)、土黄逍遥蛛 *Philodromus subaureolus* Boesenberg *et* Strand、棒络新妇 *Nephila clavata* L. Koch、平行绿蟹蛛 *oxytate parallela* (Simon)、猫跳蛛 *Carrhotus xanthogramma* (Latreille)、黑色肖蛸 *T. nigrita* Lendl、横纹金蛛 *Argiope bruennichii* (Scopoli)、草皮逍遥蛛 *Philodromus* sp.、粽管巢蛛 *Clubiona japonicola* Boes. *et* Str.、长螯肖蛸 *Tetragnatha mandibulata* (Walckenaer)、机敏漏斗蛛 *Agelena difficilis* Fox、侣伴肖蛸 *Tetragnatha ciens* (Chemberlin)、草间小黑蛛 *Erigonidium graminicolum* (Sundevall)等 10 余种。

第五章
缅甸安小叶蝉的药剂防治

如前所述，在自然条件下，大多数竹子叶蝉的发生危害并不十分严重，勿需进行药剂防治。然而，少数种类近年来已上升为竹子的重要害虫，药剂防治已成为避免或降低损失的最后防线。为了筛选高效低毒化学农药，为此类害虫的药剂防治作好必要准备，本研究就几种常用杀虫剂对缅甸安小叶蝉的毒力和防治效果进行了室内和野外试验。

一、材料与方法

(一)室内 LC_{50} 测定

1. 材料

(1)供试虫源。供试虫源采自贵州省贵阳市花溪公园的慈竹，室内饲养 1d 后，选择个体大小均匀、活力旺盛的成虫待试。

(2)供试药剂和试剂。

98.3%扑虱灵原粉(江苏常隆化工有限公司)

90.1%吡虫啉原粉(红太阳集团)

94.7%高效氯氰菊酯原油(红太阳集团)

80%甲基对硫磷原油(山东华阳农药厂)

99%西维因原粉(湖南海利化工有限公司)

97%异丙威原粉(湖南海利化工有限公司)

99.5%丙酮(化学纯，成都市联合化工试剂所)

(3)仪器。高灵敏度电子天平(精确度 0.0001g)、0.5μl 微量进样器、广口瓶、可调移液枪(10～1000μl、1000～5000μl)、50ml 容量瓶、7ml 带橡皮塞的玻璃瓶、养虫杯、狼毫毛笔等。

2. 方法

将上述 6 种药剂原药以丙酮为溶剂倍比稀释成 5 个浓度，用丙酮作对照，每个浓度处理 50 头试虫，重复 3 次。用 CO_2 麻醉试虫 25s，然后用 0.5 μl 的微量进样器将药液迅速点滴在试虫的前胸背板上，每头 0.1μl。24 小时后检察结果，用狼毫毛笔尖触碰虫体，无反应者视为死亡。在对照死亡率小于 10%条件下，用 Abbott 公式校正处理死亡率。

校正死亡率(%)=[(处理死亡率－对照死亡率)/(1－对照死亡率)]×100

在 Microsoft Excel 2003 中，用机率值方法求斜率(b)、剂量对数－死亡机率值回归方程和致死中浓度(LC_{50})等。

(二)野外药效试验

1. 材料

(1)供试药剂和试剂。25%扑虱灵可湿性粉剂(江苏常隆化工有限公司)；10%吡虫啉可湿性粉剂(红太阳集团南京第一农药厂)；4.5%高效氯氰菊酯乳油(红太阳集团南京第一农药厂)。

(2)仪器。“工农 16 型”手动喷雾器、高灵敏度电子天平(精确度 0.0001g)、广口瓶量筒、捕虫网等。

2. 方法

(1)试验设计及方法。根据室内 LC_{50} 测定结果，试验设 25% 扑虱灵可湿性粉剂 5000 倍液、10% 吡虫啉可湿性粉剂 2000 倍液、4.5% 高效氯氰菊酯乳油 1000 倍液和清水对照 4 个处理，选择生态环境相同的健康竹丛作为试验小区，每小区 1 丛竹丛，随机区组排列，重复 3 次，在缅甸安小叶蝉发生期用“工农 16 型”手动喷雾器进行喷雾。

(2)调查统计方法。用捕虫网对每一竹丛分为 1m 以下、1～2m、2m 以上三个层次各来回扫一网调查虫口数，施药前调查虫口基数、药后 2 天、药后 9 天、药后 20 天调查残留活虫数。防治效果计算公式如下：

校正防治效果 $P(\%) = [1-(T_1 \times CK_0)/(T_0 \times CK_1)] \times 100$

T_0——为处理区施药前活虫数；

T_1——为处理区施药后活虫数；

CK_0——为对照区施药前活虫数；

CK_1——为对照区施药后活虫数。

(3)数据处理。试验数据采用 Excel 2003、SPSS11.5 进行统计分析。

二、结果与分析

(一)室内 LC_{50} 测定

6 种供试杀虫剂对缅甸安小叶蝉的毒力测定结果见表 3。从表 3 可知：实测卡方值(X^2)小于理论卡方值($X^2_{0.05}$)，表明试虫实际死亡数量与理论死亡数量基本上是一致的，该 LC_{50}、毒力回归方程较为可靠。

表 3　6 种杀虫剂对缅甸安小叶蝉的毒力测定

序号	供试药剂	毒力回归方程(Y＝)	LC_{50}(ug/μl)	相关系数 r	卡方值(X^2)	卡方值($X^2_{0.05}$)
1	扑虱灵	2.35201X＋13.85351	0.00018	0.99428	2.5125	7.82
2	吡虫啉	2.29842X＋13.75291	0.00016	0.99279	2.8928	7.82
3	高效氯氰菊酯	2.31261X＋13.70235	0.00017	0.99399	2.1028	7.82
4	甲基对硫磷	1.77002X＋11.31003	0.00027	0.98325	6.7612	7.82
5	西维因	1.88162X＋11.56011	0.00033	0.98470	6.5500	7.82
6	异丙威	1.61076X＋10.45773	0.00041	0.98413	5.4153	7.82

测定结果表明：在 6 种供试杀虫剂中，以吡虫啉对缅甸安小叶蝉成虫的毒力最高，LC_{50} 为 0.00016 ug/μl，其次为高效氯氰菊酯，再次为扑虱灵，毒力最低的为异丙威，LC_{50} 为 0.00041 ug/μl。6 种供试杀虫剂对缅甸安小叶蝉的毒力大小顺序依次为：吡虫啉＞高效氯氰菊酯＞扑虱灵＞甲基对硫磷＞西维因＞异丙威。

(二)致死效果差异性分析

对 6 种供试药剂对缅甸安小叶蝉的致死效果进行方差分析，结果见表 4。

表 4　六种药剂对缅甸安小叶蝉致死效果的差异性分析

药剂	浓度(ug/μl)	死亡率(%)					差异性(0.05)
		Ⅰ	Ⅱ	Ⅲ	平均死亡率(%)	标准误	
异丙威	6×10^{-3}	59.33	59.67	59.33	59.44	0.11	d
西维因	6×10^{-3}	66.33	66.67	67.33	66.78	0.29	c
甲基对硫磷	6×10^{-3}	74.33	73.67	73.33	73.78	0.29	b
扑虱灵	6×10^{-3}	87.33	86.33	86.67	86.78	0.29	a
高效氯氰菊酯	6×10^{-3}	87.67	87.33	88.33	87.78	0.29	a
吡虫啉	6×10^{-3}	88.33	87.67	88.33	88.11	0.20	a

从表 4 可知：6 种供试药剂中，除扑虱灵、高效氯氰菊酯、吡虫啉 3 种药剂对缅甸安小叶蝉致死效果的差异不显著外，其余的药剂彼此之间差异均显著。

(三)野外防效试验

3 种供试药剂对缅甸安小叶蝉防效如表 5。从表 5 可知：药后 2d 防效均达到 63% 以上，表明 3 种供试药剂对缅甸安小叶蝉的速效性均较好，药后 9d 防效达到 83% 以上，药后 20d 防效达到 95% 以上，说明其残效期比较长，防治效果比较理想。

表 5　3 种供试药剂对缅甸安小叶蝉防效

药剂处理		药前虫口数(头)	药后 2d		药后 9d		药后 20d	
			活虫数(头)	防效(%)	活虫数(头)	防效(%)	活虫数(头)	防效(%)
扑虱灵	Ⅰ	55	19	64.22	8	84.66	2	96.09
	Ⅱ	60	21	63.79	9	84.21	3	94.64
	Ⅲ	63	23	62.16	10	83.25	3	94.97
	平均	59.33	21	63.39	9	84.04	2.67	95.23
吡虫啉	Ⅰ	57	18	67.29	8	85.20	2	96.23
	Ⅱ	55	16	69.91	7	86.60	1	98.05
	Ⅲ	58	19	66.05	8	85.44	2	96.36
	平均	56.67	17.67	67.75	7.67	85.75	1.67	96.88
高效氯氰菊酯	Ⅰ	58	21	62.50	9	83.64	2	96.30
	Ⅱ	62	22	63.29	10	83.02	3	94.82
	Ⅲ	60	21	63.73	9	84.17	3	94.72
	平均	60.00	21.33	63.17	9.33	83.61	2.67	95.28
CK	Ⅰ	58	56	–	55	–	54	–
	Ⅱ	60	58	–	57	–	56	–
	Ⅲ	57	55	–	54	–	54	–
	平均	58.33	56.33	–	55.33	–	54.67	–

第六章
综合防治建议

如前所述，竹子上叶蝉类害虫的种类较多，有的种类已成为竹子上的新害虫，有的种类近年来的危害较为严重，则已上升为竹子的重要害虫，竹子生产中对有关这类害虫的防治方法和防治技术的需要日愈迫切。由于一直以来诸如叶蝉等此类刺吸式害虫未能引起人们的足够重视，害虫的种类调查和生物学等方面的基础研究尚未开展或仅处于起步阶段，更谈不上防治方面的研究。迄今为止，只有笔者等在"贵州省害竹叶蝉种类记述"一文中附带提及一些防治措施（杨琳等，1999）。

针对竹子上叶蝉类害虫的发生、危害特点（即虫体小、为害初期症状不明显、发生量大、爆发式危害等），本文根据近年来对贵州竹子叶蝉类害虫的种类调查、主要种类的生物学以及天敌的初步调查、主要种类的室内和林间的药剂防治试验等研究结果，结合农林害虫综合治理的原则和方法，提出竹子叶蝉类害虫的初步综合防治建议。

一、农业防治

根据叶蝉类害虫喜背光、郁闭环境，趋弱为

害，若虫集中于竹林（竹丛）中、下部叶片背面群集取食等特点，宜采取以下农业防治措施：

（1）加强肥水管理，增强竹势，增强竹子自身抗御能力，减轻趋弱危害。

（2）清洁竹林，适时剪除竹丛底部枝叶，剪除产卵枝叶烧毁，消灭越冬虫卵。

（3）消除杂灌老蔸。

（4）合理采伐，保持竹林合理密度。

（5）改善竹林卫生环境和立地条件，加强竹林管护等。

二、物理防治

根据叶蝉类害虫成虫对黄色、灯光有趋性的特点，可考虑在成虫盛发期采用以下物理防治方法：

（一）黄板诱杀

在多种农林果树叶蝉类害虫的防治中，使用黄板诱杀技术往往取得了较明显的效果。使用该技术在新疆吐鲁番市亚尔乡团结 3 队葡萄园内防治葡萄斑叶蝉 *Erythroneura apicalis* Nawa，每天每

板平均诱虫量为48.5头(周建波等，2008)，对越冬代的叶蝉成虫亦可达到每天每板平均诱虫量37.1头(王惠卿等，2007)。黄板诱杀葡萄斑叶蝉成虫的效果与黄板放置方向、放置高度、放置密度等因素有关，而放置方向和高度又与寄主植物有关(周建波等，2008)。

黄板诱杀属于长期防治，宜于在早期虫口密度较低控制。竹子大多较高，化学防治不易操作，黄板诱杀可降低虫口基数，减轻后期的防治压力。粘虫板防治对多种害虫有效，而且对多数天敌影响作用小，无毒物残留，无公害，操作方法简便，是良好的物理防治手段。它能有效减少化学农药的使用，降低农药残留，减少农药对环境的污染，具有重要的生态意义。粘虫板不仅可以用于竹子叶蝉的防治，还有效应用于害虫发生的种群检测，必要时结合其他适宜的防治方法将害虫种群数量控制在经济危害水平之下。

使用方法：参考防治葡萄叶蝉的方法，在成虫盛发期用大小30.0cm × 24.5cm，10cm × 12cm专用诱杀黄板挂在竹林间。每667m^2地挂20 ~30块即可。

注意事项：(1)挂黄板后要经常检查，及时清理黄板上粘附的成虫；春季刮风多时，黄板易粘附尘土，要及时涂胶，以免影响成虫诱杀效果；(2)可根据诱虫情况7 ~10d涂1次胶，黄板上的胶可用汽油清洗。

(二)灯光诱杀

在竹子叶蝉成虫盛发期，夜间使用黑光灯捕(诱杀)成虫。据马维贵等(2008)报道，在果园中使用佳多频振杀虫灯，对大青叶蝉等害虫杀伤力强，对天敌诱杀力小。使用杀虫灯可大幅度减少农药用量，降低农药成本40%以上，减少果品农药残留，对减轻环境污染具有重要意义(马维贵等，2008)。

三、生物防治

生物防治是利用寄生物、捕食者、病原者等来降低有害生物的密度。有效地保护和利用天敌来控制叶蝉的种群数量，使天敌与叶蝉在一定的生态环境中既保持平衡又相互制约。一般自然情况下，竹子叶蝉的天敌对叶蝉起到了一定的调控作用，竹林中的蜘蛛就是一种很好的捕食性天敌。

(一)保护利用天敌

初步的调查研究结果表明，竹子叶蝉的天敌主要有各种蜘蛛、广腹螳螂 *Hierodula patellifem* (Serville)、大草蛉 *Chrysopasepterapunctata* Wesmael、蝎蝽 *Arma chinensis* (Fallou)等，可捕食叶蝉的成虫和若虫，对叶蝉种群有一定的控制作用。蜘蛛是竹林间的主要捕食性天敌，初步调查鉴定有16种之多，是竹子叶蝉害虫生物防治中具有较大开发利用潜力的丰富的天敌资源。

(二)生物农药防治

通过系统调查发现，虽然竹子叶蝉的天敌蜘蛛的数量较多，但在害虫大发生时，天敌控制效果不明显，在防治中还不能起主导作用。建议选用斑蝥素、阿维菌素等生物农药进行防治。李晓飞等(2008)利用昆虫毒素(如斑蝥素)防治白足额垠叶蝉，效果明显。施药最好选择在早晨气温较低时或阴天施用，药效发挥较好(张明智等，2006)。

四、化学防治

在一般情况下，很少用化学农药防治竹子叶蝉。只有当叶蝉的数量达到经济危害限阈或者运用其他方法都不能有效控制叶蝉种群数量时才进行化学防治。缅甸安小叶蝉等害虫是近几年来才趋重发生的竹子害虫，它的种群数量增加迅速，危害一年比一年严重，爆发成灾的可能性较大。此时采用药剂防治则很有必要。根据本研究的室内毒力测定和野外药剂试验结果，在各代初龄若虫高峰期可采用以下农药进行防治：25% 扑虱灵 5000 倍液，或 10% 吡虫啉 2000 倍液喷雾。

英文摘要
English Summary

Bamboo-feeding Leafhoppers in China

Xiang-Sheng Chen, Lin Yang and Zi-Zhong Li

In this book, species diversity, host plant, geographical distribution, occurrence, damages and control of bamboo-feeding leafhoppers in China are reported for the first time in detail. It consists of the following six sections:

In the section one, research history and current situation of bamboo-feeding leafhoppers are introduced.

In the section two, 8 subfamilies, 58 genera, 123 species of bamboo-feeding leafhoppers from China are described or redescribed. Among them, there are 10 new species, 1 new combination and 1 male described for the first time. Twenty seven species are first reported to feed on bamboo. The key to 123 species is presented.

In the section three, the damage of 123 bamboo-feeding species is reported. Among them, *Anaka burmensis* Dworakowska, *Mukaria pallipes* Li *et* Chen, and *Scaphotettix striatus* Dai *et* Zhang are seriously harmful to bamboo. Ecological photographs of 39 species and their host plant are provided.

In the section four, biological characters of *Anaka burmensis* are reported in detail. This pest occur throughout the Southwest China, and can feed on most species of broad-leaf bamboo, such as *Dendrocalamus affinis*, *Bambusa pervariabilis* × *Dendrocalamopsis daii*, *Cephalostachyum pergracile* . Adults and nymphs feed on leaves and the leaves become grayest markings on obverse surface, and russet on dorsal surface. The pest has four generations per year in Guiyang, Guizhou and overwinters as eggs under nervation or tissue of leaves. Nymphs appear during the last ten days of April and the rest generations overlapped with each other. Nymphs have 5 stars. Adults start laying eggs in 7—11 days after eclosion. Spider is the main predatory natural enemy of *A. burmensis*, and the others are *Hierodula patellifem* (Serville), *Chrysopaseptera punctata* Wesmael, *Arma chinensis* (Fallou), and so on.

In section five, the contact toxicity and efficacy in field of several pesticides on adult of *A. burmensis* are reported. The toxicities of 6 kinds of common pesticides applying against *A. burmensis* were determined by the means of dropping under laboratory conditions. The order of toxicities of the 6 kinds of insecticides from high to low against adult of *A. burmensis* was imidacloprid, beta-cypermethrin, buprofezin, methyl parathion, Carbaryl, isoprocorb. The result of field experiment using three insecticides, imidacloprid, buprofezin and beta-cypermethrin, against *A. burmensis* show that the three insecticides had significant control efficacy. The control efficacy of three kinds of insecticides are all over 63% after 2 days, 83% after 9 days, 95% after 20 days after treatments.

In section six, control measures to bamboo-feeding leafhoppers are given. According to the practices of production and the occurrence of leafhoppers pests, the agricultural management should be play an important role as the damages are at low level and the natural enemy should be protected. The physical and chemical management are necessary methods as the damages are at high level.

Taxonomic Descriptions

1. Subfamily Cicadellinae

(1) *Anagonalia melichari* (Distant, 1908) (Fig. 1)

Tettigoniella melichari Distant, 1908: 205.

Anagonalia melichari, Young, 1986: 341.

Host plant. Rice, *Phyllostachys heteroclada* Oliver, and other Poaceae (first reported to feed on bamboo).

Distribution. China (Guangdong, Guangxi, Hainan, Sichuan, Yunnan, Guizhou); India; Sri Lanka; Burma; Thailand; Laos; Vie Nam; Malaysia.

Specimens examined. 1♀, Menglun, Xishuangbanna, Yunnan, bamboo, 28 July 2011, W.-B. Zheng and Z.-M. Chang; 1♂, Xianheping, Xinglong, Anlong, Guizou, bamboo, *P. heteroclada*, 28 Aug. 2011, J.-K. Long.

(2) *Anatkina illustris* (Distant, 1908) (Fig. 2)

Tettigoniella illustris Distant, 1908: 204.

Anatkina illustris, Young, 1986: 46.

Host plant. Peach (*Hypericum monogynum* L.) (1♀ collected from *Dendrocalamus affinis*).

Distribution. China (Guizhou, Zhejiang, Fujian, Hunan, Guangdong, Guangxi, Chongqing, Sichuan, Yunnan); India; Thailand; Malaysia; Sri Lanka; Burma.

Specimens examined. 6♂♂, Libo, Guizhou, 24~26 June 1994, X.-S. Chen and Y.-Z. Zhang; 1♀, Machun, Dashahe, Daozhen, Guizhou, bamboo, *D. affinis*, 24 Aug. 2004, X.-S. Chen.

(3) *Atkinsoniella limba* Kuoh, 1991 (Fig. 3)

Atkinsoniella limba Kuoh, 1991: 20.

Host plant. Bamboo (first reported).

Distribution. China (Fujian, Guizhou, Sichuan).

Specimens examined. 4♀♀, Shuimogou, Guangyuan, Sichuan, bamboo, 18 Aug. 2007, Y.-B. Zhang; 4♂♂, Kongping, Yaan, Sichuan, bamboo, 15~18 July 2010, Z.-M. Chang; 3♀♀, Kuankuoshui, Guizhou, bamboo, 8 Aug. 2010, Y.-L. Zheng.

(4) *Atkinsoniella nigrominiatula* (Jacobi, 1944) (Fig. 4)

Cicadella nigrominiatula Jacobi, 1944: 44.

Atkinsoniella nigrominiatula, Young, 1986: 97.

Host plant. Bamboo (first reported).

Distribution. China (Fujian, Sichuan).

Specimens examined. 4♂♂2♀♀, Shuimogou, Guangyuan, Sichuan, bamboo, 18 Aug. 2007, Y.-B. Zhang.

(5) *Atkinsoniella thalia* (Distant, 1918) (Fig. 5)

Tettigoniella thalia Distant, 1918: 2.

Atkinsoniella thalia, Young, 1986: 97.

Host plant. Poaceae, tea tree, shrub and bamboo.

Distribuiton. Chian (Hebei, Zhejiang, Fujian, Jiangxi, Henan, Hubei, Hunan, Guangdong, Guangxi, Hainan, Chongqing, Sichuan, Guizhou, Yunnan, Tibet, Shaanxi, Gansu); India; Burma; Thailand; Bengal Gulf.

Specimens examined. 1 ♂, Machun, Dashahe, Daozhen, Guizhou, bamboo, *D. affinis*, 24 Aug. 2004, X. -S. Chen; 2 ♀ ♀, Leigongshan, Leishan, Guizhou, bamboo, 7 Nov. 2010, X. -S. Chen and L. Yang.

(6) *Bothrogonia exigua* Yang *et* Li, 1980 (Figs. 6, 144)

Bothrogonia exigua Yang *et* Li, 1980: 205.

Host plant. *Phyllostachys heteroclada* Oliver, *Bambusa pervariabilis* × *Dendrocalamopsis daii* (first reported to feed on bamboo).

Distribution. China (Guangxi, Hainan, Guizhou, Yunnan).

Specimens examined. 1 ♀, Bing'an, Chishui, Guizhou, bamboo, *B. pervariabilis* × *D. daii*, 20 May 2006, M. Liu; 1 ♂, Sanjiaopo, Datang, Pingtang, Guizhou, bamboo, *P. heteroclada*, 17 Oct. 2010, X. -S. Chen and L. Yang.

(7) *Bothrogonia ferruginea* (Fabricius, 1787) (Figs. 7, 139)

Cicada ferruginea Fabricius, 1787: 269.

Bothrogonia ferruginea, Young, 1986: 209.

Host plant. Corn, soybean, apple tree, tea tree, ChinaSumac, *Indocalamus* sp. and *Phyllostachys pubescens* (first reported to feed on bamboo).

Distribution. China (Heilongjiang, Tianjin, Hebei, Liaoning, Jilin, Shanghai, Jiangsu, Zhejiang, Anhui, Fujian, Jiangxi, Shandong, Henan, Hubei, Hunan, Guangdong, Guangxi, Chongqing, Sichuan, Guizhou, Yunnan, Tibet, Shaanxi, Gansu, Qinghai, Taiwan, Hongkong); India; Vietnam; Burma; Laos; Thailand; Japan; Korea; Cambodia; South Africa.

Specimens examined. 1 ♂, Yunshan, Wugang, Hunan, bamboo, *P. pubescens*, 5 Oct. 2010, X. -S. Chen and L. Yang; 3 ♂♂ 4 ♀♀, Langshan, Xinning, Hunan, bamboo, *I.* sp., 6 Oct. 2010, X. -S. Chen.

(8) *Bothrogonia macromaculata* Kuoh, 1992 (Figs. 8, 145)

Bothrogonia macromaculata Kuoh, 1992: 279.

Host plant. Bamboo (first reported).

Distribution. China (Sichuan).

Specimens examined. 2 ♂♂, Shuimogou, Guangyuan, Sichuan, bamboo, 18 Aug. 2007, Y. -B. Zhang.

(9) *Bothrogonia qianana* Yang *et* Li, 1980 (Figs. 9, 151)

Bothrogonia qianana Yang *et* Li, 1980: 200.

Host plant. Unknown (1 ♂ collected from bamboo).

Distribution. China (Guizhou, Zhejiang, Fujian, Henan, Hubei, Guangdong, Guangxi, Hainan, Sichuan, Shaanxi).

Specimens examined. 1 ♂, Leigongshan, Leishan, Guizhou, bamboo, 7 Nov. 2010, X. -S. Chen and L. Yang.

(10) *Bothrogonia tianzhuensis* Li, 1985 (Fig. 10)

Bothrogonia tianzhuensis Li, 1985: 11.

Host plant. Unknown (1 ♀ collected from bamboo).

Distribution. China (Guangdong, Guangxi, Guizhou).

Specimens examined. 1 ♀, Leigongshan, Leishan, Guizhou, bamboo, 7 Nov. 2010, X. -S. Chen and L. Yang.

(11) *Cicadella viridis* (Linnaeus, 1758) (Figs. 11, 140,)

Cicada viridis Linnaeus, 1758: 438.

Cicadella viridis, Young, 1977: 569.

Host plant. Broomcorn, corn, millet, wheat, rice, sugarcane, hemp, peanut, legume, greenstuff, strawberry, yam, tee tree, mulberry, pear, peach, apple, poplar, willow, acacia and bamboo.

Distribution. China; Palaearctic region; Oriental region.

Specimens examined. 1 ♀, Kuankuoshui, Guizhou, bamboo, 8 Aug. 2010, Y. -L. Zheng; 1 ♀, Leigongshan, Leishan, Guizhou, bamboo, 7 Nov. 2010, X. -S. Chen and L. Yang.

(12) *Erragonalia choui* Li, 1989 (Fig. 12)

Erragonalia choui Li, 1989: 211.

Host plant. Bamboo (first reported to feed on *Qiongzhuea communis* Hsueh *et* Yi and *Phyllostachys heteroclada* Oliver).

Distribution. China (Fujian, Jiangxi, Hubei, Guangdong, Guangxi, Hainan, Chongqing, Guizhou, Yunnan).

Specimens examined. 1 ♂2 ♀♀, Dashahe, Daozhen, Guizhou, bamboo, *Q. communis* , 28 Aug. 2004, X. -S. Chen; 3 ♀♀, Kuankuoshui, Guizhou, bamboo, 8 Aug. 2010, Y. -L. Zheng; 1 ♀, Xianheping, Xinglong, Anlong, Guizhou, bamboo, *P. heteroclada*, 28 Aug. 2011, J. -K. Long.

(13) *Kolla nigrifascia* Yang *et* Li, 2000 (Figs. 13, 146)

Kolla nigrifascia Yang *et* Li, 2000: 407.

Host plant. Bamboo (first reported to feed on bamboo).

Distribution. China (Hubei, Guangxi, Chongqing, Sichuan, Guizhou, Yunnan, Shaanxi).

Specimens examined. 1 ♂, Shuimogou, Guangyuan, Sichuan, bamboo, 18 Aug. 2007, Y. -B. Zhang; 1 ♂, Huangliashan, Lüchun, Yunnan, bamboo, 4 Aug. 2011, Z. -M. Chang and W. -B. Zheng.

(14) *Kolla paulula* (Walker, 1858) (Figs. 14, 131)

Tettigonia paulula Walker, 1858: 219.

Kolla paulula, Jacobi, 1941: 300.

Host plant. *Zanthoxylum bungeanum* Maxim, shrubbery, hemp, soybean, amaranth, radish and *Pleiobastus linearis* (Hack.) Nakai.

Distribution. China (Tianjin, Hebei, Liaoning, Heilongjiang, Jiangxu, Zhejiang, Anhui, Fujian, Jiangxi, Henan, Hubei, Hunan, Guangdong, Guangxi, Hainan, Chongqing, Sichuan, Guizhou, Yunnan, Shaanxi, Ningxia, Taiwan, Hongkong); Cambodia; Thailand; Japan; Vietnam; Malaysia; Indonesia; Philippines; Nepal; Burma; India; Sri Lanka; Bengal Gulf.

Specimens examined. 1 ♂ 1 ♀, Changpoling Forest Park, Guiyag, Guizhou, bamboo, *P. linearis*, 16 Oct. 2010, X. -S. Chen and L. Yang; 2 ♂ ♂ 5 ♀ ♀, Shuimogou, Guangyuan, Sichuan, bamboo, 18 Aug. 2007, Y. -B. Zhang; 2 ♂ ♂ 1 ♀, Yibin, Sichuang, bamboo, 19 Aug. 2011, Y. -G. Xiao; 1 ♀, Jishudi, Cikai, Gongshan, Yunnan, bamboo, 28 ~ 31 July 2011, J. -K. Long.

(15) *Mileewa branchiuma* Yang *et* Li, 1999 (Fig. 15)

Mileewa branchiuma Yang *et* Li, 1999: 315.

Host plant. Bamboo (first reported).

Distribution. China (Zhejiang, Anhui, Fujian, Jiangxi, Hena, Hubei, Hunan, Guangxi, Chongqing, Sichuan, Guizhou).

Specimens examined. 2 ♂ ♂ 4 ♀ ♀, Tongtaishan, Yaan, Sichuan, bamboo, 15 ~ 18 July 2010, P. Zhang; 1 ♂, Shuimogou, Guangyuan, Sichuan, bamboo, 18 Aug. 2007, Y. -B. Zhang.

(16) *Mileewa margheritae* Distant, 1908 (Fig. 16)

Mileewa margheritae Distant, 1908: 238.

Host plant. Corn, Chinese mugwort, Artemisia (1 ♀ collected from bamboo, *Qiongzhuea communis* Hsueh *et* Yi).

Distribution. China (Zhejiang, Fujian, Jiangxi, Hubei, Hunan, Guangdong, Guangxi, Hainan, Chongqing, Sichuan, Guizhou, Yunnan, Shaanxi, Gansu, Taiwan); India; Indonesia; Burma; Japan; Korea.

Specimens examined. 1 ♀, Dashanhe, Daozhen, Guizhou, *Q. communis* , 19 Aug. 2004, X. -S. Chen.

2. Subfamily Coelidiinae

(17) *Olidiana brevis* (Walker, 1851) (Fig. 17)

Tettigonia brevis Walker, 1851: 774.

Olidiana brevis, McKamey, 2006: 503.

Host plant. Unknown (1 ♀ collected from bamboo).

Distribution. China (Zhejiang, Hubei, Hunan, Guangdong, Hainan, Hongkong, Fujian, Guangxi, Yunnan, Guizhou, Sichuan); Burma; Thailand; Vietnam; Laos; India.

Specimens examined. 2 ♂ ♂ 1 ♀, Daheba, Mayanghe, Yanhe, Guizhou, 5 ~ 12 June 2007, Y. -B. Zhang; 1 ♀, Shuimogou, Guangyuan, Sichuan, bamboo, 18 Aug. 2007, Y. -B. Zhang.

(18) *Olidiana huangmina* (Li *et* Wang, 1989), com. nov. (Fig. 18)

Lodiana huangmina Li *et* Wang, 1989: 2.

Host plant. Unknown (1 ♀ collected from bamboo, *Dendrocalamus affinis*).

Distribution. China (Guizhou).

Specimens examined. 1 ♀, Dashahe, Daozhen, Guizou, *D. affinis*, 27 Aug. 2004, X. -S. Chen.

(19) *Taharana fasciana* Li, 1991 (Figs. 19, 147)

Taharana fasciana Li, 1991: 356.

Host plant. *Zanthoxylum bungeanum* Maxim and *Dendrocalamus affinis* .

Distribution. China (Yunnan, Guizhou).

Specimens examined. 1 ♂, Huangsi, Fuquan, Guizhou, bamboo, *D. affinis*, 11 Aug. 2006, L. Yang and X. -S. Chen; 1 ♂2 ♀♀, Huaxi Park, Guiyang, Guizhou, bamboo, *D. affinis*, 16 Aug. 2006, X. -S. Chen; 2 ♂♂, Huaxi Park, Guiyang, Guizhou, bamboo, *D. affinis*, 15 Oct. 2006, M. -H. Liu.

(20) *Thagria birama* Zhang, 1994 (Fig. 20)

Thagria birama Zhang, 1994: 20.

Host plant. *Qiongzhuea communis* Hsueh *et* Yi (first reported to feed on bamboo).

Distribution. China (Chong, Guizhou).

Specimens examined. 2 ♂♂, Dashahe, Daozhen, Guizhou, bamboo, *Q. communis*, 18 Aug. 2004, X. -S. Chen.

(21) *Thagria digitata* Li, 1989 (Fig. 21)

Thagria digitata Li, 1989: 1.

Host plant. Shrubbery, bamboo (first reported to feed on bamboo).

Distribution. China (Guizhou).

Specimens examined. 1 ♀, Mayanghe, Yanhe, Guizhou, 10 Oct. 2007, Y. -B. Zhang; 2 ♂♂, Shuimogou, Guangyuan, Sichuan, bamboo, 18 Aug. 2007, Y. -B. Zhang; 2 ♂♂, Kuankuoshui, Suiyang, Guizhou, bamboo, 11 Aug. 2010, J. -C. Xing; 2 ♂♂1 ♀, Dayi, Wangmo, Guizhou, bamboo, 23 Aug. 2011, J. -K. Long and Z. -M. Chang; 1 ♂, Zelou, Cheheng, Guizhou, bamboo, 26 Aug. 2011, J. -K. Long and Z. -M. Chang.

(22) *Thagria projecta* (Distant, 1908) (Fig. 22)

Dharmma projecta Distant, 1908: 324.

Thagria projecta, Nielson, 1977: 33.

Host plant. Unknown (1 ♂ collected from bamboo).

Distribution. China (Guizhou, Yunnan, Guangxi, Tibet, Fujian, Zhejiang, Hubei); India; Burma; Thailand; Laos; Vietnam.

Specimens examined. 1 ♂, Mengla, Xishuangbanna, bamboo, 24 July 2011, W. -B. Zheng and Z. -M. Chang.

3. Subfamily Deltocephalinae

(23) *Abrus anlongensis* sp. nov. (Fig. 23)

Body length including forewing ♂8.90 ~ 9.25 mm, ♀ 9.70 ~ 10.00 mm.

General color orange to yellowish brown. Crown with two pairs of similar blackish brown spots on anterior margin. Eyes blackish brown. Inner and central anteapical cells at apex, third and fourth apical cells at base each with a dark brown spot.

Crown 0.48 time shorter medially than width between eyes. Pronotum 2.66 times longer medially than crown. Scutellum 0.86 time shorter medially than pronotum. Forewing 4.20 times longer medially than width at widest part.

Pygofer with posterior and ventral angle produced caudad, covered with macrosetae posteriorly and some at midventral margin, posterior margin rounded, ventral margin sinuate, with a small papilla posteriorly. Genital valve broad triangular, posterior margin slightly acute and rounded, basal width 1.36 times longer than middle length. Subgenital plate broad and short, apical margin acute and rounded, with many macrosetae on lateral region. Style broad at middle, narrowing basally and apically, apex slightly recurved. Connective Y-shaped, stem robust, arms well developed, stem shorter than arm. Aedeagus with developed basal projection dorsally, about third length of aedeagus shaft, in lateral view curved dorsally, with one or two small teeth on posteroventral margin, in dorsal view apex branched; aedeagal shaft in lateral view thick at base, apical 2/3 straight, narrower than basal apodeme; in posterior and ventral view, apex with each lateral angles produced into spinous process, apical margin concave, with two small teeth and two spine-like processes; basal apodeme developed, in lateral view longer than shaft, base straight, apex slightly curverd, tapering apically, without any process.

Host plant. Bamboo.

Distribution. China (Guizhou).

Specimens examined. Holotype ♂, Xianheping, Xinglong, Anlong, Guizhou, 28 Aug. 2011, J. -K. Long; paratypes 9 ♂♂8♀♀, data same as holotype.

Remarks. This new species is similar to *Abrus concavelus* Li *et* Zhang, 2007, but can be distinguished from the latter by: ventral margin of male pygofer sinuate, with a small papilla posteriorly; subgenital plate with outer margin rounded, not concave; style with apex tapering apically; aedeagal shaft without developed lateral appendages subapically.

Etymology. The species is named after the type locality, Anlong, Guizhou Province in China.

(24) *Abrus bambusanus* sp. nov. (Fig. 24)

Body length including forewing ♂7.70 ~ 8.70 mm, ♀ 7.30 ~ 8.20 mm.

General color orange to yellowish brown. Crown with two pairs of similar blackish brown spots on anterior margin. Eyes blackish brown. Inner and central anteapical cells at apex, third and fourth apical cells at base each with a dark brown spot.

Crown 0.58 time shorter medially than width between eyes. Pronotum 2.09 times longer medially than crown. Scutellum 0.82 time shorter medially than pronotum. Forewing 3.55 times longer medially than width at widest part.

Pygofer covered with macrosetae posteriorly and some at midventral margin; posterior margin concave, with two robust processes at dorsal and ventral angle, ventral process slightly curved, directed dorsad; membranous process long, directed dorsad and caudad. Genital valve broad triangular, posterior margin acute and rounded, basal width 1.64 times longer than middle length. Subgenital plate broad and short, apical margin rounded, with many macrosetae on lateral region. Style long, broad at base, narrowing basally and apcially. Connective Y-shaped, stem robust, arms well developed, stem slightly shorter than arm. Aedeagus with well-developed basal projection dorsally, with a robust process at apex, directed ventrad and caudad, with two robust processes subapically at lateral margin, directed ventrad; aedeagal shaft in profile slightly curved dorsad, with pair of lateral appendages subapically, each with median branched.

Host plant. Bamboo.

Distribution. China (Guizhou).

Specimens examined. Holotype ♂, Leigongshan, Leishan, Guizhou, 21 Aug. 2011, X. -H. Hou; paratypes 5 ♂♂8♀♀, same data as holotype.

Remarks. This new species related to *A. huangi* Dai *et* Zhang, 2002, but can be distinguished from the latter by: pygofer with a stout process at dorsal posterior margin and ventral posterior margin, respectively; basal apodeme of aedeagus without dentition along dorsal and posterior margin; subapical appendages of aedeagal shaft with small basal tooth.

Etymology. The new species is named after the name of host plant bamboo (Bambusoideae).

(25) *Abrus biprocessus* Li, 2011 (Fig. 25)

Abrus biprocessus Li (in Li *et al.*), 2011: 22.

Host plant. Bamboo.

Distribution. China (Guizhou).

Specimens examined. 1 ♂ (holotype), 1 ♀ (paratype), Fanjingshan, Guizhou, 21 Aug. 1986, Z. -Z. Li; 1 ♂, Mopanshi, Dashahe, Daozhen, Guizhou, 24 ~ 28 Aug. 2004, M. -F. Yang; 1 ♂, Machun, Dashahe, Daozhen, Guizhou, bamboo, 24 Aug. 2004, X. -S. Chen.

(26) *Abrus breviolus* Dai *et* Zhang, 2008 (Fig. 26)

Aburus breviolus Di *et* Zhang, 2008: 46.

Host plant. Bamboo.

Distribution. China (Zhejiang).

Specimens examined. 3 ♂♂6 ♀♀, Tianmushan, Zhejiang, 22 July 2009, Z. -H. Meng.

(27) *Abrus brevis* Dai *et* Zhang, 2002 (Fig. 27)

Abrus brevis Dai *et* Zhang, 2002: 306.

Host plant. Bamboo.

Distribution. China (Guangxi).

Specimens examined. 2 ♂♂1 ♀, Yuanbaoshan, Guangxi, bamboo, 15 July 2004, M. -F. Yang.

(28) *Abrus concavelus* Li *et* Wang, 2006 (Fig. 28)

Abrus concavelus Li *et* Wang, 2006: 841.

Host plant. Bamboo.

Distribution. China (Fujian).

Specimens examined. 2 ♂♂1 ♀, Sangang, Fujian, July 1982, K. -C. Zhang; 1 ♂, Wuyishan, Fujian, 7 Aug. 1998, M. -F. Yang.

(29) *Abrus coneus* Dai *et* Zhang, 2002 (Fig. 29)

Aburus coneus Dai *et* Zhang, 2002: 311.

Host plant. Bamboo.

Distribution. China (Gansu, Guizhou, Hubei, Guangdong).

Specimens examined. 5 ♂♂7 ♀♀, Kuankuoshui, Guizhou, 1 Aug. 1984, Z. -Z. Li and L. -M. Wang; 5 ♂♂3 ♀♀, Shiqiang, Guizhou, 15 Aug. 1994, Z. -Z. Li; 1 ♂, Wufeng, Hubei, 19 July 2002, Y. Shi.

(30) *Abrus graciaedeagus* Li, 2011 (Fig. 30)

Abrus graciaedeagus Li (in Li *et al.*), 2011: 22.

Host plant. Bamboo.

Distribution. China (Guangxi).

Specimens examined. 1 ♂ (holotype), Shiwandashan, Shangsi, Guangxi, bamboo, 12 May 2009, H. -R. Li; 6 ♂♂4 ♀♀, Shiwandashan, Shangsi, Guangxi, bamboo, 12 Apr. 2011, J. -K. Long.

(31) *Abrus huangi* Dai *et* Zhang, 2002 (Fig. 31)

Abrus huangi Dai *et* Zhang, 2002: 307.

Host plant. Bamboo.

Distribution. China (Guangxi).

Specimens examined. 1 ♂, Jinxiu, Guangxi, bamboo, 16 May 2009, H. -R. Li.

(32) *Abrus leigongshanensis* Li *et* Wang, 2006 (Fig. 32)

Abrus leigongshanensis Li *et* Wang, 2006: 840.

Host plant. Bamboo.

Distribution. China (Guizhou).

Specimens examined. 1 ♂ (holotype), 4 ♂♂3 ♀♀ (paratypes), Leigongshan, Guizhou, 14 ~ 15 Sep. 2005, Z. -Z. Li and B. Zhang.

(33) *Abrus langshanensis* Yang *et* Chen, in press (Figs. 33, 148)

Abrus langshanensis Yang *et* Chen, in press.

Host plant. Bamboo (*Indocalamus* sp.).

Distribution. China (Hunan).

Specimens examined. 1 ♂(holotype), 1 ♂1 ♀ (paratypes), Langshan, Xinning, Hunan, bamboo, *Indocalamus* sp., 6 Oct. 2010, X. -S. Chen and L. Yang; 1 ♂(paratype), Langshan, Xinning, Hunan, bamboo, *Indocalamus* sp., 2 Oct. 2011, X. -S. Chen and L. Yang.

(34) *Abrus daozhenensis* sp. nov. (Fig. 34)

Body length including forewing ♂9. 00 ~ 9. 30 mm, ♀ 9. 00 ~ 9. 20 mm.

General color orange to yellowish brown. Crown with two pairs of similar blackish brown spots on anterior margin. Eyes blackish brown. Pronotum with pair blackish brown spots on anterior part. Inner and central anteapical cells at apex, third and fourth apical cells at base each with a dark brown spot.

Crown 0. 61 time shorter medially than width between eyes. Pronotum 2. 09 times longer medially than crown. Scutellum subequal medially to pronotum. Forewing 4. 03 times longer medially than width at widest part.

Pygofer trapezium in shape, covered with macrosetae posteriorly and some at midventral margin; posterior margin oblique at dorsal 2/3 and truncate at ventral 1/3, posteroventral process stout and short, acute apically, apex curved dorsad; membranous process at inner apex, relatively straight, slightly narrowing apically. Genital valve broad triangular, posterior margin slightly acute and rounded, basal width 2. 28 times longer than middle length. Subgenital plate broad and short, outer margin rounded, with many macrosetae on lateral region. Style long, broad at base, narrowing apically, apex slightly widening, apical margin oblique straight. Connective Y-shaped, stem robust, arms well developed, stem 0. 67 time shorter than arm. Aedeagus with developed basal projection dorsally, about third length of aedeagus shaft, in lateral view curved dorsally, with one or two small teeth on posteroventral margin, in dorsal view apex branched; aedeagal shaft in lateral view slender, very long, relatively straight, widening apically, pair small processes on dorsal margin, beak-like, directed anterodorsad, shaft with pair of lateral appendages subapically, each branched at apex, with small process at basal third. Phallotreme apical on ventral surface.

Host plant. *Qiongzhuea communis* Hsueh *et* Yi.

Distribution. China (Guizhou).

Specimens examined. Holotype ♂, China, Guizhou, Daozhen, Dashahe Provincial Natural Reserve (107°36′N, 28°53′E), 1400 m, bamboo, 18 ~ 19 Aug. 2004, X. -S. Chen; paratypes 1 ♂, 4 ♀♀, same data as holotype; 1 ♂, Guizhou, Fanjingshan, Huguoshi (108°41′N, 27°55′E), 1 July 2001, Z. -Z. Li.

Remarks. This species is closely relative to *A. coneus* Dai & Zhang in appearance, but can be distinguished by the prosteroventral process of pygofer stout, short, apex curved dorsally (slender and long, straight at apex in *coneus*); genital valve with basal width 2. 17 times wider than median length (1. 49 times in *coneus*); style with apex oblique acute (rounded in *coneus*); basal projection of aedeagus about third length of shaft, curved dorsally, dorsal margin without groove (basal projection of aedeagus about half length of shaft, relatively straight, dorsal margin with distinct groove subapically in *coneus*).

Etymology. The new species is named after its type locality, Daozhen County, Guizhou Province, China.

(35) *Abrus wuyiensis* Dai *et* Zhang, 2002 (Fig. 35)

Abrus wuyiensis Dai *et* Zhang, 2002: 309.

Host plant. Bamboo.

Distribution. China (Sichuan, Fujian, Zhejiang).

Specimens examined. 1 ♂ 1 ♀, Emeishan, Sichuan, 15 July 1995, M. -F. Yang; 3 ♂♂ 6 ♀♀, Tianmushan, Zhejiang, bamboo, 22 Sep. 2009, Z. -H. Meng.

(36) *Abrus xishuiensis* Yang *et* Chen, in press (Fig. 36)

Abrus xishuiensis Yang *et* Chen, in press.

Host plant. Bamboo, *Chimonobambusa angustifolia* C. D. Chu *et* C. S. Chao.

Distribution. China (Guizhou).

Specimens examined. 1 ♂ (holotype), 3 ♂♂ 3 ♀♀ (paratypes), Changqiangou, Xishui, Guizhou, 700 m, bamboo, 29 Sep. 2000, X. -S. Chen.

(37) *Abrus yunshanensis* sp. nov. (Figs 37, 141)

Body length including forewing ♂ 9. 02 ~ 9. 25 mm, ♀ 9. 35 ~ 9. 90 mm.

General color orange to yellowish brown. Crown with two pairs of similar blackish brown spots on anterior margin, along suture pale reddish orange. Eyes blackish brown, anterior angle pale reddish brown. Pronotum with pair blackish brown spots on anterior part, with short pale reddish orange stripe centrally. Scutellum with reddish orange marking centrally, transverse suture pale reddish orange. Inner and central anteapical cells at apex, third and fourth apical cells at base each with a dark brown spot. Abdomen with dorsal area blackish brown, ventral area brown to dark brown, lateral margin yellowish white to yellowish brown.

Crown 0. 54 time shorter medially than width between eyes. Pronotum 1. 76 times longer medially than crown. Scutellum 0. 95 time shorter medially than pronotum. Forewing 3. 68 times longer medially than width at widest part.

Male pygofer trapezium-like in shape, covered with macrosetae posteriorly and some at midventral margin, dorsal margin straight, posterior and ventral margin sinuate, posterior margin with a process ventrally, slightly curved dorsad; membranous process at inner apex, slightly curved dorsally. Genital valve broad triangular, posterior margin rounded, basal width 2. 13 times longer than middle length. Subgenital plate broad and short, outer margin rounded, with many macrosetae on lateral region. Style long and slender, broad at base, narrow at middle, apex slightly widening, apical margin rounded. Connective Y-shaped, stem robust, arms well developed, shaft 0.57 time shorter than arm. Aedeagus with developed basal projection dorsally, about half length of aedeagal stem, apical margin truncate, dorsal margin with shallow groove subapically; aedeagal shaft in dorsal view with apex forked, in lateral view C-shaped, basal and apical 1/3 thick, median portion narrow, apex produce into beak-like, directed dorsad and anterad, with semicircular membranous process; shaft with pair of lateral appendages subapically, each with basal and apical branch. Phallotreme apical on ventral surface.

Host plant. Bamboo ("Guangzhu" in Chinese).

Distribution. China (Hunan).

Specimens examined. Holotype ♂, Yunshan, Wugang, Hunan, bamboo, "Guangzhu", 5 Oct. 2010, X.-S. Chen and L. Yang; paratypes 2 ♂♂2 ♀♀, data same as holotype; paratypes 2 ♂♂2 ♀♀, Yunshan, Wugang, Hunan, bamboo, "Guangzhu", 18 Aug. 1999, X.-S. Chen; paratypes 3 ♂♂, Yunshan, Wugang, Hunan, bamboo, 11 Aug. 2007, X.-S. Chen; paratypes 2 ♂♂, Yunshan, Wugang, Hunan, bamboo, 1 Oct. 2011, X.-S. Chen and L. Yang.

Remarks. This new species is very similar to *A. coneus* Dai *et* Zhang, 2002, but can be distinguished from the latter by: ventral process of pygofer relatively short and small; aedeagal shaft distinctly curved dorsad, median 1/3 distinctly narrowing; basal projection slender, with apical margin truncate.

Etymology. This species is named after the type locality, Yunshan, Wugang, Hunan in China.

(38) *Alobaldia tobae* (Matsumura, 1902) (Fig. 38)

Thamnolellix tobae Matsumura, 1902: 369.

Alobaldia tobae, Emeljanov 1972: 102.

Host plant. Bamboo.

Distribution. China (Henan, Guizhou, Sichuan, Shaanxi); Japan; Korea; America; USSR.

Specimens examined. 2 ♂♂, Shuimogou, Guangyuan, Sichuan, bamboo, 18 Aug. 2007, Y.-B. Zhang.

(39) *Bambusana bambusae* (Matsumura, 1914) (Fig. 39)

Thaamnotettix bambusae Matsumura, 1914: 176.

Bambusanae bambusae, Anufriev, 1969: 404.

Host plant. *Qiongzhuea communis* Hsueh *et* Yi.

Distribution. China (Guizhou, Gansu); Japan.

Specimens examined. 7 ♂♂10 ♀♀, Daozhen, Guizhou, 11 ~ 15 Aug. 1994, Z.-Z. Li; 1 ♂, Daozhen, Guizhou, 20 July 2008, J.-D. Li; 1 ♂, Baiyunshan, Henan, 14 Aug. 2008, J.-D. Li; 6 ♂♂12 ♀♀, Dashahe, Daozhen, Guizhou, bamboo, *Q. communis*, 18 ~ 19 Aug. 2004, X.-S. Chen.

(40) *Bambusana biflaka* Li, 2011 (Figs. 40, 132)

Bambusana biflaka Li, 2011: 42.

Host plant. Bamboo.

Distribution. China (Sichuan, Hainan, Hunan, Shaanxi).

Specimens examined. 1 ♂ (holotype), Michangshan, Sichuan, 19 Aug. 2008, J.-C. Xing; 1 ♂ (paratype), Jianfengling, Hainan, 10 July 2007, J.-D. Li; 4 ♂♂5 ♀♀, Yunshan, Wugang, Hunan, bamboo, 5 June 2011, X.-S. Chen and L. Yang; 4 ♂♂2 ♀♀, Haoping, Taibaishan, Shaanxi, bamboo, 11 ~ 12 July

2011, J. -K. Long and Z. -M. Chang.

(41) *Bambusana fopingensis* Dai *et* Zhang, 2006 (Fig. 41)

Bambusana fopingensis Dai *et* Zhang, 2006: 63.

Host plant. *Qiongzhuea communis* Hsueh et Yi, *Phyllostachys sulphurea*, *Chimonobambusa angustifolia* C. D. Chu *et* C. S. Chao.

Distribution. China (Guizhou, Shaanxi, Sichuan).

Specimens examined. 8 ♂♂17 ♀♀, Kuankuoshui, Guizhou, bamboo, 1 ~ 5 Aug. 1984, Z. -Z. Li; 11 ♂♂25 ♀♀, Fanjingshan, Guizhou, bamboo, 11 ~ 15 Aug. 1995, X. -S. Chen; 3 ♂♂7 ♀♀, Fanjingshan, Guizhou, bamboo, 1 Aug. 2001, Z. -Z. Li; 1 ♂, Sanqiao, Dashahe, Daozhen, Guizhou, bamboo, *Q. communis*, 24 May 2004, X. -S. Chen; 1 ♀, Dashahe, Daozhen, Guizhou, bamboo, 29 ~ 31 May 2004, X. -S. Chen; 5 ♂♂2 ♀♀, Leigongshan, Guizhou, bamboo, 1 ~ 5 June 2005, Z. -Z. Li; 1 ♂, Shuimogou, Guangyuan, Sichuan, bamboo, 18 Aug. 2007, Y. -B. Zhang; 1 ♂, Chishui, Guizhou, bamboo, 16 June 2008, H. -R. Li; 2 ♂♂9 ♀♀, Leigongshan, Guizhou, bamboo, *C. angustifolia*, 6 Nov. 2010, X. -S. Chen and L. Yang.

(42) *Bambusana nigrimaculata* Li, 2011 (Fig. 42)

Bambusana nigrimaculata Li, 2011: 43.

Host plant. Bamboo.

Distribution. China (Yunnan, Sichuan).

Specimens examined. 1 ♂ (holotype) 2 ♂♂ (paratypes), Wulaoshan, Linchang, Yunnan, 27 July 2008, J. -D. Li; 1 ♂, Shuimogou, Guangyuan, Sichuan, 1500 m, bamboo, 18 Aug. 2007.

(43) *Bambusananus binotatus* (Li *et* Dai, 2003) (Fig. 43)

Sorhoanus binotatus Li *et* Dai, 2003: 10.

Bambusananus binotatus, Li *et al.*, 2011: 45.

Host plant. Bamboo.

Distribution. China (Taiwan).

Specimens examined. 1 ♂ (holotype), 2 ♂♂ (paratypes), Nantou, Taiwan, bamboo, 24 Nov. 2002, Z. - Z. Li and M. -F. Yang.

(44) *Bambusananus bipunctatus* (Li, 1999) (Fig. 44)

Sorhoanus bipunctata Li (in Cai and Huang), 1999: 334.

Bambusananus bipunctatus, Li *et al.*, 2011: 46.

Host plant. *Qiongzhuea communis* Hsueh *et* Yi.

Distribution. China (Guizhou, Fujian, Sichuan).

Specimens examined. 1 ♀, Wuyishan, Fujian, 1978, Z. -L. Ge; 1 ♂, Huanggangshan, Fujian, 27 June 1980, S. -C. Qi; 1 ♂1 ♀, Huanggangshan, Fujian, 26 Sep. 1981, F. Jiang; 3 ♂♂3 ♀♀, Fanjingshan, Guizhou, 25 July 1986, Z. -Z. Li; 7 ♂♂5 ♀♀, Maolan, Libo, Guizhou, 27 Oct. 1998, X. -S. Chen; 3 ♂♂2 ♀♀, Dashahe, Daozhen, Guizhou, 1500 m, bamboo, 24 ~ 25 May 2004, X. -S. Chen; 7 ♂♂3 ♀♀, Dashahe, Daozhen, Guizhou, bamboo, 29 ~ 31 May 2004, X. -S. Chen.

(45) *Bambusananus furcatus* Li *et* Xing, 2011 (Fig. 45)

Bambusananus furcatus Li *et* Xing (in Li *et al.*), 2011: 45.

Host plant. *Chimonobambusa angustfolia* .

Distribution. China (Guizhou).

Specimens examined. 1 ♂ (holotype), 1 ♀ (paratype), Leigongshan, Guizhou, bamboo, 17 Aug. 2005, Z. -Z. Li and B. Zhang; 8 ♂♂14 ♀♀, Leigongshan, Guizhou, bamboo, *C. angustfolia*, 6 Nov. 2010, L. Yang and X. -S. Chen.

(46) *Bambusananus lii* Yang *et* Chen, 2012 (Fig. 46)

Bambusananus lii Yang *et* Chen, 2012: 50.

Host plant. Bamboo, *Indocalamus* sp.

Distribution. China (Guizhou).

Specimens examined. 1 ♂ (holotype), 5 ♂♂2 ♀♀ (paratypes), Lijiaba (700m), Mayanghe, Yanhe, Guizhou, bamboo, *I.* sp., 11 June 2007, X. -S. Chen.

(47) *Bambusananus maculipennis* (Li *et* Wang, 1993) (Fig. 47)

Sorhoanus maculipennis Li *et* Wang, 1993: 54.

Bambusananus maculipennis, Li *et al.*, 2011: 47.

Host plant. *Qiongzhuea communis* Hsueh *et* Yi.

Distribution. China (Guizhou).

Specimens examined. 1 ♂ (holotype), 9 ♂♂15 ♀♀ (paratype), 1 Aug. 1984, Z. -Z. Li, L. -M. Wang and L. -Z. Gao; 7 ♂♂8 ♀♀, Fanjingshan, Guizhou, 8 Aug. 1994, Z. -Z. Li and L. -M. Wang; 4 ♂♂5 ♀♀, Leigongshan, Guizhou, 13 June 2005, Z. -Z. Li and B. Zhang; 8 ♂♂1 ♀, Dashahe, (1400m) Daozhen, Guizhou, bamboo, *Q. communis*, 18 Aug. 2004, X. -S. Chen.

(48) *Branchana xanthota* Li, 2011 (Figs. 48, 127)

Branchana xanthota Li, 2011: 50.

Host plant. *Qiongzhuea communis* Hsueh *et* Yi and *Phyllostachys pubescens* .

Distribution. China (Guizhou, Hunan, Sichuan).

Specimens examined. 3 ♀♀, Dashahe, Daozhen, Guizhou, bamboo, *Q. communis*, 24 Aug. 2004, X. -S. Chen; 2 ♂♂10 ♀♀, Machun, Daozhen, Guizhou, bamboo, 24 Aug. 2004, X. -S. Chen; 2 ♂♂1 ♀, Xuefengshan, Hunan, bamboo, *P. pubescens*, 13 Aug. 2007, X. -S. Chen and L. Yang; 30 ♂♂13 ♀♀, Zhuhai, Changning, Sichuan, bamboo, 3~6 June 2008, Y. -B. Zhang and H. -R. Li; 43 ♂♂15 ♀♀, Zhuhai, Changning, Sichuan, bamboo, 2~6 Nov. 2008, Y. -B. Zhang and H. -R. Li; 3 ♂♂5 ♀♀, Yunshan, Wugang, Hunan, bamboo, *P. pubescens*, 5 Oct. 2010, X. -S. Chen and L. Yang; 2 ♂♂6 ♀♀, Yunshan, Wugang, Hunan, bamboo, *P. pubescens*, 1 Oct. 2011, X. -S. Chen and L. Yang.

(49) *Chlorotettix nigromaculatus* (Dai, Chen *et* Li, 2006) (Fig. 49)

Paramacrosteles nigromaculatus Dai, Chen *et* Li, 2006: 592.

Chlorotettix nigromaculatus, Li *et al.*, 2011: 55.

Host plant. Bamboo.

Distribution. China (Guizhou, Yunnan, Sichuan, Gansu, Henan, Jiangxi).

Specimens examined. 1 ♂2 ♀♀, Leigongsan, Guizhou, bamboo, 7 Nov. 2010, X. -S. Chen and L. Yang.

(50) *Connectivus bifidus* Xing *et* Li, 2012 (Figs. 50, 133)

Connectivus bifidus Xing *et* Li, 2012: 86.

Host plant. *Phyllostachys heteroclada* Olive.

Distribution. China (Guizhou, Jiangxi, Sichuan).

Specimens examined. 1 ♂ (hdotype), Kuankuoshui, Guizhou, bamboo, 16 Aug. 2010, J. -C. Xing; 1 ♂ (paratype), Xiagongtang, Jiulianshan, Jiangxi, bamboo, 19 July 2008, Z. -H. Meng; 1 ♂ (paratype), Chaping, Mianyang, Sichuan, bamboo, 20 July 2010, Z. -M. Chang; 1 ♂, Zhuhai, Changning, Sichuan, bamboo, 2 ~ 6 Nov. 2008, Y. -B. Zhang; 1 ♀, Shuimogou, Guangyuan, Sichuan, bamboo, 18 Aug. 2007, Y. -B. Zhang; 4 ♂♂ 6 ♀♀, Sanjiaopo, Datang, Pingtang, Guizhou, bamboo, *P. heteroclada*, 17 Oct. 2010, X. -S. Chen and L. Yang; 1 ♂ 8 ♀♀, Leigongshan, Guizhou, bamboo, 7 Nov. 2010, X. -S. Chen and L. Yang.

(51) *Flatfronta pronga* Chen *et* Li, 1997 (Figs. 51, 128)

Flatfronta pronga Chen *et* Li, 1997: 169.

Host plant. *Dendrocalamus affinis and Phyllostachys heteroclada* Oliver.

Distribution. China (Guizhou, Chongqing).

Specimens examined. 3 ♀♀ (paratypes), Sinan, bamboo, Aug. 1976, Z. -Z. Li; 1 ♂ 3 ♀♀, Daozhen, Guizhou, bamboo, 25 July 1984, Z. -Z. Li; 5 ♂♂ 6 ♀♀, Rongjiang, Guizhou, bamboo, 12 Aug. 1989, Z. -Z. Li; 1 ♂ (holotype), 3 ♂♂ 11 ♀♀ (paratypes), Rongjiang, Guizhou, bamboo, 25 Aug. 1989, Z. -Z. Li; 11 ♂♂ 3 ♀♀, Jinsha, Guizhou, bamboo, 15 July 1992, Z. -Z. Li; 1 ♀, Libo, Guizhou, bamboo, 4 Aug. 1995, H. -M. Chen; 1 ♂, Jinyunshan, Chongqing, bamboo, 21 June 1996, M. -F. Yang; 1 ♀♀, Libo, Guizhou, bamboo, 20 Sept. 1996, M. -F. Yang; 10 ♂♂ 16 ♀♀, Guiyang, Guizhou, bamboo, *D. affinis*, 12 Sep. 1997, X. -S. Chen; 1 ♀, Changshun, Guizhou, bamboo, *D. affinis*, 30 Sep. 1997, X. -S. Chen; 1 ♂, Jinyuanshan, Chongqing, bamboo, *D. affinis*, 2 Nov. 1997, X. -S. Chen; 1 ♂ 1 ♀, Maolan, Guizhou, bamboo, *D. affinis*, 14 May 1998, X. -S. Chen; 1 ♂, Libo, Guizhou, bamboo, *D. affinis*, 20 May 1998, X. -S. Chen; 1 ♂ 2 ♀♀, Guiyang, Guizhou, *D. affinis*, 28 Aug. 1998, X. -S. Chen; 1 ♂♂ 4 ♀♀, Libo, Guizhou, *D. affinis*, 24 Oct. 1998, X. -S. Chen; 4 ♂♂ 5 ♀♀, Guiyang, Guizhou, *D. affinis*, 3 July 1999, X. -S. Chen; 2 ♂♂ 1 ♀, Chishui, Guizhou, *D. affinis*, 27 May 2000, X. -S. Chen; 3 ♀♀, Xishui, Guizhou, 4 June 2000, *D. affinis*, X. -S. Chen; 2 ♀♀, Xishui, Guizhou, *D. affinis*, 27 Sep. 2000, X. -S. Chen; 1 ♂ 2 ♀♀, Fanjingshan, Guizhou, bamboo, 1 Aug. 2001, M. -F. Yang; 2 ♂♂ 1 ♀, Fanjingshan, Guizhou, 30 May 2002, X. -S. Chen; 2 ♂♂ 1 ♀, Guiyang, Guizhou, 12 June 2002, D. -Y. Ge; 1 ♂ 1 ♀, Daozhen, Guizhou, 17 Aug. 2004, M. -F. Yang; 1 ♀, Daozhen, Guizhou, 21 Aug. 2004, B. Zhang; 8 ♂♂ 5 ♀♀, Daozhen, Guizhou, *D. affinis*, 24 ~ 25 Aug. 2004, X. -S. Chen; 1 ♀, Huaxi Park, Guiyang, Guizhou, bamboo, 28 July 2006, M. -H. Liu; 1 ♂ 1 ♀, Huangsi, Fuquan, Guizhou, *D. affinis*, 10 Aug. 2006, X. -S. Chen and L. Yang; 3 ♀♀, Huaxi Park, Guiyang, Guizhou, *D. affinis*, 11 Aug. 2006, X. -S. Chen and L. Yang; 1 ♀, Linchang, Yunnan, bamboo, 23 Aug. 2006, Z. -G. Zhang; 2 ♂♂ 4 ♀♀, Huaxi Park, Guiyang, Guizhou, *D. affinis*, 15 Oct. 2006, M. -H. Liu; 5 ♂♂ 6 ♀♀, Huanan Botanical Garden, Guangzhou, Guangdong, bamboo, 22 Nov. 2006, X. -S. Chen; 1 ♂, Mayanghe, Yanhe, Guizhou, bamboo, 12 June 2007, X. -S. Chen; 1 ♂ 7 ♀♀, Wugang, Hunan, bamboo, 9 Aug. 2007, X. -S. Chen; 1 ♀, Qianlin Park, Guiyang, Guizhou, bamboo, 21 Aug. 2007, X. -S. Chen and L. Yang; 3 ♂♂, Geleshan, Chongqing, bamboo, 15 Sep. 2007, X. -S. Chen; 1 ♀, Guizhou University, Guiyang, Guizhou, *D. affinis*, 7 Oct. 2007, X. -S. Chen and L. Yang; 1 ♂, Chishui, Guizhou, 29 May 2008, Y. -B. Zhang; 1 ♂, Nakan, Ningming, Guangxi, 9 May 2009, Y. -L. Zheng; 1 ♀, Kuankuoshui, Suiyang,

Guizhou, bamboo, 8 Aug. 2010, Y. -L. Zheng; 1 ♂3 ♀♀, Xinning, Hunan, bamboo, 6 Oct. 2010, X. -S. Chen and L. Yang; 5 ♂♂2 ♀♀, Daxianfeng, Datian, Fujian, bamboo, 14 May 2011, J. -K. Long; 1 ♂, Xianheping, Xinglong, Anlong, Guizhou, bamboo, 28 Aug. 2011, J. -K. Long.

(52) ***Futasujinus candidus*** **(Matsumura, 1914) (Fig. 52)**

Deltocephalus candidus Matsumura, 1914: 229

Futasujinus candidus, Ishihara 1953: 47.

Host plant. Poaceae (1 ♀ collected from bamboo).

Distribution. China (Guizhou, Liaoning, Fujian, Guangxi); Korea; Japan.

Specimens examined. 12 ♂♂7 ♀♀, Leigongshan, Guizhou, 31 May to 5 June 2005, Z. -Z. Li and B. Zhang; 1 ♀, Xiantang, Huishui, Guizhou, bamboo, 14 Sep. 2008, X. -S. Chen and L. Yang.

(53) ***Jilinga asymmetrica*** **Xing *et al.*, 2012 (Fig. 53)**

Jilinga asymmetrica Xing *et al.*, 2012: 53.

Host plant. *Qiongzhuea communis* Hsueh *et* Yi (first reported to feed on bamboo).

Distribution. China (Guizhou, Taiwan).

Specimens examined. 1 ♀, Sanqiao, Dashahe, Daozhen, Guizhou, bamboo, 22 ~ 24 May 2004, B. Zhang and P. Xu; 1 ♂, Dashahe, Daozhen, Guizhou, bamboo, *Q. communis*, 17 Aug. 2004, X. -S. Chen.

(54) ***Longicornus favipuncatus*** **Li *et* Song, 2008 (Fig. 54)**

Longicornus favipuncatus Li *et* Song, 2008: 28.

Host plant. Bamboo (first reported to feed on bamboo).

Distribution. China (Guizhou, Yunnan, Sichuan).

Specimens examined. 5 ♂♂8 ♀♀, Emeishan, Sichuan, 5 ~ 7 Aug. 1991, Z. -Z. Li; 3 ♂♂2 ♀♀, Leigongshan, Guizhou, 15 Nov. 2005, Z. -Z. Li and B. Zhang; 1 ♂1 ♀, Tengchong, Yunnan, 17 June 2002, R. -H. Dai and Z. -Z. Li; 1 ♂, Pianma, Yunnan, 16 Aug. 2000, Z. -Z. Li; 1 ♂1 ♀, Xianheping, Xinglong, Anlong, Guizhou, bamboo, 28 Aug. 2011, J. -K. Long.

(55) ***Mohunia bifasciana*** **Li *et* Chen, 1999 (Figs. 55, 129)**

Mohunia bifasciana Li *et* Chen, 1999: 123.

Host plant. *Dendrocalamus affinis*.

Distribution. China (Guizhou).

Specimens examined. 1 ♂ (holotype), 8 ♂♂10 ♀♀ (paratypes), Huaxi Park, Guiyang, Guizhou, *D. affinis*, 12 Sep. 1997, X. -S. Chen; 1 ♂, Changshun, Guizhou, *D. affinis*, 30 Sep. 1997, X. -S. Chen; 2 ♂♂1 ♀, Maolan, Libo, Guizhou, *D. affinis*, 24 May 1998, X. -S. Chen; 1 ♂, Guiyang, Guizhou, *D. affinis*, 17 July 1999, X. -S. Chen; 1 ♂1 ♀, Huaxi Park, Guiyang, Guizhou, *D. affinis*, 15 Oct. 2006, M. -H. Liu; 1 ♂1 ♀, Weiyuan, Changshun, Guizhou, bamboo, 14 July 2007, X. -S. Chen.

(56) ***Mohunia introspina*** **Chen *et* Yang, 2007 (Fig. 56)**

Mohunia introspina Chen *et* Yang (in Chen *et al.*), 2007: 372.

Host plant. *Dendrocalamus latiflorus* Munro.

Distribution. China (Guizhou, Yunnan).

Specimens examined. 1 ♂ (holotype), Banzai, Maolan, Libo, Guizhou, bamboo, 24 Oct. 1998, X.-S. Chen; 1 ♀ (paratype), Linlun, Yunnan, 28 Oct. 1992, Z.-Z. Li; 3 ♂♂ 10 ♀♀, Tianshengqiao, Xingyi, Guizhou, *D. latiflorus*, 11 Aug. 2010, X.-S. Chen and L. Yang.

(57) *Mohunia ventrospina* Chen *et* Li, 2007 (Fig. 57)

Mohunia ventrospina Chen *et* Li (in Chen *et al.*), 2007: 370.

Host plant. Bamboo.

Distribution. China (Guizhou).

Specimens examined. 1 ♂ (holotype) 3 ♂♂ 5 ♀♀ (paratypes), Dashahe, Daozhen, Guizhou, bamboo, 19 Aug. 2004, X.-S. Chen; 8 ♂♂ 10 ♀♀ (paratypes), Kuankuoshui, bamboo, 1 Aug. 1984, Z.-Z. Li; 4 ♂♂ 2 ♀♀ (paratypes), Daozhen, Guizhou, 25 July 1984, Z.-Z. Li; 2 ♀♀, Shiqian, Guizhou, bamboo, 15 Aug. 1994, X.-S. Chen; 1 ♂ 5 ♀♀ (paratypes), Daozhen, Guizhou, bamboo, 17 ~ 20 Aug. 2004, M.-F. Yang and B. Zhang; 2 ♂♂ (paratypes), Leishan, Guizhou, bamboo, 13 ~ 14 Aug. 2005, Z.-Z. Li and B. Zhang.

(58) *Mukaria albinotata* Cai *et* Ge (Figs. 58, 134)

Mukaria albinotata Cai *et* Ge, 1996: 187.

Host plant. *Dendrocalamus affinis*.

Distribution. China (Guizhou, Sichuan, Chongqing).

Specimens examined. 2 ♂♂, Shahe, Chengdu, Sichuan, 30 May 1984, W.-B. Zhu; 1 ♀, Jinyunshan, Chongqing, 20 June 1996, M.-F. Yang; 22 ♂♂ 20 ♀♀, Houhuayuan, Dashahe, Daozhen, Guizhou, *D. affinis*, 27 Aug. 2004, X.-S. Chen; 3 ♂♂ 2 ♀♀, Machun, Dashahe, Daozhen, Guizhou, *D. affinis*, 24 Aug. 2004, X.-S. Chen; 1 ♂, Geleshan, Chongqing, bamboo, 15 Sep. 2007, X.-S. Chen; 4 ♂♂ 2 ♀♀, Mayanghe, Yanhe, Guizhou, bamboo, 12 June 2007, X.-S. Chen; 1 ♀, Jinshagou, Chishui, Guizhou, bamboo, 29 May 2008, H.-R. Li and Y.-B. Zhang; 1 ♂, Sansonghe, Changning, Sichuan, bamboo, 30 Sep. 2008, H.-R. Li; 1 ♂, Jianfengling, Hainan, bamboo, 17 ~ 20 Apr. 2009, X.-H. Hou.

(59) *Mukaria bambusana* Li *et* Chen, 1999 (Fig. 59)

Mukaria bambusana Li *et* Chen, 1999: 117.

Host plant. *Dendrocalamus affinis* and *Dendrocalamus latiflorus* Munro.

Distribution. China (Guizhou, Yunnan).

Specimens examined. 1 ♂ (holotype), 8 ♂♂ 15 ♀♀ (paratypes), Rongjian, Guizhou, 12 Nov. 1979, Z.-Z. Li; 3 ♂♂ 7 ♀♀ (paratypes), Luodian, Guizhou, 15 July 1985, Z.-Z. Li; 1 ♂ 8 ♀♀, Dayi, Wangmo, Guizhou, bamboo, 28 July 1998, X.-S. Chen; 3 ♀♀, Liuku, Yunnan, bamboo, 15 Aug. 2000, X.-S. Chen; 1 ♂ 3 ♀♀, Ceheng, Guizhou, bamboo, 29 June to 1 July 2006, P. Zhang; 6 ♂♂ 4 ♀♀, Ceheng, Guizhou, 1 July 2006, Z.-G. Zhang; 6 ♂♂ 15 ♀♀, Weiyuan, Changshun, Guizhou, *D. affinis*, 24 July 2006, L. Yang and X.-S. Chen; 1 ♀, Xiantang, Huishui, Guizhou, bamboo, 30 May 2008, X.-S. Chen and L. Yang; 9 ♂♂ 28 ♀♀, Anlong, Guizhou, bamboo, 24 Aug. 2008, X.-S. Chen and L. Yang; 44 ♀♀, Duanqiao, Guanling, Guizhou, bamboo, 26 Aug. 2008, X.-S. Chen and L. Yang; 4 ♂♂ 29 ♀♀, Bangui, Guanling, Guizhou, bamboo, 18 ~ 20 Aug. 2009, J.-C. Xing and H. Li; 7 ♂♂ 2 ♀♀, Mangkuan, Yunnan, bamboo, 8 June 2010, P. Zhang; 1 ♂, Tianshengqiao, Xingyi, Guizhou, *D. latiflorus*, 11 Aug. 2010, X.-S. Chen and L. Yang; 2 ♂♂ 8 ♀♀, Jishudi, Cikai, Gongshan, Yunnan, bamboo, 28 July 2011, J.-K. Long; 3 ♂♂ 2 ♀♀, Huanglianshan, Lüchun, Yunnan, bamboo, 4 Aug. 2011, Z.-M. Chang and W.-B. Zheng; 1 ♀, Anlong, Guizhou, bamboo, 27 Aug. 2011, Z. -M. Chang.

(60) *Mukaria lii* Yang *et* Chen, 2011 (Fig. 60)

Mukaria lii Yang *et* Chen, 2011: 30.

Host plant. *Qiongzhuea communis* Hsueh *et* Yi.

Distribution. China (Guizhou).

Specimens examined. 2 ♀♀, Daozhen, Guizhou, 19 Sep. 1988, Z. -Z. Li; 1 ♀, Sanchahe, Xishui, Guizhou, 26 Sep. 2000, X. -S. Chen; 1 ♀, Huguosi, Fanjingshan, Guizhou, 2 Aug. 2001, Z. -Z. Li; 1 ♂ (holotype) 7 ♂♂1 ♀ (paratypes), Dashahe, Daozhen, Guizhou, *Q. communis*, 18 Aug. 2004, X. -S. Chen.

(61) *Mukaria maculata* (Matsumura, 1912) (Fig. 61)

Parabolotettix maculata Matsumura, 1912: 281.

Mukaria maculata, Schumacher, 1915: 97.

Host plant. *Dendrocalamus affinis* (Rendle) Keng f. and *Dendrocalamus latiflorus* Munro.

Distribution. China (Guizhou, Fujian, Taiwan, Hongkong, Guangdong, Yunnan, Hunan, Hainan); Japan; Java.

Specimens examined. 1 ♀, Chimeng, Fujian, 25 May 1978, collecter unclear; 2 ♀♀, Rongjiang, Guizhou, 4 Aug. 1989, Z. -Z. Li; 3 ♂♂5 ♀♀, Libo, Guizhou, 24 Oct. 1998, Z. -Z. Li and M. -F. Yang; 3 ♂♂, Maolan, Libo, Guizhou, bamboo, 24 Oct. 1998, X. -S. Chen; 1 ♂2 ♀♀, Sanchahe, Xishui, Guizhou, bamboo, 27 Sep. 2000, X. -S. Chen; 1 ♀, Huangsi, Fuquan, Guizhou, *D. affinis*, 10 Aug. 2006, X. -S. Chen and L. Yang; 1 ♀, Lincang, bamboo, 23 Aug. 2006, Z. -G. Zhang; 2 ♂♂11 ♀♀, Huanan Botanical Garden, Guangzhou, Guangdong, bamboo, 22 Nov. 2006, X. -S. Chen; 5 ♂♂1 ♀, Wugang, Hunan, bamboo, 9 Aug. 2007, X. -S. Chen and L. Yang; 1 ♀, Youyiguan, Pingxiang, Guangxi, bamboo, 11 May 2009, Y. -L. Zheng; 1 ♂6 ♀♀, Longan, Guangxi, bamboo, 9 Aug. 2010, X. -S. Chen and L. Yang; 2 ♂♂1 ♀, Langshan, Xinning, Hunan, *D. latiflorus*, 6 Oct. 2010, X. -S. Chen and L. Yang; 3 ♂♂4 ♀♀, Bawangling, Hainan, bamboo, 6 Jan. 2011, W. -B. Zheng and J. -K. Long; 1 ♂, Huanglianshan, Lüchun, Yunnan, bamboo, 4 Aug. 2011, Z. -M. Chang and W. -B. Zheng.

(62) *Mukaria pallipes* Li *et* Chen, 1999 (Fig. 62)

Mukaria pallipes Li *et* Chen, 1999: 119.

Host plant. *Dendrocalamus affinis* (Rendle) Keng f., *Cephalostachyum pergracile* Munro and *Dendrocalamus latiflorus* Munro.

Distribution. China (Guizhou, Hunan, Sichuan, Fujian).

Specimens examined. 1 ♂ (holotype), 8 ♂♂5 ♀♀ (paratypes), Maolan, Guizhou, 23 May 1998, Z. -Z. Li; 4 ♂♂2 ♀♀, Maolan, Libo, Guizhou, *D. affinis*, 24 May 1998, X. -S. Chen; 4 ♂♂4 ♀♀, Xiaoqikong, Libo, Guizhou, 31 May 1998, X. -S. Chen; 2 ♂♂3 ♀♀, Maolan, Libo, Guizhou, *D. affinis*, 24 Oct. 1998, X. -S. Chen; 4 ♂♂3 ♀♀, Huaxi Park, Guiyang, Guizhou, *D. affinis*, 16 Aug. 2006, X. -S. Chen; 14 ♂♂21 ♀♀, Huaxi Park, Guiyang, Guizhou, *D. affinis*, 15 Oct. 2006, M. -H. Liu; 2 ♂♂, Mayanghe, Yanhe, Guizhou, bamboo, 12 June 2007, X. -S. Chen; 2 ♂♂15 ♀♀, Weiyuan, Changshun, Guizhou, *C. pergracile*, 14 July 2007, L. Yang and X. -S. Chen; 21 ♂♂19 ♀♀, Langshan, Xinning, Hunan, bamboo, 10 Aug. 2007, X. -S. Chen; 2 ♂♂5 ♀♀, Mayanghe, Yanhe, Guizhou, bamoo, 2 Oct. 2007, Y. -J. Li and Q. -Z. Song; 3 ♀♀, Guizhou University, Guiyang, Guizhou, *D. affinis*, 7 Oct. 2007, X. -S. Chen; 2 ♂♂6 ♀♀,

Kongping, Yaan, Sichuan, bamboo, 15 July 2010, Y. -L. Zheng; 2 ♂♂4 ♀♀, Langshan, Xinning, Hunan, *D. latiflorus*, 6 Oct. 2010, X. -S. Chen and L. Yang; 2 ♂♂2 ♀♀, Datian, Sanming, Fujian, *D. affinis*, 1 May 2011, W. -C. Yang; 2 ♂♂3 ♀♀, Datian, Sanming, Fujian, *D. affinis*, 15 May 2011, Z. -M. Chang.

(63) *Mukaria testacea* Chen, Liang *et* Li, 2009 (Fig. 63)

Mukaria testacea Chen, Liang *et* Li, 2009: 144.

Host plant. Bamboo (*Dendrocalamus* sp.).

Distribution. China (Guangdong).

Specimens examined. 1 ♂ (holotype), 4 ♂♂21 ♀♀ (paratypes), Hunnan Botanical Garden, 22 Nov. 2006, X. -S. Chen.

(64) *Mukaria yanheensis* sp. nov. (Fig. 64)

Body length including forewing: ♂3.70~3.75 mm, ♀ 3.70 mm.

General coloration shining blackish brown to black. Eyes blackish brown. Clavus of forewing with bright yellow irregular marking medially at lateral margin, costal and apical region dark brown, with small yellowish white subhyaline markings at subapical area and apex of clavus, respectively. Fore and middle legs yellowish white, hind legs yellowish brown.

Male pygofer covered with macrosetae posteriorly, dorsal margin slightly rounded curved, posterior margin acute, ventral margin with a big tooth-like process medially, with 7—9 small teeth posteriorly. Genital valve broad triangular, posterior margin acute and rounded, basal width 2.08 times longer than middle length. Subgenital plate long and slender, broad at base, narrowing apically, outer margin concave, apical margin rounded, membranous. Genital style broad at base, narrowing apically, apex produced into spinous process, twist. Connective with stem and arms robust, stem strongly fused with base of aedeagus. Aedeagus in dorsal view with lateral margins subparallel, slightly sinuate, apical margin rounded, two branched processes laterally; in lateral view, aedeagus broad at base, narrow at apex.

Host plant. Bamboo, *Phyllostachys pubescens*.

Distribution. China (Guizhou).

Specimens examined. Holotype ♂, Mayanghe, Yanhe, Guizhou, bamboo, 5 June 2007, X. -S. Chen; paratypes 2 ♂♂1 ♀♀, data same as holotype.

Remarks. This new species is similar to *M. maculata* (Matsumura, 1912), but can be distinguished from the latter by: bright yellow marking of clavus smaller; ventral margin of pygofer with big tooth-like process; subgenital plate without macrosetae at median area, apical margin membranous; apex of aedeagus without developed and complicated processes.

Etymology. This species is named after the type locality, Yanhe, Guizhou Province in China.

(65) *Neomohunia pyramida* (Li *et* Chen, 1999) (Figs. 65, 135)

Mohunia pyramida Li *et* Chen, 1999: 123

Neomohunia pyramida, Chen, Li and Yang: 373.

Host plant. Bamboo (*Qiongzhuea communis* Hsueh *et* Yi).

Distribution. China (Guizhou).

Specimens examined. 7 ♂♂12 ♀♀, Kuankuoshui, Guizhou, 28 July 1984, Z. -Z. Li; 2 ♂♂3 ♀♀, Kuankuoshui, Guizhou, 1 Aug. 1984, Z. -Z. Li; 1 ♂4 ♀♀, Fanjingshan, 11 Aug. 1994, X. -S. Chen and M. -

F. Yang; 1 ♀, Fodingshan, Shiqian, Guizhou, 14 Aug. 1994, Y. -Z. Zhang; 1 ♀, Forest Park, Guiyang, Guizhou, 12 June 2002, D. -Y. Ge; 1 ♂, Fanjingshan, Jiangkou, Guizhou, 28 July 2002, Z. -Z. Li; 6 ♂♂9 ♀♀, Sanqiao, Daozhen, Guizhou, 22 ~ 23 May 2004, X. -S. Chen; 8 ♂♂5 ♀♀, Dashahe, Daozhen, Guizhou, 17 ~ 19 Aug. 2004, X. -S. Chen; 3 ♂♂4 ♀♀, Mopanshi, Dashahe, Guizhou, 21 ~ 23 Aug. 2004, B. Zhang and M. -F. Yang; 4 ♂♂6 ♀♀, Xiannüdong, Dashahe, Guizhou, 17 ~ 24 Aug. 2004, M. -F. Yang and B. Zhang; 5 ♂♂4 ♀♀, Fanjingshan, Jiangkou, Guizhou, 31 Aug. 2004, X. -S. Chen.

(66) *Bambusimukaria quinquepunctata* Yang, Chen *et* Li, in press (Figs. 66, 136)

Bambusimukaria quinquepunctata Yang, Chen *et* Li, in press.

Host plant. Bamboo (*Phyllostachys bambusoides* f. *lacrima-deae* Keng *et* Wen).

Distribution. China (Guizhou, Fujian).

Specimens examined. 1 ♀ (paratype), Dongtang, Maolan, Libo, Guizhou, 24 May 1998, X. -S. Chen; 10 ♀♀ (paratypes), Dayi, Wangmo, Guizhou, *P. bambusoides*, 28 July 1998, X. -S. Chen; 1 ♂ (hologype), 24 ♂♂6 ♀♀ (paratypes), Forest Park, Guiyang, Guizhou, 11 July 2006, Q. -Z. Song; 5 ♂♂7 ♀♀ (paratypes), Forest Park, Guiyang, Guizhou, 11 Aug. 2006, X. -S. Chen and L. Yang; 1 ♀ (paratype), Weiyuan, Changshun, Guizhou, 11 July 2007, X. -S. Chen; 6 ♀♀ (paratypes), Daxianfeng, Datian, Sanming, Fujian, bamboo, 14 May 2011, Z. -M. Chang and J. -K. Long; 5 ♀♀ (paratypes), Tianyanbo, Yongan, Fujian, bamboo, 17 May 2011, Z. -M. Chang and W. -C. Yang.

(67) *Neurotettix truncatus* Dai, Xing *et* Li, 2011 (Fig. 67)

Neurotettix truncatus Dai, Xing *et* Li, 2011: 69.

Host plant. Bamboo.

Distribution. China (Hubei, Guizhou).

Specimens examined. 1 ♂ (holotype), Kuankuoshui, Suiyang, Guizhou, 16 Aug. 2010, J. -C. Xing; 1 ♂2 ♀♀ (paratypes), Kuankuoshui, Suiyang, Guizhou, 12 Aug. 2010, R. -H. Dai; 1 ♂1 ♀ (paratypes), Lichuan, Hubei, 1 Aug. 2010, J. -Q. Ni; 4 ♀♀, Leigongshan, Leishan, Guizhou, bamboo, 7 Nov. 2010, X. -S. Chen.

(68) *Paramohunia notata* (Li *et* Chen, 1999) (Fig. 68)

Mohunia notata Li *et* Chen, 1999: 125

Paramohunia notata, Chen, Li and Yang, 2007: 374.

Host plant. Bamboo.

Distribution. China (Chongqing).

Specimens examined. 1 ♂ (holotype), 1 ♂ (paratype), Simianshan, Jiangjin, Chongqing, 17 Aug. 1998, X. -S. Chen.

(69) *Phlogotettix monozoneus* Li *et* Wang, 1998 (Fig. 69)

Phlogotettix monozoneus Li *et* Wang, 1998: 373.

Host plant. Shrubbery and bamboo (*Phyllostachys bambusoides* f. *lacrima-deae* Keng *et* Wen).

Distribution. China (Guizhou, Sichuan).

Specimens examined. 1 ♂1 ♀, Forest Park, Guiyang, Guizhou, bamboo, 27 Aug. 2011, X. -S. Chen and L. Yang.

(70) *Phlogotettix polyphemus* Gnezdilov, 2003 (Fig. 70)

Phlogotettix polyphemus Gnezdilov, 2003: 16.

Host plant. Bamboo (*Phyllostachys bambusoides* f. *lacrima-deae* Keng *et* Wen).

Distribution. China (Zhejiang, Guihou).

Specimens examined. 1 ♂1 ♀, Forest Park, Guiyang, Guizhou, bamboo, 27 Aug. 2011, X. -S. Chen and L. Yang.

(71) *Phlogotettix tibetaensis* Li *et* Wang, 1998 (Fig. 71)

Phlogotettix tibetaensis Li *et* Wang, 1998: 376.

Host plant. Bamboo.

Distribution. China (Tibet, Sichuan).

Specimens examined. 1 ♂1 ♀, Yadong, Tibet, 10 July 1986, T. He; 1 ♂1 ♀, Zhuhai, Changning, Sichuan, bamboo, 6 June 2008, Y. -B. Zhang.

(72) *Pseudomohunia nigrifascia* Li, Chen *et* Zhang (Fig. 72)

Pseudomohunia nigrifasci Li, Chen *et* Zhang, 2007: 88.

Host plant. *Chimonobambusa angustifolia* C. D. Chu *et* C. S. Chao.

Distribution. China (Guizhou).

Specimens examined. 1 ♂ (holotype), 1 ♂ 3 ♀ ♀ (paratypes), Leigongshan, Leishan, Guizhou, *C. angustifolia* , 13 ~ 14 Aug. 2005, Z. -Z. Li and B. Zhang; 1 ♂ 8 ♀ ♀, Leigongshan, Leishan, Guizhou, *C. angustifolia* , 7 Nov. 2010, X. -S. Chen and L. Yang.

(73) *Scaphoideus anlongensis* sp. nov. (Fig. 73)

Body length including forewing: ♂6.8 ~ 7.0 mm, ♀ 7.5 mm.

Crown of head milky yellowish white with some brown, disc with a anchor-like transverse marking centrally. Frontoclypeus yellowish brown to brown, with four blackish brown transverse stripes basally. Pronotum gray brown, anterior and posterior region with dark brown transverse stripes. Scutellum with basal half brown, apical half milky white, lateral margins with black spots medially. Forewing yellowish brown, distributed dark brown and milky white markings, veins dark brown.

Crown 0.80 time shorter medially than width between eyes. Face 1.09 times longer in middle line than wide including eyes. Pronotum 1.49 times longer medially than crown. Scutellum 1.03 times longer medially than pronotum.

Male pygoferside broad basally and narrow posteriorly, covered with a row of macrosetae posteriorly and some at midventral region, dorsal margin near straight, ventral margin rounded, posterior margin acute and rounded. Genital valve triangular, posterior margin acute and rounded. Subgenital plate long and slender, recurved, broad basally, narrowing apically, basal area with 5 ~ 8 macrosetae, apical half with transverse crinkles, apex with setae. Style broad at basal half, apical 1/3 narrowing and acute, with a small process subapically. Connective Y-shaped, with a pair of slender paraphyses, each paraphysis slightly recurved then curved laterad apically. Aedeagus disassociated from connective, in ventral view, base slightly extended, subparallel apically, apex produced into spinous process laterally, apical margin convex roundedly, concave medially; aedeagus in lateral view nearly V-shaped, shaft suddenly narrowed subapically, apex tapering apically and curve dorsad.

Host plant. Bamboo (*Phyllostachys heteroclada* Oliver).

Distribution. China (Guizhou).

Specimens examined. Holotype ♂, Xianheping, Xinglong, Anlong, Guizhou, bamboo, *Phyllostachys heteroclada* Oliver, 28 Aug. 2011, J. -K. Long; paratypes 1 ♂1 ♀, data same as holotype.

Remarks. This new species is similar to *S. nigrigenatus* Li, 1990 and *S. spiniplateus* Li *et* Wang, 2002, but can be distinguished from them by: subgenital plate without spinous process; apical half of style relatively straight, with a small process subapically; paraphysis in lateral view straight. The shape of styles is distinctly different from other members in this genus.

Etymology. This species is named after the type locality, Anlong, Guizhou Province in China.

(74) *Scaphoideus conicaplateus* Li *et* Dai, 2004 (Fig. 74)

Scaphoideus conicaplateus Li *et* Dai, 2004: 283.

Host plant. Unknown (1 ♀ collected from bamboo, *Qiongzhuea communis* Hsueh *et* Yi).

Distribution. China (Guizhou).

Specimens examined. 2 ♂♂3 ♀♀, Fanjingshan, Jiangkou, Guizhou, 3 Aug. 2001, Z. -Z. Li and H. -Y. Song; 1 ♀, Dashahe, Daozhen, Guizhou, 1400 m, *Q. communis*, 17 Aug. 2004, X. -S. Chen.

(75) *Scaphoideus fanjingensis* Li *et* Dai, 2004 (Fig. 75)

Scaphoideus fanjingensis Li *et* Dai, 2004: 284.

Host plant. Herbaceous plant and bamboo (*Qiongzhuea communis* Hsueh *et* Yi).

Distribution. China (Guizhou).

Specimens examined. 3 ♂♂4 ♀♀, Fanjingshan, Jiangkou, Guizhou, 29 July 2001, Z. -Z. Li; 1 ♂, Dashahe, Daozhen, Guizhou, 1400 m, *Q. communis*, 18 Aug. 2004, X. -S. Chen.

(76) *Scaphoideus festivus* Matsumura, 1902 (Fig. 76)

Scaphoideus festivus Matsumura, 1902: 384.

Host plant. Rice, orange, tea tree and bamboo.

Distribution. China (Guizhou, Yunnan, Sichuan, Shaanxi, Ningxia, Hunan, Beijing, Hebei, Henan, Jiangxi, Fujiang, Guangdong, Guangxi, Hainan, Taiwan); India; Sri Lanka; Japan; Korea.

Specimens examined. 1 ♂, Qianlin Park, Guiyang, Guizhou, bamboo, 3 July 1999, X. -S. Chen.

(77) *Scaphoideus kumamotonis* Matsumura, 1914 (Figs. 77, 142)

Scaphoideus kumamotonis Matsumura, 1914: 224.

Host plant. Herbaceous plant and bamboo (first reported to feed on bamboo).

Distribution. China (Guizhou, Yunnan, Tibet, Sichuan, Zhejiang, Henan); Japan.

Specimens examined. 3 ♂♂, Zhuhai, Changning, Sichuan, 800 m, bamboo, 4 ~ 6 June 2008, Y. -B. Zhang and H. -R. Li; 1 ♂, Mengyang, 20 July 2008, J. -D. Li; 1 ♂3 ♀♀, Xishuangbanna, Yunnan, 21 July 2008, Y. -H. Song; 2 ♂♂3 ♀♀, Wangmo, Guizhou, 26 Apr. 2009, Z. -G. Zhang and Q. -Z. Song; 1 ♂1 ♀, Tongtaishan, Yaan, Sichuan, bamboo, 15 ~ 18 July 2010, P. Zhang; 4 ♂♂1 ♀, Langshan, Xinning, Hunan, bamboo, 2 Oct. 2011, X. -S. Chen and L. Yang.

(78) *Scaphoideus luchunensis* sp. nov. (Fig. 78)

Body length including forewing: ♂5.50 mm, ♀ 5.55 mm.

Crown of head pale yellowish white, disc with a orange yellowish brown transverse brand medially; a black stripe along anterior margin of crown. Frontoclypeus pale yellowish white with some brown, with four black transverse stripes basally. Pronotum yellowish brown, anterior and posterior region with yellowish orange transverse brands. Scutellum with basal half yellowish orange, apical half milky white, lateral margins with black spots medially. Forewing pale brown, distributed dark brown and milky white markings, veins dark brown.

Crown 0.84 time shorter medially than width between eyes. Face 1.08 times longer in middle line than wide including eyes. Pronotum 1.07 times wider than head including eyes, 1.54 times longer medially than crown. Scutellum 1.08 times longer medially than pronotum.

Male pygofer side broad basally and narrow posteriorly, covered with a row of macrosetae posteriorly andsome at midventral region, dorsal margin straight, ventral margin slightly sinuate, posterior margin rounded. Genital valve triangular, posterior margin acute and rounded. Subgenital plate long and slender, straight, with setae. Style broad at base, apical 1/3 produced into a robust spinous process. Connective Y-shaped, with a pair of slender paraphyses, each paraphysis curved laterad apically. Aedeagus disassociated from connective, in ventral view, narrowing medially, extending subapically, apical margin rounded; aedeagus in lateral view nearly V-shaped, shaft slender, apex extending, apical marging acute and rounded.

Host plant. Bamboo.

Distribution. China (Yunnan).

Specimens examined. Holotype ♂, Huanglianshan, Lüchun, Yunnan, bamboo, 4 Aug. 2011, Z.-M. Chang and W.-B. Zheng; paratype 1♀, same data as holotype.

Remarks. This new species is similar to *S. nigrivalveus* Li *et* Wang, 2005, but can be distinguished from the latter by: subgenital plate suddenly narrowing near basal 1/6; two paraphysises diverged apically; aedeagus in ventral view narrowing medially, extending subapically, apical margin rounded; aedeagus in lateral view nearly V-shaped.

Etymology. This species is named after the type locality, Lüchun, Yunnan Province in China.

(79) *Scaphoideus nigrigenatus* Li, 1990 (Fig. 79)

Scaphoideus nigrigenatus Li, 1990: 97.

Host plant. Bamboo (*Qiongzhuea communis* Hsueh *et* Yi and *Dendrocalamus affinis* (Rendle) Keng f.).

Distribution. China (Guizhou, Hubei, Sichuan).

Specimens examined. 7♂♂2♀♀, Kuankuoshui, Suiyang, Guizhou, 1 July 1984, Z.-Z. Li and L.-M. Wang; 2♂♂3♀♀, Emeishan, Sichuan, 3 July 1991, Z.-Z. Li; 3♂♂8♀♀, Xianfeng, Hubei, 22 July 1994, Y.-L. Du; 3♂♂3♀♀, Wangmo, Guizhou, 7 June 1996, Z.-Z. Li; 4♂♂8♀♀, Kuankuoshui, Suiyang, Guizhou, 25 Aug. 2001, Z.-Z. Li; 2♂♂♀♀, Leigongshan, Leishan, Guizhou, 4 Aug. 2004, D.-Y. Ge; 3♂♂4♀♀, Daozhen, Guizhou, 12 Aug. 2004, Q.-Z. Song; 2♂♂3♀♀, Dashahe, Daozhen, Guizhou, 1400 m, *Q. communis*, 17 Aug. 2004, X.-S. Chen; 1♀, Dashahe, Daozhen, Guizhou, 1050 m, *D. affinis*, 24 Aug. 2004, X.-S. Chen.

(80) *Scaphoideus nigrivalveus* Li *et* Wang, 2005 (Fig. 80)

Scaphoideusnigrivalveus Li *et* Wang, 2005: 130.

Host plant. *Qiongzhuea communis* Hsueh *et* Yi.

Distribution. China (Guizhou, Hubei).

Specimens examined. 1♂, Wudangshan, Hubei, 7 Aug. 1997, M.-F. Yang; 1♂, Dashahe, Daozhen,

Guizhou, 1400 m, *Q. communis*, 18 Aug. 2004, X. -S. Chen; 1 ♂, Dashahe, Daozhen, Guizhou, 24 Aug. 2004, P. Xu.

(81) *Scaphoideus yaanensis* Yang, Chen *et* Li, in press (Fig. 81)

Scaphoideus yaanensis Yang, Chen *et* Li, in press.

Host plant. Bamboo.

Distribution. China (Sichuan).

Specimens examined. 1 ♂ (holotype), 1 ♂1 ♀ (paratypes), Tongtaishan, Yaan, Sichuan, bamboo, 15 ~ 18 July 2010, P. Zhang.

(82) *Scaphotettix striatus* Dai *et* Zhang, 2009 (Fig. 82)

Scaphotettix striatus Dai *et* Zhang, 2009: 658.

Host plant. Bamboo, "Jianjiazhu" (first reported to feed on bamboo).

Distribution. China (Fujian, Yunnan, Taiwan).

Specimens examined. 5 ♂♂3 ♀♀, Sanming, Fujian, 12 Oct. 1978, Z. -L. Ge; 5 ♂♂3 ♀♀, Xinning, Hunan, bamboo, 6 Oct. 2010, X. -S. Chen and L. Yang; 102 ♂♂63 ♀♀, Langshan, Xinning, Hunan, bamboo, "Jianjiazhu", 2 Oct. 2011, X. -S. Chen and L. Yang.

(83) *Tiaobeinia bisubula* Chen *et* Li, 2008 (Fig. 83)

Tiaobeinia bisubula Chen *et* Li (in Chen, Li *et* Yang), 2008: 302.

Host plant. Bamboo (*Phyllostachys bambusoides* f. *lacrima-deae* Keng *et* Wen).

Distribution. China (Guizhou).

Specimens examined. 1 ♂ (holotype), 3 ♂♂8 ♀♀ (paratypes), Dayi, Wangmo, Guizhou, *P. bambusoides*, 23 Sep. 1997, X. -S. Chen; 7 ♂♂3 ♀♀ (paratypes), Dayi, Wangmo, Guizhou, 28 July 1998, X. -S. Chen; 1 ♀, Daozhen, Guizhou, 25 Aug. 2004, X. -S. Chen.

(84) *Tiaobeinia emeiensis* Chen *et* Yang, 2008 (male is described for the first time) (Fig. 84)

Tiaobeinia emeiensis Chen *et* Yang (in Chen, Li *et* Yang), 2008: 304.

Body length including forewing: ♂4.10 ~ 4.30 mm, ♀ 4.30 ~ 4.45 mm.

Male pygofer in lateral view narrowing posteriorly, posterior margin rounded, covered with macrosetae mid-dorsal region; in dorsal view, posterior margin strongly concaved, inner side of latral margin with robust horn-like process. Genital valve nearly trapezium-shaped, posterior margin nearly truncate, basal width 2.38 times longer than middle length. Subgenital plate broad basally, narrowing apically, with many macrosetae on lateral region, inner margin straight, outer margin slightly sinuate, apical margin acute and rounded. Style broad basally, narrowing apically, apex finger-like. Connective in dorsal view Y-shaped, arms clung together, in lateral view, with membranous process medially. Aedeagal shaft in dorsal view narrowing medially, apical margin broadly concave, dorsal margin with two triangular processes subapically, with a stick-like process medially.

Host plant. Bamboo.

Distribution. China (Sichuan).

Specimens examined. 1 ♀ (holotype), Emeishan, Sichuan, 13 July 1995, M. -F. Yang; 1 ♂1 ♀, Emeishan, Sichuan, bamboo, 12 ~ 14 July 2010, Y. -L. Zheng; 2 ♂♂3 ♀♀, Shenshuige, Emeishan, Sichuan, bamboo, 12 ~ 14 July 2010, P. Zhang; 1 ♀, Kongping, Yaan, Sichuan, bamboo, 15 July 2010, Y. -L. Zheng.

(85) *Tiaobeinia wantuia* sp. nov. (Fig. 85)

Body length including forewing: ♂4.50 ~ 4.75 mm, ♀ 4.75 ~ 4.95 mm.

General color yellowish white. Head and thorax with one reddish brown and two bright yellow longitudinal bands dorsallyl. Eyes brown. Forewing pale yellowish white, calvus with the lateral region and appendix blackish brown, apical area smoke brown.

External features as that of *T. bisubula*. Crown 0.78 time shorter medially than width between eyes. Face 0.92 time shorter medially than width including eyes. Pronotum 1.09 times wider than head including eyes, 1.26 times longer medially than crown. Scutellum 1.10 times longer medially than pronotum.

Male pygoferside nearly rectangular, dorsal and ventral margin shorter than anterior and posterior margin, dorsal margin straight, ventral margin sinuate, posterior margin membranous, with a robust, long process and a membranous spinous process dorsally and medially; pygofer in dorsal view, posterior margin concave medially, two processes diverged apically, narrow, sinuate. Genital valve broad triangular, basal width 1.59 times longer than median length. Subgenital plate with base narrow, apex broad, apical margin acute and rounded, lateral region with many macrosetae. Styel long and slender, broad basally, narrowing apically, apex slightly recurved, acute. Connective Y-shaped, arms touched each other. Aeadeagus in ventral view with base broad, narrowed subapically, apex extending, apical margin nearly truncate; in lateral view, aedeagus slightly curved dorsad, dorsal apodeme with a hook-like process at base, dorsal margin produced into a teeth-like process apically, besides, a small teeth-like on lateral side 1/3 from apex.

Host plant. Bamboo (*Dendrocalamus latiflorus* Munro, *Phyllostachys heteroclada* Oliver and *Phyllostachys pubescens*).

Dsitribution. China (Guizhou, Hunan).

Specimens examined. Holotype ♂, Sanjiaopo, Datang, Pingtang, Guizhou, bamboo, *P. heteroclada*, 17 Oct. 2010, X.-S. Chen and L. Yang; paratypes 7♂♂25♀♀, same data as holotype; paratype 1♂1♀, Toutang, Wugang, Hunan, bamboo, *D. latiflorus*, 9 Aug. 2007, X.-S. Chen and L. Yang; paratypes 7♂♂7♀♀, Yunshan, Wugang, Hunan, bamboo, *P. pubescens*, 5 Oct. 2010, X.-S. Chen and L. Yang; paratypes 2♀♀, Fangxiang, Leigongshan, Guizhou, bamboo, *P. pubescens*, 7 Nov. 2010, X.-S. Chen and L. Yang; paratypes 4♂♂7♀♀, Yunshan, Wugang, Hunan, bamboo, *P. pubescens*, 1 Oct. 2011, X.-S. Chen and L. Yang.

Remarks. This new species is very similar to *T. bisubula* Chen *et* Li, 2008, but can be distinguished from the latter by: dorsal process of pygofer flake-like, larger, longer than body of pygofer; apex of subgenital plate rounded; styel with apex recurved; aedeagal shaft with tooth-like process on apical 1/3 laterally.

Etymology. The name is derived from the Chinese spell word "Wan-Tu", meaning that the apex of style incurved.

(86) *Vartalapa curvata* Viraktamath, 2004 (Fig. 86)

Vartalapa curvata Viraktamath, 2004: 24.

Host plant. Bamboo.

Distribution. China (Fujian, Hubei); India.

Specimens examined. 2♂♂2♀♀, Sanming, Fujian, 24 Sep. 1978, Z.-L. Ge; 2♀♀, Shennongjia, Hubei, 12 Aug. 1997, M.-F. Yang; 4♂♂6♀♀, Wuyishan, Fujian, 4 Aug. 2009, Y.-L. Zheng.

(87) *Xenovarta acuta* Viraktamath, 2004 (Fig. 87)

Xenovarta acuta Viraktamath, 2004: 24.

Host plant. Bamboo (*Phyllostachys heteroclada* Oliver, *Dendrocalamus affinis* (Rendle) Keng f. and *Phyllostachys bambusoides* f. *lacrima-deae* Keng *et* Wen) (first reported to feed on bamboo).

Distribution. China (Hongkong, Hunan, Fujian, Guizhou).

Specimens examined. 2♀♀, Sanming, Fujian, 11 Oct. 1978, collecter unclear; 2♂♂2♀♀, Daozhen, Guizhou, 15 July 1984, Z. -Z. Li; 1♂, Wuchuan, Guizhou, 25 July 1985, J. -A. Tan; 4♂♂9♀♀, Dayi, Wangmo, Guizhou, bamboo, 22 Sep. 1997, X. -S. Chen; 2♀♀, Pingba Farm, Guizhou, bamboo, 5 Sep. 1998, X. -S. Chen; 2♂♂2♀♀, Qianlin Park, Guiyang, Guizhou, bamboo, 3 July 1999, X. -S. Chen; 1♀, Huaxi Park, bamboo, 28 July 2006, M. -H. Liu; 3♀♀, Forest Park, Guiyag, Guizhou, bamboo, 11 Aug. 2006, L. Yang and X. -S. Chen; 1♂, Huaxi Park, Guiyang, Guizhou, *D. affinis*, 16 Aug. 2006, X. -S. Chen; 12♂♂13♀♀, Qianlin Park, Guiyang, Guizhou, bamboo, 21 Aug. 2007, X. -S. Chen and L. Yang; 2♂♂1♀, Wuyishan, Fujian, 4 Aug. 2009, Y. -L. Zheng; 1♂1♀, Kuankuoshui, Suiyang, Guizhou, bamboo, 8 Aug. 2010, Y. -L. Zheng; 1♀, Sanjiaopo, Datang, Pingtang, Guizhou, *P. heteroclada*, 17 Oct. 2010, X. -S. Chen and L. Yang; 1♂1♀, Forest Park, Guiyang, Guizhou, *P. bambusoides*, 27 Aug. 2011, X. -S. Chen and L. Yang; 6♀♀, Sanjiaopo, Datang, Pingtang, Guizhou, *P. heteroclada*, 9 Sep. 2011, X. -S. Chen and L. Yang.

(88) *Xenovarta longicornis* Duan *et* Zhang, 2010 (Fig. 88)

Xenovarta longicornis Duan *et* Zhang, 2010: 43.

Host plant. Bamboo.

Distribution. China (Hainan).

Specimens examined. 5♂♂2♀♀, Jianfengling, Hainan, 14 May 1997, M. -F. Yang; 1♂, Datian, Hainan, 9 July 2007, J. -C. Xing; 1♂5♀♀, Jianfengling, Hainan, 10 ~ 12 July 2007, B. Zhang, J. -C. Xing and Y. -J. Li; 2♂♂, Jianfengling, Hainan, 10 Apr. 2009, X. -H. Jiang.

(89) *Xenovarta subulata* Xing, Dai *et* Li, 2011 (Fig. 89)

Xenovarta subulata Xing, Dai *et* Li, 2011: 66.

Host plant. Bamboo (first reported to feed on bamboo).

Distribution. China (Guangdong, Guizhou).

Specimens examined. 1♂(holotype), Nankunshan, Guangdong, bamboo, 23 Aug. 2010, J. -C. Xing; 2♂♂, Maolan, Libo, Guizhou, bamboo, 16 ~ 20 July 2011, Q. -Z. Song.

4. Subfamily Evacanthinae

(90) *Angustella jinghongensis* Li *et* Li, 2011 (Fig. 90)

Angustella jinghongensis Li *et* Li, 2011: 48.

Host plant. Bamboo.

Distribution. China (Yunnan).

Specimens examined. 1♂(holotype), Jinghong, Yunnan, 27 Aug. 2006, P. Zhang; 1♀, Mengla, Yunnan, bamboo, 24 July 2011, W. -B. Zheng and Z. -M. Chang; 1♂, Huanglianshan, Lüchun, Yunnan, bamboo, 4 Aug 2011, Z. -M. Chang and W. -B. Zheng.

(91) *Angustella leucostriata* Li *et* Wang, 1991 (Fig. 91)

Angustella leucostriata Li *et* Wang, 1991: 50.

Host plant. Bamboo.

Distribution. China (Guizhou, Yunnan).

Specimens examined. 8 ♂♂16 ♀♀, Kuankuoshui, Suiyang, Guizhou, 4 ~6 Aug. 1984, Z. -Z. Li and N. -Z. Gao; 5 ♂♂9 ♀♀, Wangmo, Guizhou, 15 ~17 June 1986, Z. -Z. Li; 7 ♂♂9 ♀♀, Longling, Yunnan, 24 ~25 July 2002, Z. -Z. Li and M. -F. Yang; 3 ♂♂4 ♀♀, Kuankuoshui, Suiyang, Guizhou, 10 ~ 15 Aug. 2010, R. -H. Dai and H. Li.

(92) *Angustella nigricauda* sp. nov. (Fig. 92)

Body length including forewing: ♂6.65 ~6.95 mm, ♀ 7.15 ~7.45 mm.

General color yellowish brown with two color form of forewing. Dark green form: crown with a big blckish brown marking; face with median carina and two latral carinae dark brown, lorum blackish brown laterally; ocelli pale brown, eyes brown. Pronotum with blackish brown transverse bands along anterior and posterior margin. Forewing turquoise except apical area dark brown, costal margin pale yellowish brown. Hindwing dark brown, veins blackish brown. Abdomen with ventral area brown to dark brown, darker posteriorlly; pygofer blackish brown. Yellowish green form with same color with dark green form except forewing yellowish brown, costal margin pale yellowish white.

Male pygoferin lateral view narrowing posteriorlly, apex acute, ventral margin with a very long process, narrowing apically. Subgenital plate narrow at base, broad at middle, acute and rounded at apex, with a row of macrosetae laterally. Styel slender, apex produced into spinous process. Connective Y-shaped, stem 1.8 times longer than arm. Aedeagus saccus-like, apex with complex processes, in ventral view, aedeagal shaft with two teeth-like processes subapically, ventral margin with a strong, compress process, acute at apex.

Host plant. Bamboo.

Distribution. China (Yunnan).

Specimens examined. Holotype ♂, Huanglianshan, Lüchun, Yunnan, bamboo, 4 Aug. 2011, Z. -M. Chang and W. -B. Zheng; paratypes 8 ♂♂11 ♀♀, same data as holotype.

Remarks. This new species is similar to *A. leucostriata* Li *et* Wang, 1991, but can be distinguished from the latter by: apex of forewing black; apex of style straight and acute; connective without small teeth-like process laterally and basally; aedeagal shaft in ventral view with teeth-like process subapically.

Etymoloty. The name is derived from the Latin word "nigri" (black) and "cauda" (cauda), which refers to apex of forewing black.

(93) *Angustella nigrimargina* Li *et* Li, 2011 (Fig. 93)

Angustella nigrimargina Li *et* Li, 2011: 49.

Host plant. Bamboo.

Distribution. China (Yunnan).

Specimens examined. 1 ♂(holotype), Mengla, Yunnan, 20 Oct, 1992, Z. -Z. Li; 1 ♀ (paratype), Mengla, Yunnan, 19 July 2008, X. -H. Jiang; 1 ♀, Mengla, Yunnan, bamboo, 24 July 2011, W. -B. Zheng and Z. -M. Chang; 1 ♂2 ♀♀, Huanglianshan, Lüchun, Yunnan, bamboo, 4 Aug. 2011, Z. -M. Chang and W. -B. Zheng.

(94) *Bundera bambusana* Yang, Chen *et* Li, in press (Fig. 94)

Bunderabambusana Yang, Chen *et* Li, in press.

Host plant. Bamboo.

Distribution. China (Yunnan).

Specimens examined. 1 ♂ (holotype), 13 ♂♂9♀♀ (paratypes), Pianma(2800m), Lushui, Yunnan, bamboo, 17 Aug. 2000, X. -S. Chen.

(95) *Boundarus nigronotus* Zhang, Zhang *et* Wei, 2010 (Fig. 95)

Boundarus nigronotus Zhang, Zhang *et* Wei, 2010: 66.

Host plant. Bamboo.

Distribution. China (Sichuan, Guizhou, Shaanxi, Henan, Hubei, Jilin).

Specimens examined. 1 ♂2♀♀, Shuimogou, Guangyuan, Sichuan, 1500 m, bamboo, 18 Aug. 2007, Y. -B. Zhang.

(96) *Carinata kelloggii* (Baker, 1923) (Fig. 96)

Onukia kelloggii Baker 1923: 372.

Carinata kelloggii, Li *et* Wang, 1991: 67.

Host plant. Bamboo.

Distribution. China (Fujian, Guizhou, Guangxi, Chongqing).

Specimens examined. 5 ♂♂4♀♀, Kuankuoshui, Suiyang, Guizhou, bamboo, 1 ~ 5 Aug. 1984, Z. -Z. Li; 6♀♀, Jinfoshan, Guizhou, bamboo, 14 ~ 16 Aug. 1994, Y. -Z. Zhang; 2 ♂♂2♀♀, Fodingshan, Guizhou, bamboo, 15 Aug. 1994, X. -S. Chen; 10 ♂♂5♀♀, Fanjingshan, Guizhou, bamboo, 22 July 1986, Z. -Z. Li; 6 ♂♂, Jinyunshan, Chongqing, bamboo, 21 June 1996, M. -F. Yang; 10 ♂♂4♀♀, Jinfoshan, Chongqing, bamboo, 3 July 1996, M. -F. Yang; 8 ♂♂10♀♀, Yuanbaoshan, Guangxi, bamboo, 14 ~ 15, M. -F. Yang; 7 ♂♂7♀♀, Dashahe, Daozhen, Guizhou, bamboo, 17 ~ 20 Aug. 2004, M. -F. Yang; 4 ♂♂, Xiannvdong, Dashahe, Daozhen, Guizhou, bamboo, 24 Aug. 2004, B. Zhang.

(97) *Carinata nigrofasciata* Li *et* Wang, 1994 (Fig. 97)

Carinata nigrofasciata Li *et* Wang, 1994: 101.

Host plant. Unknown (1♀ collected from bamboo).

Distribution. China (Zhejiang, Gansu, Chongqing, Sichuan, Guizhou, Shaanxi, Yunnan, Hubei).

Specimens examined. 1 ♀, Shuimogou (1500m), Guangyuan, Sichuan, bamboo, 18 Aug. 2007, Y. -B. Zhang.

(98) *Chudania emeiana* Yang *et* Zhang, 1990 (Fig. 98)

Chudania emeiana Yang *et* Zhang (in Zhang), 1990: 67.

Host plant. Herbage, bamboo (*Dendrocalamus affinis*) (first reported to feed on bamboo).

Distribution. China (Guizhou, Sichuan).

Specimens examined. 2 ♂♂1♀, Kuankuoshui, Guizhou, 4 Aug. 1984, Z. -Z. Li; 7 ♂♂5♀♀, Jingshui, Emei, Sichuan, 1 ~ 2 Aug. 1991, Z. -Z. Li; 1 ♂2♀♀, Fanjingshan, Guizhou, 9 Aug. 1994, Z. -Z. Li and X. -S. Chen; 1 ♂1♀, Huangsi, Fuquan, Guizhou, bamboo, *Dendrocalamus affinis*, 10 Aug. 2006, X. -S. Chen and L. Yang.

(99) *Chudania ganana* Yang *et* Zhang, 1990 (Fig. 99)

Chudania ganana Yang *et* Zhang (in Zhang), 1990: 68.

Host plant. Bamboo (first reported in this paper).

Distribution. China (Gansu, Sichuan).

Specimens examined. 1 ♂, Lanzhou, Gansu, 21 Aug. 1997, Z. -Z. Li; 4 ♀♀, Shuimogou, Guangyuan, Sichuan, bamboo, 18 Aug. 2007, Y. -B. Zhang.

(100) *Chudania hellerina* Zhang *et* Yang, 1990 (Figs. 100, 149)

Chudania hellerina Zhang *et* Yang (in Zhang), 1990: 65.

Host plant. Herbaceous plant, bamboo (*Phyllostachys pubescens*).

Distribution. China (Guangxi, Hunan, Yunnan, Guizhou).

Specimens examined. 3 ♂♂ 3 ♀♀, Fanjingshan, Guizhou, 9 Aug. 1994, X. -S. Chen; 1 ♀, Mengla, Xishuangbanna, bamboo, 24 Aug. 2011, W. -B. Zheng and Z. -M Chang; 1 ♀, Yunshan, Wugang, Hunan, bamboo, *Phyllostachys pubescens*, 1 Oct. 2011, X. -S. Chen and L. Yang.

(101) *Chudania kunmingana* Zhang *et* Yang, 1990 (Fig. 101)

Chudania kunmingana Zhang *et* Yang (in Zhang), 1990: 61.

Host plant. Herbaceous plant (1 ♂ collected from bamboo).

Distribution. China (Yunnan, Guizhou, Chongqing).

Specimens examined. 1 ♀, Zhijin, Guizhou, 8 Aug. 1986, Z. -Z. Li; 1 ♀, Daozhen, Guizhou, 15 May 1988, Z. -Z. Li; 5 ♂♂ 3 ♀♀, Kuankuoshui, Guizhou, 6 ~ 7 July 1989, Z. -Z. Li; 1 ♂, Wangmo, Guizhou, 23 Sep. 1997, X. -S. Chen; 1 ♂, Simianshan, Jiangjin, Chongqing, 1300 m, bamboo, 17 June 1998.

(102) *Chudania sinica* Zhang *et* Yang, 1990 (Fig. 102)

Chudania sinica Zhang *et* Yang (in Zhang), 1990: 59.

Host plant. *Magnolia Grandiflora* Linn, *Vernicia fordii* (Hemsl.), herbage and bamboo (*Indocalamus* sp.) (first reported to feed on bamboo).

Distribution. China (Hunan, Guangdong, Guangxi, Fujian, Guizhou, Sichuan, Zhejiang, Shaanxi).

Specimens examined. 1 ♂, Zhelou, Ceheng, Guizhou, bamboo, 26 Aug. 2011, J. -K. Long and Z. -M. Chang; 1 ♂ 1 ♀, Langshan, Xinning, Hunan, bamboo, *Indocalamus* sp., 2 Oct. 2011, L. Yang and X. -S. Chen.

(103) *Chudania yunnana* Yang *et* Zhang, 1990 (Fig. 103)

Chudania yunnana Yang *et* Zhang (in Zhang), 1990: 62.

Host plant. Herbaceous plant, bamboo.

Distribution. China (Yunnan, Guizhou).

Specimens examined. 1 ♂, Huanglianshan, Lüchun, Yunnan, 4 Aug. 2011, Z. -M. Chang and W. -B. Zheng; 1 ♂, Sanjiaopo, Datang, Pingtang, Guizhou, 27 Aug. 2011, X. -S. Chen and L. Yang.

(104) *Concaveplana rubilinena* Li, 2010 (Fig. 104)

Concaveplana rubilinena Li, 2010: 153.

Host plant. Unknown (1 ♂ collected from bamboo).

Distribution. China (Guizhou, Sichuan).

Specimens examined. 1 ♂ (holotype), 8 ♂♂ 1 ♀ (paratypes), Mayanghe, Yanhe, Guizhou, 27 ~ 30

Sep. 2007, Q. -Z. Song, Y. -J. Li and J. -C. Xing; 1 ♂, Kongping, Yaan, Sichuan, bamboo, 15 July 2010, Y. -L. Zheng.

(105) *Convexana fleura* sp. nov. (Fig. 105)

Body length including forewing: ♂5.80 ~ 5.90 mm, ♀ 5.80 ~ 6.00 mm.

General color yellowish white with black markings. Crown, pronotum, scutellum and forewing black. Eyes blackish brown, ocelli yellowish white. Forewing with costal margin pale yellowish white medially, apical area with 2 ~ 3 pale yellowish transverse markings. Abdomen with dorsal area blackish brown, ventral area pale yellowish white with some pale yellowish brown centrally, pygofer blackish brown.

Male pygofer in latral view narrowing posteriorlly, cone-shaped, with setae. Subgenital plate narrowing apcially, with a row of macrosetae (about 14) laterally and long setae apically. Style twist at base, apex produced into feet-Like process. Connective Y-shaped, stem 6 times longer than arms. Aedeagus in lateral view long saccus-like medially, in ventral view base tubular, middle strongly swellen laterally, apex narrow, apical margin rounded.

Host plant. Unknown (1 ♂ collected from bamboo).

Distribution. China (Yunnan).

Specimens examined. Holotype ♂, Lijiang, Yunnan, bamboo, 10 Aug. 2000, X. -S. Chen; paratypes 1 ♂1 ♀, Longling, Yunnan, 24 July 2000, Z. -Z. Li; paratypes 2♀♀, Lijiang, Yunnan, 10 Aug. 2000, Z. -Z. Li; paratypes 5 ♂♂7♀♀, Lanping, Yunnan, 12 Aug. 2000, Z. -Z. Li; paratypes 2 ♂♂2♀♀, Pianma, Yunnan, 15 Aug. 2000, Z. -Z. Li; paratypes 3 ♂♂3♀♀, Lanping, Yunnan, 8 Aug. 2006, Q. -Z. Song; paratype 1 ♀, Pianma, Yunnan, 14 Aug. 2006, P. Zhang; 2 ♂♂5♀♀, Yingjiang, 3 June 2011, Y. -J. Li; 7 ♂♂11♀♀, Longling, Yunnan, 10 ~ 11 June 2011, Y. -J. Li; 4 ♂♂8♀♀, Pianma, Yunnan, 19 June 2011, Y. -J. Li and B. Zhang.

Remarks. This new species is very similar to *C. albicarinata* Li, 1994, but can be distinguished from the latter by: face pale yellowish white; scutellum of female black; style with apex curved.

Etymology. The name is derived from the Latin word "fleure" (curved), which refers to the apex of style curved.

(106) *Extensus collectivus* Huang, 1989 (Fig. 106)

Extensus collectivus Huang, 1989: 72.

Host plant. Herbage (1♀ collected from bamboo, *Phyllostachys sulphurea*).

Distribution. China (Taiwan, Guizhou, Sichuan).

Specimens examined. 2 ♂♂1♀, Fanjingshan, 12 Aug. 1994, Z. -Z. Li; 1♀, Machun (1050 m), Daozhen, Guizhou, 24 Aug. 2004.

(107) *Evacanthus repexus* Distant, 1908 (Fig. 107)

Evacanthus repexus Distant, 1908: 227.

Host plant. Corn, Orange (1 ♂ collected from bamboo).

Distribution. China (Yunnan, Guizhou, Sichuan, Tibet, Gansu, Shaanxi, Hubei, Guangxi); India.

Specimens examined. 3♀♀, Pianma, Lushui, Yunnan, 17 May 2000, Z. -Z. Li; 4 ♂♂, Lanping, Yunnan, 12 ~ 13 Aug. 2000, Z. -Z. Li; 4 ♂♂, Fanjingshan, Guizhou, 27 ~ 29 May 2002, Z. -Z. Li; 2 ♂♂, Fanjingshan, Guizhou, 28 May 2002, Z. -Z. Li; 1 ♂, Zhuhai (800 m), Changning, Sichuan, bamboo, 5 June

2008, Y. -B. Zhang and H. -R. Li; 2 ♂♂2 ♀♀, Puli, Guanling, Guizhou, 17 ~ 22 Aug. 2009, J. -C. Xing and H. Li.

(108) *Nirvana placida* (Stål, 1859) (Fig. 108)

Jassus (*Deltocephalus*?) *placidus* Stål, 1859: 295.

Nirvana placida, Melichar, 1903: 166.

Host plant. Soybean, ramee, *Rosa roxbunghii*, mung bean, cowpea, horsebean, *Cajanus cajan* (L.), rice, sugarcane, camphor, guava, orange and *Phyllostachys heteroclada* Oliver.

Distribution. China (Guangxi, Yunnan, Guizhou, Sichuan, Hunan, Shaanxi, Fujian, Hainan, Hongkong, Taiwan); Sri Lanka; Malaysia; India; Pakistan; Singapore; Thailand; Pilippines; Japan.

Specimens examined. 11 ♂♂15 ♀♀, Menglun, Yunnan, 16 ~ 19 May 1992, Z. -Z. Li; 7 ♂♂8 ♀♀, Fanjingshan, Guizhou, 5 ~ 7 Aug. 1994, Z. -Z. Li; 15 ♂♂20 ♀♀, Rongjiang, Guizhou, 10 ~ 12 Aug. 1989, Z. -Z. Li and L. -M. Wang; 5 ♂♂1 ♀, Zhuhai, Changning, Sichuan, bamboo, 6 June 2008, Y. -B. Zhang and H. -R. Li; 1 ♂1 ♀, Sanjiaopo, Datang, Pingtang, Guizhou, bamboo, *P. heteroclada*, 17 Oct. 2010, X. -S. Chen and L. Yang.

(109) *Onukia guttata* Li *et* Wang, 1991 (Fig. 109)

Onukiaguttata Li *et* Wang, 1991: 58.

Host plant. Bamboo.

Distribution. China (Guizhou).

Specimens examined. 2 ♂♂2 ♀♀, Kuankuoshui, Guizhou, bamboo, 1 Aug. 1984, Z. -Z. Li; 3 ♂♂1 ♀, Fanjingshan, Guizhou, bamboo, 22 July 1986, Z. -Z. Li; 7 ♂♂3 ♀♀, Wangmo, Guizhou, bamboo, 25 Aug. 1986, Z. -Z. Li; 1 ♂, Kuankuoshui, Guizhou, 10 July 1989, Z. -Z. Li; 6 ♂♂1 ♀, Fanjingshan, Guizhou, bamboo, 9 ~ 10 Aug. 1994, Y. -Z. Zhang and Z. -Z. Li; 1 ♂4 ♀♀, Kuankuoshui, Guizhou, 26 July 2001, Z. -Z. Li; 4 ♂♂, Fanjingshan, Guizhou, bamboo, 1 Aug. 2001, M. -F. Yang; 4 ♂♂, Fanjingshan, Guizhou, bamboo, 2 Aug. 2001, Q. -Z. Song, H. -Y. Song and Z. -Z. Li; 1 ♀, Kuankuoshui, Guizhou, 11 Aug. 2010.

(110) *Onukia nigra* Li *et* Wang, 1991 (Fig. 110)

Onukia nigra Li *et* Wang, 1991: 58.

Host plant. Bamboo.

Distribution. China (Guizhou).

Specimens examined. 1 ♂5 ♀♀, Kuankuoshui, Guizhou, 28 July to 1 Aug. 1984, Z. -Z. Li; 1 ♀, Fanjingshan, Guizhou, 22 July 1986, Z. -Z. Li; 5 ♀♀, Wangmo, Guizhou, 25 Aug. 1986, Z. -Z. Li; 2 ♀♀, Kuankuoshui, Guizhou, 10 July 1989, Z. -Z. Li; 1 ♀, Fanjingshan, Guizhou, 9 Aug. 1994, Y. -Z. Zhang; 1 ♂, Fanjingshan, Guizhou, 10 Aug. 1994, Z. -Z. Li; 2 ♂♂1 ♀, Fanjingshan, Guizhou, bamboo, 4 July 1998, X. -S. Chen; 1 ♂6 ♀♀, Fanjingshan, Guizhou, 30 July to 3 Aug. 2001, Z. -Z. Li; 5 ♀♀, Fanjingshan, Guizhou, 1 ~ 2 Aug. 2001, M. -F. Yang; 1 ♀, Kuankuoshui, Guizhou, 11 Aug. 2010, H. Li.

(111) *Paraonukia wangmoensis* Yang, Chen *et* Li, in press (Figs. 111, 138)

Paraonukia wangmoensis Yang, Chen *et* Li, in press.

Host plant. Bamboo (*Phyllostachys bambussoides* cv. *tanakae*).

Distribution. China (Guizhou, Hunan).

Specimens examined. 1 ♂ (holotype), 7 ♂♂3 ♀♀ (paratypes), Dayi, Wangmo, Guizhou, bamboo, 22 Sep. 1997, X.-S. Chen; 1 ♂ (paratype), Sanjiaopo, Datang, Pingtang, Guizhou, bamboo, 27 Aug. 2011, X.-S. Chen and L. Yang; 1 ♂ (paratype), Yushan, Wugang, Hunan, bamboo, 1 Oct. 2011, X.-S. Chen and L. Yang.

(112) *Parapythamus suiyangensis* Li *et* Li, 2011 (Fig. 112)

Parapythamus suiyangensis Li *et* Li, 2011: 40.

Host plant. Unknown (1 ♀ collected from bamboo).

Distribution. China (Guizhou).

Specimens examined. 1 ♂, Kuankuoshui, Suiyang, Guizhou, 26 Aug. 2001, Z.-Z. Li; 1 ♀, Kuankuoshui, Suiyang, Guizhou, bamboo, 8 Aug. 2010, Y.-L. Zheng; 2 ♂♂, Kuankuoshui, Suiyang, Guizhou, 11 Aug. 2010, Z.-H. Fan and Y.-J. Li; 1 ♂, Kuankuoshui, Suiyang, Guizhou, 14 Aug. 2010, J.-C. Xing.

(113) *Sophonia transvittata* Li *et* Chen, 2005 (Fig. 113)

Sophonia transvittata Li *et* Chen, 2005: 75.

Host plant. Bamboo (*Phyllostachys bambussoides* cv. *tanakae*).

Distribution. China (Guizhou, Yunnan).

Specimens examined. 5 ♂♂12 ♀♀, Dayi, Wangmo, Guizhou, bamboo, 6 Sep. 1997, X.-S. Chen; 3 ♂♂4 ♀♀, Pianma, Lushui, Yunnan, bamboo, 15～16 Aug. 2000, Z.-Z. Li and X.-S. Chen.

(114) *Taperus fasciatus* Li *et* Wang, 1994 (Fig. 114)

Taperus fasciatus Li *et* Wang, 1994: 378.

Host plant. Bamboo (*Phyllostachys heteroclada* Oliver) (first reported to feed on bamboo).

Distribution. China (Guizhou, Yunnan, Sichuan, Shaanxi, Hunan, Jiangxi, Zhejiang, Fujian, Guagxi, Hainan); Vietnam.

Specimens examined. 1 ♂, Shuimogou, Guangyuan, Sichuan, 1500 m, bamboo, 18 Aug. 2007, Y.-B. Zhang; 1 ♂, Sanjiaopo, Datang, Pingtang, Guizhou, bamboo, 17 Oct. 2010, X.-S. Chen and L. Yang.

(115) *Taperus Luchunensis* Zhang, Zhang *et* Wei, 2010 (Fig. 115)

Taperus Luchunensis Zhang, Zhang *et* Wei, 2010: 45.

Host plant. Bamboo (*Qiongzhuea communis* Hsueh *et* Yi).

Distribution. China (Yunnan, Guizhou, Sichuan, Shaanxi, Hubei, Guangxi).

Specimens examined. 1 ♂, Shenglongjia, Hubei, 13 Aug. 2004, J.-Y. Peng; 1 ♂1 ♀, Dashahe, Daozhen, Guizhou, 1400 m, bamboo, 18 Aug. 2004, X.-S. Chen; 4 ♂♂5 ♀♀, Xiaodanjiang, Leigongshan, Guizhou, 13～14 Sep. 2005, Z.-Z. Li and B. Zhang; 2 ♂♂1 ♀, Shuimogou, Guangyuan, Sichuan, 18 Aug. 2007, Z.-H. Meng; 7 ♂♂3 ♀♀, Chachang, Kuankuoshui, Suiyang, Guizhou, 10～14 Aug. 2010, Y.-J. Li, X.-F. Yu, H. Li and Z.-H. Fan.

5. Subfamily Hecalinae

(116) *Bumizana khasiana* Viraktamath *et* Viraktamath, 1989 (Fig. 116)

Bumizana khasiana Viraktamath *et* Viraktamath, 1989: 22.

Host plant. Poaceae weed and bamboo.

Distribution. China (Guizhou, Yunnan, Guangdong); India.

Specimens examined. 2 ♂♂1 ♀, Wangmo, Guizhou, 24 June 1986, J. Zhang; 1 ♂1 ♀, Wangmo, Guizhou, bamboo, 27 June 2006, P. Zhang; 1 ♀, Menghai, Yunnan, 25 Aug. 2006, Q. -Z. Song; 1 ♂1 ♀, Forest Park, Mengyang, Yunnan, 21 July 2008, X. -H. Jiang; 2 ♂♂, Zhuhai, Guangdong, 9 May 2008, X. -H. Hou.

6. Subfamily Iassinae

(117) *Batracomorphus laminocus* Cai *et* He, 2001 (Fig. 117)

Batracomorphus laminocus Cai *et* He, 2001: 189.

Host plant. Bamboo (*Phyllostachys pubescens*) (first reported to feed on bamboo).

Distribution. China (Guizhou, Zhejiang, Hunan, Hubei).

Specimens examined. 3 ♂♂6 ♀♀, Yunshan, Wugang, Hunan, bamboo (*Phyllostachys pubescens*), 5 Oct. 2010, X. -S. Chen.

7. Subfamily Megophthalminae

(118) *Dryodurgades lamellaris* Vilbaste, 1968 (Fig. 118)

Dryodurgades lamellaris Vilbaste, 1968: 58.

Host plant. Bamboo (*Qiongzhuea communis* Hsueh *et* Yi and *Dendrocalamus affinis* (Rendle) Keng f.).

Distribution. China (Guangxi, Guizhou, Hubei, Hunan, Jiangxi, Shaanxi, Sichuan, Fujian, Taiwan); Russia.

Specimens examined. 1 ♂, Dashahe(1400m), Daozhen, Guizhou, bamboo, 17 Aug. 2004, X. -S. Chen; 1 ♀, Machun(1050m), Dashahe, Daozhen, Guizhou, bamboo, 24 Aug. 2004, X. -S. Chen.

(119) *Durgades nigropicta* Distant, 1912 (Fig. 119)

Durgades nigropicta Distant, 1912: 609.

Host plant. Unknown (1 ♂ collected from bamboo).

Distribution. China (Yunnan, Guizhou, Sichuan); India, Nepal.

Specimens examined. 1 ♂, Leigongshan, Guizhou, bamboo, 7 July 2007, X. -S. Chen and L. Yang.

(120) *Igerna priyankae* Viraktamath, 2011 (Fig. 120)

Igerna priyankae Viraktamath, 2011: 72.

Host plant. Bamboo (first reported in this paper).

Distribution. China (Guizhou); Nepal; India.

Specimens examined. 1 ♂1 ♀, Anlong, Guizhou, 24 Aug. 2008, X. -S. Chen and L. Yang.

(121) *Onukigallia onukii* (Matsumura, 1912) (Fig. 121)

Agallia onukii Matsumura, 1912: 315.

Onukigallia onukii, Ishihara, 1955: 216.

Host plant. Bamboo (first reported).

Distribution. China (Henan, Zhejiang); Japan.

Specimens examined. 1 ♂1 ♀, Shuimogou (1500m), Guangyuan, Sichuan, bamboo, 18 Aug. 2007, Y.-B. Zhang.

8. Subfamily Typhlocybinae

(122) *Anaka burmensis* Dworakowska, 1993 (Figs. 122, 124, 163 ~ 168)

Anaka burmensis Dworakowska, 1993: 163.

Host plant. Bamboo (*Dendrocalamus affinis*, *Bambusa pervariabilis* × *Dendrocalamopsis daii* and *Cephalostachyum pergracile*).

Distribution. China (Guizhou, Yunnan, Hunan); Burma.

Specimens examined. 8 ♂♂17 ♀♀, Qianlin Park, Guiyang, Guizhou, 17 July 1999, X.-S. Chen; 1 ♂, Chishui, Guizhou, 27 May 2000, X.-S. Chen; 1 ♂2 ♀♀, Sanchahe, Xishui, Guizhou, 27 Sep. 2000, X.-S. Chen; 4 ♂♂1 ♀, Xiannvdong, Dashahe, Daozhen, Guizhou, 27 May 2004, X.-S. Chen; 13 ♂♂15 ♀♀, Weiyuan, Chagshun, Guizhou, 24 July 2006, L. Yang and X.-S. Chen; 17 ♂♂18 ♀♀, Huangsi, Fuquan, Guizhou, 10 Aug. 2006, L. Yang and X.-S. Chen; 9 ♂♂5 ♀♀, Linchang, Yunnan, bamboo, 23 Aug. 2006, Z.-G. Zhang; 1 ♂1 ♀, Longli, Guizhou, 24 June 2007, L. Yang and X.-S. Chen; 6 ♂♂11 ♀♀, Weiyuan, Changshun, Guizhou, bamboo, 14 July 2007, L. Yang and X.-S. Chen; 2 ♂♂2 ♀♀, Qianlin Park, Guiyang, Guizhou, bamboo, 21 Aug. 2007, L. Yang and X.-S. Chen; 2 ♂♂2 ♀♀, Langshan, Xinning, Hunan, bamboo, 2 Nov. 2011, L. Yang and X.-S. Chen.

(123) *Sweta bambusana* Yang *et* Chen, 2012 (Figs. 123, 143)

Sweta bambusana Yang *et* Chen, 2012: 37.

Host plant. Bamboo (*Dendrocalamus affinis*).

Distribution. China (Guizhou, Guangdong, Guangxi).

Specimens examined. 1 ♂ (holotype) 3 ♀♀ (paratypes), Xiantang, Huishui, Guizhou, bamboo, 31 May 2008, X.-S. Chen and L. Yang; 3 ♂♂4 ♀♀ (paratypes), Weiyua, Changshun, Guizhou, bamboo, 30 Sep. 1997, X.-S. Chen and L. Yang; 1 ♂3 ♀♀ (paratypes), Baiyunshan, Guangzhou, Guangdong, bamboo, 21 Nov. 2006, X.-S. Chen.

参考文献
References

Anufriev, G. A. 1969. Description of new genus of leafhoppers (Homoptera, Auchenorrhyncha) fromJapan. *Bulletin de l' Acdemie Polonaise des Sciences. Serie des Sciences Biologiques*, 17(6): 403 – 406.

Baker, C. F. 1923. The Jassoidea related to the Stenocotidae with special reference to Malayan species. *The Philippine Journal of Science*, 23: 345 – 405.

Chen, X. -S., Li, Z. -Z. and Yang, L. 2007. Oriental bamboo leafhoppers: revision of Chinese species of *Mohunia* (Hemiptera: Cicadellidae: Mukariinae) with descriptions of new genera and new species. *Annals of the Entomological Society of America*, 100 (3): 366 – 374.

Chen, X. -S., Li, Z. -Z. and Yang, L. 2008. Oriental bamboo leafhoppers: A new genus and two species of Mukariinae (Hemiptera: Cicadellidae) from Southwest China and notes on related group. *Annales de la Society entomologique de France (n. s.)*, 44 (3): 301 – 307.

Dai, R. -H., Xing, J. -C. and Li, Z. -Z. 2011. Taxonomic study of the genus *Neurotettix* Matsumura (Hemiptera, Cicadellidae, Deltocephalinae) with a description of a new species from China. *Zookeys*, 82: 67 – 72.

Dai, W. and Zhang, Y. -L. 2008. A review of the genus *Aburus* Dai *et* Zhang (Hemiptera: Cicadellidae: Deltocephlinae) from China with description of one new spscies. *Zootaxa*. 1688: 37 – 53.

Dai, W., Zhang, Y. -L. 2006. Taxonomic study on new – record genus *Bambusana* Anufriev (Hemiptera: Cicadellidae: Deltocephalinae) in China. *Zootaxa*, 1187: 61 – 68.

Dai, W., Vrraktamth, C. A., Zhang, Y. -L. and Webb, M. D. 2009. A review of the leafhopper genus *Scaphotettix* Matsumura (Hemiptera: Deltocephalinae), with Description of a new genus. *Zoological Sciences*, 26: 656 – 663.

Dietrich, C. H. 2004. Phylogeny of the leafhopper subfamily Evacanthinae with a review of Neotropical species and notes on related groups (Hemiptera: Membracoidea: Cicadellidae). *Systematic Entomology*, 29, 455 – 487.

Distant, W. L. 1908. The fauna of British Indian includingCeylon and Burma. *Rhynchota*, 4: 157 – 419.

Distant, W. L. 1912. Rhynchota Notes. *The Annals and Magazine of Natural History, including zoology, botany, and geology. (being a continuation of the Annals combined with Loudon and Charlesworth's Magazine of Natural History)—Eighth Series*, 10, 602 – 609.

Distant, W. L. 1918. The fauna of British Indian includingCeylon and Burma. *Rhynchota*, 7: 1 – 109.

Duan, Y. -N. and Zhang, Y. -L. 2010. Review of Chinese species of genus *Xenovarta* Viraktamath (Hemiptera: Cicadellidae: Deltocephalinae: Scaphytopiini) with description of a new species, *Zootaxa*, 2490: 40 – 46.

Dworakowska, I. 1993. Some Dikraneurini (Auchenorrhyncha: Cicadellidae: Typhlocybinae) from South-east Asia. *Oriental Insects*, 27: 151 – 173.

Dworakowska, I. and Viraktamath, C. A. 1975. On some Typhlocybinae from India (Auchenorrhyncha: Cicadellidae). *Bull. Acad. Pol. Sci. Cl. II. Ser. Sci. Biol.*, 223 (8): 521 – 530.

Emeljanov, A. F. 1972. New palaearctic leafhoppers of the subfamily Deltocephalinae (Homoptera, Cicadellidae). *Entomologicheskoe Obozrenie*, 51(1): 102 – 111.

Evans, J. W. 1973. Some new genera and species of Cicadelioidea from Australia and New Guinea (Homoptera). *Pacific Insects*, 15 (2): 185 – 197.

Fennah, R. G. 1956. Fulgoroidea from Southern China. *Proc. Calif. Acad. Sci.* 28(4): 441 – 527.

Gnezdilov, V. M. 2003. A new species of the leafhopper genus *Phlogotettix* Ribaut (Homoptera. Cicadellidae) from Eastern China. *Entomological Review*, 83(1): 16 – 18.

Hayashi, M. 1996. Occurrence of Mukariinae (Homoptera, Cicadellidae) inJapan, with description of a new species. *Japanese Journal of Entomology*, 64(1): 122 – 130.

Huang, K. W. 1989. Nirvanini of Taiwan (Homoptera: Cicadelloidea: Nirvanidae). *Bull. Soc. Entomol.*, 21 61 – 76.

Ishihara, T. 1953. A tentative check list of the superfamily Cicadelloidea of Japan (Homoptera). *Scientific Reports of the Matsuyama Agricultural College*, 11: 1 – 72.

Ishihara, T. 1955. The Family Agallidae of Japan (Insecta: Hemiptera). *Dobtsugaku Zasshi*, 64, 214 – 218.

Ishihara, T. 1961. Hemiptera of southeast Asia collected by theOsaka city university biological expedition to southeast Asia 1957 – 1958. *Nature & Life in Southeast Asia*, 1: 224 – 257.

Jacobi, A. 1941. Die Zikadenfauna der Kleinen Sundainseln. Nach der Expeditions-ausbeute von B. *Rensch. Zool. Jahrb.*, *Abt. f. System. Okol.*, 74: 277 – 322.

Jacobi, A. 1944. Die Zikadenfauna der ProvinzFukien in Sudchina und ihre tiergeographischen Beziehungen. *Mitteilungen der Munchener Entomologischen Gesellschaft*, 34: 5 – 66.

Li, Y. -J. and Li, Z. -Z. 2011. Notes on the leafhopper genus *Angustella* Li (Hemiptera: Cicadellidae: Evacanthinae), with descriptions of four new species from China. *Zootaxa*, 2740: 44 – 52.

Li, Y. -J. and Li, Z. -Z. 2011. *Parapythamus*, a new genus of Evacanthinae (Hemiptera: Cicadellidae) from China. *Zootaxa*, 3004: 40 – 44.

Li, Z. -Z. and Chen, X. -S. 2005. A checklist and key to species of the genus *Sophonia* (Insecta: Auchenorrhyncha: Cicadellidae: Nirvaninae) in China with descriptions of two new species. *Journal of Natural History*, 39 (1): 71 – 78.

Li, Z. -Z. and Dai, R. -H. 2003. Description of four new species of the Deltocephalinae from Taiwan (Homoptera: Cicadellidae). *Collection and Research*, 16: 7 – 12.

Li, Z. -Z. and Song, Y. H. 2008. A new genus and species of Euscelinae (Hemiptera: Cicadellidae) from China. *Acta Zootaxonomica Sinica*, 33(1): 27 – 28.

Li, Z. -Z. and Wang, L. -M. 1994. A new genus and three new species of the tribe Evacanthini with a key to the genera and a list of species occurring in China. *Journal of Natural History*, 28: 373 – 382.

Li, Z. -Z., Chen, X. -S. and Zhang, B. 2007. Descriptions of a new genus and species of leafhopper (Hemiptera: Cicadellidae: Mukariinae) attacking *Chimonobambusa* (Gramineae: Bambusoideae) from Guizhou Province, China. *Scientia Silvae Sinicae*, 43(10): 87 – 89.

Matsumura, S. 1902. Monographie der Jassinen Japans. Természetrajzi Füzetek. *Kiadja a Magyar Nemzeti Muzeum Budapest*, 25: 353 – 404.

Matsumura, S. 1912. Die Acocephalinen und Bythoscopinen Japans. *Journal of the College of Agriculture*, *Tohoku Imperial Universit*, 4: 279 – 325.

Matsumura, S. 1914. Die Jassinen und einige neue Acocephalinen Japans. *Journal of the College of Agriculture*, *Tohoku Imperial University*, *Sapporo*, 5: 165 – 240.

Melichar, 1903. Homoptera-Fauna von Ceylon. Verlag von Felix L. Damer. Berlin. 248 pp.

Melichar, L. 1914. Homopteren von Java, gesammelt von Herrn. Ewd. Jacobson. Leyden Museum Notes, 36: 91 – 147.

Nielson, M. W. 1977. A revision of the subfamily Coelidiinae (Homoptera: Cicadellidae). II. Tribe Thagriini. *Pacific Insects Monograph*, 34: 1 – 218.

Oman, P. W., Knight, W. J. and Nielson, M. W. 1990. Leafhoppers (Cicadellidae): a bibliography, generic Check-List and index to the world literature 1956 – 1985. CAB International Institute of Entomology, Wallingford, U. K. 368 pp.

Schumacher, F. 1915. Der gegenwärtige Stand unserer Kenntnis von der Homopteren-Fauna der Insel Formosa unter besonderer Berücksichtigung von Sauter'schem Material. *Mitteilungen aus dem Zoologischen Museum in Berlin. Berlin* 8: 73 – 134.

Sohi, A. S., Viraktamath, C. A. and Dworakowska, I. 1980. *Kalkiana bambusa* gen. et sp. n. (Homoptera, Cicadellidae), a dikraneurine leafhopper breeding on bamboo in northern India. *Oriental Ins.*, 14(3): 279 – 281.

Thapa, V. K. and Sohi, A. S. 1986. A review of the Dikraneurini (Homoptera, Cicadellidae) ofNepal. *Colemania*, 3: 53 – 60.

Vilbaste, J. 1968. Uber Die Zikadenfauna des Primorje Gebietes. Tallin: Izdatel'stvo "Valgus", 1 – 195.

Viraktamath, C. A. 2004. A revision of the *Varta-Stymphalus* generic complex of the leafhopper tribe Scaphytopiini (Hemiptera: Cicadellidae) from the old world. *Zootaxa*, 713: 1 – 47.

Viraktamath, C. A. 2011. Revision of the Oriental and Australian Agalliini (Hemiptera: Cicadellidae: Megophthalminae). *Zootaxa*, 2844: 1 – 118.

Viraktamath, C. A. and Viraktamath, S. 1989. New species of *Bumizana* Dist. and *Chloropelix* Lindb. from Indian subcontinent (Insecta, Homoptera, Auchenorrhyncha: Cicadellidae). *Reichenbachia*. 27(1): 19 – 26.

Viraktamath, C. A. and Webb, M. D. 2007. Review of the leafhopper genus *Pythamus* Melichar (Hemiptera: Cicadellidae: Evacanthinae) in the Indian subcontinent. *Zootaxa*, 1546, 51 – 61.

Viraktamath, C. A., Dietrich, C. H. 2011. A remarkable new genus of Dikraneurini (Hemiptera: Cicadomorpha: Cicadellidae: Typhlocybinae) from Southeast Asia. *Zootaxa*, 2931: 1 – 7.

Walker, F. 1858. Homoptera Insecta Saundersiana: or characters of undescribed insects in the collection of William Wilson Saunders, Esq. 1 – 117.

Xing, J.-C. and Li, Z.-Z. 2012. *Connectivus*, a new genus of bamboo-feeding leafhoppers from China (Hemiptera: Cicadellidae: Deltocephalinae: Paralimnini). *Zootaxa*, 3509: 85 – 88.

Xing, J.-C., Dai, R.-H. and Li, Z. Z. 2011. A new species of Scaphytopiini (Hemiptera: Cicadellidae: Deltocephalinae), with a key to genera and species checklist for the tribe from China. *Zootaxa*, 2935: 64 – 68.

Xing, J.-C., Viraktamath, C. A., Dai, R.-H. and Li, Z.-Z. 2012. Review of the leafhopper genus *Jilinga* Ghauri (Hemiptera: Cicadellidae: Deltocephalinae: Paralimnini), with description of two new species from China. *Zootaxa*, 3164: 49 – 56.

Yang, L. and Chen, X.-S. 2011. Review of bamboo-feeding leafhopper genus *Mukaria* Distant (Hemiptera: Cicadellidae: Mukariinae) with description of a new species from China. *Zootaxa*, 2882: 27 – 34.

Yang, L. and Chen, X.-S. 2012. Review of bamboo-feeding leafhopper genus *Bambusananus* Li & Xing (Hemiptera: Cicadellidae: Deltocephalinae) with description of a new species from China. *Zootaxa*, 3353: 48 – 54.

Yang, L. and Chen, X. S. in press. Two new species of bamboo-feeding genus *Abrus* Dai & Zhang (Hemiptera: Cicadellidae: Deltocephalinae) from Guizhou, China. *Zookeys*.

Yang, L., Chen, X.-S. and Li, Z.-Z. in press. Review of the bamboo-feeding species of genus *Scaphoideus* (Hemiptera: Cicadellidae: Deltocephalinae) from China, with description of one new species. *Zootaxa*.

Yang, L., Chen, X.-S. and Li, Z.-Z. in press. *Bambusimukaria*, a new bamboo-feeding leafhopper genus (Hemiptera: Cicadellidae: Delfocephalinae: Mukariini) from China, with description of one new species. *Zookeys*.

Yang, L., Chen, X.-S. and Li, Z.-Z. in press. Review of the bamboo-feeding species of tribe Evacanthini (Hemiptera: Cicadellidae) with description of two new species from China. *Zootaxa*.

Yang, L., X.-S. Chen and Z.-Z. Li. 2012. First record of the leafhopper genus *Sweta* Viraktamath & Dietrich (Hemiptera: Cicadellidae: Typhlocybinae) from China, with description of one new species feeding on bamboo. *ZooKeys*, 187: 35 – 43.

Young, D. A. 1977. Taxonomic study of the Cicadellinae (Homoptera: Cicadellidae). Part 2. New World Cicadellini and the genus *Cicadella*. *North Carolina Agricultural Experiment Station Technical Bulletin*, 239: 1 – 1135.

Young, D. A. 1986. Taxonomic study of the Cicadellinae (Homoptera: Cicadellidae). Part 3. Old world Cicadellini. *North Carolina Agricultural Research Service Technical Bulletin*, 281: 1 – 639.

Zahniser, J. N. and Dietrich, C. H. 2010. Phylogeny of the leafhopper subfamily Deltocephalinae (Hemiptera: Cicadellidae) based on molecular and morphological data with a revised family-group classification. *Systematic Entomology*, 35(3): 489 – 511.

Zhang, Y.-L., Zhang, X.-M. and Wei, C. 2010. Review of the genus *Boundarus Li & Wang (Hemiptera: Cicadellidae: Evacanthinae) from China, with description of two new species. Zootaxa*, 2575: 63 – 68.

Zhang, Y.-L., Zhang, X.-M. and Wei, C. 2010. Review of the leafhopper genus *Taperus Li & Wang (Hemiptera: Cicadellidae: Evacanthinae) from China, with description of three new species. Zootaxa*, 2721: 39 – 46.

蔡平，何俊华，顾晓玲.2001. 同翅目：叶蝉科，185 – 218. 见：吴鸿，潘承文主编，天目山昆虫，北京：科学出版社，1 – 764. [Cai, P., He, J.-H. and Gu, X.-L. 2001. Homoptera: Cicadellidae. 185 – 218. In: Wu, H. and Pan, C.-W. 2001. Insects of Tianmushan National Nature Reserve. Science Press, Beijing. 1 – 764.]

蔡平，黄邦侃．1999. 同翅目：叶蝉总科．见：福建昆虫志（第二卷）. 福州：福建科学技术出版社，270－377. [Cai, P. and Huang, B. -K. 1999. Homoptera: Cicadelloidea: Cicadellidae. 270－377. In: Huang, B. -K. 1999. Faunal of Insects in Fujian Province of China, Vol. 2. Fujian Science and Technology Publishing House, Fuzhou. 270－377.]

蔡平，葛钟麟．1996. 中国隐脉叶蝉科3新种(同翅目：叶蝉总科). 昆虫学报，39(20)：186－190. [Cai, P. and Ge, Z. -L. 1996. Three new species of Nirvanidae from China (Homoptera: Cicadelloidea). *Acta Entomologica Sinica*, 39(20): 186－190.]

陈祥盛，梁爱萍，李子忠，2009. 中国广东危害竹子的额垠叶蝉属一新种(半翅目，叶蝉科，额垠叶蝉亚科). 动物分类学报，34(1)：144－147. [Chen, X. -S., Liang, A. -P. & Li, Z. -Z. 2009. A new species of bamboo leafhopper genus *Mukaria* (Hemiptera, Cicadellidae, Mukariinae) from Guangdong, China. *Acta Zootaxonomica Sinica*, 34(1): 144－147.]

陈祥盛，李子忠．1997. 隐脉叶蝉亚科一新属一新种．昆虫分类学报，19(3)：169－172. [Chen, X. -S. and Li, Z. -Z. 1997. A new genus and species of Nirvaninae (Homoptera: Cicadellidae). *Entomotaxonomia*, 19(3): 169－172.]

戴仁怀，李子忠，陈学新．2006. 中国殃叶蝉亚科一新属新种（半翅目，叶蝉科). 动物分类学报，31(3)：592－594. [Dai, R. -H., Li, Z. -Z. and Chen, X. -X. 2006. One new genus and species of Euscelinae (Hemiptera: Cicadellidae) from Guizhou, China. *Acta Zootaxonomica Sinica*, 31(3): 592－594.]

戴武，张雅林．2002. 中国角顶叶蝉亚科一新属六新种（同翅目：叶蝉科). 动物分类学报，27(2)：304－315. [Dai, W. and Zhang, Y. -L. 2002. A new genus six new species of Deltocephalinae from China (Homoptera: Cicadellidae). *Acta Zootaxonomica Sinica*, 27(2): 304－315.]

干中南．1984. 竹蝉生物学特性的初步研究．森林病虫通讯，(4)：5－7. [Gan, Z. -N. 1984. Primary study on biological characters of *Platylomia pieli* Kato. *Forest Pest and Disease*, (4): 5－7.]

葛钟麟．1966. 中国经济昆虫志(第十册，同翅目，叶蝉科). 北京：科学出版社．1－170. [Kuoh, C. -L. 1966. Economic Insect Fauna of China, Fasc. 10, Homoptera: Cicadellidae. Scince Press, Beijing. 1－170]

葛钟麟．1991. 福建大叶蝉科五新种(同翅目：叶蝉总科). 武夷科学，8：15－22. [Kuoh, C. -L. 1991. Five new species of Cicadellidae from Fujian (Homoptera: Cicadelloidea). *Wuyi Science Journal*, 8: 15－22.]

葛钟麟．1991. 同翅目：叶蝉总科，243－316. 见：陈世骧主编，1992. 横断山区昆虫(第一册)，北京：科学出版社．1－865. [Kuoh, C. -L. 1992. Homoptera: Cicadelliodea. 243－316. In: Chen, S. -X. 1992. Insects of the Hengduan Mountains Region. Vol. 1. Science Press, Beijing. 1－865.]

李红荣，杨琳，陈祥盛．2010. 危害竹子的飞虱类昆虫区系及生物地理学初探(半翅目，蜡蝉总科，飞虱科). 动物分类学报，35(4)：255－268. [Li, H. -R., Yang, L. and Chen, X. -S. 2010 The fauna and biogeography of bamboo-feeding planthoppers (Hemiptera, Fulgoroidea, Delphacidae) in the world. *Acta Zootaxonomica Sinica*, 35(4): 255－268.]

李晓飞，陈祥盛，侯晓晖．2008. 斑蝥素对6种害虫的毒杀作用．贵州农业科学，36(3)：65－66. [Li, X. -F., Chen, X. -S. and Hou, X. -H. 2008. The toxicity effect of cantharidin on six pests. *Guizhou Agricultural Sciences*, 36(3): 65－66.]

李子忠，陈祥盛．1999. 中国隐脉叶蝉(同翅目：叶蝉科). 贵阳：贵州科学技术出版社．149. [Li, Z. -Z. and Chen, X. -S. 1999. *Nirvaninae from China (Homoptera: Cicadellidae)*. Guizhou Science and Technology Publishing House, Guiyang, 149pp.]

李子忠，戴仁怀，邢济春．2011. 中国角顶叶蝉(半翅目：叶蝉科). 北京：科学普及出版社．336. [Li, Z. -Z., Dai, R. -H. and Xing, J. -C. 2011. Deltocephalinae from China (Hemiptera: Cicadellidae). Popular Science Press, Beijing. 336pp.]

李子忠，戴仁怀．2004. 带叶蝉属六新种记述(同翅目，叶蝉科，殃叶蝉亚科). 动物分类学报，29(2)：281－287. [Li, Z. -Z. and Dai, R. -H. 2004. Descriptions of six new speies of *Scaphoideus* from China (Homoptera, Cicadellidae, Euscelinae). *Acta Zootaxonomica Sinica*, 29(2), 281－287.]

李子忠，宋月华．2009. 为害竹子的叶蝉2新种(半翅目：叶蝉科：殃叶蝉亚科). 林业科学，45(2)：82－85. [Li, Z. -Z. and Song, Y. -H. 2009. Two new species of leafhopper injurious to bamboo (Hemiptera: Cicadellidae: Euscelinae). *Scientia Silvae Sinicae*, 45(2): 82－85.]

李子忠，汪廉敏，梁爱萍．2005. 中国带叶蝉属四新种记述(半翅目，叶蝉科，殃叶蝉亚科). 动物分类学报，30(1)：130－134. [Li, Z. -Z., Wang, L. -M. and Liang, A. -P. 2005. Descriptions of four new species of *Scaphoideus* Uhler from China (Homoptera, Cicadellidae, Euscellinae). *Acta Zootaxonomica Sinica*, 30(1): 130－134.]

李子忠，汪廉敏．1989. 贵州单突叶蝉属三新种(同翅目：离脉叶蝉亚科). 贵州农学院学报，1989(2)：1－4. [Li, Z. -

Z. and Wang, L. -M. 1989. Three new species of Lodiana from Guizhou Province, China (Homoptera: Coelidiinae). *Journal of Guizhou Agricultural College*, 1989(2): 1 – 4.]

李子忠，汪廉敏. 1991. 贵州农林昆虫志(卷 4). 贵阳：贵州科学技术出版社. 304. [Li, Z. -Z. and Wang, L. -M. 1991. Agricultural and Forestry Insect Fauna in Guizhou, vol. 4. Guizhou Science and Technology Publishing House, Guiyang, China. 304 pp.]

李子忠，汪廉敏. 1993. 贵州宽阔水林区叶蝉类昆虫考察. 贵州科学，11(3): 53 – 55. [Li, Z. -Z. and Wang, L. -M. 1993. A survey of leafhoppers insects from Kuankuoshui forest area, Guizhou, China. *Guizhou Science*, 11(3): 53 – 55.]

李子忠，汪廉敏. 1994. 中国脊额叶蝉属五新属记述(同翅目：横脊叶蝉科). 昆虫分类学报，16(2): 99 – 206. [Li, Z. -Z. and Wang, L. -M. 1994. Description of five new species of *Carinata* (Homoptera: Evacanthidae) from China. *Entomotaxonomia*, 16(2): 99 – 106.]

李子忠，汪廉敏. 1996. 中国横脊叶蝉(同翅目：叶蝉科). 贵阳：贵州科学技术出版社. 134. [Li, Z. -Z. and Wang, L. -M. 1996. The Evacanthinae of China (Homoptera: Cicadellidae). Guizhou Science and Technology Publishing House, Guiyang, China. 134 pp.]

李子忠，汪廉敏. 1998. 中国木叶蝉属四新种(同翅目，叶蝉科，殃叶蝉亚科). 动物分类学报，23(4): 373 – 341. [Li, Z. -Z. and Wang, L. -M. 1998. Four new species of the genus *Fhlogotettix* from China (Homoptera: Cicadellidae: Euscelinae). *Acta Zootaxonomica Sinica*, 23(4): 373 – 341.]

李子忠，汪廉敏. 2006. 中国柔突叶蝉属二新种(半翅目，叶蝉科，殃叶蝉亚科). 动物分类学报，31(4): 840 – 842. [Li, Z. -Z. and Wang. L. -M. 2006. Descriptions of two new species of the genus *Abrus* from China (Hemiptera, Cicadellidae). *Acta Zootaxonomica Sinica*, 31(4): 840 – 842.]

李子忠，李建达，蒋晓红. 2010. 半翅目：叶蝉科：铲头叶蝉亚科 离脉叶蝉亚科 叶蝉亚科 隐脉叶蝉亚科 横脊叶蝉亚科. 见陈祥盛、李子忠、金道超主编《麻阳河景观昆虫》. 贵阳：贵州科学技术出版社. [Li, Z. -Z., Li, J. -D. and Jiang, X. -H. 2010. Hemiptera: Cicadellidae: Hecalinae, Coediinae, Iassinae, Nirvaninae and Evacanthinae. In: Chen, X. -S., Li, Z. -Z. and Jin, D. -C. Isects from Mayanghe Landscape. Guizhou Science and Technology Publishing House.]

李子忠. 1985. 贵州凹大叶蝉属一新种记述(同翅目：大叶蝉亚科). 动物学研究，6(4 增刊): 11 – 13. [Li, Z. -Z. 1985. A new species of the genus *Bothrogonia* (*Obothrogonia*) from Guizhou Province (Homoptera: Tettigellinae). *Zoological Research*, 6 (4 Supol.): 11 – 13.]

李子忠. 1989. 贵州离脉叶蝉科五新种. 贵州农学院学报，1989(1): 1 – 5. [Li, Z. -Z. 1989. Five new species of Coelidiidae from Guizhou Province (Homoptera: Cicadelloidea). *Journal of Guizhou Agricultural College*, 1989(1): 1 – 5.]

李子忠. 1989. 凸唇叶蝉属一新种(同翅目：大叶蝉科). 昆虫分类学报，11(3): 211 – 212. [Li, Z. -Z. 1989. A new species of *Erragonalia* from Guizhou, China (Homoptera: Tettigellidae). *Entomotaxonomia*, 11(3): 211 – 212.]

李子忠. 1990. 带叶蝉属四新种记述(同翅目：殃叶蝉科). 动物分类学报，15(4): 464 – 470. [Li, Z. -Z. 1990. Four new species of the genus *Scaphoideus* (Homoptera: Euscelidae) from Guizhou, China. *Entomotaxonomia*, 12(2): 97 – 102.]

吕若清，徐天森. 1992. 竹尖胸沫蝉的生物学特性及防治. 林业科学研究，5(6): 687 – 692. [Lu, R. -Q. and Xu, T. -S. 1992. Studies on the bionomics of Aphrophora horizontalis Kato and its control. *Forest Research*, 5(6): 687 – 692.]

王惠卿，吉艳玲，杨玮等. 2007. 黄板对葡萄斑叶蝉越冬代成虫诱杀效果. 新疆农业科学，44(S2): 176 – 17. [Wang, H. -Q., Ji, Y. -L., Yang, W., *et al.* 2007. The trapping effect of yellow sticky traps on the overwintering adults of grape leafhopper. *Xinjiang Agricultural Sciences*, 44(S2): 176 – 17.]

徐天森，王浩杰. 2004. 中国竹子主要害虫. 北京：中国林业出版社，160. [Xu, T. -S. and Wang, H. -J. 2004. Main Pests of Bamboo in China. Beijing: Forest Publishing House of China. 160pp]

徐天森，王浩杰，徐企尧等. 2001. 竹蝉生物学特性的研究. 林业科学研究，14(4): 396 – 402. [Xu, T. -S., Wang, H. -J., Xu, Q. -R., *et al.* 2001. Biological characteristics of *Platylomia pieli*. *Forest Research*, 14(4): 396 – 402.]

杨集昆，李法圣. 1980. 黑尾大叶蝉考订——凹大叶蝉属二十二新种记述. 昆虫分类学报，2(3): 191 – 213. [Yang, C. -K. and Li, F. -S. 1980. Notes on *Bothrogonia* (Homoptera: Cicadellidae) with description of 22 new species from China. *Entomotaxonomia*, 2(3): 191 – 213.]

杨琳，陈会明，陈祥盛，李子忠. 1999. 贵州害竹叶蝉种类记述. 贵州农业科学，27(1): 17 – 19. [Yang, L., Chen, H. -M., Chen, X. -S. and Li, Z. -Z. 1999. Notes on leafhoppers infesting bamboo from Guizhou. *Guizhou Agricultural Science*, 27

(1): 17 - 19.]

杨琳，李子忠，陈祥盛. 2011. 竹子叶蝉类害虫的研究进展. 湖北农业科学，50(12): 2385 - 2388. [Yang, L., Li, Z.-Z. and Chen, X.-S. 2011. Research progress on bamboo-feeding leafhoppers. *Hubei Agricultural Science*, 50(12): 2385 - 2388.]

杨琳，李子忠，金星. 2007. 害竹叶蝉中国新记录——缅甸安小叶蝉(半翅目: 叶蝉科: 小叶蝉亚科). 山地农业生物学报，26(5): 444 - 447. [Yang, L, Li, Z.-Z. and Jin, X. 2007. *Anaka burmensis* Dworakowska: a new record leafhopper attacking bamboo (Hemiptera: Cicadellidae: Typhlocybinae) from China. *Journal of Mountain Agriculture and Biology*, 26: 444 - 447.]

杨琳，陈祥盛，李子忠. 危害竹子的带叶蝉属 4 个种的记述. 贵州农业科学，40(6): 114 - 117. [Yang, Li, Chen, X.-S. & Li, Z.-Z. 2012. Description of four bamboo-feeding species of the genus *Scaphoideus*. *Guizhou Agircultural Sciences*, 40(6): 114 - 117.]

杨琳，李子忠，陈祥盛，金星. 2011. 贵州竹子叶蝉种类及危害情况调查. 贵州农业科学，39(5): 123 - 127. [Yang, L., Li, Z.-Z., Chen, X.-S. and Jin, X. 2011. Species and damage of bamboo-feeding leafhoppers in Guizhou Povince. *Guizhou Agricultural Sciences*, 39(5): 123 - 127.]

杨茂发，李子忠. 1999. 中国窗翅叶蝉属三新种和一新记录种(同翅目: 大叶蝉科). 动物分类学报，24(3): 315 - 319. [Yang, M.-F. and Li, Z.-Z. 1999. Three new species and a new record of the genus *Mileewa* from China (Homoptera: Cicadellidae). *Acta Zootaxonomica Sinica*, 24(3): 315 - 319.]

杨茂发，李子忠. 2000. 中国边大叶蝉属的分类研究. 昆虫学报，43(4): 403 - 412. [Yang, M.-F. and Li, Z.-Z. 2000. A taxonomic study on *Kolla* from China (Homoptera: Cicadellidae). *Acta Entomologica Sinica*, 43(4): 403 - 412.]

张明智，王惠卿，董胜利等. 2006. 葡萄斑叶蝉综合防治技术. 新疆农垦科技，2006(3): 33.

张雅林，戴武. 2004. 中国叶蝉分类研究概况. 见李典谟，伍一军，武春生等主编《当代昆虫学研究》P62 - 69，中国农业科学技术出版社.

张雅林. 1990. 中国叶蝉分类研究(同翅目: 叶蝉科). 天则出版社. 218. [Zhang, Y.-L. 1990. *A Taxonomic Study of Chinese Cicadellidae (Homoptera)*. Tianze Eldonejo, Yangling. 1 - 218.]

赵仁友，江土玲，徐真旺，等. 2006. 丽水山区竹子害虫种类调查与为害评估. 浙江林业科技，26(4): 58 - 63.

中国森林编辑委员会. 2000.《中国森林》(第四卷). 北京: 中国林业出版社.

周建波，黄大庄，温秀军. 2008. 黄板诱杀技术在防治葡萄斑叶蝉成虫中的应用研究. 河北林果研究，23(2): 187 - 194. [Zhou, J.-B., Huang, D.-Z. and Wei, X.-J. 2008. Trapping and killing adults of grape leafhopper (*Erythroneura apicalis* Nawa) by using yellow sticky traps. *Hebei Journal of Forestry and Orchard Research*, 23(2): 187 - 194.]

中文名索引
Index to Chinese names

拉丁学名索引
Index to Scientific names